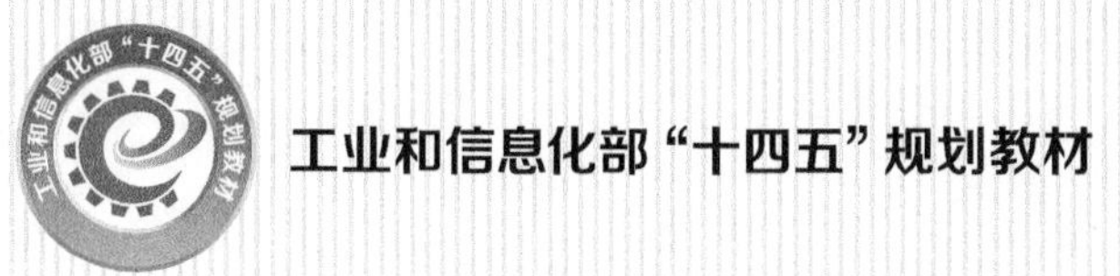

试验设计分析与改进

马义中　马　妍　林成龙　编著

科学出版社
北　京

内 容 简 介

高质量发展是全面建设社会主义现代化国家的首要任务。如何把质量设计到产品和服务中，试验设计与分析是最有效的方法和技术。本书的主要内容包括：试验设计简介，经典试验设计与分析，经典试验设计的拓展，响应曲面试验设计与分析，田口方法，混料设计，波动源的探测和分析，其他试验设计与分析，计算机试验设计简介，计算机试验设计与分析等。

本书可作为普通高等学校管理类、工程类高年级本科生和硕士研究生的教材，也可供企事业单位的工程技术人员、质量管理人员，以及企业各级领导参考和自学。

图书在版编目(CIP)数据

试验设计分析与改进 /马义中，马妍，林成龙编著. —北京：科学出版社，2023.6

工业和信息化部“十四五”规划教材

ISBN 978-7-03-074067-0

Ⅰ. ①试…　Ⅱ. ①马…　②马…　③林…　Ⅲ. ①试验设计-高等学校-教材　Ⅳ. ①TB21

中国版本图书馆 CIP 数据核字(2022) 第 227918 号

责任编辑：方小丽　王晓丽 / 责任校对：杨聪敏
责任印制：张　伟 / 封面设计：蓝正设计

科 学 出 版 社 出版
北京东黄城根北街 16 号
邮政编码：100717
http://www.sciencep.com
北京中石油彩色印刷有限责任公司 印刷
科学出版社发行　各地新华书店经销
*
2023 年 6 月第 一 版　开本：787 × 1092　1/16
2023 年11月第二次印刷　印张：20 3/4
字数：488 000

定价：58.00 元

(如有印装质量问题，我社负责调换)

前　言

党的二十大报告中明确指出："高质量发展是全面建设社会主义现代化国家的首要任务。发展是党执政兴国的第一要务。没有坚实的物质技术基础，就不可能全面建成社会主义现代化强国。" 伴随着新经济的发展、科学技术的进步和人们生活水平的提升，高质量发展、可持续发展已经成为国家战略。在不确定性增大、组织间的竞争日趋激烈的情景下，如何提高产品和服务质量，降低成本，缩短时间周期，为顾客创造价值，维持自身生存和发展，已经成为各类组织必须面对和需要解决的问题。

在党的二十大报告 "加快构建新发展格局，着力推动高质量发展" 的精神指引下，本书以波动理论为基础，以减小和控制波动为主线，系统阐述试验设计的理论、方法和实现技术，并结合实际的工业应用案例进行诠释，在一定程度上有助于建设现代化产业体系，加快实现制造强国、质量强国目标。新的质量损失原理指出：产生质量问题的根本原因是波动，尽管人们无法彻底消除它，但是可以减小和控制它，这是要持续不断地减小和控制产品实现过程中的波动。产品质量首先是设计出来的，其次是制造出来的，这就要求把质量工作的重心放在产品形成的源头，即源头治理。减小波动，实现质量设计最有效的方法和技术，就是试验设计与分析。

全书共分 10 章，第 1 章主要介绍试验设计的基础理论、基本概念、发展历程和本书各章之间的逻辑关系；第 2 章为经典试验设计与分析，主要内容包括单因子试验设计与分析，二水平全因子和部分因子试验设计与分析；第 3 章为经典试验设计的拓展，主要内容包括三水平因子和部分因子设计，混合水平的因子设计，筛选因子的 Plackett-Burman 设计等；第 4 章为响应曲面试验设计与分析，主要内容包括响应曲面概述，响应曲面设计的分析及实例，多响应试验的优化和分析等；第 5 章为田口方法，主要内容包括田口方法概述，稳健参数设计，动态参数设计，容差设计等；第 6 章为混料设计，主要内容包括混料设计概述，混料设计方法，混料试验的计算机实现；第 7 章为波动源的探测和分析，主要内容包括波动源分析概述，方差分量，波动源的分离技术等；第 8 章为其他试验设计与分析，主要内容包括非正态响应，因子设计中的非均衡数据，协方差分析等；第 9 章为计算机试验设计简介，主要内容包括计算机试验设计的发展历程及展望，计算机试验设计基础，计算机试验与随机过程，空间填充设计，序贯试验设计等；第 10 章为计算机试验设计与分析，主要内容包括计算机仿真与元建模，代理模型，组合建模技术与方法，灵敏度分析方法，基于代理模型的优化方法等。

本书在讲述理论成果的同时，更注重实用性，通过相应的软件工具，提供对具体问题的分析过程，有利于试验设计方法的实际应用。

本书由马义中组织策划，并撰写了第 1∼2 章，第 4 章和第 7 章的内容；马妍撰写了第 3 章，第 5∼6 章的内容；林成龙撰写了第 8∼10 章的内容；并由马义中组织统稿。本书能够与读者见面，离不开为之提供帮助和支持的组织及个人。感谢工业和信息化部人事教育司将本书列入 "工业和信息化部 '十四五' 规划教材"；感谢南京理工大学研究生院、教务处等部门的大力支持；感谢科学出版社所做的努力，使本书得以顺利出版。

尽管作者尽最大努力，力争系统反映试验设计与分析的全貌，但由于水平和能力的限制，必有不少疏漏和不足之处，竭诚期望读者批评、指正，以提升和改进本书的质量。

马义中
Yzma-2004@163.com
2022 年 8 月 31 日

目 录

第 1 章　试验设计简介

随着国际市场竞争的日趋激烈以及我国制造业的升级换代，制造业如何以高质量、低成本、短周期而获得竞争优势，进而实现可持续发展，已成为工业界和学术界极为关注的问题。特别是进入 21 世纪以来，质量得到了前所未有的重视，著名质量专家朱兰 (Juran) 曾说过 “21 世纪将是质量的世纪”。从现代质量工程的观点来看，产生质量问题的根本原因是波动 (variation)。波动就是差异、变化、偏差，尽管无法完全消除波动，但可以减小和控制它。现代质量控制的核心就是减小、控制或抑制产品实现过程中的波动。因此，为了改进和提高产品质量、降低成本，就必须最大限度地减小和控制围绕产品设计目标值的波动。

本章将着重介绍波动理论和质量损失原理，在此基础上介绍减小和控制波动的试验设计 (design of experiment，DoE) 及其发展历程、试验设计的基础等，最后给出本书的主要内容和相互关系。

1.1　波 动 理 论

1.1.1　波动的概念

统计过程控制 (statistical process control, SPC) 的创始人休哈特 (Shewhart) 指出，在相同的生产条件下，不同产品之间的差异就是抽样波动，而且不同产品之间的质量是不同的。朱兰和戈瑞纳 (Gryna) 不仅认同休哈特的波动概念，还认为波动是生活中的一部分。凯恩 (Kane) 利用统计学的术语，把波动定义为 “过程测量值的离差”。泰勒 (Taylor) 把统计波动定义为 “相同单位产品之间的差异”。巴克 (Barker) 认为这种差异 (波动) 丰富了人们的生活，但波动却是质量的大敌。

从波动的定义可以看到：波动就是变化、差异、不一致性。变化的波动丰富了人们的生活，不断的波动和变化给万物带来了生机与活力，正是这种不断的变化、波动和更新推动着自然界与人类社会持续向前发展。然而，当波动渗透到产品的形成过程中时，将成为影响产品质量的大敌。因此，在产品的形成过程中，不断识别波动的根源，进而将其减小、控制到最小限度就成了质量学科理论研究和实际工作者所面临的重要任务。

在设计和制造过程中形成的产品往往存在缺陷。即使是合格品亦常常由于不同程度的缺陷而被划分为不同的等级。产品出现缺陷是其形成过程中一个极为普遍的现象。波音公司的 *Advanced Quality System* 文件指出，假定每架飞机需要 200 万个零部件，根据当前制造工业过程能力数据资料的估算，其中将有 14 万个零部件存在不同程度的缺陷。这将导致资源的极大浪费和质量的巨大损失。我们期望在产品的形成过程中，这些缺陷能够被及时消除或减小到最低程度，进而改进产品质量、降低成本、提高组织的经济效益。要消除或减少缺陷，首先需要弄清楚引起产品缺陷的原因。设想如果产品的设计是完好的，产品每个零件的尺寸与设计目标值全部吻合，每个零件的材料亦是一致均匀符合要求的，装配过程始终稳定于一个最优状态，那么形成的产品一定是完美无缺的。然而，在实际中这种理想的状态是难以达到的。即使在设计完好的情况下，每个零件的尺寸也常常围绕设计目标值产生不同程度的偏差，每个零件所使用的原材料也常常具有差异，各个装配环节的水平也存在偏差。产品的形成过程中各个阶段存在的差异、波动，导致最终产品的缺陷。要提高产品质量，减少产品的缺陷，就必须在产品形成的各个阶段，最大限度地减小、抑制和控制波动。

1.1.2 波动产生的原因

产品形成的过程中各个阶段波动的叠加，导致最终产品的缺陷，那么波动又是由什么引起的呢？事实上，波动无处不在，它是客观存在的，波动的来源主要有以下几种。

(1) 操作人员的差异。不同的操作人员具有不同的阅历、知识结构、天赋、心理特征以及不同的专业技术技能，因此在工作过程中存在操作技术水平的差异。此外，即使是同一个人，在不同的时间，由于心理因素的差异，操作水平也会存在差异。

(2) 原材料的差异。无论对购进的原材料有多么严格的要求，原材料在厚度、长度、密度、颜色、硬度等方面往往存在着微小差异；即使同一规格、同一型号的材料，从微观结构上看，也会存在差异。

(3) 机器设备的差异。任何机器设备都不可能是完全一样的。例如，轴承的轻微磨损、钻头的磨钝、调整机器出现的偏差、机器运转速度和进刀速度的变化等，都会具有微小的差异。

(4) 方法的差异。在工作过程中，不同的人可能采用不同的工作方法，即使同一个人，在不同的时间，所有的工作程序也不可能完全一致。

(5) 测量的差异。在测量过程中，由于量具、操作者、测量方法等方面的差异，测量系统的波动始终存在。

(6) 环境的差异。不同季节的温度、湿度等各不相同，即使同一季节、同一天，也同样存在差异，因此，生产过程中温度、湿度、气压等变化是始终存在的。

上述种种无法穷尽的、潜在的波动相互作用，注定了生产的产品与设计目标值之间要存在差异。日本的田口玄一 (Genichi Taguchi) 把产品功能波动的原因进一步划分为以下三类。

(1) 外部噪声：产品使用过程中，外部环境变化引起的噪声。

(2) 老化或内部噪声：随着产品的储存或使用，逐渐不能达到其预先设计的功能。

(3) 产品间的噪声：由于制造过程之间存在波动，每个产品之间都存在差异。

随着科学技术的不断进步，可以通过某些技术手段减小上述种种波动的幅度，从而达到减小、抑制和控制波动的目的。但试图完全消除上述波动，最终使波动为零是不可能的。这是因为：首先，无法穷尽影响整个产品形成过程中的波动源；其次，即使从宏观上能够消除这些差异，但微观结构上的差异也是难以消除和控制的。因此，必须承认波动是客观存在的。既然波动是客观存在的，那么只有尊重这种客观事实，才能在认识这种规律的基础上利用这种规律。

在任何过程中，那些不可识和不可控的因素称为过程的随机因素或偶然因素 (random cause)。在随机因素干扰下产生过程输出的波动，称为随机波动。由于这种波动的变化幅度较小，工程上是可以接受的。即使这种较小的随机波动，我们也不希望它存在，因为它毕竟会对最终产品的质量产生一定的影响。但是，又不能从根本上消除它，这就不得不承认它存在的合理性。也就是说，随机因素存在于任何过程中是一种正常现象。从这种意义上，也称随机因素为固有因素或者通常因素 (common cause)。由此，称仅有随机因素影响的过程为正常的或稳定的过程，此时过程所处的状态为受控状态。正常的过程正是在这种状态下进行的。一旦这种状态遭到破坏，则称过程处于失控状态。此时就需要检查、维修，使之恢复到控制状态，并维持过程的正常运行。一个不可回避的问题是如何监控过程是否处于受控状态。不难想到，过程的输出结果是过程是否处于控制状态最有力的证据。由于过程受随机因素的影响，其输出结果具有一定的偶然性，仅通过对过程输出的个别观察值似乎难以揭示过程当前的运行状况。值得庆幸的是，在随机因素影响过程中，还存在着另一类相对稳定的因素作用于过程，制约着过程的输出结果。例如，尽管原材料的微观结构具有微小的差异，但所选用的原材料的规格总是一定的；操作水平虽然有波动，但在客观上，操作者具有一定的技能；制造过程中使用的设备机器也具有一定的精度；等等。这些因素都是制造过程中相对稳定的因素，称为制约过程输出结果的系统因素 (system cause) 或控制因素 (control factor)。系统因素的作用使得过程输出结果的偶然性呈现出一种必然的内在规律性。通过过程输出结果的规律性，可以探测当前过程是否处于控制状态，即系统因素是否发生变异。一旦系统因素发生变异，过程输出结果原有的规律将遭到破坏，从而判定过程失控。

1.1.3 随机波动的统计规律性

任何组织都是由一系列相互关联的过程组成的。过程是一个较为广义的概念。尽管过程一词具有很多解释，但在质量控制领域中，它的概念是明确的，即利用输入实现预期结果 (输出) 的相互关联或相互作用的一组活动。图 1.1 给出了过程概念示意图。输入由两类因素构成，一类是无法或难以控制的随机因素/噪声因素，另一类是可以确定或识别的系统因素/控制因素，过程的任务在于将输入转化为输出，输出的是过程的产品或服务。

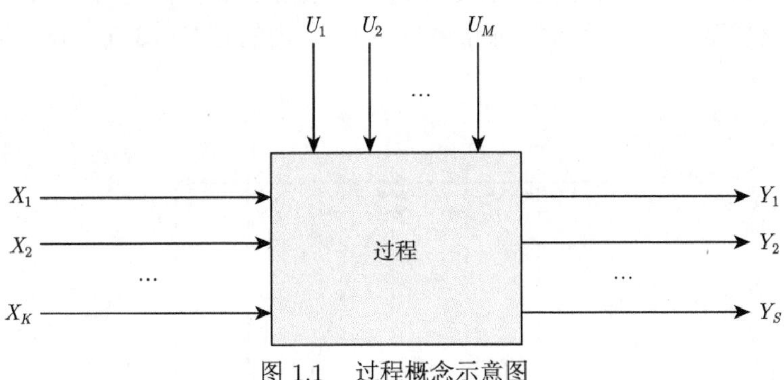

图 1.1 过程概念示意图

过程应该是增值或者能够实现价值转移的，否则应该予以改进或删除。为了使过程增值，组织应对过程进行策划，即识别过程及其要求，进行过程设计并形成程序，建立过程绩效测量和过程控制方法。过程策划能够使过程稳定、受控地获得增值。为了使过程具有更强的增值能力，组织还应当对过程进行持续的改进和创新。

将输入转化为输出的动因是活动，而且是一组相互关联或相互作用的活动；过程具有伸展性，一个过程可以分解成若干更小的过程。若干个小过程可以集成一个较大的过程，如产品实现过程就是由若干个过程组成的。

过程输入可以是人力、设备设施和材料，也可以是决策、信息等。一个简单而实用的过程概念模型是 "Y 是 X 的函数"，即

$$Y = f(X, U)$$

式中，Y 为结果变量，X 为输入变量，U 为随机变量。它所表达的信息是，通过选取和控制 X 的值，可以改进过程输出 Y。需要强调的是，在众多的输入变量中，只有少数变量对结果产生重要影响，称这些输入变量为关键的过程输入变量。

对任何过程或产品输出特性值，不管是否对其进行测量，由于受到随机因素的干扰，总是具有波动的。当对其进行测量时，通常利用概率分布，对质量特性的测量值进行统计分析。从理论上讲，质量特性的分布可以具有很多类型，但根据中心极限定理可以知道：在大多数情况下，质量特性的分布服从正态分布。为方便起见，假设过程输出的质量特性为 Y，通常记为 $Y \sim N\left(\mu, \sigma^2\right)$，其中 μ 为过程输出的均值，表示过程输出的平均水平；σ^2 为过程输出的方差，表示过程输出围绕中心或均值波动的大小。当 X 服从正态分布时，很容易计算 Y 分别落在 $[\mu - i\sigma, \mu + i\sigma]\,(i = 1, 2, 3)$ 的概率，即

$$\begin{aligned}
P\left(\mu - \sigma < Y < \mu + \sigma\right) &= 68.26\% \\
P\left(\mu - 2\sigma < Y < \mu + 2\sigma\right) &= 95.45\% \\
P\left(\mu - 3\sigma < Y < \mu + 3\sigma\right) &= 99.73\%
\end{aligned}$$

正态分布和落入 $[\mu - i\sigma, \mu + i\sigma]\,(i = 1, 2, 3)$ 的概率，如图 1.2 所示，其中 USL 为上规格限 (upper specification limit)，LSL 为下规格限 (lower specification limit)。也就是说，当随机抽查过程输出的 100 个结果时，在概率的意义下，有 68.26 个落在以 μ 为中心，σ 为半径的区间内；对于相同的中心 μ，若半径为 2σ，则落入该区间的有 95.45 个；若以 μ 为中心，半径长度增至 3σ，则落入区间 $[\mu - 3\sigma, \mu + 3\sigma]$ 内的有 99.73 个，仅有 0.27 个落在该区间之外。

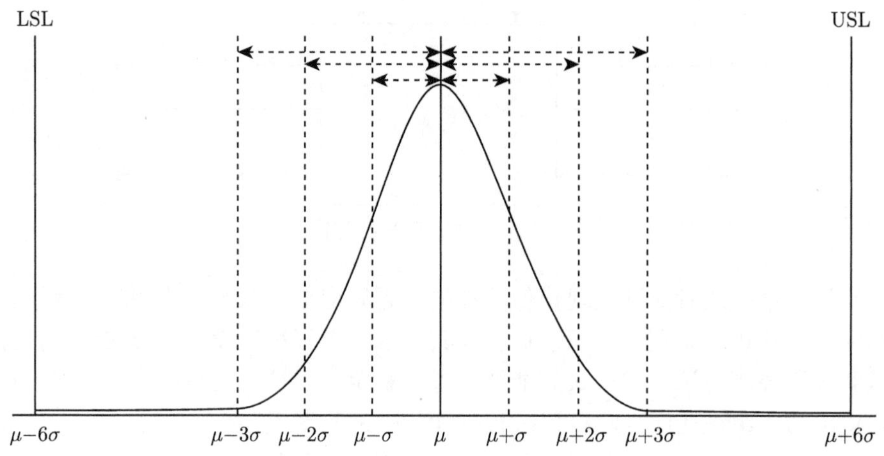

图 1.2　正态分布和落入 $[\mu - i\sigma, \mu + i\sigma]\,(i = 1, 2, 3)$ 的概率

1.2 新的质量损失原理

日本质量管理大师田口玄一把质量特性分为三大类，即望目特性 (nominal the best)，简称 N 型；望大特性 (the larger the better)，简称 L 型；望小特性 (the smaller the better)，简称 S 型。

若质量特性 Y 具有目标值/名义值 T，Y 围绕目标值 T 变化，期望质量特性 Y 的均值落在目标值上，波动尽可能小，则称质量特性 Y 为望目特性。例如，加工某一轴件，图纸规定 $\phi(10\pm0.05)$mm，加工轴件的实际尺寸就是望目特性 Y，目标值 $T=10$mm，上规格限为 10.05mm，下规格限为 9.95mm，公差 (也称容差) 为 0.1mm。

若质量特性 Y 的值越大越好，波动尽可能小，则称质量特性 Y 为望大特性，如钢筋的抗拉强度、灯泡的使用寿命等。

若质量特性 Y 的理想值是零，不能为负，期望质量特性 Y 越小越好，且波动尽可能小，则称质量特性 Y 为望小特性，如测量误差、合金所含的杂质量等。

为方便起见，假定质量特性是望目特性。

产品质量特性的波动会造成不同形式的损失，如返修损失费、降级损失费、不合格损失费、折价损失费等。无论哪种损失都与产品质量特性的波动有关。传统的质量损失原理认为：满足容差范围内的合格品的质量损失为零，只有容差范围以外的次品才产生质量损失。传统的质量损失原理示意图如图 1.3 所示。

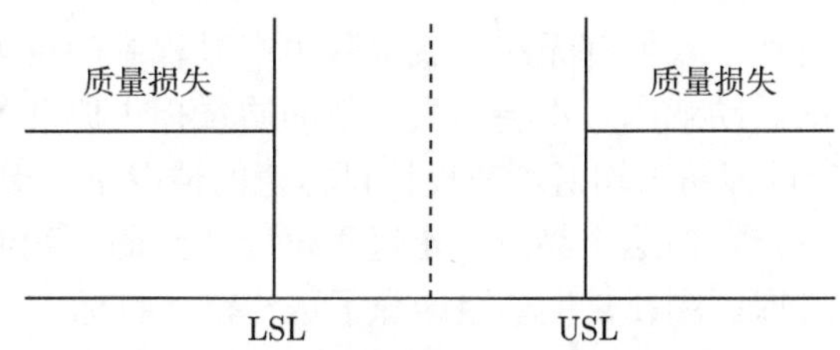

图 1.3 传统的质量损失原理示意图

新的质量损失原理认为：当产品的质量特性值落在设计目标值时，其质量损失为零，只要偏离设计目标值，就会造成质量损失，这种偏离越大，质量损失也就越大。图 1.4 给出了新的质量损失原理示意图。

为了近似地描述这种质量损失，田口玄一提出了二次质量损失函数，即质量损失函数

$$L(Y)=k(Y-T)^2 \tag{1.1}$$

其中，k 为质量损失系数；T 为质量特性的设计目标值。

为了量化质量损失，田口玄一提出了期望损失的概念，即用质量损失函数的数学期望来度量。若质量特性 Y 的均值为 μ，标准差为 σ，则期望质量损失可以表示为

$$\begin{aligned}E(L(Y))&=E(k(Y-T)^2)\\&=kE(Y-\mu+\mu-T)^2\\&=k(\sigma^2+(\mu-T)^2)\end{aligned} \tag{1.2}$$

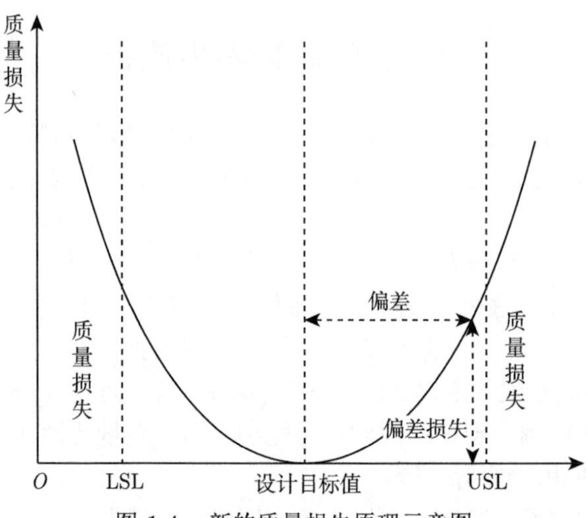

图 1.4　新的质量损失原理示意图

从两种质量损失函数曲线可以看到：传统的质量损失观念认为满足规格要求的合格品皆具有同等的优良水平，因此，过程的输出结果满足容差要求即可。只要生产过程达到一定的能力要求，生产出几乎百分之百的合格品，就无须对这样的过程实施进一步的改进。然而，新的质量损失观念不仅要求生产出满足规格要求的合格品，还要在过程均值尽可能接近设计目标值的情况下，最大限度地减少过程输出产生的波动，使得过程的输出结果最大限度地聚集在设计目标值的附近。

不管科学技术多么发达，人们都无法彻底消除生产过程中随机因素的干扰。只要有干扰，生产过程输出结果的波动就永远不会消失。新的质量损失原理为理论研究和实际工作者提出了努力的方向：在过程输出均值落在设计目标值的情况下，最大限度地减少波动，并使之为零是努力奋斗的终点。但这个终点是永远不可能达到的，我们的奋斗目标就是在向零逼近的过程中不断地进取。图 1.5 生动地诠释了这一奋斗目标。

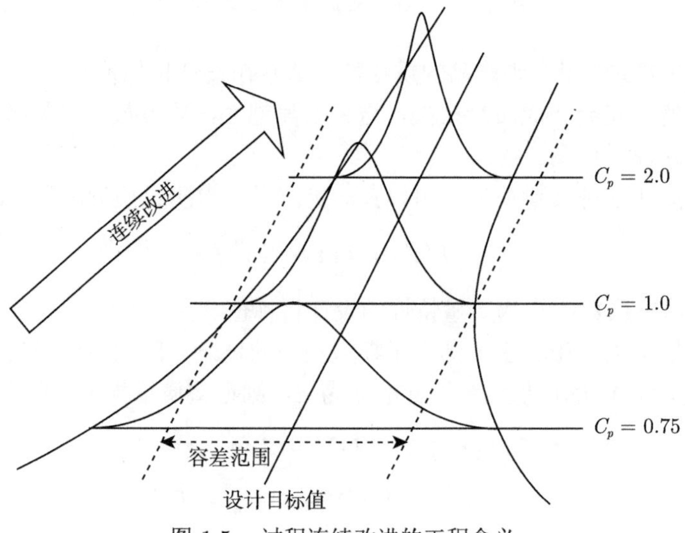

图 1.5　过程连续改进的工程含义

根据新的质量损失原理，要降低质量损失，就必须在产品的实现过程中，最大限度地减小、抑制和控制波动。如何有效地减小和控制波动，在质量工程技术领域，最有效的方法就是质量设计，主要的工具是试验设计与分析。

1.3 质量设计和试验设计

质量设计 (design for quality) 也称离线质量控制。质量设计的概念由朱兰提出，是指开发产品 (或过程) 以保证最终结果满足顾客需求的一种结构化的策划过程，其基本思想就是在设计过程中融入顾客需求，确保设计质量、缩短设计时间、降低设计成本。因此，本书所说的质量设计就是指产品 (或过程) 设计开发阶段，为保证产品 (过程) 质量所采用的质量工程技术，试验设计是其基础工具。

质量设计的核心是把稳健性 (robustness) 设计应用到产品和工艺设计过程中，使得在各种噪声的干扰下，质量特性值的波动尽可能小。质量设计技术应用于产品形成的早期阶段，即在产品设计开发和工艺设计中，通过质量设计使产品或零部件的质量特性值波动尽可能小。在质量生成的先天阶段其波动设计得越小，在后天环境中产品的抗干扰能力越强，质量也就越高，因此，质量设计是减小波动最有效的工具。

常用的质量设计技术包括经典的试验设计、田口方法、响应曲面和双响应曲面、计算机试验 (computer experiment) 等。下面介绍质量设计的基本原理和试验设计的发展历程。

1.3.1 质量设计的基本原理

在产品的实现过程中存在着许多甚至无法穷尽的随机因素，时刻影响着产品的实现过程。由于条件的限制，这些随机因素又不可能采取常规的直接的手段加以控制。试验设计可通过有限因素的输入和所考察特性的输出，以及相应的统计分析，得到影响过程输出的重要输入因素以及因素之间的交互作用，进而可根据试验所获得的各重要因素的最优水平搭配，达到控制随机因素减小波动的目的。稳健设计的基本原理如图 1.6 所示。

质量设计的基本原理就是利用输入因素之间的交互作用，也就是非线性。为方便起见，假设过程输出质量特性 Y 为单变量，质量特性 Y 与设计因素 (控制因素)X 具有非线性关系 $Y=f(X)$。当设计因素 X 取 x_2 水平时，其响应 Y 的波动要比 X 取 x_1 水平时 Y 的波动小得多，因而可通过控制因素 X 的取值，使得响应对噪声因素不敏感，达到减小输出 Y 的波动的目的。值得注意的是，当输出响应 Y 与控制因素 X 具有线性关系时，稳健设计方法失效。事实上，响应 Y 是与设计因素 X 相关的随机变量，当 X 取不同值时，响应 Y 是与 X 有关的随机变量 Y_x，因而产生了条件随机变量序列 $\{Y_x\}$。不失一般性，设 Y_x 皆服从正态分布，即 $Y_x \sim N(\mu_x,\ \sigma_x^2)$。因此稳健设计就是找 X 的取值 x_2，使在 $X=x_2$ 的条件下，输出 Y 的方差 $\mathrm{D}(Y_{x2})$ 达到最小。很显然，当 $\{Y_x\}$ 独立同分布时，即每个随机变量都具有相同的分布时，波动相同，稳健设计失效。对于以上单变量的讨论，同样可以适用于 Y 为多变量的情况。

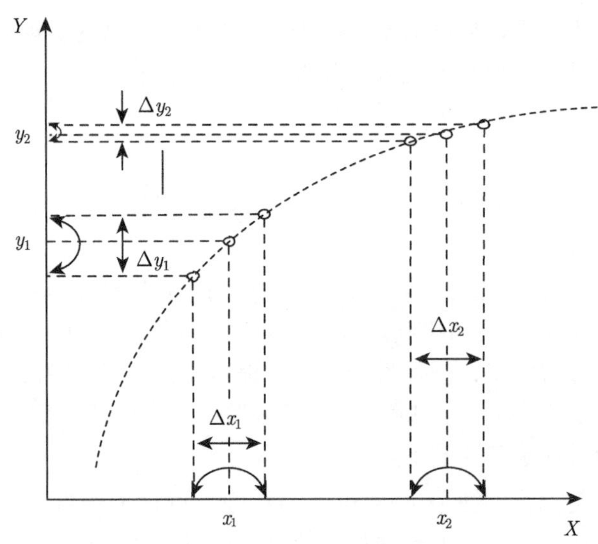

图 1.6　稳健设计的基本原理

1.3.2　试验设计的发展历程

试验设计是指提高收集和分析信息效率的一系列方法和技术。英国统计学家费希尔(Fisher) 在 19 世纪 20 年代首先提出了试验设计，并在农业生产中加以应用，取得了较好的应用成果。费希尔不仅发现了因子设计的基本原理、方差分析 (analysis of variance, ANOVA)，还证明了全因子试验设计可通过利用部分因子设计来实现，极大地减少了试验次数，并保持其统计意义。从此，试验设计成为统计学科的一个重要分支。

20 世纪 50 年代，以鲍克斯 (Box) 为代表的应用统计学家，率先将试验设计应用到工业试验中，提出了响应曲面方法等多种方法，并广泛应用到化工、制造等领域，使该分支在理论上日趋完善，在应用上日趋广泛。

20 世纪 60 年代，以田口玄一为代表的质量专家，一方面将试验设计普及化，应用到工业现场，如将正交设计表格化；另一方面，为克服试验设计应用到工业试验的局限性，指出试验设计中要考虑噪声因子对响应的影响；在试验中，仅仅关心响应的位置效应 (location effect) 是不够的，应同时考虑响应的散度效应 (dispersion effect)；并提出三次设计的概念，即系统设计、稳健设计和容差设计。三次设计的核心是稳健设计，也称参数设计，或者稳健参数设计，参数设计的基本概念包括：① 寻找设计变量的水平搭配，使之对噪声变量不敏感；② 围绕设计目标值，实现产品功能波动的最小化；③ 利用正交表，实现试验轮次最小化，并进行确认性验证。

尽管田口稳健设计的理论和应用是在传统试验设计的基础上发展起来的，但是田口方法和试验设计方法在理念、设计和数据分析方面仍存在较大的差异，主要表现在：① 田口方法主要源于工程而非科学，工程关注应用，科学关注解释，田口方法更多集中于质量改进，降低成本，而不是发掘各种事情之间的因果关系；② 田口稳健设计的显著特点是同时考虑均值和波动，并在部分因子试验中广泛采用正交表；传统试验设计很少采用正交表；③ 经典的统计设计把因子分为固定的或随机的，田口方法把因子划分为可控因子、噪声因子、信号因子、调节因子、指示因子、区块因子等，从工程上讲，每类因子均有重要意义。

无论经典的试验设计，还是田口的稳健设计，均可称为实物 (physical) 试验。为了简便起见，以图示的方式展示实物试验的发展概况，见图 1.7。

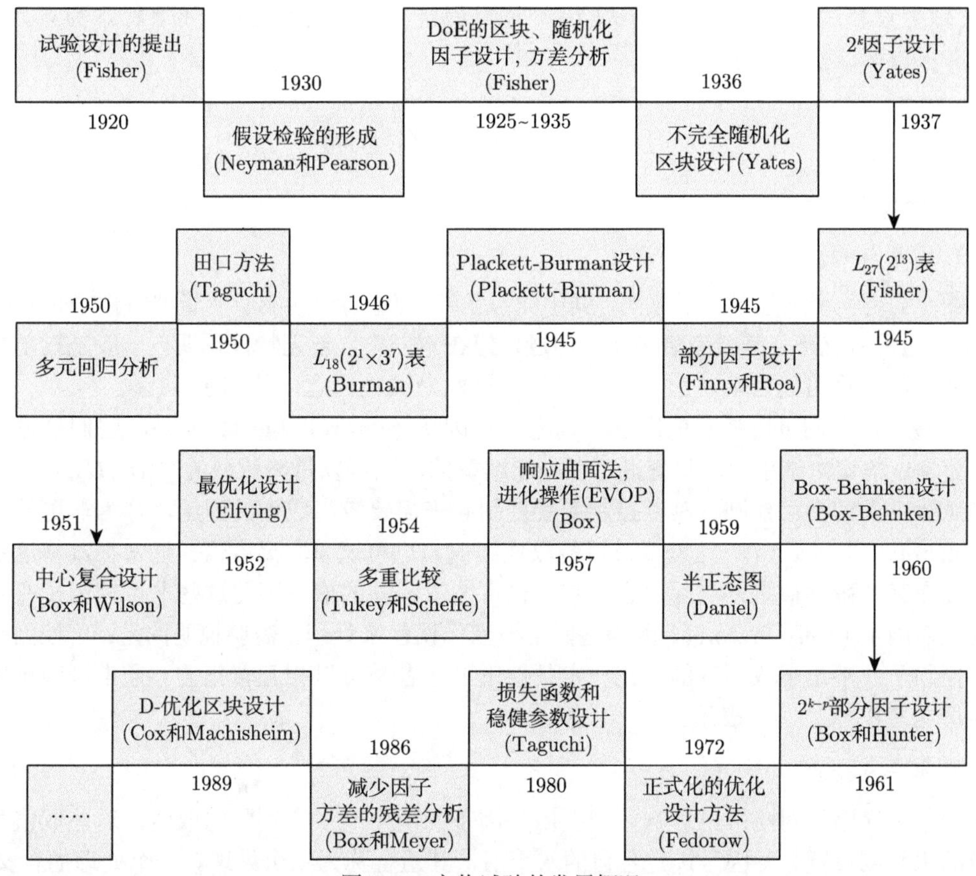

图 1.7 实物试验的发展概况

20 世纪 80 年代末期，Sacks 等 (1989) 提出了计算机试验的概念，由此，开启了仿真试验的新局面。仿真试验又可分为确定性仿真和随机仿真两大类。仿真试验的核心是建立元模型 (metamodel) 或者替代模型 (surrogate/emulator)，近似刻画过程输入与输出之间的函数关系。人们已建立各种类型的元模型，通常分为统计模型和机器学习模型，常用的统计模型包括：一阶、二阶多项式 (响应曲面)，克里金 (Kriging) 模型，样条模型，贝叶斯 (Bayes) 模型等；机器学习模型包括：神经网络 (neural network，NN)、支持向量机 (support vector machine，SVM) 等，仿真试验已广泛应用于飞行器、高速列车外形等产品设计、多学科优化设计等领域。有关仿真试验的进展可参考 Kleijnen(2016) 的相关研究。

实物试验与仿真试验具有相同的研究目标和研究框架，但二者之间也存在着显著的区别，主要表现在以下方面。

(1) 因子和水平。实物试验中，因子最多不超过 10 个，水平上限是 5；在仿真试验中因子可以有上千个，可以有多个水平。

(2) 试验方式。仿真试验通常采用“序贯”设计的方式，实物试验采用“one shot”的方式。

(3) 时间和成本。仿真试验通常耗时短，成本较低；实物试验相对耗时较长，试验成本较高。

(4) 假设和边界条件。在实物试验中，通常假定试验误差独立同分布，样本独立。仿真试验并不强调这些假设条件。

1.4　试验设计的基础

1.4.1　试验设计中的基本术语

1. 因子与响应

图 1.1 是一个过程模型示意图，其中 Y 是输出变量，称为响应变量或特性 (characteristics)。通常情况下，需要考虑多响应问题，但在本书中，若无特殊说明，一般是指单响应变量的情况。将可能影响响应变量的那些变量称为试验问题中的因子，$(X_1, X_2, \cdots, X_K)$ 是在试验中，人们可以控制的因子，称为可控因子 (controllable factors)，它们是输入变量，影响过程输出结果。这些变量可以是连续型的，也可以是离散型的。$(U_1, U_2, \cdots, U_M)$ 是在试验中人们不可控制、难以控制或者控制起来需要较高成本的因子，称为非可控因子 (uncontrollable factors)。这些变量可能取连续值，也可能只取离散值。通常很难将这些变量控制在某个精确值上，实际问题中它们也可能取不同的值，因此这些非可控因子有时也称为噪声因子 (noise factors)，因为它们常被当作误差来处理。需要说明的是：可控因子和不可控因子并不是一成不变的，在一定条件下，二者是可以相互转化的。通常，因子用大写字母 A，B，C，$\cdots$ 表示。

2. 水平及处理

为了研究因子对响应的影响，需要用到因子的两个或多个不同的取值，这些取值称为因子的水平或设置。各因子选定各自的水平后，其组合称为一个处理。一个处理的含义是：按照设定因子的水平的组合，进行试验，可以获得响应变量的观测值，因此处理也可代表一种安排，它比试验或者运行含义更广泛，这是因为一个处理可以进行多次试验。

3. 试验单元与试验环境

处理 (即试验) 应用其上的最小单位称为试验单元 (experiment unit)。例如，按因子组合规定的工艺条件所生产的一件 (或一批) 产品。

以已知或未知的方式影响试验结果的周围条件，称为试验环境 (experiment environment)，通常包括温度、湿度等不可控因子。

4. 模型与误差

考虑到影响响应变量 Y 的可控因子是 $X_1, X_2, \cdots, X_K$，在试验设计中建立的过程模型 $Y = f(X, U)$，可以表示为

$$Y = f\left(X_1, X_2, \cdots, X_K\right) + \varepsilon \tag{1.3}$$

其中，Y 为响应变量；$X_1, X_2, \cdots, X_K$ 为可控因子；f 为某个确定的函数关系；误差 ε 除了包含非可控因子 (或噪声) 所造成的试验误差 (experimental error)，还可能包含失拟误差 (lack of fit)。失拟误差是指采用的模型函数 f 与真实函数之间的差异。试验误差与失拟误差的性质是不同的，分析时也要分别处理。有时为了简化，常假定函数关系 f 是准确的，从而可以忽略失拟误差。从上述概念还可以看到，试验误差本身也包含测量误差。为了不使测量误差影响分析结果，通常在试验进行前，需要进行测量系统分析，只有当测量误差满足了对测量系统的最低要求时，才开始进行试验。

5. *主效应和交互效应*

下面通过简单的因子设计来说明主效应和交互效应的计算。

例 1.1 假设某试验有两个因子 A 和 B，因子 A 有两个水平 A_1、A_2，因子 B 有两个水平 B_1、B_2，试验所得结果 y 如表 1.1 所示。

表 1.1 二因子试验数据 (一) (单位：kg)

	A_1	A_2
B_1	200	220
B_2	240	260

如何定义因子 A 的主效应呢？当因子 A 处于低水平时 (不考虑因子 B)，得到 y 的平均值为 $(200+240)/2=220(\text{kg})$，当因子 A 处于高水平时，得到 y 的均值为 $(220+260)/2=240(\text{kg})$。试验结果 y 由 220kg 提高到 240kg 完全是因子 A 的作用，则称因子 A 的主效应为 $240-220=20(\text{kg})$。

因子 A 的主效应 = 因子 A 处于高水平时 y 的平均值 − 因子 A 处于低水平时 y 的平均值

同样可以计算出：

$$\text{因子 B 的主效应} = (240+260)/2-(200+220)/2=250-210=40(\text{kg})$$

还可以看到，当因子 B 处于高水平时，因子 A 的效应为 $260-240=20(\text{kg})$，当因子 B 处于低水平时，因子 A 的效应为 $220-200=20(\text{kg})$，二者完全相同。如图 1.8 所示，可以看出两条线是平行的。

若表 1.1 的试验数据变为表 1.2 的数据，根据表 1.2，由于因子 A 处于低水平时，y 的平均值是 $(200+240)/2=220(\text{kg})$；因子 A 处于高水平时，$y$ 的平均值是 $(220+280)/2=250(\text{kg})$，称因子 A 的主效应为 $250-220=30(\text{kg})$，同样可以算出：

$$\text{因子 B 的主效应} = (240+280)/2-(200+220)/2=50(\text{kg})$$

当因子 B 处于高水平时，因子 A 的效应为 $280-240=40(\text{kg})$，当因子 B 处于低水平时，因子 A 的效应为 $220-200=20(\text{kg})$，二者不大相同。如图 1.9 所示，可以看出两条线是不平行的。

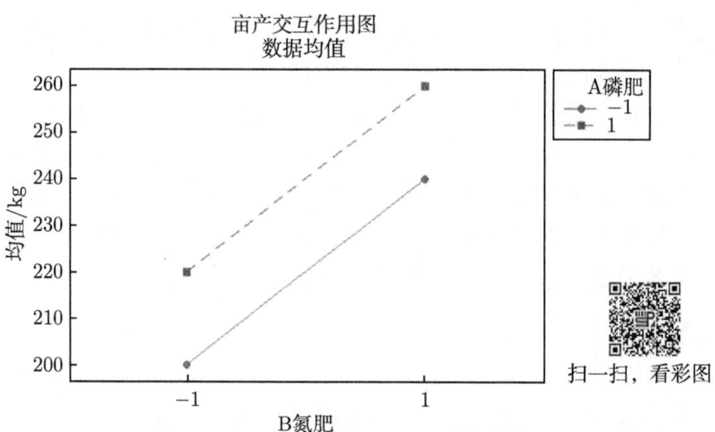

图 1.8 无交互作用的效应图 (−1 表示低水平，1 表示高水平)

表 1.2 二因子试验数据 (二) (单位：kg)

	A_1	A_2
B_1	200	220
B_2	240	280

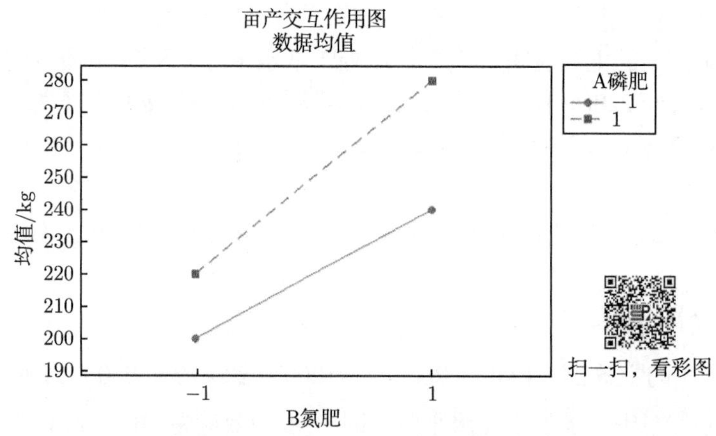

图 1.9 有交互作用时的效应图 (−1 表示低水平，1 表示高水平)

那么，如何定义两因子之间具有交互作用呢？通常，如果因子 A 的效应依赖于因子 B 所处的水平，则称因子 A 与 B 之间具有交互作用。

显然，在表 1.1 的数据中，因子 A 与因子 B 之间没有交互作用。在表 1.2 的数据中，因子 A 与因子 B 是有交互作用的，那么，如何度量交互作用的大小呢？如果没有交互作用，当因子 B 处于不同水平时，因子 A 的效应是不变的，因此定义交互作用的出发点就是，当因子 B 处于不同水平时，因子 A 的效应变化了多少。因此，定义 AB 的交互效应为

$$\text{AB 交互效应} = (\text{B 处于高水平时 A 的效应} - \text{B 处于低水平时 A 的效应})/2$$

在表 1.2 的数据中，AB 交互效应 =((280 − 240) − (220 − 200))/2 = 10(kg)。同样，交换 AB 的顺序，可以得到公式：

BA 交互效应 =(A 处于高水平时 B 的效应 −A 处于低水平时 B 的效应)/2

BA 交互效应 =((280 − 220) − (240 − 200))/2 = 10(kg)，显然二者是相同的。以后不再区分 AB 或 BA 的交互效应。另外，还可以得到变形的公式：

AB 交互效应 =((A 高 B 高 +A 低 B 低)−(A 高 B 低 +A 低 B 高))/2

用例 1.1 中表 1.2 的数据，即 AB 交互效应 =((280 + 200) − (220 + 240))/2 = 10(kg)。

需要注意的是，如果两个因子间存在显著的交互作用，就不能只用主效应来作为该因子是否重要的判别依据。有时一个因子主效应很小，只要某个包含它的交互作用效应显著，则这个因子也是重要的，这就是试验设计中的遗传效应原则。

1.4.2 试验设计的必要性

人类在认识自然界的过程中，一直进行着多方面的探索。试验是构成学习过程的一个重要因素，试验是一种综合了人们的期望、需要、知识和资源的复杂过程。

多因子分析试验中，常用的方法是一次一因子法 (one-factor-at-a-time)。其做法是：多个因子试验中，每次只改变一个因子的水平，其他因子则保持在固定或选定的水平上。这种方法由于其简单性备受实际工作者的欢迎，但与统计试验设计方法相比，要达到同样的效应估计的精度，需要更多的试验次数；它不能估计某些交互效应；甚至会导致错误的结论。

例 1.2 一化工企业，关心的质量特性是某产品的纯度 Y，而影响该质量特性的两个重要因子分别是温度 A 和时间 B，企业关心的是产品的纯度 Y。试验者对因子 A 选择了四个水平 (A_1=70℃，A_2=75℃，A_3=80℃，A_4=85℃)，因子 B 选择了三个水平 (B_1=40min，B_2=44min，B_3=48min)，当前的操作水平是 A_1B_1。

首先，操作者将温度 A 的水平固定在当前水平 A_1，时间 B 的水平从 B_1 改变到 B_2，B_3，观测到的试验结果见表 1.3。从表 1.3 可以看出：因子 B 的最优水平是 B_3，纯度 Y 提高了 +1.3 百分点。

表 1.3 当固定温度 A 在 A_1 水平下，因子 B 变化的试验结果

轮次	因子 A	因子 B	结果 Y	变化率/百分点
1	A_1	B_1	91.5%	–
2	A_1	B_2	92.2%	+0.7
3	A_1	B_3	92.8%	+1.3

其次，把时间 B 的水平固定在当前水平 B_1，改变温度 A 的水平从 A_1 到 A_2，A_3，A_4，观测到的试验结果见表 1.4。从表 1.4 可以看出：因子 A 的最优水平是 A_3，纯度 Y 提高了 +1.5 百分点。

依据表 1.3 和表 1.4 的结果可以推断出：因子 A 和因子 B 的最佳水平组合是 A_3B_3 吗？从当前操作水平 A_1B_1 到 A_3B_3，纯度 Y 能提高 +2.8 百分点吗？答案是否定的。从该一次一因子试验，并不能保证 A_3B_3 是最佳生产条件，也不能保证 Y 提高了 2.8 百分点，只能说：当因子 A 处于 A_1 水平时，在因子 B 的三个不同水平中，B_3 是最优的。

表 1.4　当固定时间 B 在 B_1 水平时，因子 A 变化的试验结果

轮次	因子 A	因子 B	结果 Y	变化率/百分点
1	A_1	B_1	91.5%	–
2	A_2	B_1	91.9%	+0.4
3	A_3	B_1	93.0%	+1.5
4	A_4	B_1	92.8%	+1.3

试验者进行了二因子设计试验，在没有重复的条件下，共进行了 4×3=12 轮次试验，表 1.5 给出了试验结果。从中可以看出最优条件不是 A_3B_3，而是 A_3B_2；在 A_3B_3 条件下，纯度 Y 是 92.6%，而不是 94.3%。这就意味着采用一次一因子试验，在预测因子的最优条件以及最优条件下的响应值时，可能会导致错误的结论。

因此，当有 $K(K \geqslant 2)$ 个因子时，需要采用 K 因子的因子设计。

表 1.5　二因子试验的试验结果

	A_1	A_2	A_3	A_4	合计	均值
B_1	91.5	91.9	93.0	92.8	369.2	92.3
B_2	92.2	92.9	93.8	93.6	372.5	93.125
B_3	92.8	93.1	92.6	92.3	370.8	92.7
合计	276.5	277.9	279.4	278.7	1112.5	
均值	92.167	92.633	93.133	92.9		92.708

将全部因子全部水平的全部组合都进行至少一次试验的安排方法称为全因子试验设计。这是人们容易想到的一个办法，而且可以获得相当多的信息。但是，这种方法是否永远可行呢？答案是否定的，因为这样做的试验次数太多，人们往往无法接受。如果有 8 个因子，每个因子只取二水平，那么全因子试验要进行 2^8=256 次；若每个因子取三水平，那么全因子试验要 3^8=6561 次。这在实际工作中是办不到的，只能从中选择一部分来进行。那么怎样选择呢？就是要用最少的试验次数，获得尽可能多的信息，这就需要对试验进行设计。

试验设计的统计分析方法不但能从试验结果中找到最优值，而且可以判断哪些因子影响显著，哪些因子影响不显著，还可以得到有关的变化规律，预测将要达到的最佳值和这个最佳值的变化范围。

1.4.3　试验设计的类型

根据不同的研究内容，试验设计有各种各样的分类方法。根据因子组合的配置和试验随机化的程度，试验设计可以分为以下几种。

(1) 因子设计。这种设计是研究所有因子组合中，所有可能处理的组合。试验的次序是完全随机选取的，如单因子设计、二因子设计等。一般的，k 因子二水平设计 (2^k)，k 因子三水平设计 (3^k)，均属于因子设计。

(2) 部分因子设计。这种设计是研究所涉及因子中，所有可能处理组合中的一部分。试验的次序是完全随机化的。例如，设计中采用的正交设计、Plackett-Burman 设计、拉丁方设计等。这种设计主要应用在因子筛选中，可以节约成本和时间。

(3) 随机化的完全区块设计、裂区设计和嵌套设计。在这些设计中，需要检验所有可能处理的组合，但对随机化有一定的限制。随机化的完全区块设计是指：每一个区块包括所有可能的处理，每个区块内的处理是随机的。关于裂区设计和嵌套设计，可参考 Perry 等 (2007) 的相关研究。

(4) 不完全区块设计。如果在随机化的完全区块设计中，有些处理并不能呈现在区块中，就是不完全区块设计。由于试验设施短缺，在每个区块中不能够进行所有的处理时，通常采用不完全区块设计。如果每个区块包含相同数目的处理，而且在相同数目的区块中，每个成对的处理共同进行，则称这种设计是均衡的。

(5) 响应曲面设计和混料设计。设计的目标是建立回归模型，以探求响应变量与因子 (输入变量) 之间的函数关系，寻找因子的最优条件。例如，中心复合设计 (central composite design, CCD)、旋转设计、混料设计等，均属于这类设计。需要说明的是，在混料设计中各成分之和是 1，因此因子水平不是独立的。

在工业试验中，许多试验设计都属于上述类型。由于设计太多，在实践中选择合适的设计有时是困难的，图 1.10 提供了选择试验设计的流程图。

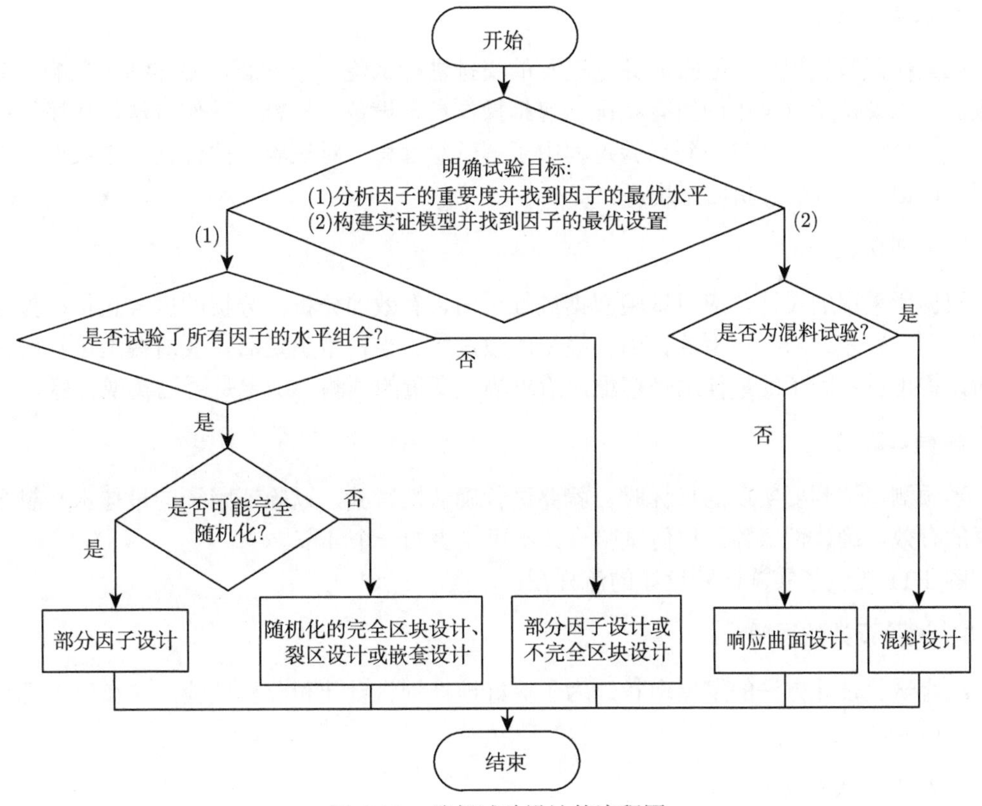

图 1.10 选择试验设计的流程图

1.4.4 试验设计的基本步骤

概括来说，试验设计包括计划、试验、分析和确认四个阶段。

1. 计划阶段

计划阶段是试验设计的最初阶段，核心是策划设计方案。具体的，计划阶段又可以划分为下面几个步骤。

(1) 阐述存在的问题和所要达到的目标。所有团队人员要清楚存在的问题和要求，目标应具体，可量化。

(2) 选择响应变量。质量特性通常分为三类：望目特性、望小特性和望大特性。在选择质量特性时，尽可能反映问题的本质，尽可能定量、可测量。

(3) 选择因子及其水平。在开始选择因子时，往往考虑的因子很多，在这种情况下，可采用因果图、流程图、FMEA(failure mode and effects analysis，失效模式与影响分析) 等方法对因子进行初步筛选，对不能确定删除的因子应保留。对水平的选择也要仔细，一般来说，各个水平的选取应具有一定的“分散度”，以便检测出因子的效应；同时也要有一定的“集中度”，以防止其他因子渗透进来，不利于建模和预测。

(4) 选择计划试验。根据试验目的，选择的响应变量、因子及其水平，确定试验的类型、试验的次数、试验的随机化原则，安排好试验方案，最终形成计划矩阵。

2. 试验阶段

在具体试验过程中，应按照计划矩阵的安排进行试验。一方面，要详细记录响应变量的数据，以及试验过程中的所有状况，包括操作员、设备、材料、操作方法、环境等；另一方面，分析人员最好参与到试验过程中了解试验过程，对试验中的任何异常数据、现象都应予以记录，以备分析时采用。

3. 分析阶段

根据所采用的设计，应对试验数据进行全面、有效的分析。分析的内容包括：拟合选定的模型、残差诊断、模型的评估及模型的改进等。当模型确定后，要对模型进行解释和推断，提出重要因子的最佳水平搭配，给出响应变量的预测，确定是否已实现目标。

4. 确认阶段

当预测值达到要实现的目标时，就要进行确认性试验，以验证因子的最佳水平组合是否真的有效。确认性试验是任何试验设计不可缺少的一个环节。

图 1.11 提供了实施试验设计的流程图。

1.4.5　试验设计的展望

综合试验设计方法的发展现状，为了更好地计划、设计和分析试验，应在以下几个方面加强研究。

1. 改进的试验设计方法

许多学者试图将田口玄一的参数设计原理同已成熟的统计技术有机结合起来，有些作者建议把噪声因素 (在田口的参数设计中固定不变的) 也作为设计因素，采用单一的设计矩阵，直接建立响应与控制和噪声因素之间的函数关系。即采用响应曲面方法直接建立响应与控制和噪声因素之间的函数关系。

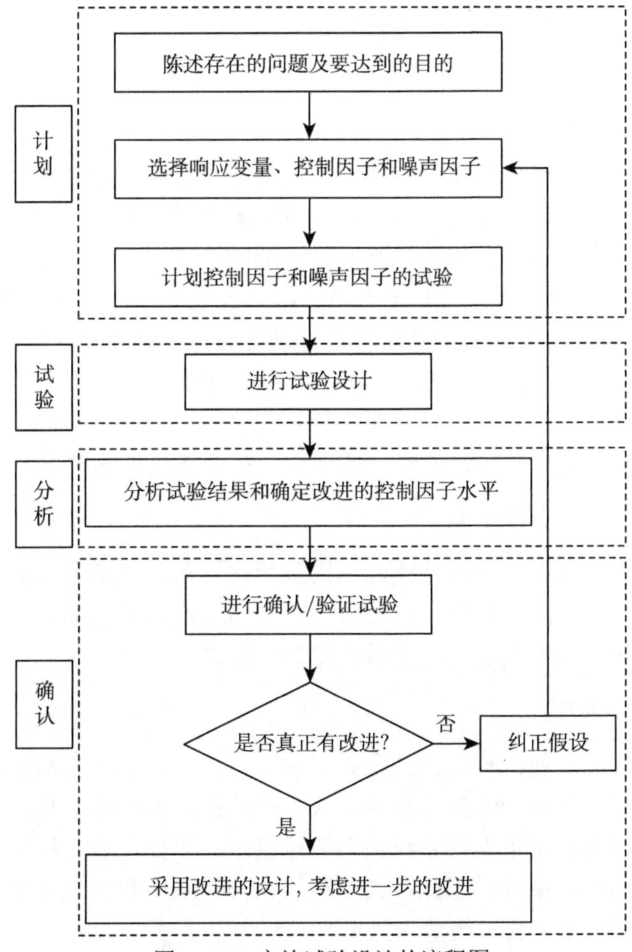

图 1.11 实施试验设计的流程图

尽管响应建模方法具有很高的价值，但其实现方法还不够成熟。由于方差的估计基于建立的响应模型，因此，预测模型必须精确；控制参数可能对响应模型非常敏感，必须谨慎地选择控制参数水平。为了使响应模型具有良好的预测能力，在建模过程中需要丰富的经验和物理知识。

2. 多元稳健设计方法

多元稳健设计在统计文献中并没有受到相应的重视，与单变量稳健设计相比，它的发展相对滞后，这与其在科学和工业领域不断增长的需求形成了鲜明对照。其主要原因在于：首先，这是一个相对较新的领域，它的发展仅有 20 年的历史；其次，在实践中缺少用于分析多元响应数据的应用软件，随着现代技术的发展，获得用于描述系统或产品不同方面的数据已相当普遍。因此，研究实用的多元响应技术和数据分析方法已是当务之急。

多元设计优化技术是一个应用广阔的领域，在多元设计优化中还存在以下有待解决的问题：① 在多响应数据分析中，很多实践工作者并不知道其统计特性；② 在多响应线性模型中，关于估计参数的假设检验难以理解，所有的多元统计方法只有统计学家才能真正理解；③ 缺少用于判断拟合的多响应模型的诊断方法；④ 缺少实用的软件，难以吸引工程技术人员应用多元稳健设计技术。

3. 计算机辅助试验设计

由于竞争的压力和自动化技术的应用，许多企业已逐渐识别到计算机在质量控制中的潜力。试验设计的一个快速、方便的方法是计算机辅助试验设计，可以节约工程技术人员在建模、计算和结果分析等方面的大量时间，详细的图示提供了对过程或系统易于理解的画面。毫无疑问，开发用于指导工程技术人员应用试验设计和分析的软件是非常重要的。目前，从逻辑顺序上，市场上的多数商业软件为标准化设计，但难以处理特殊的技术问题，如嵌套、方差构成、裂区等，无法挖掘专家设计系统的全部潜力。因此，把专家的知识和经验成功地融入软件之中是开发专家系统面临的最大挑战。因此，智能化的统计设计软件将会扩展试验设计的应用范围，带来质量、成本和产品开发周期的突破。

4. 神经网络在试验设计中的应用

随着计算机技术的发展，无论从模式识别到优化，还是从函数近似到连续控制，神经网络技术都得到了广泛应用。同样，极希望将其应用在产品开发和制造过程中。在改进质量和生产绩效中，计算机集成质量工程系统将是一种核心工具。

5. 仿真试验的新发展

仿真试验的发展，将使试验设计具有更强的能力用于人工神经网络、模糊系统和机器学习等方面。近年来，在统计学的实践中，人工智能的应用迅速增长。神经网络技术的发展是把试验设计的概念和决策支持系统融入智能系统，以处理非结构或并结构问题。这种系统能够体现专家判断的偏好，因此，人工智能、神经网络和其他适应系统技术可用于工业试验设计的决策或策略的自动形成。

此外，还应关注广义线性模型和其他非正态性建模、参数和非参数试验设计、贝叶斯试验、试验设计与其他优化设计技术的结合。

1.5　主要内容及各章之间的逻辑关系

全书共分 10 章。

第 1 章，试验设计简介，主要内容包括：波动理论，新的质量损失原理，质量设计和试验设计，试验设计的基础，并给出本书的主要内容及其相互关系。

第 2 章，经典试验设计与分析，主要内容包括：单因子试验设计与分析，二水平全因子试验设计与分析，二水平部分因子试验设计与分析。

第 3 章，经典试验设计的拓展，主要内容包括：三水平因子设计，三水平部分因子试验的设计与分析，混合水平的因子设计，筛选因子的 Plackett-Burman 设计。

第 4 章，响应曲面试验设计与分析，主要内容包括：响应曲面概述，响应曲面设计的分析及实例，多响应试验的优化和分析。

第 5 章，田口方法，主要内容包括：田口方法概述，稳健参数设计，动态参数设计，容差设计等。

第 6 章，混料设计，主要内容包括：混料设计概述，混料设计方法，混料试验的计算机实现。

第 7 章，波动源的探测和分析，主要内容包括：波动源分析概述，方差分量，波动源的分离技术。

第 8 章，其他试验设计与分析，主要内容包括：非正态响应，因子设计中的非均衡数据，协方差分析。

第 9 章，计算机试验设计简介，主要内容包括：计算机试验设计的发展历程及展望，计算机试验设计基础，计算机试验设计与随机过程，空间填充设计，序贯试验设计。

第 10 章，计算机试验设计与分析，主要内容包括：计算机仿真与元建模，代理模型，组合建模技术与方法，灵敏度分析方法，基于代理模型的优化方法。

图 1.12 提供了本书各章之间的逻辑关系图，以便读者阅读时，有选择地使用。

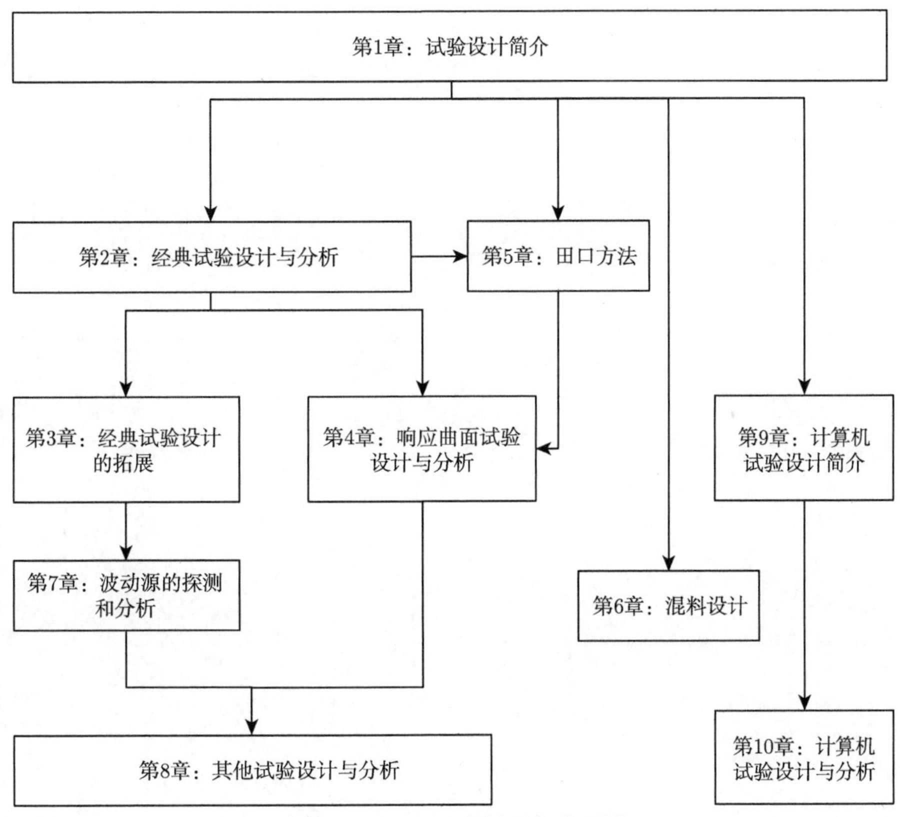

图 1.12　主要内容的逻辑关系图

思考与练习

1-1 产生质量问题的根本原因是什么？如何理解？

1-2 引起质量问题的波动源有哪些？如何减小、控制波动？

1-3 如何理解新的质量损失原理？

1-4 如何理解实物试验与计算机试验？

1-5 为什么要进行试验设计？

1-6 试验设计的基本步骤有哪些？

1-7 查阅文献，了解试验设计与分析的研究现状和发展趋势。

第 2 章　经典试验设计与分析

本章主要介绍单因子试验设计与分析、二水平全因子试验设计与分析、二水平部分因子试验设计与分析等，为后续质量设计和改进提供支持。

2.1　单因子试验设计与分析

单因子试验，顾名思义，就是只有一个因子的试验。尽管单因子试验比较简单，但所用到的理论和方法在多因子试验中也会遇到。单因子试验通常具有两个目的：一是比较因子的几个不同水平间是否存在显著差异，如果有显著差异，哪个或者哪些水平较高；二是建立响应变量与自变量间的回归关系 (通常是线性、二次或三次多项式)，判断建立的回归关系是否具有意义。

2.1.1　单项分类设计

例 2.1　为考察某种纤维中棉花的百分含量与抗拉强度之间的关系，进行一个棉花含量的单因子试验。此试验因子为棉花百分含量。假定该因子有五个水平，分别为 15%、20%、25%、30%、35%，并计划重复五次。通过随机获取样本编号进行测量，其结果见表 2.1。

表 2.1　抗拉强度完全随机设计试验结果

编号	水平				
	15%	20%	25%	30%	35%
1	48.3	82.7	96.5	131.0	48.3
2	48.3	117.2	124.1	172.4	68.9
3	103.4	82.7	124.1	151.7	75.8
4	75.8	124.1	131.0	131.0	103.4
5	62.1	124.1	131.0	158.6	75.8

检验棉花在这五个百分含量下的抗拉强度是否具有显著差异，即检验：

$$H_0: \mu_1 = \mu_2 = \cdots = \mu_5 \quad H_1: 至少有一对\mu_i \neq \mu_j \quad (i, j = 1, 2, 3, 4, 5)$$

使用 MINITAB 软件，选择“统计 → 方差分析 → 单因子”选项，MINITAB 输出方差分析表如表 2.2 所示。

表 2.2　MINITAB 输出方差分析表

来源	自由度	Adj SS	Adj MS	F 值	P 值
棉花百分含量	4	22623	5655.9	14.77	0.000
误差	20	7661	383.0		
合计	24	30284			

在方差分析表中可以看出：组内 (随机误差) 离差平方和为 7661，自由度为 20；组间离差平方和为 22623，自由度为 4，计算的 F 值为 14.77，P 值为 0.000，应该拒绝原假设，即棉花在不同的百分含量下，其抗拉强度是有显著差异的。图 2.1 给出了棉花不同百分含量情况下，抗拉强度的箱线图。

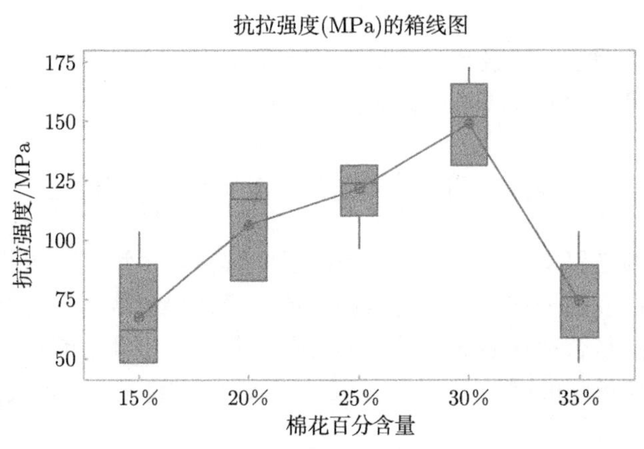

图 2.1 棉花不同百分含量情况下，抗拉强度的箱线图

在拒绝原假设，表明各水平之间有显著差异后，哪些水平间有显著差异，哪些水平间没有显著差异，这就要用到多重比较的统计方法。实际进行单因子分析时，一般选 Tukey 算法，以保证整体误差率为 5%。

由于 Tukey 算法所设定的整体误差率为 5%，显然，两两比较检验的第一类错误设定的风险要远远低于 5%。在箱线图中可以看出，在百分含量为 30%时，棉花的抗拉强度最大。

第一组以水平 15%为被减项，其他水平 20%、25%、30%、35%时的均值分别减去水平 15%时均值得到的置信区间，从 20%减去 15%时的样本均值为 38.56，但总体均值差可能大些也可能小些，但以 95%的把握可以断言，总体的均值差将落在 [1.56，75.60] 内，可以看出这个置信区间不包含 0，说明 15%与 20%间总体的均值差不可能有 0，也就是两者抗拉强度的均值有显著差异。

其实，对于两总体的均值差将落入什么区间的具体数值并不重要，关键是这个区间是否包含 0，也就是上下限的符号是否相反。如果上下限皆为正，则说明第二个总体均值比第一个总体均值大；如果上下限皆为负，则说明第二个总体均值比第一个总体均值小。从上述的 Tukey 算法中可以看出，一共有 6 组均值差异显著。例 2.1 的比较结果见图 2.2。由比较结果可知，不共享字母的均值之间具有显著差异。MINITAB 输出结果如表 2.3 所示。

表 2.3 例 2.1 MINITAB 输出结果 Tukey 配对比较

棉花百分含量	N	均值	分组
30%	5	148.94	A
25%	5	121.34	A B
20%	5	106.16	B C
35%	5	74.44	C D
15%	5	67.6	D

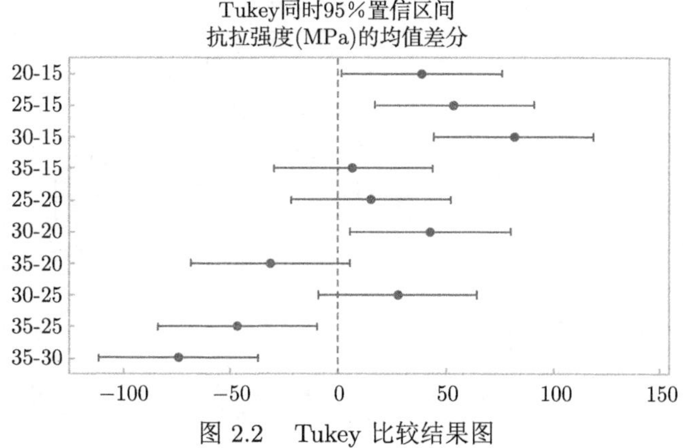

图 2.2 Tukey 比较结果图

如图 2.2 所示，如果区间不包含零，则对应的均值具有显著的差异。

2.1.2 多项式回归

通常单因子试验的第二个目的是希望建立响应变量与因子 (自变量) 间的回归关系。

例 2.2 在热处理工艺过程中，油温将影响合金钢丝的弹性模量。在油温采用 800℃、820℃、840℃ 和 860℃ 时，各选取三根钢丝，测得每根钢丝的弹性模量，记录在表 2.4 中。

表 2.4 油温弹性模量数据表 (单位：GPa)

钢丝编号	油温/℃			
	800	820	840	860
钢丝 1	203	210	216	214
钢丝 2	204	215	219	209
钢丝 3	206	212	213	212

先进行方差分析，可以看出油温显著地影响钢丝的弹性模量。MINITAB 输出结果如表 2.5 所示。

表 2.5 单因子方差分析: 模量与温度

来源	自由度	SS	MS	F 值	P 值
温度	3	214.92	71.64	11.94	0.003
误差	8	48.00	6.00		
合计	11	262.92			

由于 P 值为 0.003，拒绝均值相等的原假设，即不同温度对各总体弹性模量的影响显著不同，其示意图如图 2.3 所示。

那么，如何建立钢丝弹性模量与油温之间的回归方程呢？

用 MINITAB 软件，先拟合线性方程，选择 “统计 → 回归 → 拟合线图” 选项，设定自变量和响应变量后，选定线性，得到图 2.4。从图 2.4 可以看出数据具有明显的弯曲趋势。

由于自变量的取值已经达到三个，因此可以拟合二次函数，同样选择 “统计 → 回归 → 拟合线图” 选项，选定二次函数，可得到图 2.5 所示的结果。

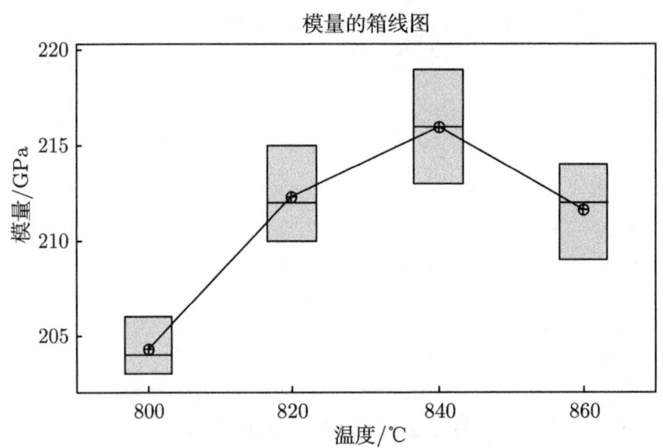

图 2.3　温度与钢丝弹性模量之间的关系图

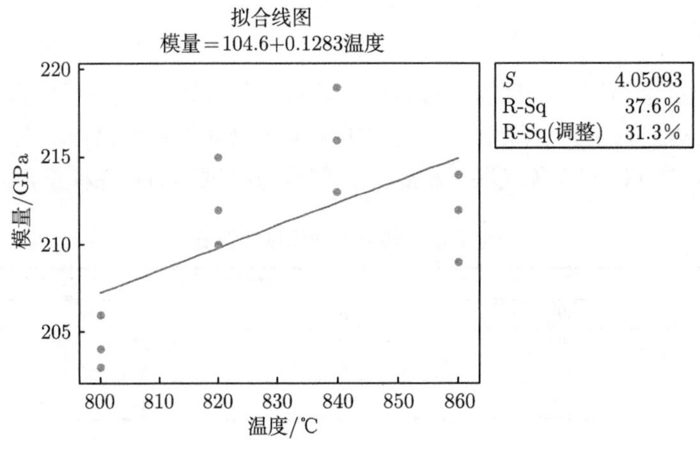

图 2.4　温度与钢丝弹性模量间的线性回归图

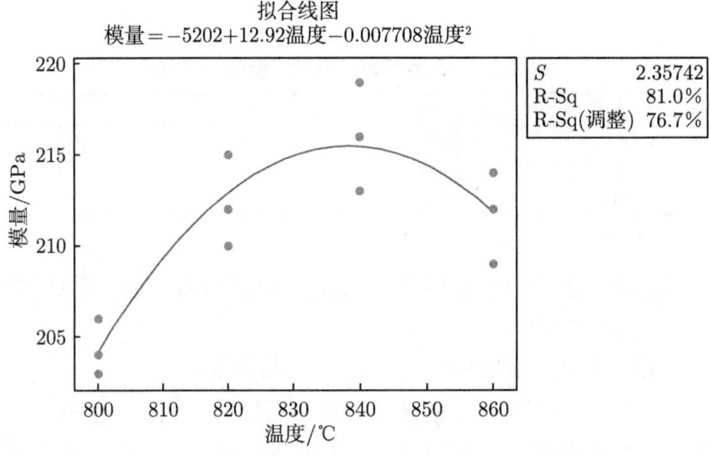

图 2.5　温度与钢丝弹性模量间的二次回归图

建立的二次回归模型：模量 $= -5202 + 12.92$ 温度 -0.007708 温度 ^{2} 是否有效？先看

方差分析表 (表 2.6) 中的总效果，设定假设检验：

$$H_0\text{：模型无效；}H_1\text{：模型有效}$$

根据 P 值的大小，可以做出接受或者拒绝原假设的判断。在例 2.2 中，回归项的 P 值为 0.001，可见模型是有效的。表 2.7 是按“线性”和“二次项”分开列出的计算结果，从中可以看到：线性项 P 值为 0.034，小于 0.05，可见线性趋势是显著的；二次项 P 值为 0.001，可见二次项趋势也是显著的。

表 2.6 方差分析表

来源	自由度	SS	MS	F 值	P 值
回归	2	212.900	106.450	19.15	0.001
误差	9	50.017	5.557		
合计	11	262.917			

表 2.7 方差的序贯分析

来源	自由度	SS	F 值	P 值
线性	1	98.817	6.02	0.034
二次项	1	114.083	20.53	0.001

上述方法还可以推广到更高阶的情形。为了让回归方程中的各项保持独立以便于检查各项效应的显著性，最好选用正交多项式回归。另外，从拟合的多项式的阶数上来说，一个因子取了 k 个水平，对于所获得的数据可以拟合一个 $k-1$ 阶多项式，但实际上，四阶以上的多项式一般是不使用的。表面上看，阶数增高可以使拟合效果更好，但这样的拟合模型缺乏好的预测能力。在回归分析中，称这类现象为超拟合。如果低阶多项式与数据确实拟合不好，可以采用样条回归或分段样条回归的方法，先在小区间上拟合最高为三阶多项式，然后将这些多项式拼接修补在一起，形成了一个在整个区域上光滑的函数或曲面。

2.2 二水平全因子试验设计与分析

全因子试验设计是指所有因子的所有水平的所有组合都至少要进行一次试验。由于包含了所有的组合，全因子试验所需试验的总数会较多，但它的优点是可以估计出所有的主效应和所有的各阶交互作用。所以，在因子个数不太多，而且确实需要考察较多交互作用时，常常选用全因子试验。

当存在有 k 个二水平的因子需要研究时，全因子试验的次数为 2^k。当因子水平超过 2 时，试验次数随因子个数的增加而呈指数增长，因此，通常仅作二水平的全因子试验。若确实需要作三水平或更多水平的全因子试验，试验设计即分析方法基本是相同的。因此，下面首先介绍二水平全因子试验设计。

2.2.1　二水平全因子试验的概述

k 个因子的二水平全因子试验记为：2^k 试验。这是整个全因子试验的记号，而不仅仅是试验次数，当然，2^k 也恰好是 k 个因子的二水平全因子试验所需的最少试验次数。

由于 k 因子二水平全因子试验至少是 2^k 次，因子个数通常不超过 5 个。在实际试验中，通常是用部分实施的因子设计进行因子筛选，然后用全因子试验设计进行因子效应和交互效应的全面分析，最后建立回归模型，确定因子的最优水平。从某种意义上讲，k 个因子的二水平试验设计具有因子筛选和建立统计模型 (这里是线性模型) 的功能。

无论试验的目的是筛选因子还是建立统计模型，都要建立回归方程。在进行回归分析时，为了消除量纲的影响，便于比较，通常对因子的取值进行编码 (code)。编码就是将因子所取的低水平值，设定为 -1；因子所取的高水平值，设定为 $+1$。通过编码后，建立的回归方程具有如下优点。

(1) 在编码后的回归方程中，自变量及交互作用项的各系数可以直接比较，系数绝对值大的效应比系数绝对值小的效应更重要、更显著。这是因为编码后，每个自变量的取值都化为无量纲的 $[-1，+1]$ 的数据，这样各系数就可以相互比较了。

(2) 编码后的回归方程中，各项系数的估计量之间是不相关的。例如，若 x_1 与 x_1x_2 是相关的，它们回归系数的估计量之间也是相关的，在回归方程中，保留或者消除 x_1x_2 项时，x_1 的回归系数也要发生变化，这就造成了使用中的诸多不便。一旦将自变量全部编码，这个问题就不存在了，即删除或增加某项对于其他项的回归系数不产生影响。

(3) 自变量编码后，回归方程中的常数项 (或称“截距”) 就有了具体的物理意义。编码中 -1 与 $+1$ 的中点恰好是 0，而将全部自变量以 0 代入方程，得到的响应变量预测值正好是截距，因此，截距是全部试验结果的平均值。

用编码数据得到的回归方程很重要 (如用于判断因子或因子间的交互效应是否显著)，但用原始数据得到的回归方程也是有价值的 (如因子的最优水平搭配)，因此，需要掌握真实值与编码值之间的换算。

例如，假定真实值的高水平为 100，低水平为 50，相应的编码值是 +1 和 −1，对应关系见表 2.8。

表 2.8　真实值和编码值换算表

项目	低水平 L	中心值 M	高水平 H
真实值	50	75	100
编码值	−1	0	+1

记中心值 M=(高水平 + 低水平)/2。半间距 D=(高水平 − 低水平)/2。则有，编码值 =(真实值 $-M)/D$，或者，真实值 $=M+D\times$ 编码值。

在本例中，编码值 =(真实值 −75)/25，或者真实值 =75+25× 编码值。

在实际应用中，应该贯彻试验设计的三个基本原则：完全重复试验、随机化、区块化。如何实现完全重复试验呢？一种做法就是将每一个试验条件重复一次或多次，这样做可以对试验误差的估计更准确，但大大增加了试验次数，增加了试验成本；另一种做法就是在中心点 (center point) 处安排重复试验，通常在中心点处重复 3~4 次试验。

中心点在所有因子均是连续变量时，就是各因子都取高水平与低水平的平均值；如果因子全是离散变量，则可以选取它们各种搭配中的某一个组合作为“伪中心点”；如果因子中既有连续变量，也有离散变量，则可以对连续变量选取其平均值，对离散变量选取某一组合作为“伪中心点”。

选取中心点强调的是完全重复，即在相同条件下，进行的完全重复试验。选取中心点并在中心点安排多次重复试验的优点有：可以对模型进行线性检验；通过中心点位置的多次重复试验对试验进行分析，进而排除误差项；试验的平衡性与正交性不会因为中心点的增加而遭到破坏。

随机化就是以完全随机的方式安排各次试验的次序或者试验单元，这样做的目的就是防止那些试验者未知的因素对响应变量产生某种系统的影响。需要说明的是：随机化并不能减少试验误差，但随机化可以使不可控制因子对试验结果的影响随机地分布于各次试验中，因此，可以防止未知的因素对响应变量产生某种系统影响。

区块化是指在实际工作中，各试验单元间难免会有某些差异，如果能够按照某种方式把它们分成组，每个组内保证差异较小，即具有同质性，而允许组间具有较大的差异，这将可以在很大程度上消除由于较大的试验误差所带来的分析上的不利影响。一组同质性的试验单元称为一个区块，将全部试验单元划分为若干个区块的方法称为区块化。如果区块化有效，则这种方法在分析时可以将区块与区块间的差异分离出来，就可以大大减少可能存在的未知变量造成的系统影响，这也是区块化的好处。在区块内还是应该按照随机化的要求进行试验顺序及试验单元分配的安排。

什么时候应用区块化，什么时候应用随机化？在试验设计中遵从的经验法则是：能区块化则区块化，不能区块化则随机化。

2.2.2 全因子试验设计的计划

在全因子试验设计的计划中，最关键的是选定因子和确定因子的水平。下面通过一个实例说明如何安排试验计划。

例 2.3 在教学实践中，进行了一次制作纸飞机的试验。在该试验中，假设影响飞机飞行时间的因子有三个：机翼、机腰和机长。这三个因子在一定范围内可调。要判断哪些因子的主效应以及哪些因子间的交互效应是显著的，什么条件下可以使飞机飞行时间最长？

已知：因子 A 机翼，低水平取 7cm，高水平取 9cm；因子 B 机腰，低水平取 2cm，高水平取 3cm；因子 C 机长，低水平取 9cm，高水平取 10cm。

准备作全因子并安排四个中心点 (即 2^3+4) 的试验，如何安排试验计划？下面以 MINITAB 软件予以说明。

选择“统计 →DOE→ 因子 → 创建因子试验设计”选项，在填写试验信息时，在“设计”中选择“全因子”，填上中心点数目 4；“因子”中分别输入三个因子的名称，以及高、低水平值，在“选项”对话框中，若选择删除“随机化”运行顺序，则可以得到一个标准顺序的试验计划表格，见表 2.9。

在“选项”对话框中，通常选择“随机化”运行顺序，计算机自动产生随机顺序的试验计划，若两个或两个以上的中心点排在一起，可以手工改变随机顺序，使中心点试验较随机地分布在试验的开始、中间和结尾。表 2.10 是选择“随机化”运行顺序自动产生的全因子试验计划矩阵，按此表格安排试验就可以进入实施阶段了。

表 2.9 全因子试验计划表 (标准顺序)

标准序	运行序	中心点	区组	机翼/cm	机腰/cm	机长/cm	飞行时间/s
1	1	1	1	7	2.0	9.0	
2	2	1	1	9	2.0	9.0	
3	3	1	1	7	3.0	9.0	
4	4	1	1	9	3.0	9.0	
5	5	1	1	7	2.0	10.0	
6	6	1	1	9	2.0	10.0	
7	7	1	1	7	3.0	10.0	
8	8	1	1	9	3.0	10.0	
9	9	0	1	8	2.5	9.5	
10	10	0	1	8	2.5	9.5	
11	11	0	1	8	2.5	9.5	
12	12	0	1	8	2.5	9.5	

表 2.10 全因子试验计划矩阵

标准序	运行序	中心点	区组	机翼/cm	机腰/cm	机长/cm	飞行时间/s
8	1	1	1	9	3.0	10.0	
10	2	0	1	8	2.5	9.5	
9	3	0	1	8	2.5	9.5	
2	4	1	1	9	2.0	9.0	
7	5	1	1	7	3.0	10.0	
11	6	0	1	8	2.5	9.5	
4	7	1	1	9	3.0	9.0	
3	8	1	1	7	3.0	9.0	
1	9	1	1	7	2.0	9.0	
5	10	1	1	7	2.0	10.0	
6	11	1	1	9	2.0	10.0	
12	12	0	1	8	2.5	9.5	

根据试验，记录试验结果，得到表 2.11。

表 2.11 飞机试验结果数据表

标准序	运行序	中心点	区组	机翼/cm	机腰/cm	机长/cm	飞行时间/s
8	1	1	1	9	3.0	10.0	5.80
10	2	0	1	8	2.5	9.5	5.75
9	3	0	1	8	2.5	9.5	5.63
2	4	1	1	9	2.0	9.0	5.49
7	5	1	1	7	3.0	10.0	4.90
11	6	0	1	8	2.5	9.5	5.71
4	7	1	1	9	3.0	9.0	5.73
3	8	1	1	7	3.0	9.0	4.95
1	9	1	1	7	2.0	9.0	4.75
5	10	1	1	7	2.0	10.0	4.80
6	11	1	1	9	2.0	10.0	5.58
12	12	0	1	8	2.5	9.5	5.73

下面将重点进入试验设计的分析阶段。

2.2.3 全因子试验设计的分析

对一个设计良好的试验，所做分析的一个重要结果就是描述因子与效应之间关系的统计模型。一个 2^3 全因子试验的完全模型是

$$y=\beta_0+\beta_1x_1+\beta_2x_2+\beta_3x_3+\beta_{12}x_1x_2+\beta_{23}x_2x_3+\beta_{123}x_1x_2x_3+\varepsilon \tag{2.1}$$

其中，ε 为误差项，并假设 $\varepsilon\sim N\left(0,\sigma^2\right)$。

全因子试验设计的分析方法是一般的试验设计分析的典型代表。图 2.6 给出了试验设计分析阶段的流程图。

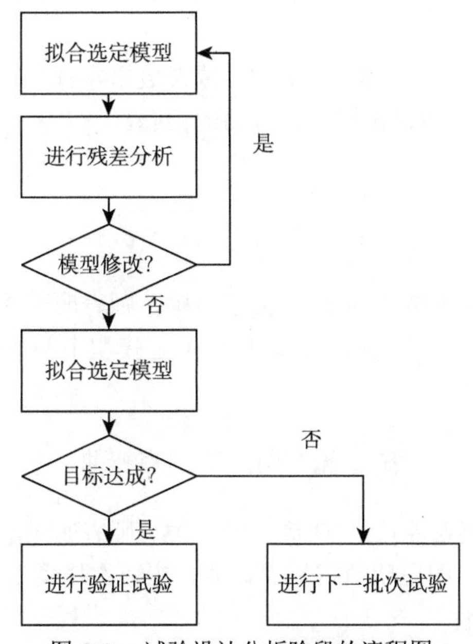

图 2.6 试验设计分析阶段的流程图

1. 拟合选定模型

在拟合选定模型时，通常选定全模型。三阶及三阶以上的交互效应通常均忽略不计，因此，在全因子试验设计中，全模型就是指包含全部因子的主效应和全部因子的二阶交互效应。若经过分析后，得知某些主效应和二阶交互效应是不显著的，则在建模时，可以删除不显著项。

计算机的计算是自动完成的，通常相关的软件都会给出结果。例如，在 MINITAB 软件中，选择“统计 →DOE→ 因子 → 分析因子设计”选项，选定全模型后，在运行窗中就可以看到结果。下面将给出分析要点。

1) 查看方差分析表，检查模型有效性

$$H_0\text{：模型无效；}H_1\text{：模型有效}$$

在查看模型中回归项的显著性时，若模型中回归项的 P 值小于 0.05，则拒绝原假设，可以判定模型总的来说是有效的；若 P 值大于 0.05，就无法拒绝原假设，即可以判定模型总的来说是无效的。在遇到模型无效的情况下，就非常麻烦，这意味着整个试验没有有意义的结果。产生模型无效的原因可能有以下几个方面。

(1) 试验误差太大。方差分析的基础是将有关各项的离差平方和与随机误差的平方和相比，形成 F 统计量的比值。如果分母的随机误差平方和太大，则将使 F 值变小，从而得不到效应显著的结论。这时，就应仔细分析产生误差的原因，是否能够设法降低误差。此外，试验误差太大也可能是测量系统没有达到精度要求造成的，这时就要设法改进测量系统的精度。

(2) 试验中漏掉了重要因子。漏掉了重要因子必然会使试验"误差"增大，这时应仔细分析因子的选择。在选择因子时，应宁多勿漏，因子多了，很容易删除，一旦漏掉，将很难找回。

(3) 模型本身有问题。例如，模型有失拟，或者数据本身具有较强的弯曲性，这时也可能判断为"模型无效"。下面将讨论这两个方面的问题。

失拟现象的假设检验为

$$H_0\text{：无失拟；}H_1\text{：有失拟}$$

在方差分析表中，如果失拟项的 P 值大于 0.05，则表明无法拒绝原假设，可以判定模型中没有失拟现象；反之，即说明有失拟，应该补上模型中漏掉的重要项。

弯曲项的假设检验为

$$H_0\text{：无弯曲；}H_1\text{：有弯曲}$$

在方差分析表中，如果弯曲项的 P 值大于 0.05，则表明无法拒绝原假设，可以判定模型中没有弯曲现象；反之，即说明数据呈现弯曲，应该在模型中补上平方项。

2) 检查各效应的显著性

在计算结果的最开始部分，给出了各项的效应、回归系数的估计值及检验结果。这是分别对各项的检验，有些项可能是显著的，有些项可能是不显著的。将来修改模型时，应该将不显著项删除。这里需要注意的是：如果一个高阶项是显著的，则此高阶项所包含的低阶项也必须被包含在模型中，这就是试验设计中重要的遗传效应原则。例如，二阶交互作用 BC 项显著，则 B 和 C 这两个主效应也一定要被包含在模型中，即使从表面上看，这两个主效应本身并不显著。

在检查各效应的显著性时，计算机还输出一些辅助图形，以帮助判断有关结论。最常用的是：帕累托效应图和正态效应图。

帕累托效应图是将各效应的 t 检验所得的 t 值作为纵坐标，按照绝对值排列，根据选定的显著性水平 α，给出 t 值的临界值，绝对值超过临界值的效应将被选为显著项。这种图示的最大优点是直观。

如果将各项的效应按照由小到大 (正负号考虑在内) 排成序列，将这些效应点标在正态概率图上，就是正态效应图。在正态效应图中，当某些效应确实非零时，相应的估计效应绝对值应该偏大，且一定会远离直线，即偏离正态直线的效应项是显著的。这就是依据效应稀疏原则：即大多数因子中，只有极少数因子效应是显著的。

3) 检查拟合的总效果

检查拟合总效果的多元全相关系数 R^2(即 R-Sq) 及调整的多元全相关系数 R^2_{adj}(即 R-Sq(调整))。

在回归分析中，由平方和分解公式可知：

$$\text{SS}_{\text{total}} = \text{SS}_{\text{model}} + \text{SS}_{\text{error}} \tag{2.2}$$

考虑到 SS_{model} 在 SS_{total} 中的比率，定义 R^2 为

$$R^2 = \frac{\text{SS}_{\text{model}}}{\text{SS}_{\text{total}}} = 1 - \frac{\text{SS}_{\text{error}}}{\text{SS}_{\text{total}}} \tag{2.3}$$

从 R^2 的定义可知，此数值越接近 1 越好。

如果将自变量的这种可控变量的变量数据也看成随机变量，则可以求出二者间的相关系数，而 R^2 正好就是相关系数的平方。对于多个自变量的情况，定义不变，称为多元决定系数，表示 SS_{model} 在 SS_{total} 中的比率。

R^2 的缺点：当自变量个数增加时，不管增加的这个自变量的效应是否显著，该指标值都会增加，因而在评价是否应该增加自变量进入回归方程时，使用 R^2 就没有价值了。为此，引入了调整后的 R^2，即

$$R^2_{\text{adj}} = 1 - \frac{\text{SS}_{\text{error}}/(n-p)}{\text{SS}_{\text{total}}/(n-1)} \tag{2.4}$$

其中，n 为观测值总个数；p 为回归方程中的总项数 (包含常数项在内)。R^2_{adj} 扣除了回归方程中所用到的包含项数影响的相关系数，因而可以更准确地反映模型的好坏。同样，它越接近 1 就越好；由于回归方程中所含项数 p 总会不小于 1，$R^2_{\text{adj}} \leqslant R^2$，因此，两个模型的优劣可以从二者的接近程度判断，二者之差越小，则说明模型越好。

4) 对于 s 值或均方误差的分析

在拟合模型时，所有的观测值与理论模型之间可能存在误差。通常，假定误差服从均值为 0、方差为 σ^2 的正态分布，即 $N\left(0,\sigma^2\right)$。在方差分析表中，对应于残差误差的平均离差平方和的数值正好是 σ^2 的无偏估计，记为均方误差 (mean square of error，MSE)，有些软件将其平方根 s 一并给出，也可以认为 s 是 σ 的估计值。显然，s 值越小说明模型越好。因此，在比较两个模型的优劣时，s 或者 MSE 是最关键的指标，哪个模型使之达到最小，哪个模型就好。

2. *进行残差分析*

残差分析的目的主要是基于残差诊断模型是否合适。仅从方差分析表和回归系数的检验结果来判断是远远不够的。为了进一步检验数据与模型的拟合是否正常，需要对残差进行分析。

如何判断残差是否正常呢？定义残差为：观测到的响应变量的数据与代入回归模型后预测值的差值。通常假定残差服从均值为 0，方差为常值 σ^2 的正态分布，即 $\varepsilon \sim N(0,\sigma^2)$，残差分析就是检查残差是否满足这一假设条件。如果满足假设，就可以说明所选取的模型是正确的，否则，说明选取的模型是不正确的，就要对模型进行修改。由于对建立的线性回归模型没有绝对的把握，因此，对残差进行分析、诊断是很有必要的。

具体说，残差分析包括以下四个步骤：在 MINITAB 软件中，选择 "统计 →DOE→ 因子 → 分析因子设计" 选项，在弹出的 "图形" 对话框中选取并得到它们，并着重观察。

(1) 残差对于以观测值顺序为横轴的散点图，观看各点是否随机地在横轴上下无规则地波动，判断残差是否满足独立性假设。

(2) 残差对于以响应变量拟合预测值为横轴的散点图，判断残差是否满足等方差的假设，是否呈现漏斗形或者 "喇叭口" 形。

(3) 残差的正态性检验图，判断残差是否服从正态分布。

(4) 残差对于以各自变量为横轴的散点图，看图中是否有弯曲的趋势，如果有明显的弯曲，则应增加高阶项。

若残差满足假设条件，上述四种图形应该都是正常的。不正常的情况通常出现在步骤 (2) 和步骤 (4) 中。

当出现情况 (2) 时，即残差对响应变量拟合预测值的散点图中，呈现漏斗形或 "喇叭口" 形，意味着方差未能保持恒定。在这种情况下，对响应变量 Y 作某种变换后，可能会对模型拟合得更好。一般规则是：如果从图中可以看出，残差的标准差 σ 大体上与拟合值 $\widehat{y}$ 的 n 次方成正比，则可以进行 Box-Cox 变换：

$$\widehat{y}^{*}=\begin{cases} y^{\gamma}, & \gamma \neq 0 \\ \ln y, & \gamma = 0 \end{cases} \tag{2.5}$$

需要说明的是：这里变换的形式和名称都是 Box-Cox 变换，但与将非正态数据转换成正态数据的 Box-Cox 变换不是一回事。

当出现情况 (4) 时，即残差对于以自变量为横轴的散点图中，残差虽保持等方差，但散点明显呈 U 形或倒 U 形弯曲。说明对响应变量 Y 而言，仅建立对该自变量的线性项模型是不够的，增加高阶项，模型拟合得将会更好。

3. 判断模型是否需要改进

考虑模型是否需要改进的主要依据是基于数值计算和残差分析这两个方面的结果。在基于各项效应和回归系数计算的显著性分析可以发现，有些主效应或交互效应项并不显著，这些项应该从模型中删除，对模型重新进行拟合。若残差分析结果表明，需要对响应变量 Y 作某种变换，或者需要增加某些自变量的高阶项，可能会使模型拟合得更好，那就一定要修改模型。总之，凡是发现模型需要修改时，就要返回最初的第一步，重新建立模型，并重复前面所有步骤。

经过前面三步的多次反复，可以得到一个较为满意的模型，定为选定的模型，下面将对选定的模型进行分析解释。

4. 对模型的分析解释

对选定的模型进行分析解释，主要是在拟合选定模型后输出更多的图形和信息，做出有意义的解释。分析解释的主要内容如下。

(1) 输出各因子的主效应图、交互效应图。可以对主效应图、交互效应图进一步确认其选中的那些主因子和交互作用项是否真的显著，以及未选中的那些主因子和交互作用项是否真的不显著，从而更具体、直观地确认选定模型。

(2) 输出等高线图、响应曲面。从等高线图、响应曲面图上，可以确认所选中的那些主因子和交互作用项是如何影响响应变量的。自变量应该如何设置，才能实现响应变量达到最优值，从直观上看到整个试验范围内的最优值位置。等高线图、响应曲面图都只能给出对两个自变量的情形，因此，当自变量个数超过 2 个时，要分别对选定的某 2 个自变量作图。

(3) 实现目标最优化。在实现目标最优化的过程中，可以选定不同的目标函数。通常，在设计优化中，采用满意度函数法。根据质量特性的不同，满意度函数有不同的表达式。

当质量特性是望大时，满意度函数的表达式为

$$d=\begin{cases}0, & \widehat{y}<L\\ \left[\dfrac{\widehat{y}-L}{T-L}\right]^{r}, & L\leqslant\widehat{y}<T\\ 1, & \widehat{y}\geqslant T\end{cases} \tag{2.6}$$

当质量特性是望小时，满意度函数的表达式为

$$d=\begin{cases}1, & \widehat{y}<T\\ \left[\dfrac{\widehat{y}-T}{U-T}\right]^{r}, & T\leqslant\widehat{y}<U\\ 0, & \widehat{y}\geqslant U\end{cases} \tag{2.7}$$

当质量特性是望目时，满意度函数的表达式为

$$d=\begin{cases}0, & \widehat{y}<L\\ \left[\dfrac{\widehat{y}-L}{T-L}\right]^{r}, & L\leqslant\widehat{y}<T\\ \left[\dfrac{U-\widehat{y}}{U-T}\right]^{s}, & T\leqslant\widehat{y}<U\\ 0, & \widehat{y}\geqslant U\end{cases} \tag{2.8}$$

在上述满意度函数的表达式中，U 和 L 分别为质量特性的上、下界；T 为目标值；r 和 s 为大于零的实数值，通常代表权重。

当质量特性为多个变量时，可以求各个质量特性满意度函数的算术平均，或者几何平均，作为多变量质量特性的总体满意度函数。

在 MINITAB 软件中，提供的响应优化器具有强大的功能，可以自动提供最优参数设置和最优目标值。

5. 判断目标是否达成

这一步的主要工作是将预计的最佳值与原试验目标相比较。如果没有达到目标，则应考虑安排新一轮试验，通常是在本次试验的或预计的最优点附近，重新选择试验的各因子及其水平，继续做试验设计，以获得更好的结果。如果已达到目标，就要做验证性试验，以确认最佳条件能够实现预期结果。

验证性试验是完成预期的目标后，必须进行的试验，以确保实现预期目标。正如 Box 所说的“所有的模型都是错误的，但有些模型是有用的”。根据试验数据所建立的任何统计模型是否符合客观规律，在没有验证前都是没把握的。通常的做法是：先算出在最优点的观测值的预测值及其变化范围，然后在最优点作若干次试验，如果验证试验结果的平均值落在事先算好的范围内，则说明正常，模型是可信的；否则，就要查找发生问题的原因，改进模型，重新验证。

2.2.4　二水平全因子试验设计分析的实例

下面将对例 2.3 的试验结果进行分析。分析的具体步骤如下。

1. 拟合选定模型

首先，将所有备选项都列入模型，其中包括机翼、机腰和机长，以及它们的二阶交互作用项：机翼 × 机腰、机翼 × 机长、机腰 × 机长。选择全部的主效应和二阶交互效应项，但没有含三阶交互作用项。

选择“统计 →DOE→ 因子 → 分析因子设计”选项，选定模型后，MINITAB 输出结果如表 2.12 所示。飞行时间的方差分析见表 2.13。

表 2.12　飞行时间的估计效应与系数表

项	效应	系数	系数标准误	T 值	P 值
常量		5.25000	0.01686	311.32	0.000
机翼	0.80000	0.40000	0.01686	23.72	0.000
机腰	0.19000	0.09500	0.01686	5.63	0.005
机长	0.04000	0.02000	0.01686	1.19	0.301
机翼 × 机腰	0.04000	0.02000	0.01686	1.19	0.301
机翼 × 机长	0.04000	0.02000	0.01686	1.19	0.301
机腰 × 机长	−0.03000	−0.01500	0.01686	−0.89	0.424
Ct Pt		0.45500	0.02921	15.58	0.000
S	PRESS	R-Sq	R-Sq(预测)	R-Sq(调整)	
0.0476970	1.14364	99.53%	40.58%	98.70%	

表 2.13 飞行时间的方差分析表

来源	自由度	Seq SS	Adj SS	Adj MS	F 值	P 值
主效应	3	1.35540	1.35540	0.45180	198.59	0.000
机翼	1	1.28000	1.28000	1.28000	562.64	0.000
机腰	1	0.07220	0.07220	0.07220	31.74	0.005
机长	1	0.00320	0.00320	0.00320	1.41	0.301
二因子交互作用	3	0.00820	0.00820	0.00273	1.20	0.416
机翼 × 机腰	1	0.00320	0.00320	0.00320	1.41	0.301
机翼 × 机长	1	0.00320	0.00320	0.00320	1.41	0.301
机腰 × 机长	1	0.00180	0.00180	0.00180	0.79	0.424
弯曲	1	0.55207	0.55207	0.55207	242.67	0.000
残差误差	4	0.00910	0.00910	0.00228		
失拟	1	0.00080	0.00080	0.00080	0.29	0.628
纯误差	3	0.00830	0.00830	0.00277		
合计	11	1.92477				

从方差分析表中可以清楚地看出：主效应项中的 P 值为 0.000，说明所选定的模型总体效果是显著的、有效的。在弯曲一栏中，P 值为 0.000，显示这里的响应变量飞行时间有明显的弯曲趋势。在失拟一栏中，P 值为 0.628，这表明对响应变量飞行时间的拟合没有明显的失拟。

计算机软件直接给出的结果中：S=0.0476970，R-Sq=99.53%，R-Sq(调整)=98.70%，说明模型拟合度较好。

飞行时间的估计效应系数是各主效应及交互效应的结果。从显著性来看，因子机翼 (A) 和机腰 (B) 对应的 P 值小于显著性水平 0.05，因此可以判定这两个因子是显著的，而其余各项不显著。

这一结论也可以从标准化效应的帕累托图 (图 2.7) 和标准化效应的正态图 (图 2.8) 中得到验证。

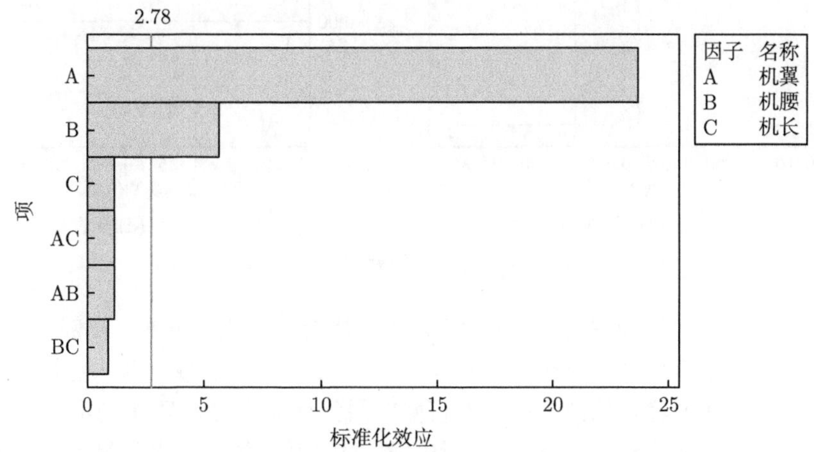

图 2.7 因子效应的帕累托图 (响应为飞行时间，$\alpha = 0.05$)

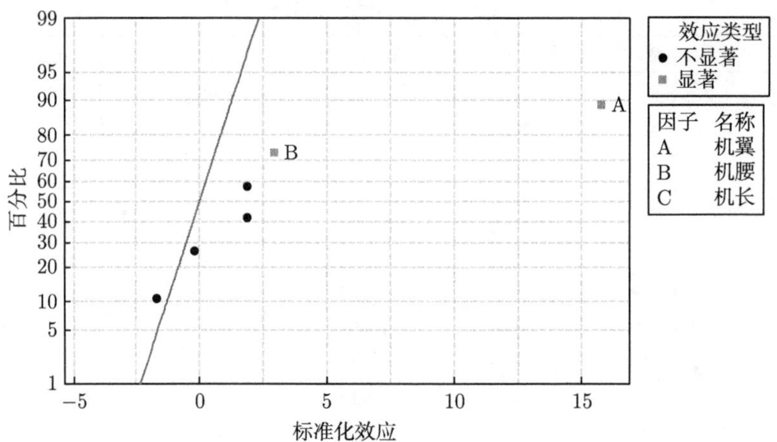

图 2.8　因子效应的正态图 (响应为飞行时间，$\alpha = 0.05$)

2. 进行残差分析

按照规定的步骤，进行残差分析。这些残差图绘制在四合一图中，图示结果如图 2.9 所示。

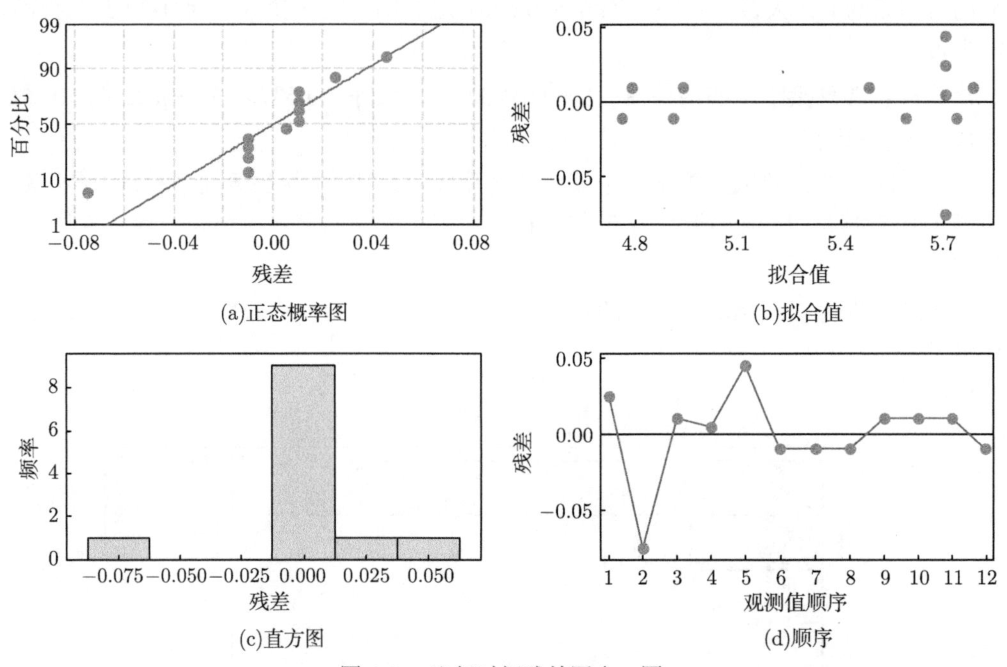

图 2.9　飞行时间残差四合一图

观察残差的正态性检验图 [图 2.9(a)]，看残差是否服从正态分布，在例 2.3 中，残差近似一条直线，可以认为服从正态分布。如果这里不服从正态分布，也不用着急，因为这里只是初步的模型，还要经过修改完善，有可能对最终模型而言，残差满足正态性要求。

观察残差对于响应变量拟合值的散点图 [图 2.9(b)]，着重考察残差是否满足等方差的要求，即是否呈现漏斗或“喇叭口” 形。例 2.3 中，图形是正常的。

观察残差对于以观测值顺序为横轴的散点图 [图 2.9(d)]，重点考察观测顺序的散点图中各点是否随机地、无规则地波动。例 2.3 中，该图是正常的。

考察残差对各自变量的散点图，着重考察是否有弯曲趋势。在例 2.3 中，结果见图 2.10。从图形上看不出弯曲的现象。

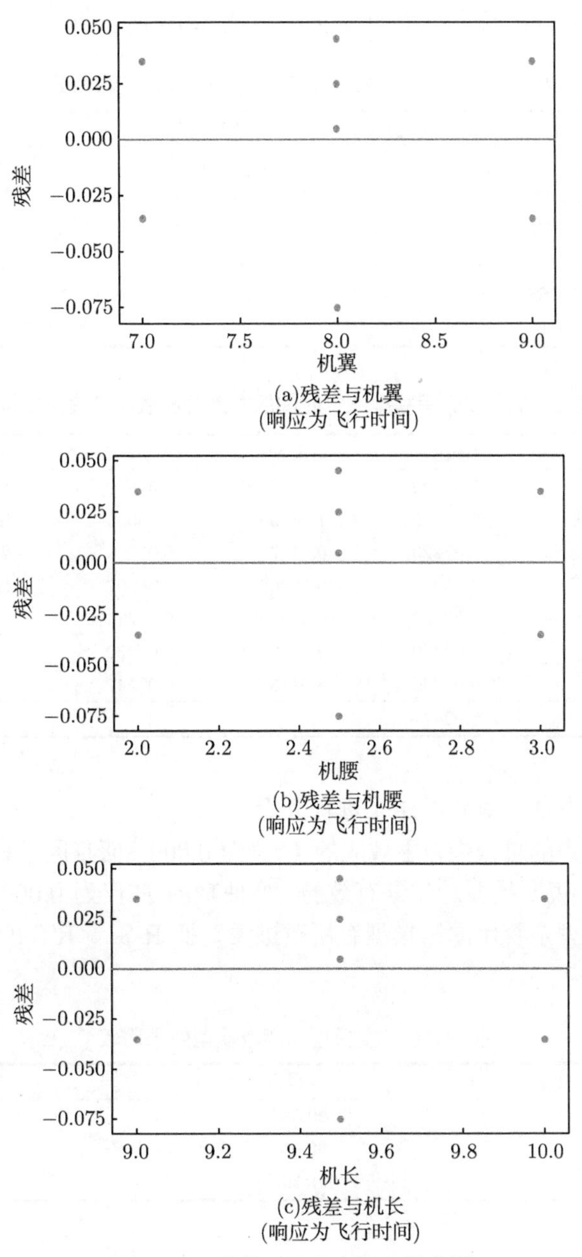

图 2.10 残差对各自变量的散点图

3. 判断模型是否需要改进

从残差分析中，模型基本是好的。在检验各项效应中，发现三个变量中只有机翼 (A) 和机腰 (B) 是显著的，而机长 (C) 的效应不显著，它们之间的交互效应均不显著。在方差分析中，可能存在弯曲现象。因此，修改拟合模型中的“项”，重新计算，即回到第一步。即拟合选定模型。MINITAB 输出结果如表 2.14 和表 2.15 所示。

表 2.14　改进后模型飞行时间的估计效应和系数表

项	效应	系数	系数标准误	T 值	P 值
常量		5.25000	0.01790	293.34	0.000
机翼	0.80000	0.40000	0.01790	22.35	0.000
机腰	0.19000	0.09500	0.01790	5.31	0.001
Ct Pt		0.45500	0.03100	14.68	0.000
S	PRESS	R-Sq	R-Sq(预测)	R-Sq(调整)	
0.0506211	1.12367	98.93%	41.62%	98.54%	

表 2.15　改进后模型飞行时间的方差分析表 (已编码单位)

来源	自由度	Seq SS	Adj SS	Adj MS	F 值	P 值
主效应	2	1.35220	1.35220	0.67610	263.84	0.000
机翼	1	1.28000	1.28000	1.28000	499.51	0.000
机腰	1	0.07220	0.07220	0.07220	28.18	0.001
弯曲	1	0.55207	0.55207	0.55207	215.44	0.000
残差误差	8	0.02050	0.02050	0.00256		
失拟	1	0.00320	0.00320	0.00320	1.29	0.293
纯误差	7	0.01730	0.01730	0.00247		
合计	11	1.92477				

根据前面的分析方法，对新的结果进行分析。

先看方差分析表中的总效果，主效应的 P 值为 0.000，而且因子机翼和机腰的 P 值分别为 0.000 和 0.001，说明模型总体是有效的。弯曲项的 P 值为 0.000，说明响应变量有弯曲现象。删减后的模型是否比原来模型有所改进呢？把 R-Sq、R-Sq(调整) 和 S 值汇总在表 2.16 中。

表 2.16　全模型与删减模型效果比较

模型	全模型	删减模型
R-Sq	99.53%	98.93%
R-Sq(调整)	98.03%	98.54%
S	0.0476970	0.0506211

从表中可以看出，尽管标准差的估计值 S 有所增大，但 R-Sq 与 R-Sq(调整) 的差值变小 (由 1.5%变为 0.39%)，说明删除不显著的主因子及交互效应项后，回归的效果改进了。

进行残差诊断时，按照规定的步骤，使用四合一残差图，见图 2.11。例 2.3 中，发现结果都为正常的。

进一步观察残差对于各自变量为横轴的散点图 2.12，结果发现，弯曲趋势虽然不是很明显，但其判断应以方差分析中的假设检验为准。

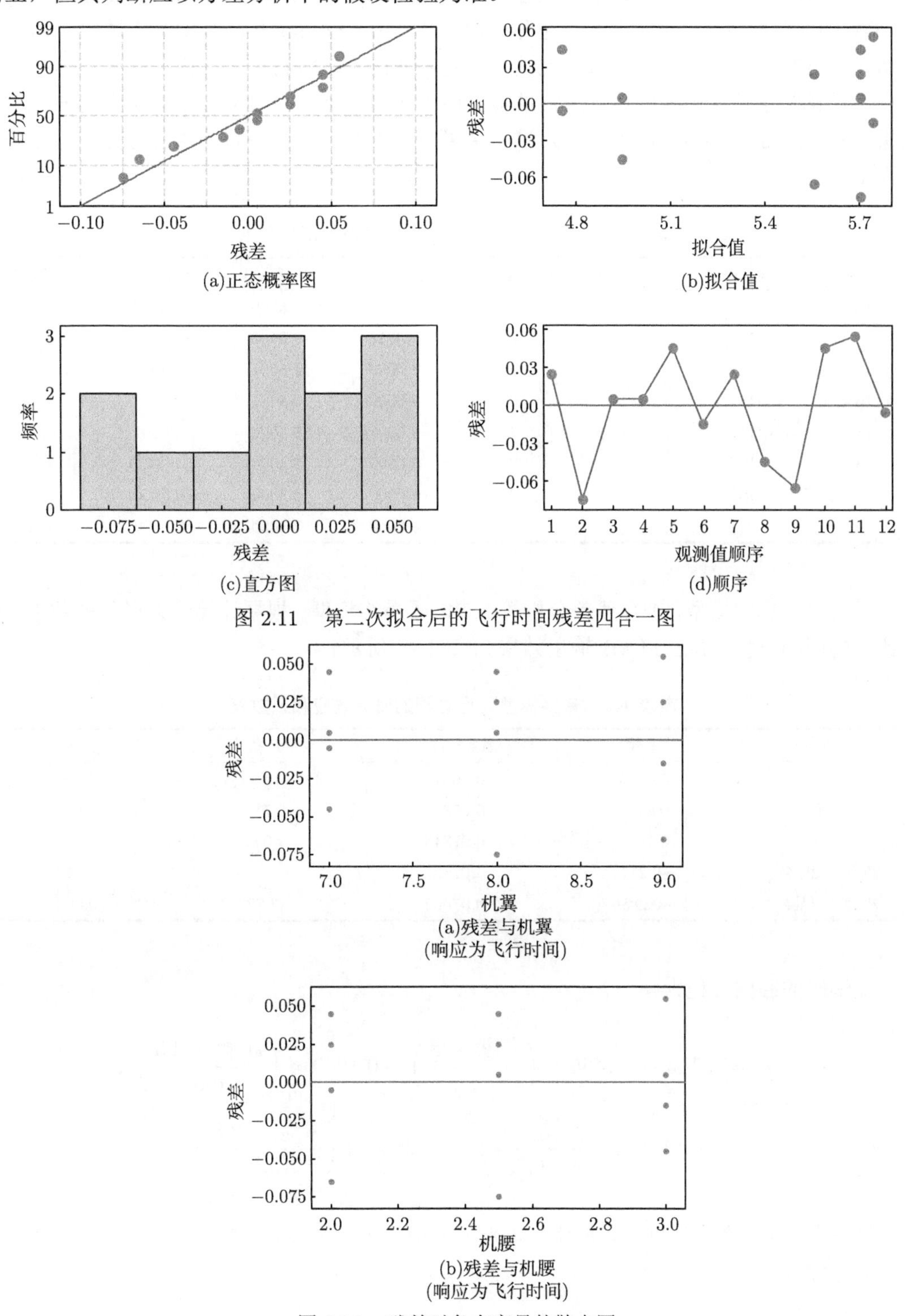

(a)正态概率图 (b)拟合值

(c)直方图 (d)顺序

图 2.11 第二次拟合后的飞行时间残差四合一图

(a)残差与机翼
(响应为飞行时间)

(b)残差与机腰
(响应为飞行时间)

图 2.12 残差对各自变量的散点图

在删减后模型的方差分析中，仍然存在弯曲现象。这说明对响应变量飞行时间仅拟合一阶线性方程是不够的，需要增加试验点，拟合一个含二阶项的方程，就可能解决问题。我们补做了 6 个轴点 (axial point)，也称为星号点 (star point) 和两个中心点试验，由于这批新做的试验的各方面条件都与上批试验相同，因此直接将它们合并在一起进行分析。如果不满足试验条件相同的假设，两批试验应该当作两个区块来对待，才能准确地分析试验结果。补充的 6 个轴点和两个中心点试验结果见表 2.17。有关序贯分析的方法，将在响应曲面中讨论。

表 2.17　飞机飞行试验中新增轴点的试验结果

标准序	运行序	中心点	区组	机翼/cm	机腰/cm	机长/cm	飞行时间/s
13	13	−1	2	6.3182	2.5000	9.5000	4.41
14	14	−1	2	9.6818	2.5000	9.5000	6.15
15	15	−1	2	8.0000	1.6591	9.5000	4.64
16	16	−1	2	8.0000	3.3409	9.5000	5.52
17	17	−1	2	8.0000	2.5000	8.6591	6.03
18	18	−1	2	8.0000	2.5000	10.3409	5.39
19	19	0	2	8.0000	2.5000	9.5000	6.69
20	20	0	2	8.0000	2.5000	9.5000	5.72

经过拟合选定模型，进行残差分析等，选定了最终模型。根据计算结果提供的数据，编码数据的回归方程。MINITAB 输出结果如表 2.18 所示。

表 2.18　最终模型飞行时间的估计效应和系数表

项	系数	系数标准误	T 值	P 值
常量	5.8143	0.10041	57.904	0.000
机翼	0.4486	0.07848	5.716	0.000
机腰	0.1640	0.07848	2.090	0.054
机翼 × 机翼	−0.2178	0.07602	−2.866	0.012
机腰 × 机腰	−0.2886	0.07602	−3.796	0.002

即编码的回归方程为

$$\begin{aligned}Y =&5.8143 + 0.4486 \times \left(\frac{\text{机翼} - 8}{1}\right) + 0.1640 \times \left(\frac{\text{机腰} - 2.5}{0.5}\right)\\ &- 0.2178 \times \left(\frac{\text{机翼} - 8}{1}\right)^2 - 0.2886 \times \left(\frac{\text{机腰} - 2.5}{0.5}\right)^2\end{aligned}$$

MINITAB 软件也提供了最后确定的原始数据的回归方程，其输出结果如表 2.19 所示。即方程为

$$Y = -19.7506 + 3.93414 \times \text{机翼} + 6.09918 \times \text{机腰} - 0.217847 \times \text{机翼}^2 - 1.15423 \times \text{机腰}^2$$

表 2.19 最终模型的回归方程系数表

项	系数
常量	−19.7506
机翼	3.93414
机腰	6.09918
机翼 × 机翼	−0.217847
机腰 × 机腰	−1.15423

在最后确定的回归模型中，标准差的估计值 S=0.2900，R-Sq=79.41%，R-Sq(调整)=73.92%，图 2.13 提供了四合一飞行时间残差图。

(a)正态概率图

(b)拟合值

(c)直方图

(d)顺序

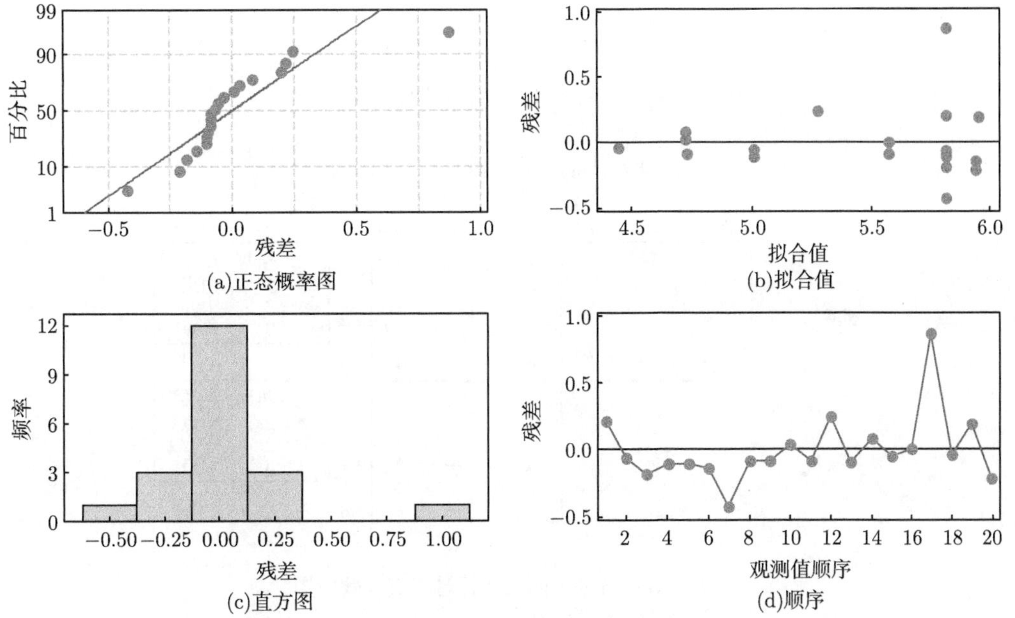

图 2.13 四合一飞行时间残差图

4. 对模型的分析解释

对选定的模型，要输出更多的信息，给出有意义的解释。通常，输出包括各因子的主效应图、交互效应图，等高线图、响应曲面图，自变量的最优取值、响应变量的最优值等。下面将分别予以解释。

(1) 输出主效应图、交互效应图。在 MINITAB 中选择 “统计 →DOE→ 因子 → 因子图” 选项，可以得到各变量的主效应图 (图 2.14)。可以发现，因子机长对于响应变量飞行时间的影响确实是不显著的。从得到的交互效应图 (图 2.15) 可以看出，机翼 × 机腰、机腰 × 机长、机翼 × 机长之间的交互效应对响应变量的影响是不显著的 (两条线近似平行)。

(2) 输出等高线图、响应曲面图。在 MINITAB 中运行：选择 “统计 →DOE→ 响应曲面 → 等值线/曲面图” 选项，可以分别得到响应变量的等值线图 (图 2.16) 和响应曲面图 (图 2.17)。

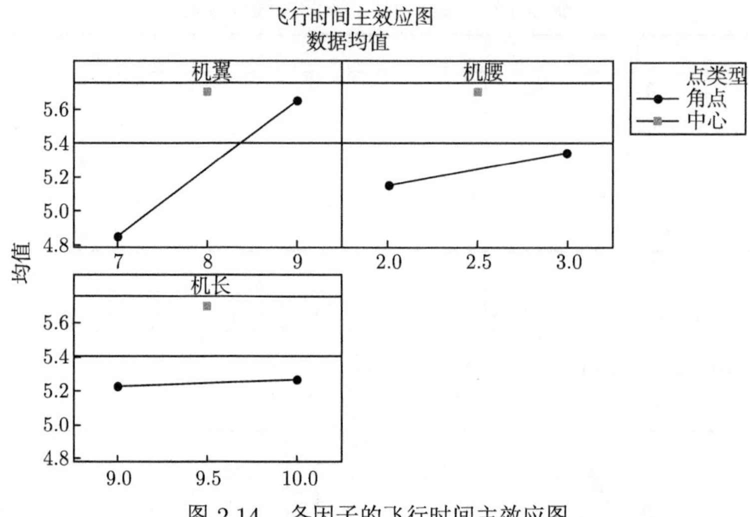

图 2.14 各因子的飞行时间主效应图

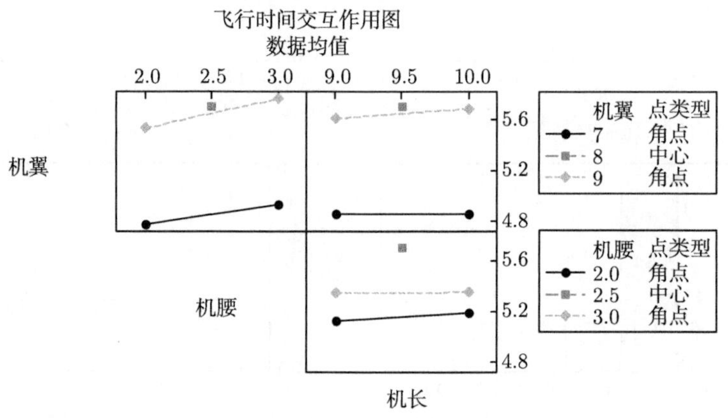

图 2.15 各因子间的飞行时间交互效应图

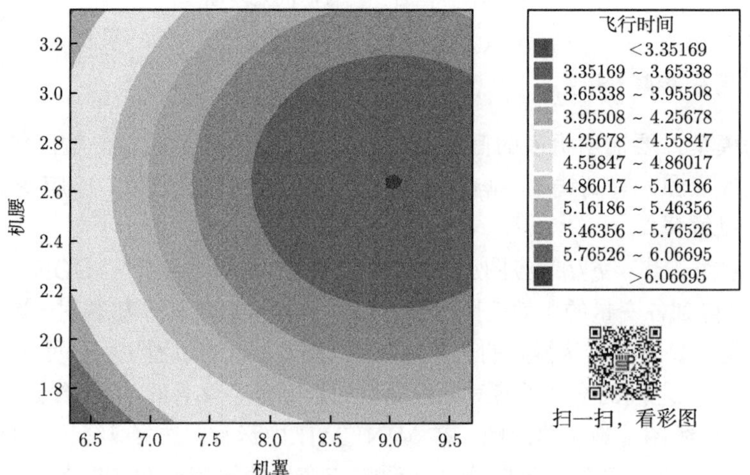

图 2.16 响应变量飞行时间与机翼、机腰等值线图

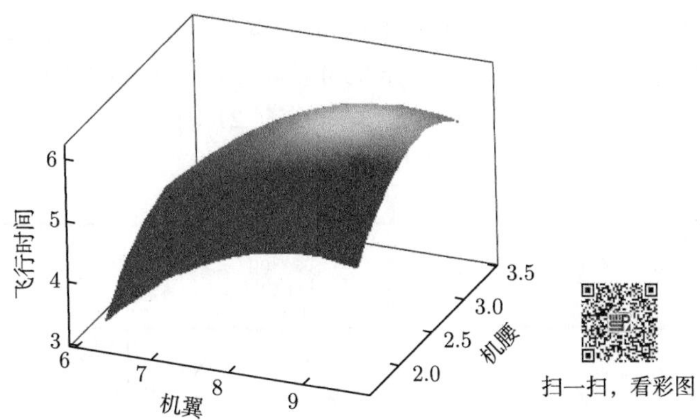

图 2.17　响应变量飞行时间与机翼、机腰曲面图

(3) 实现目标最优化。在例 2.3 中，期望飞行时间越长越好，因此，质量特性是望大型。在 MINITAB 中运行：选择 "统计 →DOE→ 响应曲面 → 响应优化器" 选项。单击设置，出现如表 2.20 所示窗口，根据质量特性，填写相应的值。

表 2.20　响应优化器设置

质量特性	下限	目标值	上限
望小	空白	期望值	已实现值
望目	下限	期望值	上限
望大	已实现值	期望值	空白

在目标设定中，选取望大，此时，只需填写下限和期望值即可，取下限 =4，目标 =6，得到理想函数的满意度 d=1(0⩽ d ⩽1)，见图 2.18。从结果可以看出：当机翼为 9.0363cm，机腰为 2.6444cm 时，飞行时间最长为 6.0685s。

5. 判断目标是否达成

这一阶段的目标，就是判断是否实现目标。在例 2.3 中，飞行时间的最优值是 6.0685s，将它和试验目标相比较，如果认为离目标较远，可以考虑再安排一轮试验。如果认为已经达到目标，就可以结束试验，但是需要做验证试验，以确保将来按照最佳条件实施能获得预期效果。

2.3　二水平部分因子试验设计与分析

因子试验中最有魅力的内容不是全因子试验，而是大大减少了试验次数的部分因子试验。实践工作者都希望在减少试验次数的条件下仍然能够获得足够的信息。本节将介绍部分因子试验设计的基本概念，部分因子试验计划和部分因子试验实例分析。

2.3.1　部分因子试验概述

进行二水平全因子试验设计时，k 个因子的全因子试验需要进行 2^k 次试验。所以，全因子试验的总试验次数将随因子个数的增加而呈现指数增加。例如，4 个因子需要 16 次试验，5 个因子需要 32 次试验，6 个因子需要 64 次试验，7 个因子需要 128 次试验。在 7 个因子的 128 次试验中，仔细分析所获得的结果可以看出，所建立的回归方程包括哪些项呢？除常数项外，估计的主效应项有 7 项，二阶交互项有 21 项，三阶交互项有 35 项，……，七阶交互项有 1 项，具体结果如表 2.21 所示。

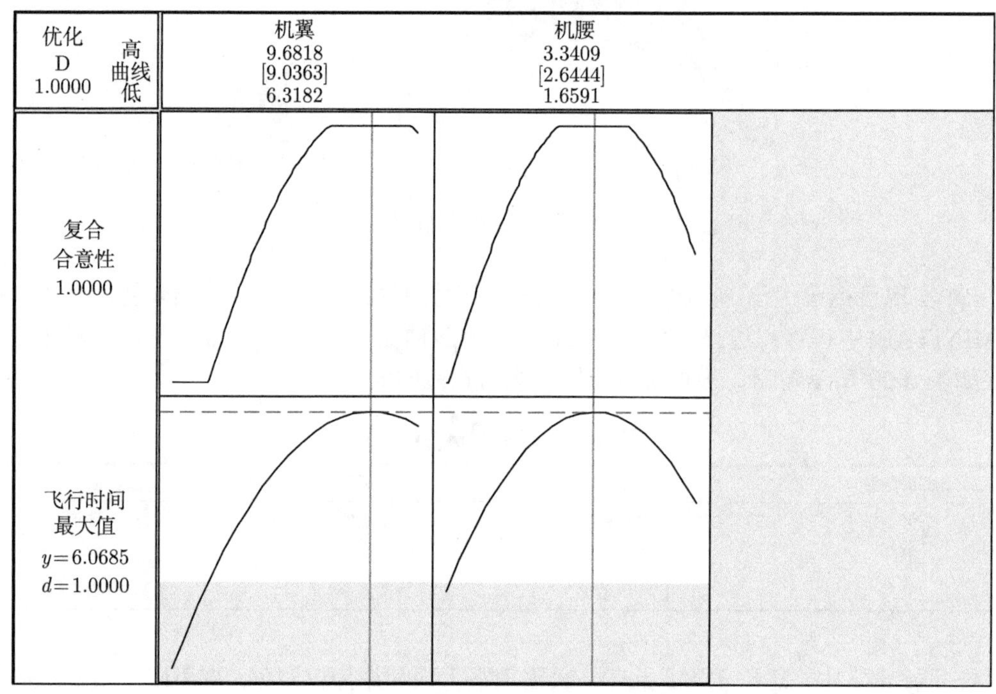

图 2.18 响应优化器输出结果图

表 2.21 全因子试验系数分布表 (7 因子)

项别	常数	1	2	3	4	5	6	7
项数	1	7	21	35	35	21	7	1

容易看出，回归方程中除了常数项、一阶主效应项及二阶交互效应项，共有 99 项是三阶及三阶以上的交互作用项，而这些项实际上已无具体的物理意义了。这自然会提出一个问题：能不能少做些试验，但又照样能估计回归方程中的常数、一阶及二阶项系数呢？如果能够这样，那就有很重要的应用价值了。部分因子试验就是使用这种方法，可以用在因子个数较多，但只需要分析各因子主效应和二阶交互效应是否显著，而并不需要考虑高阶交互效应时，这将使试验次数大大减少。

下面用一个简单的例子说明部分因子试验的原理。

例 2.4 假设在试验中，有 A、B、C、D 共 4 个可控的试验因子，每个因子均为二水平。如何在 8 次试验中，分析出每个因子的主效应？

方案 1：删减试验方法。设想有 4 个试验因子，每个因子均为二水平，做全因子试验要 16 次。从这 16 次试验中选出 8 次来做，希望照样能分析主效应，是否可行？如何选取？

先列出全因子设计的 16 次试验计划表，见表 2.22。

表 2.22 4 因子全因子试验计划表

	A	B	C	D	AB	AC	AD	BC	BD	CD	ABC	ABD	ACD	BCD	ABCD
1	−1	−1	−1	−1	1	1	1	1	1	1	−1	−1	−1	−1	1
2	1	−1	−1	−1	−1	−1	−1	1	1	1	1	1	1	−1	−1
3	−1	1	−1	−1	−1	1	1	−1	−1	1	1	1	−1	1	−1
4	1	1	−1	−1	1	−1	−1	−1	−1	1	−1	−1	1	1	1
5	−1	−1	1	−1	1	−1	1	−1	1	−1	1	−1	1	1	−1
6	1	−1	1	−1	−1	1	−1	−1	1	−1	−1	1	−1	1	1
7	−1	1	1	−1	−1	−1	1	1	−1	−1	−1	1	1	−1	1
8	1	1	1	−1	1	1	−1	1	−1	−1	1	−1	−1	−1	−1
9	−1	−1	−1	1	1	1	−1	1	−1	−1	−1	1	1	1	−1
10	1	−1	−1	1	−1	−1	1	1	−1	−1	1	−1	−1	1	1
11	−1	1	−1	1	−1	1	−1	−1	1	−1	1	−1	1	−1	1
12	1	1	−1	1	1	−1	1	−1	1	−1	−1	1	−1	−1	−1
13	−1	−1	1	1	1	−1	−1	−1	−1	1	1	1	−1	−1	1
14	1	−1	1	1	−1	1	1	−1	−1	1	−1	−1	1	−1	−1
15	−1	1	1	1	−1	−1	−1	1	1	1	−1	−1	−1	1	−1
16	1	1	1	1	1	1	1	1	1	1	1	1	1	1	1

按照表 2.22 的前 4 列安排试验，对于最终获得的数据结果可以分析出所有主效应，二阶交互效应，也可以分析出三阶、四阶交互效应。先想从 16 次试验中随机挑选 8 次，行吗？显然不行。因为很可能挑成这样：某些因子在 8 次试验中，取高水平及低水平次数并不相等。这时，原来正交试验 “均衡分散，整齐可比” 的优点就不复存在，这也是我们不希望看到的。在上述正交表中，任何一列都与另外一列正交，因此，固定将某列 (如最后一列 “ABCD”) 取 “1” 的 8 行予以保留，而删去取 “−1” 的 8 行，这样可以保证在保留的 8 行表中，A，B，C，D 这 4 列中皆有 4 行取 “1”，4 行取 “−1”，且各列间仍然保持 “均衡分散，整齐可比”，即可以保持正交性。设定取 ABCD=1，结果见表 2.23。

表 2.23 减半实施的 4 因子全因子试验计划表 (ABCD=1)

	A	B	C	D	AB	AC	AD	BC	BD	CD	ABC	ABD	ACD	BCD	ABCD
1	−1	−1	−1	−1	1	1	1	1	1	1	−1	−1	−1	−1	1
4	1	1	−1	−1	1	−1	−1	−1	−1	1	−1	−1	1	1	1
6	1	−1	1	−1	−1	1	−1	−1	1	−1	−1	1	−1	1	1
7	−1	1	1	−1	−1	−1	1	1	−1	−1	−1	1	1	−1	1
10	1	−1	−1	1	−1	−1	1	1	−1	−1	1	−1	−1	1	1
11	−1	1	−1	1	−1	1	−1	−1	1	−1	1	−1	1	−1	1
13	−1	−1	1	1	1	−1	−1	−1	−1	1	1	1	−1	−1	1
16	1	1	1	1	1	1	1	1	1	1	1	1	1	1	1

仔细分析可以发现，原来 16 行的正交表 2.22 中，15 列是完全不同的。但删去 8 行后 (表 2.23)，除去一列全为 1 外，另外 14 列中，每列都有与之成对的另一列是完全相同

的。例如，ABCD=1 的表中，D 与 ABC 就完全相同，记为 D=ABC。完全相同的两列，在作分析时，计算出的效应或回归系数结果完全相同，这两列的效应就称作混杂。也可以说，这时，D 与 ABC 别名。在记号上，这个别名关系可记为：D=ABC 或 1=ABCD。其中 1 表示全部元是“+”的列，即 A，B，C，D 四列对应元的乘积全部为“+”。

是否可以选别的条件作为删去 8 行的标准呢？例如，选 ABC=1，也是可以的。这时，由于 C=AB，显然不如 D=ABC 好。选 AB=1，可以吗？这时，由于 A 与 B 别名，即主效应混杂在一起，这样的效果是最差的。经比较后，可知 ABCD=1 这种安排方法是所有安排中效果最好的。

混杂不是好事，能否不产生混杂呢？答案是：任何部分因子试验，混杂是不可避免的，我们只是希望将混杂安排得更好些，尽量让我们感兴趣的因子或交互作用只与更高阶的交互作用相混杂，在通常情况下，三阶或更高阶的交互作用项是可以忽略不计的，这时，我们感兴趣的因子或交互作用就可以估计了。

方案 2：增补因子法。设想，总计 8 次试验，由于每个因子均为二水平，做全因子试验可以安排三个因子，假设 A，B，C 这三个因子已安排在前三列了，现在有四个因子要安排，如何安排这新的第四个因子呢？如何办才好？此问题的描述参看表 2.24。

表 2.24 3 因子全因子试验计划表

编号	A	B	C	AB	AC	BC	ABC	D
1	−1	−1	−1	1	1	1	−1	?
2	1	−1	−1	−1	−1	1	1	?
3	−1	1	−1	−1	1	−1	1	?
4	1	1	−1	1	−1	−1	−1	?
5	−1	−1	1	1	−1	−1	1	?
6	1	−1	1	−1	1	−1	−1	?
7	−1	1	1	−1	−1	1	−1	?
8	1	1	1	1	1	1	1	?

原来的这个表有 8 行 7 列，任何两列间是相互正交的。我们希望增加一列来安排因子 D，而且希望此列仍然能与前面各列保持正交性。能否找出一个与前 7 列不同的列，且与前面各列保持正交呢？数学上可以证明，这是不可能的。换言之，D 这列必然要与前面第 4，5，6，7 列中某列完全相同。因此，取 D=ABC 是最好的。将 D 取值设定与 ABC 列相同，并将其前移至第 4 列，可以得到表 2.25。

将 ABCD=1 的表 2.23 重新排序后，与表 2.25 完全相同。

很明显，ABCD=1 这个约定非常重要。这将导致 A=BCD，B=ACD，C=ABD，AB=CD，AC=BD 及 AD=BC，即某些主效应将与三阶交互效应相混杂，某些二阶交互效应将与另一些二阶交互效应相混杂。从上述结果很容易发现混杂的规律。可以用下列法则来表述：对 ABCD=1 这个等式两边都乘以 A，由于 AA=1，因此就能得到 BCD=A。同样，也可以得到 D=ABC 及 AB=CD 等。这种运算规则简单易用，相当于任何字母在等式两侧可以随意移动。这个法则对二水平的部分因子试验设计总是成立的。

如果约定改为 ABC=1，这将导致 A=BC，B=AC，C=AB，某些主效应将与某些二阶交互效应相混杂，这个设计 ABC=1 将比设计 ABCD=1 的混杂情况要差很多。在部分因子试验中，想使混杂情况尽可能地好且照顾到问题的实际需求，要用到较多的试验设计知识和技巧。现在，计算机已能自动提供最佳的设计，因此，一般使用试验设计的工程师不必掌握这些烦琐的内容。但有关的概念很重要，需要理解。

表 2.25 减半实施的 4 因子试验计划表

编号	A	B	C	D	AB	AC	BC	ABC
1	−1	−1	−1	−1	1	1	1	−1
2	1	−1	−1	1	−1	−1	1	1
3	−1	1	−1	1	−1	1	−1	1
4	1	1	−1	−1	1	−1	−1	−1
5	−1	−1	1	1	1	−1	−1	1
6	1	−1	1	−1	−1	1	−1	−1
7	−1	1	1	−1	−1	−1	1	−1
8	1	1	1	1	1	1	1	1

下面通过例 2.4 介绍的部分因子试验例子，介绍几个关键概念。

例 2.4 中，为了在 8 次试验中安排 A，B，C，D 共 4 个因子，在表 2.24 的 3 因子 8 次试验安排中，让 D 因子与 ABC 交互作用相混杂，则称 D=ABC 为“生成元”(generator)。经过仔细分析后发现，这样的安排其实等价于表 2.22 中 16 次试验中保留 ABCD=1 的那些试验。称 ABCD=1(或写为 I=ABCD) 为定义关系 (defining relation)，简称字 (word)。每个字都有其字长 (word length)，如 I=ABCD 的字长为 4。在只有一个生成元时，生成元与定义关系是同一件事的两种表达方式，但用生成元来考虑问题会简单些，因为此时是在较少的试验次数下安排更多因子的问题。当新因子个数增多时，生成元当然会增加，但定义关系的总个数会增加得更多。

例 2.5 假设有 A，B，C，D，E，F 共 6 个可控的试验因子，每个因子均为二水平。如何在 16 次试验中，完成试验安排？

16 次试验可以安排 4 因子二水平的全因子试验，这 4 个因子 A，B，C，D 称为基本因子。问题是如何安排另两个因子 E 和 F。

方案 1：令生成元为 E=BCD，F=ABCD。这时立即可以看到定义关系 I=BCDE 和 I=ABCDF，但注意这两个定义关系的乘积一定也是定义关系，所以有 I=(BCDE)*(ABCDF)=AEF。即可表示成：I=BCDE=ABCDF=AEF。考虑其混杂情况发现，I=AEF 意味着 A=EF、E=AF 和 F=AE，即有些主效应与二阶交互效应混杂了。

方案 2：令生成元为 E=ABC，F=ABD。这时立即可以看到定义关系 I=ABCE 和 I=ABDF，且有关系 I=CDEF，即 I=ABCE=ABDF=CDEF。考虑其混杂情况发现，这时没有任何主效应与二阶交互作用相混杂的情况，只有某些二阶与二阶交互效应相混杂，如 AB=CE，AB=DF，CD=EF。

从上面两个方案的比较容易看出，方案 2 优于方案 1。需要考虑的是：到底应该用什么指标来作为部分因子试验优劣的判定标准。显然，造成方案 1 不好的关键是因为有个定义关系 I=AEF 中，字长为 3，它的“长度”太短了。为此，引入部分因子试验中最重要的指标——分辨度 (resolution)。

称所有的字中字长最短的那个字的长度为整个设计的分辨度。分辨度通常用罗马数字表示，如 Ⅲ，Ⅳ，Ⅴ，Ⅵ。从分辨度定义可以看出，在部分因子设计中，同等设计条件下，具有高分辨度的设计，就是最优的设计。

一般地，如果一共考虑 k 个因子，p 代表新安排的因子个数 (当然这意味着有 $k-p$ 个因子是设计表中原有的"老因子"或基本因子)，这样的试验记作 2^{k-p}，如例 2.5 的设计就应记为 2^{6-2}。对这个记号可以有两种解释方法：一种是将 $k-p$ 当作一个数来看待，此数恰好是安排进行全因子试验的"老因子"或基本因子的个数，2^{k-p} 作为一个数字来看，正好是进行试验的次数；另一种是，如例 2.5 的试验 2^{6-2}，可以将其写成 $2^{6-2}=\dfrac{2^6}{2^2}$，分子为因子个数是 6 时的全因子试验次数 64，分母是 2 的 2 次方，表示只实行了 $\dfrac{1}{4}$，或减半了两次。这两种理解都有意义。因此，2^{k-p} 是部分因子试验设计得很恰当的记号。

设计 2^{k-p} 一共有 p 个生成元，一共有 2^p-1 个定义关系。在例 2.5 的方案 1 中，3 个定义关系中字长最短为 3，所以方案 1 的分辨度为 Ⅲ；在方案 2 中，3 个定义关系中字长全是 4，所以方案 2 的分辨度为 Ⅳ。

如果将分辨度标注在因子设计记号的右下角，则可以把例 2.4 的设计记为 2_{IV}^{4-1}，例 2.5 的设计方案 2 记为 2_{IV}^{6-2}。一般地，分辨度为 R 的部分因子设计记为 2_R^{k-p}，其中 k 表示可控因子总个数，p 表示在基本设计的基础上增添因子的个数，R 表示设计的分辨度，2^{k-p} 表示部分因子试验的次数。

有必要再详细解释一下分辨度的含义。

分辨度为 Ⅲ 的设计：各主效应间没有混杂，但某些主效应可能与某些二阶交互效应相混杂。

分辨度为 Ⅳ 的设计：各主效应间没有混杂，主效应与二阶交互效应间也没有混杂，但主效应可能与某些三阶交互效应相混杂，某些二阶交互效应可能与其他二阶交互效应相混杂。

分辨度为 Ⅴ 的设计：某些主效应可能与某些四阶交互效应相混杂，但不会与三阶或更低阶交互效应混杂；某些二阶交互效应可能与三阶交互效应相混杂，但各二阶交互效应之间没有混杂。

以此类推，但常用的设计到分辨度为 Ⅴ 的设计就可以了。

一个主效应或二阶交互效应如果不与其他主效应和二阶交互效应别名，那么称它是可以估计的，也称是纯净的 (clear)。一个主效应或二阶交互效应如果不与其他主效应和二阶交互效应别名，也不与三阶交互效应别名，那么称它是强纯净的 (strongly clear)。由此可知，分辨度为 Ⅳ 的设计中各主效应都是可以估计的，那些没有相互混杂的二阶交互效应也是可以估计的；分辨度为 Ⅴ 的设计中，全部主效应及二阶交互效应都是可以估计的。

怎样才能根据 k 和 p 的数值确定分辨度的数值呢？这是个很难给出一般结论的问题，也没有简单的公式可用。统计学家为便于大家使用，就编制了计算分辨度的表格，见表 2.26，这是进行部分因子试验必须熟悉的一张表。

表 2.26 给出了在因子总数及试验总次数给定情况下所能达到的最大分辨度。表 2.26 中，行代表试验因子的个数，列代表试验的总次数 (不含中心点)，表中所列出的数值就是

最佳设计所具有的分辨度。例如，数字行选因子个数为 8，第一列选试验总次数为 16(安排全因子试验可以安排 4 个因子)，这就是部分因子设计 2^{8-4}。表 2.26 所对应的就是最佳设计所具有的分辨度 Ⅳ，也就是说可以使用设计 2_{IV}^{8-4}。至于如何选定生成元，全部的定义关系 (字) 是什么，哪些效应间会产生混杂，这些都将由计算机自动给出。除非设计者有特别要求，一般情况下，由计算机所给定的设计通常是可用的、最好的。

表 2.26　部分因子试验分辨度表

试验次数	因子数													
	2	3	4	5	6	7	8	9	10	11	12	13	14	15
4	Full	Ⅲ												
8		Full	Ⅳ	Ⅲ	Ⅲ	Ⅲ								
16			Full	Ⅴ	Ⅳ	Ⅳ	Ⅳ	Ⅲ	Ⅲ	Ⅲ	Ⅲ	Ⅲ	Ⅲ	Ⅲ
32				Full	Ⅵ	Ⅳ	Ⅳ	Ⅳ	Ⅳ	Ⅳ	Ⅳ	Ⅳ	Ⅳ	Ⅳ
64					Full	Ⅶ	Ⅴ	Ⅳ	Ⅳ	Ⅳ	Ⅳ	Ⅳ	Ⅳ	Ⅳ
128						Full	Ⅷ	Ⅵ	Ⅴ	Ⅴ	Ⅳ	Ⅳ	Ⅳ	Ⅳ

表 2.26 还可以有更多的用途。例如，要考察 8 个因子，做多少次试验可以保证分辨度不低于 Ⅳ？从表中对应因子数为 8 的那列可以看到，做 16 次或 32 次试验分辨度都是 Ⅳ，做 64 次试验分辨度才能达到 Ⅴ。因此可以决定，做 16 次试验就够了。又如，如果条件限定最多做 16 次试验，如果保证分辨度不低于 Ⅳ，最多可以安排多少因子？从表 2.26 对应试验次数为 16 的那行可以看到，安排 6、7、8 个因子都可以使分辨度为 Ⅳ，故最多可以安排 8 个因子。

2.3.2 部分因子试验的计划

下面通过一个实例说明安排部分因子试验的计划。

例 2.6 用自动刨床刨制工作台平面的工艺条件试验。在用刨床刨制工作台平面试验中，考察影响其工作台平面粗糙度的因子，并求出使粗糙度达到最低的工艺条件。

共考察 6 个因子：因子 A：进刀速度，低水平 1.2，高水平 1.4(单位：mm/刀)；因子 B：切削角度，低水平 10，高水平 12(单位：°)；因子 C：吃刀深度，低水平 0.6，高水平 0.8(单位：mm)；因子 D：刀背后角，低水平 70，高水平 76(单位：°)；因子 E：刀前槽深度，低水平 1.4，高水平 1.6(单位：mm)；因子 F：润滑油进给量，低水平 6，高水平 8(单位：mL/min)。

要求：包括中心点在内，不得超过 20 次试验，考察各因子主效应和二阶交互效应 AB，AC，CF，DE 是否显著。

由于试验次数的限制，在因子点上只能做 16 次试验，另外 4 次取为中心点。这就是 $2^{6-2}+4$ 试验。由表 2.26 查得，这时分辨度 R=Ⅳ，即可实现分辨度为 Ⅳ 的设计。各主效应间没有混杂，主效应与二阶交互效应间也没有混杂，但某些二阶交互效应可能与其他二阶交互效应相混杂，因此，只要保证所要考察的 AB、AC、CF、DE 各二阶交互效应间没有相互混杂就行了。

下面生成具体的试验设计表。以 MINITAB 为例，选择“统计 →DOE→ 因子 → 创建因子设计”选项。先选定二水平因子 (默认生成元)(L)，选择因子个数为 6，然后从设计对话框中选定 16 次试验，4 个中心点；在因子对话框中，设定各因子名称及水平，在选项对话框中先选定非随机化，则可生成表 2.27。

表 2.27　例 2.6 部分因子试验设计计划表

标准序	运行序	中心点	区组	进刀速度/(mm/刀)	切削角度/(°)	吃刀深度/mm	刀背后角/(°)	刀前槽深度/mm	润滑油进给量/(mL/min)
1	1	1	1	1.2	10	0.6	70	1.4	6
2	2	1	1	1.4	10	0.6	70	1.6	6
3	3	1	1	1.2	12	0.6	70	1.6	8
4	4	1	1	1.4	12	0.6	70	1.4	8
5	5	1	1	1.2	10	0.8	70	1.6	8
6	6	1	1	1.4	10	0.8	70	1.4	8
7	7	1	1	1.2	12	0.8	70	1.4	6
8	8	1	1	1.4	12	0.8	70	1.6	6
9	9	1	1	1.2	10	0.6	76	1.4	8
10	10	1	1	1.4	10	0.6	76	1.6	8
11	11	1	1	1.2	12	0.6	76	1.6	6
12	12	1	1	1.4	12	0.6	76	1.4	6
13	13	1	1	1.2	10	0.8	76	1.6	6
14	14	1	1	1.4	10	0.8	76	1.4	6
15	15	1	1	1.2	12	0.8	76	1.4	8
16	16	1	1	1.4	12	0.8	76	1.6	8
17	17	0	1	1.3	11	0.7	73	1.5	7
18	18	0	1	1.3	11	0.7	73	1.5	7
19	19	0	1	1.3	11	0.7	73	1.5	7
20	20	0	1	1.3	11	0.7	73	1.5	7

MINITAB 输出的混杂情况如表 2.28 所示。

表 2.28　MINITAB 部分因子设计输出结果

因子	6	基本设计	6，16	分辨度	IV
试验次数	20	仿行	1	实施部分	1/4
区组	1	中心点 (合计)	4		
设计生成元	E = ABC，F = BCD				
别名结构					
I+ABCE+ADEF+BCDF；A+BCE+DEF+ABCDF；B+ACE+CDF+ABDEF；C+ABE+BDF+ACDEF					
D+AEF+BCF+ABCDE；E+ABC+ADF+BCDEF；F+ADE+BCD+ABCEF；AB+CE+ACDF+BDEF					
AC+BE+ABDF+CDEF；AD+EF+ABCF+BCDE；AE+BC+DF+ABCDEF；AF+DE+ABCD+BCEF					
BD+CF+ABEF+ACDE；BF+CD+ABDE+ACEF；ABD+ACF+BEF+CDE；ABF+ACD+BDE +CEF					

由此说明，计算机自己选择的生成元是：E=ABC，F=BCD。后面的别名结构描述的是每列中互为别名的情况。例如，A+BCE+DEF+ABCDF，表明 A 所在的列，其实可能是 A 在起作用，同时起作用的可能还有 BCE、DEF 和 ABCDF。有时也可将此式写成 A=BCE=DEF=ABCDF，表明这些项是互为别名的，或说它们是相互混杂的。当然，在这些项中，除了因子 A，其他 3 项都是三阶或更高阶的交互效应，都可以忽略不计。如果此项效应显著，则可以断定是因子 A 效应显著，因此本列的混杂对分析因子 A 效应不会产生任何实质性影响。对于分辨度为 Ⅳ 的设计，关键是要检查一下我们所感兴趣的二阶交互作用的混杂情况。将三阶以上交互作用忽略不计，这里混杂的有：AB=CE，AC=BE，AD=EF，AE=BC=DF，AF=DE，BD=CF，BF=CD。本问题所要求估计的 4 个二阶交

互作用是 AB、AC、CF 和 DE，从别名结构表中可以看见这 4 项恰好没有重叠在同行，即没有发生混杂，因此本设计方案是可行的。

如果所要求的可以估计的二阶交互效应间在给定设计中出现混杂，那么有两种情况可能出现。一种是可以自行解决的，其办法有两个：① 将因子名称相互交换；如例 2.6 中，若要求 AB 与 CE 不能混杂，只需将因子 E、F 互换即可；② 自行选定设计生成元 (这时就要改变计算机给出的默认的生成元，自己另行指定)。这些要用到较多的技巧，可以向统计学家咨询。也有另一种可能，那就是该问题所要求的二阶交互作用都不与别的项混杂是根本办不到的。如何区分这两种情况，也只能向统计学家咨询。当然，不管遇到哪种情况，只要增加试验次数总是可以解决的。

上述试验计划表给定后，要将运行序列随机化，然后再按随机化后的运行序的数值顺序将表重新排好形成计划矩阵，就可以按此表进行试验了。

2.3.3 部分因子试验的分析案例

例 2.7 降低微型变压器耗电量问题。在微型变压器生产的工艺改进过程中，经过头脑风暴发现，影响变压器耗电量的原因很多，至少有 4 个因子需要考虑：绕线速度、矽钢厚度、漆包厚度和密封剂量。由于绕线速度与密封剂量毫无关系，因而可以认为绕线速度与密封剂量间无交互作用。由于试验成本很高，研究经费只够安排 12 次试验，应如何安排试验设计？

因子 A：绕线速度，低水平取 2，高水平取 3(单位：圈/s)。

因子 B：矽钢厚度，低水平取 0.2，高水平取 0.3(单位：mm)。

因子 C：漆包厚度，低水平取 0.6，高水平取 0.8(单位：mm)。

因子 D：密封剂量，低水平取 25，高水平取 35(单位：mg)。

由于试验次数的限制，本例只能采用 $2^{4-1}+4$ 设计。根据表 2.26 部分因子试验分辨度表可以看出，8 次试验 (不包含中心点) 可以实现分辨度为 Ⅳ 的计划。这时候，计算机自动取生成元 D=ABC，同时可知：AB=CD，AC=BD，AD=BC，总计将有 3 对二阶因子效应相混杂。

试验安排及试验结果列在表 2.29 中，响应变量是耗电量 (单位：mV)。

表 2.29 变压器耗电量试验数据表

标准序	运行序	中心点	区组	绕线速度/(圈/s)	矽钢厚度/mm	漆包厚度/mm	密封剂量/mg	耗电量/mV
5	1	1	1	2	0.2	0.8	35	217
12	2	0	1	2.5	0.25	0.7	30	253
3	3	1	1	2	0.3	0.6	35	299
9	4	0	1	2.5	0.25	0.7	30	251
2	5	1	1	3	0.2	0.6	35	209
10	6	0	1	2.5	0.25	0.7	30	239
4	7	1	1	3	0.3	0.6	25	321
8	8	1	1	3	0.3	0.8	35	222
1	9	1	1	2	0.2	0.6	25	224
6	10	1	1	3	0.2	0.8	25	238
7	11	1	1	2	0.3	0.8	25	242
11	12	0	1	2.5	0.25	0.7	30	247

对于部分因子试验的数据进行分析，其方法与全因子试验设计的五步分析法完全相同。其具体步骤及结果如下。

1. 拟合选定模型

在 MINITAB 软件中，同样选择“统计 →DOE→ 因子 → 分析因子设计”选项进入，选定全模型后，在运行窗中可得到计算结果。由于现在是部分因子试验，全模型已不是包含全部交互作用项的模型了。

计算结果的分析与全因子试验设计相同，MINITAB 输出结果如表 2.30 及表 2.31 所示。

表 2.30　表 2.29 中数据 MINITAB 因子分析输出结果

因子回归: 耗电量与绕线速度，矽钢厚度，漆包厚度，密封剂量

耗电量的效应和系数的估计 (已编码单位)

项	效应	系数	系数标准误	*T* 值	*P* 值
常量		246.83	1.57	157.65	0.000
绕线速度	2.00	1.00	1.92	0.52	0.630
矽钢厚度	49.00	24.50	1.92	12.78	0.000
漆包厚度	−33.50	−16.75	1.92	−8.74	0.001
密封剂量	−19.50	−9.75	1.92	−5.08	0.007
绕线速度 × 矽钢厚度	−1.00	−0.50	1.92	−0.26	0.807
绕线速度 × 漆包厚度	−1.50	−0.75	1.92	−0.39	0.716
绕线速度 × 密封剂量	−44.50	−22.25	1.92	−11.60	0.000
S	PRESS	R-Sq	R-Sq(预测)	R-Sq(调整)	
5.42371	650.975	99.01%	94.53%	97.28%	

表 2.31　MINITAB 耗电量方差分析结果

耗电量的方差分析 (已编码单位)

来源	自由度	Adj SS	Adj MS	*F* 值	*P* 值
模型	7	11782.0	1683.14	57.22	0.001
线性	4	7815.0	1953.75	66.42	0.001
绕线速度	1	8.0	8.00	0.27	0.630
矽钢厚度	1	4802.0	4802.00	163.24	0.000
漆包厚度	1	2244.5	2244.50	76.30	0.001
密封剂量	2	760.5	760.50	25.85	0.007
因子交互作用	3	3967.0	1322.33	44.95	0.002
绕线速度 × 矽钢厚度	1	2.0	2.00	0.07	0.807
绕线速度 × 漆包厚度	1	4.5	4.50	0.15	0.716
绕线速度 × 密封剂量	1	3960.5	3960.50	134.63	0.000
误差	4	117.7	29.42		
弯曲	1	2.7	2.67	0.07	0.809
纯误差	3	115.0	38.33		
合计	11	11899.7			
别名结构					
I + ABCD；A + BCD；B + ACD；C + ABD；D + ABC；AB + CD；AC + BD；AD + BC					

MINITAB 计算中，输出了因子帕累托图，见图 2.19。

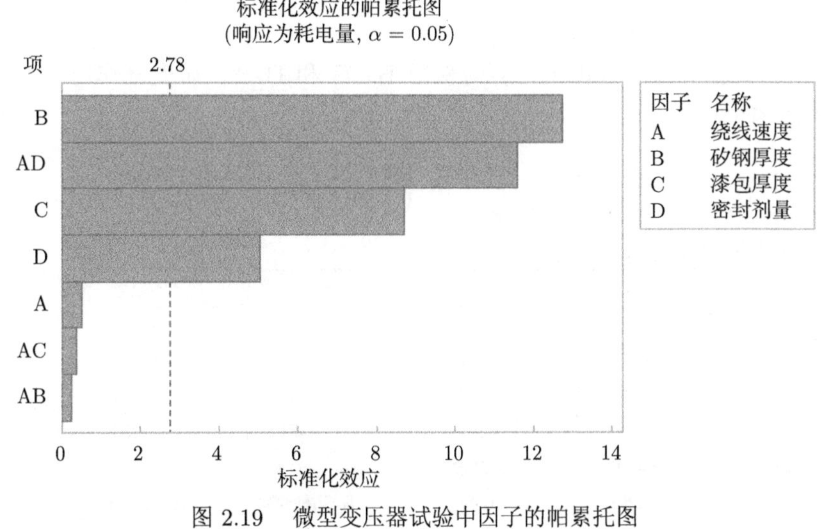

图 2.19　微型变压器试验中因子的帕累托图

(1) 方差分析表中的总结果。在本例中，对应主效应项的 P 值为 0.001，表明本模型总的来说是有效的。

(2) 方差分析表中的弯曲项。在例 2.7 中，对应弯曲项的 P 值为 0.809，大于 0.05，表明本批数据没有弯曲现象。

(3) 各项效应的显著性。从单个因子的检验可以看出：主效应中，因子 A(绕线速度) 不显著 (P 值 =0.630)，因子 B(矽钢厚度) 效应显著 (P 值 =0.000)，因子 C(漆包厚度) 效应显著 (P 值 =0.001)，因子 D(密封剂量) 效应显著 (P 值 =0.007)。

(4) 分析交互效应要特别小心，计算结果显示 A(绕线速度) 与 D(密封剂量) 的交互效应显著 (P 值 =0.000)。但因为这里是部分因子试验，此项交互作用是由 AD=BC 得到的，实际上可能交互作用 AD 显著，但也可能交互作用 BC 显著。根据本题的背景说明，实际上 A 与 D 不可能有交互作用，因此这项应该是 BC 的交互作用。当然，如果这一项效应是不显著的，则可以断言这二者都没有显著作用。

(5) 观察帕累托图，同样显示是 B、C、D 及 AD 显著，但实际上应该是 B、C、D 及 BC 显著。部分因子试验的数据分析与全因子试验设计的数据分析相比较，其差别只在这里，即当数据分析结果中有某些二阶交互作用效应显著时，不能仅从表面的结果来决定取舍，要仔细分析混杂结构，查看在别名结构表中，此显著项是与哪个 (或哪些) 二阶交互作用效应相混杂的，再根据背景材料予以判断，最终决定谁入选。如果没有提供相关背景材料，这时判断确实可能有困难，只好再做进一步的试验来区分这些混杂的交互作用。

2. 进行残差诊断

残差诊断分析法与全因子试验设计完全相同。例 2.7 残差诊断中未发现任何问题，此处从略。

3. 判断模型是否要改进

从残差诊断中可以看出，模型基本上是好的，改进模型主要是删除不显著项。因此，实际上，又要返回选定拟合模型步骤。

例 2.7 中，在重新拟合模型的计算时保留 B、C 和 D 及二阶交互作用项 BC，再次计算 MINITAB 输出结果见表 2.32。

表 2.32 例 2.7 中重新拟合模型 MINITAB 输出结果

因子回归: 耗电量与矽钢厚度，漆包厚度，密封剂量

耗电量的效应和系数的估计 (已编码单位)

项	效应	系数	系数标准误	T 值	P 值
常量		246.83	1.25	196.78	0.000
矽钢厚度	49.00	24.50	1.54	15.95	0.000
漆包厚度	−33.50	−16.75	1.54	−10.90	0.000
密封剂量	−19.50	−9.75	1.54	−6.35	0.000
矽钢厚度 × 漆包厚度	−44.50	−22.25	1.54	−14.48	0.000
S	PRESS	R-Sq	R-Sq(预测)	R-Sq(调整)	
4.34522	227.615	98.89%	98.09%	98.25%	

耗电量的方差分析 (已编码单位)

来源	自由度	Adj SS	Adj MS	F 值	P 值
模型	4	11767.5	2941.87	155.81	0.000
线性	3	7807.0	2602.33	137.83	0.000
矽钢厚度	1	4802.0	4802.00	254.33	0.000
漆包厚度	1	2244.5	2244.50	118.88	0.000
密封剂量	1	760.5	760.50	40.28	0.000
2 因子交互作用	1	3960.5	3960.50	209.76	0.000
矽钢厚度 × 漆包厚度	1	3960.5	3960.50	209.76	0.000
误差	7	132.2	18.88		
弯曲	3	2.7	2.67	0.12	0.737
失拟	3	14.5	4.83	0.13	0.939
纯误差	1	115.0	38.33		
合计	11	11899.7			
别名结构					
I + ABCD；B + ACD；C + ABD；D + ABC；BC + AD					

比较全模型与缩减模型的回归效果，见表 2.33。结果显示，删除不显著项后，无论从估计的标准差，还是从 R-Sq 与 R-Sq(调整) 之差看，模型确实得到了较大改进。

表 2.33 部分因子试验中模型拟合效果比较

模型	全模型	删减模型
R-Sq	99.01%	98.89%
R-Sq(调整)	97.28%	98.25%
S	5.42371	4.34522

4. 对选定的模型进行分析解释

(1) 输出各因子的主效应图和交互效应图，选择“统计 →DOE→ 因子 → 因子图”选项，设置后即可得到主效应图 (图 2.20) 和交互效应图 (图 2.21)。

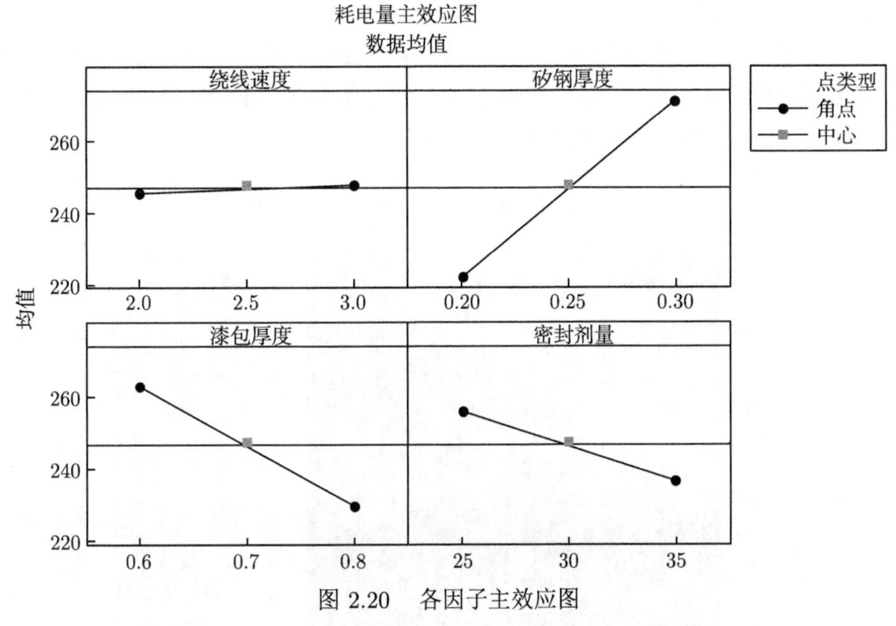

图 2.20　各因子主效应图

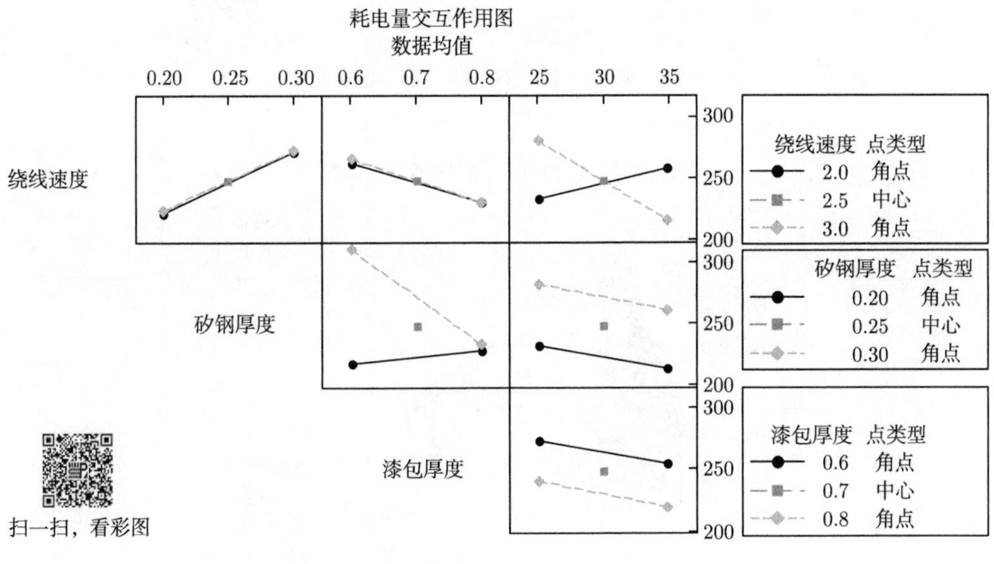

图 2.21　各因子交互效应图

从图 2.20 各因子主效应图中可以看出，因子 B、C、D 对于响应变量耗电量的影响确实是很显著的，而因子 A 的影响是不显著的。还可以看出，为使耗电量达到最小，应该让

B 取值尽可能小，而 C、D 取值尽可能大。从图 2.21 交互效应图中可以看出，因子 B 与因子 C 的交互作用对于响应变量耗电量的影响是很显著的 (两条线非常不平行)，而其他交互效应对于响应变量耗电量的影响是不显著的 (两条线几乎平行)。由于 B 与 C 交互效应太大，因此要注意，单纯从主效应最优考虑的设置不一定是最好设置，因此还要从等高线图和曲面图来进行细致分析。

(2) 输出等值线图、响应曲面图等。在 MINITAB 软件中，可以选择 “统计 →DOE→ 因子 → 等值线/曲面图” 选项。耗电量对于 B、C 二因子的等值线图如图 2.22 所示，耗电量对于 B、C 二因子的响应曲面图如图 2.23 所示。

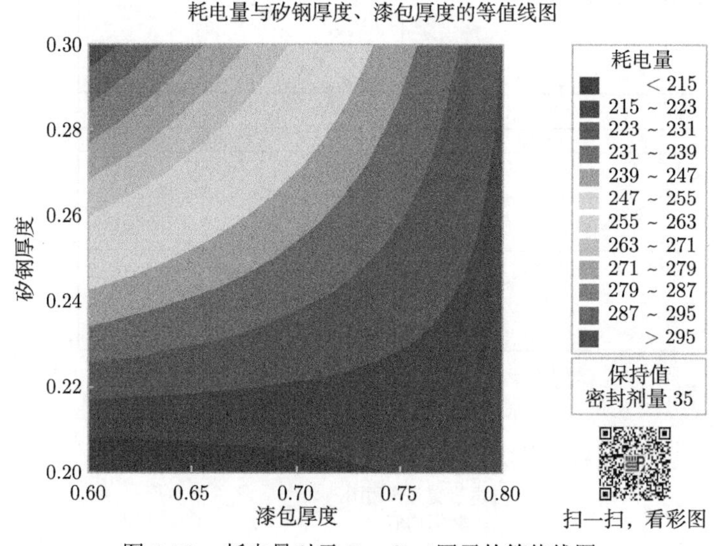

图 2.22　耗电量对于 B、C 二因子的等值线图

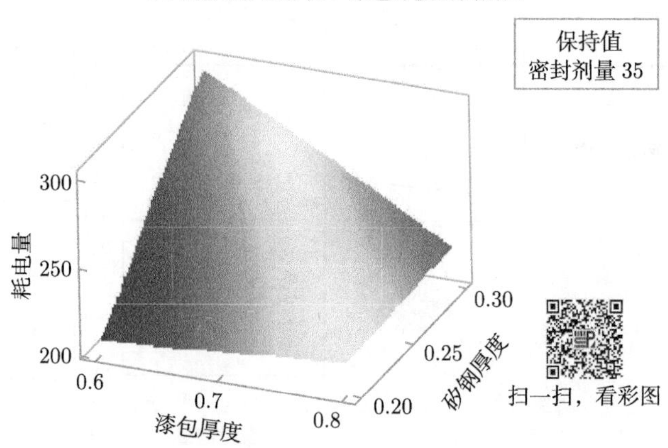

图 2.23　耗电量对于 B、C 二因子的响应曲面图

从图 2.22 耗电量对于 B、C 二因子的等值线图中可以看出，其左下角比右下角更低，即因子 B(矽钢厚度) 应取最小值，因子 C(漆包厚度) 取最小值更好些。这说明，仅从主效

应图就判断最优值在交互效应强烈时不一定能选对。从图 2.23 耗电量对于 B、C 二因子的响应曲面图中可以看出，交互效应 BC 对于响应变量耗电量影响确实是太显著了 (等高线很弯曲)。因此，在现有的试验范围内，应该让 B 和 C 都取最小值，D 取最大值，有可能使耗电量达到最小。

(3) 实现目标最优化。这一问题的质量特性属于望小型。在 MINITAB 软件中，可以选择 "统计 →DOE→ 因子 → 响应优化器" 选项，得到最优化结果。这时，在目标选择上，选取望小，在 "设置" 中，只需填写上限和目标值，而下限留为空白即可。取上限为 250(这个值是在做过的试验中已经实现的)，目标值取为 200(这个值在做过的试验中未能达到，是较高理想值)。计算机自动搜索后，得到最优计算结果，如图 2.24 所示。

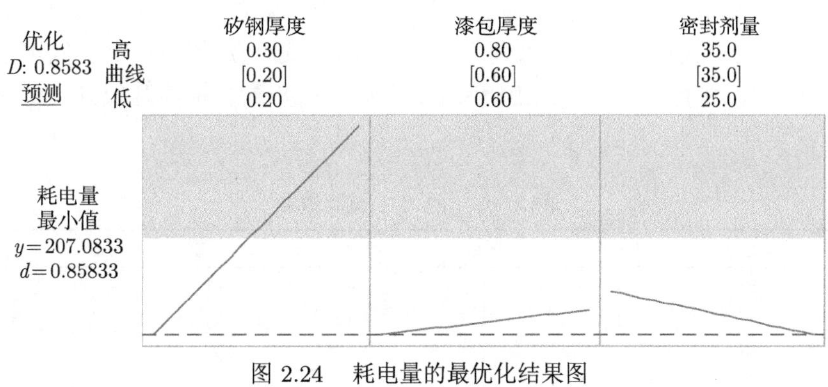

图 2.24 耗电量的最优化结果图

从图 2.24 可知，当矽钢厚度取最小值 0.2，漆包厚度取最小值 0.6，密封剂量取最大值 35 时，微型变压器耗电量可能实现最小值 207.0833。

可以看到，在试验过程中，进行第 5 号试验 (标准序为 2) 时，在 A = 3，B = 0.2，C = 0.6，D = 35 的条件下，曾经达到过耗电量 209。在部分因子试验中，能够正巧在最优设置做过一次试验的这种情况 (A 不显著，取值无关大局) 并不一定总能出现。由于是部分实施，有些试验条件的搭配组合并未做过试验。现在通过分析可以看到，即使未在最优设置处做过试验，我们的分析也可以预测到这个最佳设置。这正是试验设计统计分析方法的价值所在，如果只安排试验而不进行统计分析，是无论如何也做不到这一点的。

5. 判断目标是否已经达到

部分因子试验的目的是筛选因子，如果能够从各因子的主效应图和交互效应图分析出哪些因子或哪些因子间的交互效应是显著的，应予以保留。如果目前的结果仍不满足要求，通常是以这些结果为依据，选定因子并确定因子水平，进行下一轮试验。例如，因子矽钢厚度 (B) 取比现最小值 0.2 更小一些的值，因子漆包厚度 (C) 取比现最小值 0.6 更小的值，因子 D(密封剂量) 取比现在最大值 35 更大的值来安排新一轮试验。如果目前的结果基本能满足要求，则可以更充分地挖掘信息，进一步求出最佳值，甚至可以求出最佳值的预测值的置信区间。在 MINITAB 软件中可以选择 "统计 →DOE→ 因子 → 预测" 选项，在因子设置数据中，依次输入 "0.2""0.6""35" 即可得到下列计算结果。

MINITAB 输出结果如表 2.34 所示。

表 2.34　MINITAB 输出结果

拟合值	拟合值标准误	95% 置信区间	95% 预测区间
207.083	3.31872	(199.236，214.931)	(194.154，220.012)

若目标已经达到，在选取最优因子水平组合之前，一定要进行确认性试验，这是试验设计中必不可少的。

思考与练习

2-1 优化大观霉素发酵液培养基成分。在该试验中主要有三个因子，分别为葡萄糖、酵母粉和玉米浆。三个因子分别有高低两个水平，预先通过一定的方法将高低水平编码，呈现结果为 −1 和 1 两个水平。现通过全因子试验，欲找出最优培养基成分。试验数据如表 2.35 所示。

表 2.35　题 2-1 试验数据

标准序	运行序	中心点	区组	葡萄糖	酵母粉	玉米浆	培养基效力
1	10	1	1	−1	−1	−1	1497.0
2	5	1	1	1	−1	−1	1550.0
3	12	1	1	−1	1	−1	1530.0
4	3	1	1	1	1	−1	1580.0
5	2	1	1	−1	−1	1	1560.0
6	4	1	1	1	−1	1	1550.0
7	6	1	1	−1	1	1	1540.0
8	14	1	1	1	1	1	1580.0
9	7	0	1	0	0	0	1653.1
10	9	0	1	0	0	0	1700.3
11	11	0	1	0	0	0	1683.0
12	8	0	1	0	0	0	1752.0
13	13	0	1	0	0	0	1701.5
14	1	0	1	0	0	0	1751.0

2-2 热处理强度影响因素试验。在该试验中主要有四个因子，分别为热处理温度、升温时间、处理时间和恒温时间。热处理温度低水平为 820℃，高水平为 860℃；升温时间低水平为 2min，高水平为 3min；处理时间低水平为 1.4min，高水平为 1.6min；恒温时间低水平为 50min，高水平为 60min。现通过全因子试验，欲找出哪些因素影响热处理强度，并求出在现有条件下最优的处理环境，提高热处理强度。试验数据如表 2.36 所示。

2-3 广告效果验证试验。某营业部门通过测定和分析，认识到对电视广告效果的认知度 (%) 有影响的因子是广告费、广告时间、广告方法。于是做了试验，目的是掌握广告费、广告时间和广告方法对认知度的影响关系，选定得到对广告效果最高认知度的最佳条件。各个因子的水平见表 2.37。

表 2.36 题 2-2 试验数据

项目	热处理温度/℃	升温时间/min	处理时间/min	恒温时间/min	强度
1	820	3	1.6	60	550.2
2	820	3	1.4	50	526.8
3	820	3	1.4	60	549
4	820	2	1.4	50	522.5
5	820	2	1.6	60	523.8
6	820	2	1.4	60	518.3
7	820	3	1.6	50	531.5
8	820	2	1.6	50	528.3
9	860	2	1.6	60	548.3
10	860	3	1.6	60	574.5
11	860	2	1.4	60	549.1
12	860	2	1.6	50	536.2
13	860	3	1.4	60	561.8
14	860	2	1.4	50	536.5
15	860	3	1.6	50	553
16	860	3	1.4	50	549.8
17	840	2.5	1.5	55	549.8
18	840	2.5	1.5	55	535.3
19	840	2.5	1.5	55	544.8

表 2.37 题 2-3 各个因子的水平

项目	低水平	高水平
A 广告费	200 万元 (−1)	1000 万元 (+1)
B 广告时间	18 时 (−1)	21 时 (+1)
C 广告方法	分散 (−1)	集中 (+1)

其中，认知度指的是通过调查发现对广告主要内容记住的程度，用百分数体现出来。广告方法中，分散指的是一个月内每 2~3 天做 1 次广告，集中是指一个月内集中在某一周内做广告的方法。试验结果如表 2.38 所示。

表 2.38 题 2-3 试验结果

序号	广告费	广告时间	广告方法	认知度/%
1	−1	−1	−1	60
2	1	−1	−1	72
3	−1	1	−1	54
4	1	1	−1	68
5	−1	−1	1	52
6	1	−1	1	83
7	−1	1	1	45
8	1	1	1	80

2-4 车门关闭后的密封特性。汽车车门关闭后的密封特性缺乏一致性，可能与橡胶海绵的型号、层数、发泡剂有关。这三个因子都有两个水平，如表 2.39 所示。

表 2.39　题 2-4 因子的水平

因子	低水平	高水平
橡胶海绵的型号	A	B
层数	3	2
发泡剂	0	10

试验结果如表 2.40 所示。

表 2.40　题 2-4 试验结果

序号	橡胶海绵的型号	层数	发泡剂	密封率
1	A	3	0	1.40
2	B	3	0	1.28
3	A	2	0	1.20
4	B	2	0	1.10
5	A	3	10	1.73
6	B	3	10	1.45
7	A	2	10	1.45
8	B	2	10	1.35

试问当橡胶海绵的型号、层数和发泡剂如何选取时，才能使密封效果最好？

2-5 在陶粒混凝土工艺条件试验中，考察影响其抗压强度的因子，共考察六个因子。因子 A：水泥用量，低水平取 180kg，高水平取 200kg；因子 B：水泥标号，低水平取 400 号，高水平取 500 号；因子 C：陶粒用量，低水平取 150kg，高水平取 170kg；因子 D：含砂率，低水平取 38%，高水平取 40%；因子 E：搅拌时间，低水平取 200s，高水平取 300s；因子 F：养护时间，低水平取 2 天，高水平取 3 天。想要求出使抗压强度达到最大的试验条件，请问如何安排实验？要求：包括中心点在内，不得超过 20 次试验，考察各主因子和 AB、AC、CF、DE 各二阶交互效应是否显著。

2-6 在硫代硫酸钠生产中，影响其杂质率的原因有很多。共考察四个因子。因子 A：成分 A 含量，低水平取 12%，高水平取 16%；因子 B：成分 B 含量，低水平取 2.4%，高水平取 2.8%；因子 C：反应罐内温度，低水平取 200℃，高水平取 220℃；因子 D：反应时间，低水平取 40min，高水平取 50min。假定因子间不存在交互作用，同时试验成本很高。安排试验后，结果如表 2.41 所示，试建立合适的模型求出使杂质率最低的试验条件。

表 2.41 题 2-6 试验结果

标准序	运行序	中心点	区组	A	B	C	D	杂质率
1	9	1	1	12	2.4	200	40	26.9
2	10	1	1	16	2.4	200	50	27.4
3	3	1	1	12	2.8	200	50	16.9
4	7	1	1	16	2.8	200	40	38.2
5	11	1	1	12	2.4	220	50	28.3
6	6	1	1	16	2.4	220	40	39.0
7	4	1	1	12	2.8	220	40	26.8
8	2	1	1	16	2.8	220	50	36.2
9	1	0	1	14	2.6	210	45	32.1
10	5	0	1	14	2.6	210	45	28.7
11	8	0	1	14	2.6	210	45	29.8

第 3 章　经典试验设计的拓展

本章在阐述一般三水平因子试验的基础上，着重介绍了混合水平因子设计、筛选因子的 Plackett-Burman 设计等。

3.1　三水平因子设计

3.1.1　三水平全因子设计的计划和分析

对于全因子试验设计，2.2 节只考虑了二水平全因子试验的设计与分析。实际工作中，有时确实需要考虑三水平或更多水平时的因子试验。下面讨论 3^k 的因子设计，也就是有 k 个因子，每个因子有三个水平的因子设计。不失一般性，把因子的低、中、高三个水平分别用数字 0(低)、1(中)、2(高)(或者用 1、2、3) 来表示；当因子为连续型变量时，最好用代码 -1、0、1 来表示，这样就可以把对因子效应的方差分析和对自变量的回归结合起来。3^k 设计的每一个处理组合用 k 个数字来表示，其中第一个数字表示因子 A 的水平，第二个数字表示因子 B 的水平，……，第 k 个数字表示因子 K 的水平。例如，在 3^k 的设计中，00 表示因子 A 和因子 B 都处于低水平的处理组合，01 表示因子 A 处于低水平，因子 B 处于中水平的处理组合。

3^k 设计常为试验者关心响应函数的弯曲性而考虑的。增加第三个水平就允许响应与每个因子之间建立二次函数关系，但需要说明的是，3^k 设计不是建立二次函数关系的最好方法。

3^k 因子设计中最简单的设计是 3^2 设计，它有 2 个因子，每个因子有 3 个水平，该设计的处理组合如图 3.1 所示。因为有 $3^2=9$ 个组合处理，所以这些处理组合间有 8 个自由度，其中因子 A 和 B 的主效应各有 2 个自由度，AB 交互效应有 4 个自由度。如果有 n 次重复，则有 3^2n-1 个总自由度和 $3^2(n-1)$ 个误差自由度。

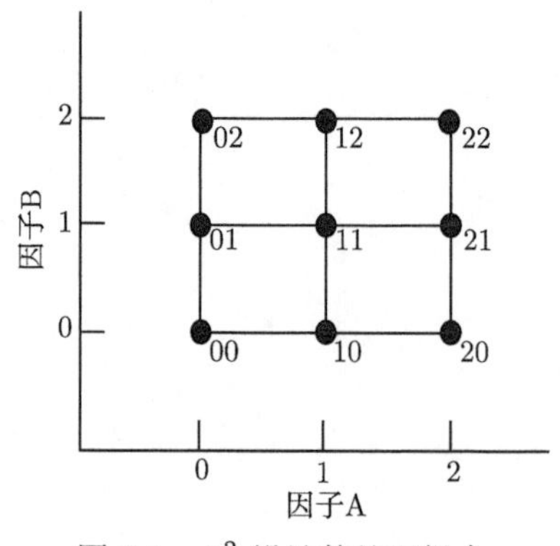

图 3.1　3^2 设计的处理组合

下面通过一个实例来说明 3^2 设计的计划。

例 3.1　试验的目的是研究切割速度和刀具角度对数控机床的刀具寿命的影响。已知因子 A 刀具角度取 3 个水平，分别为 15、20、25(单位：°)；因子 B 切割速度也取 3 个水平，分别为 125、150、175(单位：mm/min)。计划进行 n=2 次重复的设计，试问如何安排试验计划？并对试验结果进行分析。

在 MINITAB 软件中，选择“统计 →DOE→ 因子 → 创建因子设计 → 一般全因子设计”选项，在设计的“因子”分别输入 2 个因子的名称，以及低、中、高 3 个水平值。在“选项”对话框中，通常选择“随机化”运行顺序，计算机自动产生随机顺序的试验计划。表 3.1 是选择“随机化”运行顺序，自动产生的全因子试验计划矩阵。具体试验结果如表 3.2 所示。

表 3.1　二因子三水平计划试验矩阵 (n = 2)

标准序	运行序	点类型	区组	刀具角度/(°)	切割速度/(mm/min)	Y
18	1	1	1	3	3	
8	2	1	1	3	2	
10	3	1	1	1	1	
3	4	1	1	1	3	
11	5	1	1	1	2	
4	6	1	1	2	1	
7	7	1	1	3	1	
1	8	1	1	1	1	
13	9	1	1	2	1	
9	10	1	1	3	3	
12	11	1	1	1	3	
15	12	1	1	2	3	
2	13	1	1	1	2	
6	14	1	1	2	3	
16	15	1	1	3	1	
14	16	1	1	2	2	
5	17	1	1	2	2	
17	18	1	1	3	2	

表 3.2　刀具寿命试验数据

标准序	运行序	点类型	区组	刀具角度/(°)	切割速度/(mm/min)	Y
18	1	1	1	3	3	24
8	2	1	1	3	2	29
10	3	1	1	1	1	22
3	4	1	1	1	3	26
11	5	1	1	1	2	21
4	6	1	1	2	1	24
7	7	1	1	3	1	23
1	8	1	1	1	1	23
13	9	1	1	2	1	26
9	10	1	1	3	3	23
12	11	1	1	1	3	27
15	12	1	1	2	3	28
2	13	1	1	1	2	24
6	14	1	1	2	3	30
16	15	1	1	3	1	24
14	16	1	1	2	2	25
5	17	1	1	2	2	27
17	18	1	1	3	2	30

MINITAB 软件中，选择 “统计 →DOE→ 因子 → 分析因子设计” 选项，在运行窗得到如表 3.3 所示结果。

表 3.3　例 3.1 MINITAB 输出结果

因子信息

因子	水平数	值		
刀具角度	3	1	2	3
切割速度	3	1	2	3

模型汇总

S	R-sq	R-sq(调整)	R-sq(预测)
1.20185	89.52%	80.20%	58.06%

方差分析

来源	自由度	Adj SS	Adj MS	F 值	P 值
模型	8	111.00	13.875	9.61	0.001
线性	4	49.67	12.417	8.60	0.004
刀具角度	2	24.33	12.167	8.42	0.009
切割速度	2	25.33	12.667	8.77	0.008
二因子交互作用	4	61.33	15.333	10.62	0.002
刀具角度 × 切割速度	4	61.33	15.333	10.62	0.002
误差	9	12.00	1.444		
合计	17	124.00			

系数

项		系数	系数标准误	T 值	P 值	方差膨胀因子
常量		25.333	0.283	89.43	0.000	
刀具角度	1	−1.500	0.401	−3.74	0.005	1.33
	2	−1.333	0.401	3.33	0.009	1.33
切割速度	1	−1.667	0.401	−4.16	0.002	1.33
	2	0.667	0.401	1.66	0.130	1.33
刀具角度 × 切割速度	11	0.333	0.567	0.59	0.571	1.78
	12	−2.000	0.567	−3.53	0.006	1.78
	21	−0.000	0.567	−0.00	1.000	1.78
	22	−1.333	0.567	−2.35	0.043	1.78

在方差分析表中，刀具角度 A 的主效应 (包括线性分量 A_L 和二次分量 A_Q)、刀具速度 B 的主效应 (包括线性分量 B_L 和二次分量 B_Q) 以及刀具角度与刀具速度之间的交互效应 (包括 $\mathrm{AB}_{L\times L}$,$\mathrm{AB}_{L\times Q}$,$\mathrm{AB}_{Q\times L}$,$\mathrm{AB}_{Q\times Q}$) 都是显著的。

估计的均方误差 $S = 1.20185$，并提供了全因子效应模型，有关模型的进一步优化不再赘述。

3.1.2 一般的 3^k 的设计

在 3^2 设计中所用的概念和符号可以推广到有 k 个因子，每个因子都是三水平，即 3^k 的情况。处理组合通常用数字记号，例如，0120 表示 3^4 设计的一个处理组合时，是指因子 A 和 D 处于低水平，因子 B 处于中水平，因子 C 处于高水平。

在 3^k 设计中，共有 3^k 个组合处理，有 3^k-1 个自由度。这些处理组合可以确定 k 个 2 自由度的主效应平方和；C_k^2 个 4 自由度的二因素交互作用的平方和；……，以及一个 2^k 自由度的 k 个因素交互效应的平方和。一般地，$2^h h$ 个因素交互作用有 2^h 个自由度。如果有 n 次重复，则有 $3^k n-1$ 个总自由度和 $3^k(n-1)$ 个误差自由度。方差分析表如表 3.4 所示。

表 3.4 3^k 设计的方差分析表

方差来源		平方和	自由度
k 个因子主效应	A	SS_A	2
	B	SS_B	2
	...	...	...
	K	SS_k	2
C_k^2 个二因子交互作用	AB	SS_{AB}	4
	AC	SS_{AC}	4
	...	...	...
	JK	SS_{JK}	4
C_k^3 个三因子交互作用	ABC	SS_{ABC}	8
	ABD	SS_{ABD}	8
	...	...	...
	IJK	SS_{IJK}	8
	...	...	...
$C_k^k=1$ 个 k 因子交互作用	ABC$\cdots$ K	$SS_{ABC\cdots K}$	2^K
	误差	SS_E	$3^k(n-1)$
	总和	SS_T	$3^k n-1$

在因子分析中，通常采用的方法是计算效应和交互效应的平方和。一般地，三因子以及以上的交互效应不再进一步分解。对任一 h 个因素的交互效应有 2^{h-1} 个正交的自由度为 2 的分量。例如，4 因子交互效应 ABCD，共有 $2^{4-1}=8$ 个正交的自由度为 2 的分量，记为 ABCD、$ABCD^2$、ABC^2D、AB^2CD、ABC^2D^2、AB^2C^2D、AB^2CD^2 和 $AB^2C^2D^2$。在标记这些分量时，第一个字母的指数必须是 1。如果第一个字母的指数不是 1，则将整个式子平方，然后对指数用模数 3 进行简化。例如，$A^2BCD=(A^2BCD)^2=A^4B^2C^2D^2=AB^2C^2D^2$。尽管这些交互作用分量没有具体意义，但在构造一些复杂的设计时，可能会有用。

3^k 设计的大小随着 k 的增大而呈现指数增长。例如，在不重复试验的情况下，3^3 设计有 27 个处理组合，3^4 设计有 81 个处理组合，等等。因此，在 3^k 设计的不重复试验中，通常把较高阶的交互作用组合起来作为误差的估计。如果三因子和更高阶的交互作用可以被忽略，则不重复的 3^3 设计试验有 8 个误差自由度，3^4 设计试验有 48 个误差自由度。一般地，对 $k \geqslant 3$ 个因子来说，这些设计仍然是较大的设计，因而不是特别有用。

3.2 三水平部分因子试验的设计与分析

3.2.1 3^k 设计的部分因子设计

在 3^k 设计中，即使中等的 k 值也需要做较大数目的试验，因此，讨论 3^k 设计的部分因子设计。

3^k 设计的最大分式设计是含有 3^{k-1} 个试验的部分因子设计。要构造一个 3^{k-1} 部分因子设计，需要选择一个 2 自由度的交互作用 (通常，选择最高阶的交互作用) 的分量，并把完全的 3^k 设计分解为三个区组，每个区组都是一个 3^{k-1} 部分因子设计，而且任一区组均可被选用。

一般地，如果用 $\mathrm{AB}_2^{\alpha}\mathrm{C}_2^{\alpha}\cdots\mathrm{K}_k^{\alpha}$ 来确定区组的交互作用分量，则 $\mathrm{I}=\mathrm{AB}_2^{\alpha}\mathrm{C}_2^{\alpha}\cdots\mathrm{K}_k^{\alpha}$ 称为部分因子设计的定义关系。由 3^{k-1} 设计估计的每个主效应或交互作用有两个别名，可以用此效应乘以 I 或 I^2 指数模数为 3 求得。例如，考虑 3^3 设计的部分因子设计 3^{3-1}。若选取 ABC 交互作用的任一分量来构造这一设计，也就是选择 ABC、$\mathrm{AB^2C}$、$\mathrm{ABC^2}$ 或 $\mathrm{AB^2C^2}$。这样，3^2 设计实际上有 12 种不同的 3^{3-1} 设计，它们由

$$x_1 + \alpha_2 x_2 + \alpha_3 x_3 = u(\mathrm{mod}3)$$

确定，其中 $\alpha_i = 1$ 或 2，$u = 0, 1$ 或 2。假设选取分量 $\mathrm{AB^2C^2}$，则所得的每一个 3^{3-1} 设计正好含有 $3^2 = 9$ 个处理组合，它们必须满足

$$x_1 + 2x_2 + 2x_3 = u(\mathrm{mod}3)$$

其中，$u = 0, 1$ 或 2。很容易证实，三个 3^{3-1} 设计如图 3.2 所示。

设计1	设计2	设计3
000	200	100
012	212	112
101	001	201
202	102	002
021	221	121
110	010	210
122	022	222
211	111	011
220	120	020

图 3.2 定义关系为 $\mathrm{I=AB^2C^2}$ 的 3^3 设计的三个 3^{3-1} 设计

如果进行了图 3.2 中任一种 3^{3-1} 设计的试验，则得到的别名结构是

$$A=A(AB^2C^2)=A^2B^2C^2=ABC$$

$$A=A(AB^2C^2)^2=A^3B^4C^4=BC$$

$$B=B(AB^2C^2)=AB^3C^2=AC^2$$

$$B=B(AB^2C^2)^2=A^2B^5C^4=ABC^2$$

$$C=C(AB^2C^2)=AB^2C^3=AB^2$$

$$C=C(AB^2C^2)^2=A^2B^4C^5=AB^2C$$

$$AB=AB(AB^2C^2)=A^2B^3C^2=AC$$

$$AB=AB(AB^2C^2)^2=A^3B^5C^4=BC^2$$

因此，设计的 8 个自由度实际估计的 4 个效应是 A+BC+ABC，$B+AC^2+ABC^2$，$C+AB^2+AB^2C$ 以及 $AB+AC+BC^2$。该设计仅当所有的交互作用相对小于主效应时才有实际价值。由于主效应与二因子交互效应别名，这是一个分辨度为 Ⅲ 的设计。需要注意的是，这一设计的别名关系是较为复杂的，每个主效应的别名是交互作用的分量。例如，若二因子交互作用 BC 较大，就可能使 A 的主效应的估计值失真，并使 $AB+AC+BC^2$ 效应难以解释。下面通过一个实例，说明三水平部分因子试验在实际中的应用。

3.2.2 三水平部分因子试验的实例

在进行三水平部分因子试验时，就要自己动手安排和计算。关于高、中、低三水平的代码可以有多种选择方法，可以选择 0，1，2，也可以选择 1，2，3；但以连续型变量 −1，0，1 作为代码最好。

例 3.2 手机外壳注塑试验中，为了考察如何能使其强度达到最大，要进行承载力试验，将外壳放入压力机中压碎，以其承载力 y(单位：kg) 为指标，希望选定最优工艺条件使 y 达到最大。共有三个因子，选择其水平如下。

因子 A(注射压力)(Pa)，$A_1=500$，$A_2=520$，$A_3=540$。

因子 B(注射时间)(s)，$B_1=1.2$，$B_2=1.5$，$B_3=1.8$。

因子 C(模具温度)(℃)，$C_1=70$，$C_2=75$，$C_3=80$。

假定仅作 9 次试验，试找出重要影响因子及最佳搭配，使承载力 y 达到最大。

以 MINITAB 软件为例说明整个设计及分析的操作过程。

在计划阶段，选择“统计 →DOE→ 因子 → 创建因子设计→ 一般全因子设计”选项，并选定因子个数为 2(因为只进行 9 次试验)，在设计窗口中，填写 A，B 二因子，且水平数皆为 3。在因子窗口中，填写 A，B 二因子各自的实际水平，在选项窗口中，选择非随机化。这样就可以得到含 A，B 两因子各三水平的正交表。自己在表中再补充一列 C，按部分因子三水平正交表的第三列填写，三水平仍取因子 C 的实际水平。随机化顺序后，就得到完整的试验计划表了 (见表 3.5 的前 7 列)。

在实施试验后，将试验数据“承载力”填写在 A，B，C 因子列之后的第 8 列，结果如表 3.5 所示。

表 3.5　手机壳承载力试验中，三水平试验数据表

标准序	运行序	点类型	区组	注射压力/Pa	注射时间/s	模具温度/℃	承载力/kg
1	1	1	1	500	1.2	70	64.4
2	2	1	1	500	1.5	75	66.4
3	3	1	1	500	1.8	80	66
4	4	1	1	520	1.2	75	68.4
5	5	1	1	520	1.5	80	66.6
6	6	1	1	520	1.8	70	69.6
7	7	1	1	540	1.2	80	61.8
8	8	1	1	540	1.5	70	62
9	9	1	1	540	1.8	75	66.2

在分析时，不能使用 DOE 窗，而要选择“统计 → 方差分析 → 一般线性模型”选项。这时，各因子都应当当作固定效应 (因而不要填写入随机因子窗内)，MINITAB 输出方差分析结果如表 3.6 所示。

表 3.6　例 3.2 的方差分析结果

因子信息

因子	类型	水平数	值		
注射压力	固定	3	500	520	540
注射时间	固定	3	1.2	1.5	1.8
模具温度	固定	3	70	75	80

方差分析

来源	自由度	Adj SS	Adj MS	F 值	P 值
注射压力	2	35.5822	17.7911	108.19	0.009
注射时间	2	10.9156	5.4578	33.19	0.029
模具温度	2	7.9022	3.9511	24.03	0.040
误差	2	0.3289	0.1644		
合计	8	54.7289			
S	R-sq	R-sq(调整)	R-sq(预测)		
0.405518	99.40%	97.60%	87.83%		

可以得知，当显著性水平取为 0.05 时，3 个因子的效应都是显著的。为了得到回归方程，要先在数据表中加上 3 个因子的平方项，然后再进行回归分析。这是因为因子取三水平后，不但有线性效应，还包含二阶效应，不加入二阶项所得到的因子效应是不完全、不准确的。选择“统计 → 回归 → 回归”选项，选入 A，B，C 及它们的平方共 6 项，结果如表 3.7 所示。

表 3.7 例 3.2 的回归分析结果

回归方程：承载力 =−2836+9.650 注射压力 −31.56 注射时间 +11.55 模具温度 −0.009333 注射压力 × 注射压力 +11.85 注射时间 × 注射时间 −0.0773 模具温度 × 模具温度

系数

项	系数	系数标准误	T 值	P 值	方差膨胀因子
常量	−2836	204	−13.89	0.005	
注射压力	9.650	0.746	12.94	0.006	8113.00
注射时间	−31.56	9.57	−3.30	0.081	301.00
模具温度	11.55	1.72	6.71	0.021	2701.00
注射压力 × 注射压力	−0.009333	0.000717	−13.02	0.006	8113.00
注射时间 × 注射时间	11.85	3.19	3.72	0.065	301.00
模具温度 × 模具温度	−0.0773	0.0115	−6.74	0.021	2701.00

方差分析

来源	自由度	Adj SS	Adj MS	F 值	P 值
回归	6	54.4000	9.0667	55.14	0.018
注射压力	1	27.5476	27.5476	167.52	0.006
注射时间	1	1.7864	1.7864	10.86	0.081
模具温度	1	7.4042	7.4042	45.03	0.021
注射压力 × 注射压力	1	27.8756	28.8756	169.51	0.006
注射时间 × 注射时间	1	2.2756	2.2756	13.84	0.065
模具温度 × 模具温度	1	7.4756	7.4756	45.46	0.021
误差	2	0.3289	0.1644		
合计	8	54.7289			
S	R-sq	R-sq(调整)	R-sq(预测)		
0.405518	99.40%	97.60%	87.83%		

当取显著水平 $\alpha = 0.10$ 时，三个因子的主效应以及二阶效应都是显著的。

选择“统计 → 方差分析 → 主效应图”选项，可以得到下列主效应图，见图 3.3。

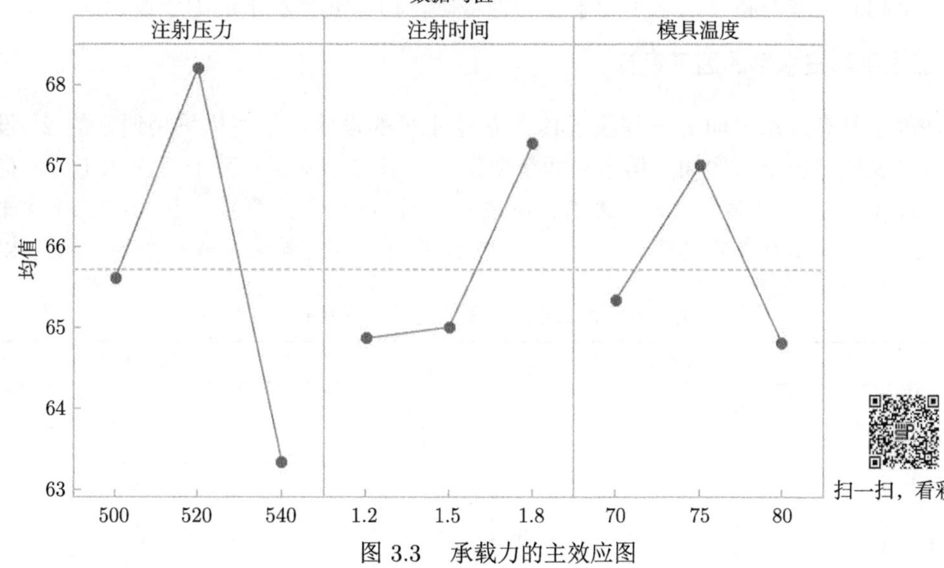

扫一扫，看彩图

图 3.3 承载力的主效应图

由图 3.3 可知，当因子 A 取中水平 520Pa，B 取高水平 1.8s，C 取中水平 75℃ 时，可能使响应变量 y 取得最大值。最后选择 "统计 → 回归 → 回归" 选项，选择 "注射压力""注射时间""模具温度""注射压力 * 注射压力""注射时间 * 注射时间""模具温度 * 模具温度" 共 6 项，以 "520""1.8""75""270400""3.24""5625" 代入方程，得到最优值的预测结果，如表 3.8 所示。

表 3.8　最优值的预测结果

新观测值的预测值

拟合值	拟合值标准误	95%置信区间	95%预测区间
71.0444	0.357633	(69.5057,72.5832)	(68.7180,73.3708)

新观测值的自变量值

注射压力	注射时间	模具温度	注射压力 * 注射压力	注射时间 * 注射时间	模具温度 * 模具温度
520	1.8	75	270400	3.24	5625

由上述结果可以看出，A 取中水平 520Pa，B 取高水平 1.8s，C 取中水平 75℃，将使响应变量 y 取值达到最大值 71.0444。这个搭配是试验中并未进行的。从方差分析的结果看到，三个因子中贡献最小的因子是 C(模具温度)。取 A 为中水平 520Pa，取 B 为高水平 1.8s，C 只有取低水平 70℃ 的第 6 号试验，其结果为 69.6，这是试验中的最好结果了，但我们的预测结果要优于此结果。可见试验不但比全部搭配所需要的次数要少，而且可以预测从未得到的好结果，再次证明统计试验方法的优势。当然预测的结果要经过验证试验的确认，才能最后判定是否为最优结果。

3.3　混合水平的因子设计

第 2 章和 3.1 节讨论的所有因子设计的水平数都是相同的。但在实际中，因子的水平数并不完全相同，本节将以二水平因子设计为基础，构造混合水平的因子设计。

3.3.1　二水平和三水平的因子设计

有些因子具有二水平而另一些因子具有 k 个水平的设计，就可以采用通常的 2^k 设计的加减符号表推导出来。例如，假定有两个变量，A 有二个水平，X 有三个水平，考虑有 8 个试验的 2^3 设计的加减符号表。表 3.9 左边列出列 B 和 C 的符号，令 X 的三个水平表示为 x_1, x_2, x_3，表 3.9 的右边表示如何将 B 和 C 的符号组合起来形成一个因子的三水平。

表 3.9　用二水平因子构造三水平因子

二水平因子		三水平因子
B	C	X
−	−	x_2
+	+	x_2
−	+	x_2
+	+	x_3

现在，因子 X 具有两个自由度，通常可以设想为由一个线性分量和一个二次分量所组成，每一个分量各有一个自由度。表 3.10 展示了这一 2^3 的设计，列的名称表示需要估计的实际效应，X_L 和 X_Q 分别 X 的线性效应和二次效应，X 的线性效应就是这两个效应估计值的和，由与 B 和 C 有关的列估计。同理，AX_L 效应也是两个效应的和，由 AB 和 AC 列估计出。表 3.10 完整的方差分析如表 3.11 所示。

表 3.10　一个二水平因子和一个三水平因子的 2^3 设计

轮次	A	X_L	X_L	AX_L	AX_L	X_Q	AX_Q	实际的处理组合	
	A	B	C	AB	AC	BC	ABC	A	X
1	−	−	−	+	+	+	−	低	低
2	+	−	−	−	−	+	+	高	低
3	−	+	−	−	+	−	+	低	中
4	+	+	−	+	−	−	−	高	中
5	−	−	+	+	−	−	+	低	中
6	+	−	+	−	+	−	−	高	中
7	−	+	+	−	−	+	−	低	高
8	+	+	+	+	+	+	+	高	高

表 3.11　设计的方差分析表

波动源	平方和	自由度	均方
A	SS_A	1	MS_A
$X(X_L+X_Q)$	SS_X	2	MS_X
$AX(AX_L+AX_Q)$	SS_{AX}	2	MS_{AX}
误差	SS_E	2	MS_E
总和	SS_T	7	

如果能够假定二因子交互作用和更高阶的交互作用可以被忽略，则可以把表 3.10 的设计转换为至多有四个二水平因子和一个三水平因子的分辨度为 Ⅲ 的设计，为此，可以把二水平因子的列 A、AB、AC 和 ABC 结合起来完成。需要注意的是，列 BC 不能用来放置二水平因子，因为它含有三水平因子 X 的二次效应。

同样的方法可应用到 16 次试验、32 次试验、64 次试验的 2^k 设计中。对 16 次试验来说，可以构造有两个二水平因子和两个或三个三水平因子的分辨度为 V 的部分因子设计；也可以构造具有三个二水平因子和一个三水平因子的分辨度为 V 的部分因子设计；或者构造含有四个二水平因子和一个三水平因子的分辨度是 Ⅲ 的部分因子设计。可用同样的方法设计具有 32 次试验或者 64 次试验的含有二水平因子和三水平因子的混合因子设计。

3.3.2 二水平和四水平的因子设计

很容易将 2^k 设计应用到因子中含有四个水平的情况。要做到这一点，需要用两个二水平的因子来代表一个四水平的因子。例如，假设因子 A 是一个四水平因子，其水平分别为 $\alpha_1, \alpha_2, \alpha_3$ 和 α_4，则通常需要考虑加减符号表中的两列，如表 3.12 所示的两列 P 和 Q，表的右边表示如何将这些符号与因子 A 的四个水平相对应。这样，由列 P 和 Q，以及 PQ 交互作用所代表的效应是相互正交的，且对应于三个自由度的 A 效应。

表 3.12　两个二水平因子表示成一个四水平因子

轮次	二水平因子		四水平因子
	P	Q	A
1	−	−	α_1
2	+	−	α_2
3	−	+	α_3
4	+	+	α_4

为了进一步说明这种思想，假设有一个四水平的因子和两个二水平的因子，需要估计所有因子的主效应和涉及这些因子的交互效应。采用 16 次试验的设计就可以做到这一点。表 3.13 是一个有 16 次试验的 2^4 设计的加减符号表，列 A 和 B 用来形成一个四因子，记为 X，其水平为 x_1, x_2, x_3, x_4。与通常的 2^k 设计一样计算每一列 A，B，$\cdots$，ABCD 的平方和。

表 3.13　一个四水平因子和两个二水平因子的 16 次试验

轮次	(A	B) =	X	C	D	AB	AC	BC	ABC	AD	BD	ABD	CD	ACD	BCD	ABCD
1	−	−	x_1	−	−	+	+	+	−	+	+	−	+	−	−	+
2	+	−	x_2	−	−	−	−	+	+	−	+	+	+	+	−	−
3	−	+	x_3	−	−	−	+	−	+	+	−	+	+	−	+	−
4	+	+	x_4	−	−	+	−	−	−	−	−	−	+	+	+	+
5	−	−	x_1	+	−	+	−	−	+	+	+	−	−	+	+	−
6	+	−	x_2	+	−	−	+	−	−	−	+	+	−	−	+	+
7	−	+	x_3	+	−	−	−	+	+	+	−	+	−	+	−	+
8	+	+	x_4	+	−	+	+	+	−	−	−	−	−	−	−	−
9	−	−	x_1	−	+	+	+	+	−	−	−	+	−	+	+	−
10	+	−	x_2	−	+	−	−	+	+	+	−	−	−	−	+	+
11	−	+	x_3	−	+	−	+	−	+	−	+	−	−	+	−	+
12	+	+	x_4	−	+	+	−	−	−	+	+	+	−	−	−	−
13	−	−	x_1	+	+	+	−	−	+	−	−	+	+	−	−	+
14	+	−	x_2	+	+	−	+	−	−	−	−	−	+	+	−	−
15	−	+	x_3	+	+	−	−	+	+	−	+	−	+	−	+	−
16	+	+	x_4	+	+	+	+	+	+	+	+	+	+	+	+	+

由此，因子 X，C，D，以及它们交互作用的平方和可以表示为

$$
\begin{aligned}
&SS_X = SS_A + SS_B + SS_{AB} && (3\text{ 个自由度})\\
&SS_C = SS_C && (1\text{ 个自由度})\\
&SS_D = SS_D && (1\text{ 个自由度})\\
&SS_{CD} = SS_{CD} && (1\text{ 个自由度})\\
&SS_{XC} = SS_{AC} + SS_{BC} + SS_{ABC} && (3\text{ 个自由度})\\
&SS_{XD} = SS_{AD} + SS_{BD} + SS_{ABD} && (3\text{ 个自由度})\\
&SS_{XCD} = SS_{ACD} + SS_{BCD} + SS_{ABCD} && (3\text{ 个自由度})
\end{aligned}
$$

这可称为一个 4×2^2 设计。如果能够忽略二因子交互作用，则在二因子交互作用 (除了 AB) 列，三因子交互作用列，四交互作用列，可最多 9 个二水平因子。

3.4 筛选因子的 Plackett-Burman 设计

在研制试验中，有时需要尽可能快地筛选大量因子，当试验次数 n 是 2 的幂次 (2^2, 2^3, 2^4, 2^5, $\cdots$) 时，部分因子设计可以用作筛选设计，但值得注意的是，这些数之间的差距随着 n 的增大变得越来越宽，需要试验安排来填补这些差距。Plackett 和 Burman(简称 PB) 设计了一类新的二水平正交设计。对于是 4 的倍数的任意 n，这些设计是可行的，特别地，设计了 n=12, 20, 24, 28, 36, $\cdots$ 次试验的安排。这种类型的一种安排称为正交表，记为 L_n。

例如，12 次试验的 PB 设计，一旦知道了它的第一行符号：

$$+-+---+++-+$$

就可以写出 12 次试验的 PB 设计，接下来的 10 行通过相继地向右 (或向左) 移动一步所有的符号，并把尾部的符号挪到下一行的开始处而得到，第 12 行全部由减号组成，这样的一个 PB_{12} 设计，也称为 L_{12} 正交表，如表 3.14 所示。这里将会看到，与部分因子设计一样，该设计的所有列是相互正交的。

表 3.14 12 次试验的 PB 设计

轮次	因子										
	A	B	C	D	E	F	G	H	J	K	L
1	+	−	+	−	−	−	+	+	+	−	+
2	+	+	−	+	−	−	−	+	+	+	−
3	−	+	+	−	+	−	−	−	+	+	+
4	+	−	+	+	−	+	−	−	−	+	+
5	+	+	−	+	+	−	+	−	−	−	+
6	+	+	+	−	+	+	−	+	−	−	−
7	−	+	+	+	−	+	+	−	+	−	−
8	−	−	+	+	+	−	+	+	−	+	−
9	−	−	−	+	+	+	−	+	+	−	+
10	+	−	−	−	+	+	+	−	+	+	−
11	−	+	−	−	−	+	+	+	−	+	+
12	−	−	−	−	−	−	−	−	−	−	−

根据表 3.14，可以计算因子 A 的主效应，即

$$\mathrm{A}=((y_1+y_2+y_4+y_5+y_6+y_{10})-(y_3+y_7+y_8+y_9+y_{11}+y_{12}))/6=\bar{y}_+-\bar{y}_-$$

值得注意的是，只有当不必考虑任何交互作用时，估计的主效应才有意义。那么，PB 设计有何潜在的用处吗？

用 PB 设计来安排试验的最大好处就是节省试验次数。例如，正交表 L_{12}，用 12 次试验，就可以最多安排 11 个因子，自然，这种设计的分辨度是 Ⅲ，即主效应将与二阶交互效应混杂。若任何一个二阶交互效应是显著的，则将导致不能准确分析主效应。这种设计不像一般的部分因子设计还可能提供别的信息，它只能用于筛选因子，因此，也称 PB 设计为筛选试验设计。

表 3.15 给出了构造 PB_{12}，PB_{20}，PB_{24} 设计的第一行，这三个设计中的每一个设计都可以用与 PB_{12} 设计同样的描述方式，通过循环置换得到，而且它们具有类似的投影性质。总之，PB 设计对因子筛选具有相当普遍的重要性，它的使用范围和条件是：因子个数较多，试验昂贵，不考虑任何交互作用。因此，不到万不得已，通常不采用该方法。

表 3.15　构造 PB 设计的生成行

设计	试验次数	生成行
PB_{12}	12	+ + − + + + − − − + −
PB_{20}	20	+ + − − + + + + − + − + − − − − + + −
PB_{24}	24	+ + + + + − + − + + − − + + − − + − + − − − −

创建 PB 设计，可以选择“统计 →DOE→ 因子 → 创建因子设计→ Plackett-Burman 设计”选项，分析方法同部分因子设计完全相同。不再赘述。

思考与练习

3-1 解释因子设计的定义，并解释二水平因子设计的含义。

3-2 一个 2^5 设计需要多少次试验、多少个变量及变量水平？

3-3 相较于简单比较法，因子设计的优势有哪些？

3-4 某蓄电池的最大输出电压受到材料及安放位置温度的影响。现材料和温度均在三水平下进行因子设计，并在每种组合下测量三次，测量结果如表 3.16 所示。试分析材料、温度及其交互作用对试验结果的影响，设定置信水平 $\alpha = 0.05$。

表 3.16　题 3-4 测量结果

材料	温度								
	10°C			20°C			30°C		
A	1.35	0.75	1.80	0.35	0.90	0.40	0.18	0.70	0.58
B	1.56	1.26	1.90	1.35	1.22	1.15	0.23	0.48	0.45
C	1.35	1.09	1.66	1.04	0.88	1.03	0.87	0.83	1.04

3-5 试根据所需知识完成三因子三水平设计。假定有 A、B、C 三个因子，每个因子水平为 −1，0，1，安排因子进行试验。

3-6 以表 3.17 中数据计算爆米花产量和口味的主效应与交互作用，其中玉米品种分为普通 (−) 和美味 (+)，玉米/油比例分为低 (−)、高 (+) 两种，容量杯分为 1/3 容量 (−) 和 2/3 容量 (+)。在主效应和交互效应计算完成后，分析对产品和口味影响最重要的因素分别是什么？

表 3.17 题 3-6 统计数据

编号	玉米品种	玉米/油比例	容量杯	产量	口味等级
1	−	−	−	6.25	6
2	+	−	−	8.02	7
3	−	+	−	6.01	10
4	+	+	−	9.50	9
5	−	−	+	8.00	6
6	+	−	+	15.00	6
7	−	+	+	9.00	9
8	+	+	+	17.00	2

第 4 章　响应曲面试验设计与分析

自 20 世纪 50 年代 Box 等提出响应曲面，并将其应用到过程工业的设计优化以来，响应曲面方法在理论和应用方面都得到了极大的发展，形成了丰硕的研究成果。本章主要介绍响应曲面的概述、响应曲面设计的分析与实例、多响应试验的优化和分析等。

4.1　响应曲面概述

4.1.1　基本概念

在实际工作中，经常会遇到类似的问题：如何控制或选择输入变量 (或工艺参数)x_1, $x_2, \cdots, x_m$ 的值，使系统 (或过程) 输出的性能指标 y 达到最优呢？例如，在黏合剂的生产中，如何控制反应罐内温度 (x_1)、反应时间 (x_2) 等，使得该黏合剂的黏性值 y 达到最大？为此，需要研究 y 与 x_1,x_2, $\cdots$, x_m 之间的关系。通常，二者之间的关系可以表示为

$$y = f(x_1, x_2, \cdots, x_m) + \varepsilon \tag{4.1}$$

其中，假定 ε 为随机误差，它是由不可控的噪声因子导致的白噪声，即假定 ε 服从均值为 0、方差为 σ^2 的正态分布，$\varepsilon \sim N(0, \sigma^2)$。如果用响应的期望 $E(y) = \eta = f(x_1, x_2, \cdots, x_m)$ 表示，则式 (4.2) 称为一个响应曲面

$$\eta = f(x_1, x_2, \cdots, x_m) \tag{4.2}$$

图 4.1 展示了一个三维响应曲面图，其中 $\eta = f(x_1, x_2)$。为了直观地理解响应曲面的形状，通常画出其等高线，响应曲面 $\eta = f(x_1, x_2)$ 的等高线图画在 $x_1 - x_2$ 平面上，每条等高线对应响应曲面的一个高度。

响应曲面方法是由统计学家 Box 等于 1951 年提出的，包括试验设计、系统建模、数据分析和最优化等方面的研究内容。在实际工作中，由于输出响应与输入变量之间的函数关系 f 是未知的，通常采用低阶多项式拟合。

如果二者具有线性关系，则可以用一阶模型近似

$$y = \beta_0 + \sum_{i=1}^{m} \beta_i x_i + \varepsilon \tag{4.3}$$

其中，β_i 为 x_i 的主效应。

如果系统中存在弯曲现象，则通常采用二阶多项式模型近似

$$y = \beta_0 + \sum_{i=1}^{m} \beta_i x_i + \sum_{i<j}^{m} \beta_{ij} x_i x_j + \sum_{i=1}^{m} \beta_{ii} x_i^2 + \varepsilon \tag{4.4}$$

其中，β_i 为 x_i 的线性效应，β_{ij} 为 x_i 和 x_j 之间的交互效应，β_{ii} 为 x_i 的二次效应。

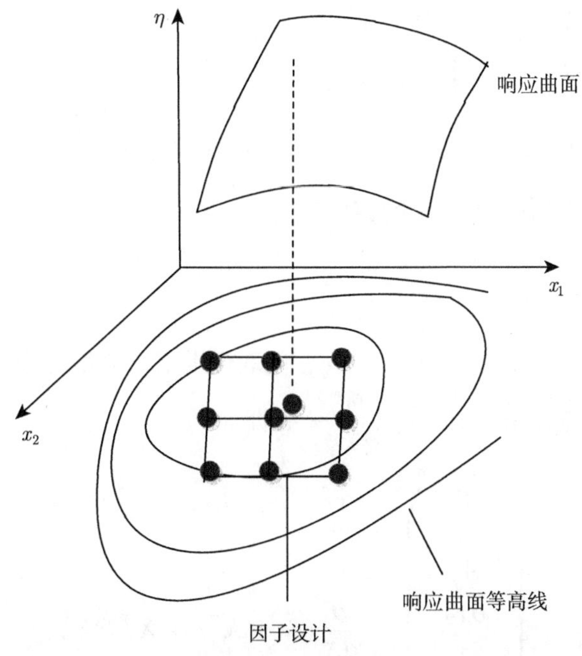

图 4.1 一个三维响应曲面图 $\eta = f(x_1, x_2)$

在响应曲面分析中，通常先用二水平的试验，建立一个线性的回归方程，如果发现有弯曲的趋势，则需要拟合一个含有二次项的回归方程，这样一来，原来的一些设计点的数据就不够用了，导致无法估计回归方程的系数，这就需要再增加一些试验点。这种先后分阶段完成全部试验的策略就是序贯试验的策略。

本章着重介绍二阶响应曲面的设计和分析问题。响应曲面方法的主要目标可归结如下。

(1) 展示响应变量 (一个或多个) 与影响响应的多个输入变量之间的关系。

(2) 发现和探测系统的最佳操作条件，或者说确定输入因子的空间区域，以满足目标要求。

(3) 找出合适的稳健设计，以有效地实现目标 (1) 和 (2)，同时找到稳健条件使生产的产品具有稳健的质量特性。

4.1.2 二阶模型的分析

当试验接近最优值时，由于存在某种弯曲，通常需要一个二阶响应曲面来拟合输入与输出之间的关系，假设拟合的二阶模型为

$$\begin{aligned}\widehat{y} &= \beta_0 + \sum_{i}^{m} \widehat{\beta}_i x_i + \sum_{i}^{m} \widehat{\beta}_{ii} x_i^2 + \sum_{i<j}\sum \widehat{\beta}_{ij} x_i x_j \\ &= \widehat{\beta}_0 + X^{\mathrm{T}} b + X^{\mathrm{T}} B X \end{aligned} \tag{4.5}$$

其中

$$X=\begin{pmatrix}x_1\\x_2\\\vdots\\x_m\end{pmatrix},\quad b=\begin{pmatrix}\widehat{\beta}_1\\\widehat{\beta}_2\\\vdots\\\widehat{\beta}_m\end{pmatrix}\quad B=\begin{pmatrix}\widehat{\beta}_{11} & \widehat{\beta}_{12}/2 & \cdots & \widehat{\beta}_{1m}/2\\\widehat{\beta}_{21}/2 & \widehat{\beta}_{22} & \cdots & \widehat{\beta}_{2m}/2\\\vdots & \vdots & & \vdots\\\widehat{\beta}_{m1}/2 & \widehat{\beta}_{m2}/2 & \cdots & \widehat{\beta}_{mm}\end{pmatrix}$$

下面利用上述拟合的模型，确定最佳操作条件 $x_i(i=1,2,\cdots,m)$, 并刻画响应曲面的性质。

1. 最优点的位置

假设找到式 (4.5) 中 $x_i(i=1,2,\cdots,m)$, 的取值水平，使得质量特性 y 的预测值 $\widehat{y}$ 达到最优。如果这样的点存在，则满足 $\dfrac{\partial\widehat{y}}{\partial X}=0$, 即

$$\begin{aligned}\begin{pmatrix}\dfrac{\partial\widehat{y}}{\partial x_1}\\\dfrac{\partial\widehat{y}}{\partial x_2}\\\vdots\\\dfrac{\partial\widehat{y}}{\partial x_m}\end{pmatrix}&=\frac{\partial}{\partial X}(\widehat{\beta}_0+X^{\mathrm{T}}b+X^{\mathrm{T}}BX)\\&=b+2BX=0\end{aligned}\tag{4.6}$$

由此得到：

$$X_0=-\frac{1}{2}B^{-1}b\tag{4.7}$$

若点 $X_0^{\mathrm{T}}=(x_{10},x_{20},\cdots,x_{m0})$ 满足式 (4.6)，则称该点为平稳点。平稳点有可能是响应的最大值点、最小值点或鞍点。图 4.2 给出了围绕平稳点的这三种可能情况的等高线图。

2. 正则分析

一旦找到了响应曲面的平稳点，就要判定该平稳点是响应变量的最大值点、最小值点，还是鞍点，以及平稳点的敏感性。如果仅有 2~3 个输入变量，检验拟合模型的等高线图，就能够提供足够的信息。当输入变量的个数多于 3 个时，勾画和解释等高线图并非易事。为此，需要介绍响应曲面的一般分析方法——正则分析。

假设在式 (4.5) 中，令 $Z=X-X_0$，则

$$\begin{aligned}\widehat{y}&=\widehat{\beta}_0+X^{\mathrm{T}}b+X^{\mathrm{T}}BX\\&=\widehat{\beta}_0+(Z^{\mathrm{T}}+X_0^{\mathrm{T}})b+(Z^{\mathrm{T}}+X_0^{\mathrm{T}})B(Z+X_0)\\&=\widehat{y}_0+Z^{\mathrm{T}}BZ\end{aligned}\tag{4.8}$$

其中，$\widehat{y}_0$ 为 y 在平稳点的预测值，$\widehat{y}_0=\widehat{\beta}_0+X^{\mathrm{T}}b+X_0^{\mathrm{T}}BX$。

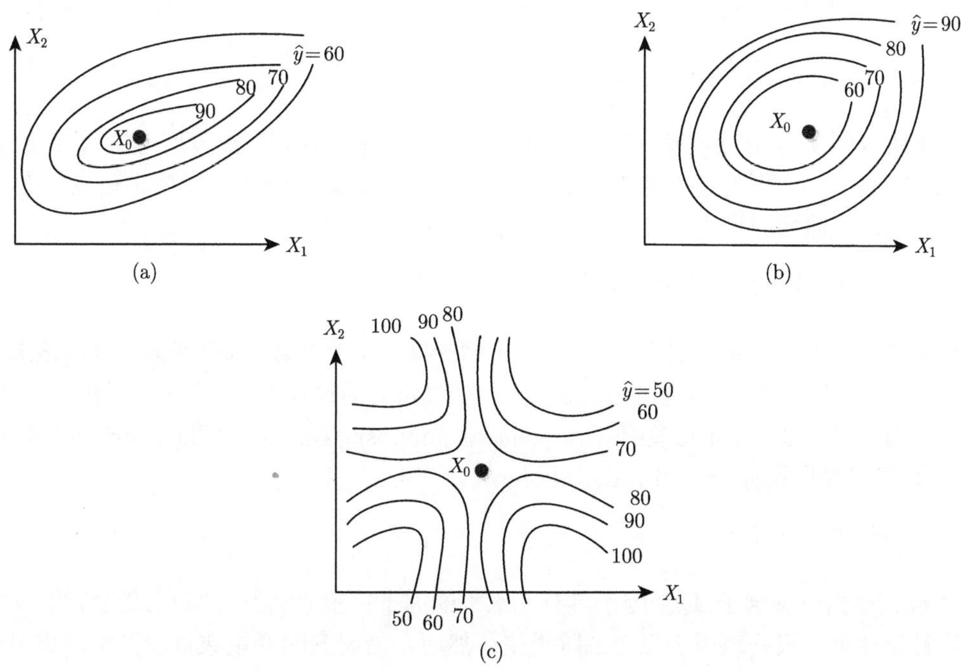

图 4.2 围绕平稳点 X_0 的三种可能情况的等高线图

记 $\lambda_1,\lambda_2,\cdots,\lambda_m$ 为矩阵 B 的特征值，$p_1,p_2,\cdots,p_m$ 为相应特征值的特征向量，$P=(p_1,p_2,\cdots,p_m)$, 则存在正交变换 $Z=PW$, 使得

$$Z^{\mathrm{T}}BZ=W^{\mathrm{T}}P^{\mathrm{T}}BPW=W^{\mathrm{T}}\varLambda W$$

其中，P 为正交矩阵，$\varLambda$ 为对角矩阵，而且

$$\varLambda=\begin{pmatrix}\lambda_1 & 0 & \cdots & 0\\ 0 & \lambda_2 & \cdots & 0\\ \vdots & \vdots & & \vdots\\ 0 & 0 & \cdots & \lambda_m\end{pmatrix}$$

则等式 (4.8) 就变换成

$$\begin{aligned}\widehat{y}&=\widehat{y}_0+W^{\mathrm{T}}\varLambda W\\&=\widehat{y}_0+\lambda_1W_1^2+\lambda_2W_2^2+\cdots+\lambda_mW_m^2\end{aligned}\tag{4.9}$$

式 (4.9) 就称为二阶拟合响应模型的正则形式。

由此，响应曲面的性质就可以根据平稳点以及特征值 $\lambda_i(i=1,2,\cdots,m)$ 的符号和大小来确定。假设平稳点在拟合的二阶模型感兴趣的区域内，感兴趣的区域通常具有下列两种形式之一 (采用编码变量)，一个是方域：$R_1=\{x_i\,|-1\leqslant x_i\leqslant 1, i=1,2,\cdots,m\}$；另一个是球域：$R_2=\left\{x_i\left|\sum\limits_{i=1}^{m}x_i^2\leqslant 1\right.\right\}$。

如果所有的 $\lambda_i\geqslant 0$, 则平稳点 X_0 就是响应曲面的最小值点；如果所有的 $\lambda_i\leqslant 0$, 则平稳点 X_0 就是响应曲面的最大值点；如果 λ_i 有正有负，则平稳点 X_0 就是鞍点。而且 λ_i 的大小也确定了曲面的最快上升 (或下降) 方向。

4.1.3　拟合二阶模型的响应曲面设计

在拟合二阶响应曲面的试验设计中，为了估计模型中的参数，每个变量至少应该选取三水平，因此，在拟合二阶模型的响应曲面设计中，最常用的设计是：三水平因子设计 3^k 或三水平部分因子设计 3^{k-p}，中心复合设计 (central composite design, CCD)，Box-Behnken(B-B) 设计以及等径向设计 (equal radial design)。

1. 3^k 和 3^{k-p} 设计

3^k 设计是指有 k 因子，每个因子具有三水平的因子试验。当因子的数目较少，如 $k=2,3$ 时，这种设计可以很好地用于拟合二阶模型；然而，当研究的变量数目较多时，需要观测的次数是很大的，则通常采用部分因子设计 3^{k-p}。事实上，三水平正交表，如 L_9 和 L_{27} 可以提供 3^{k-p} 部分因子设计。

2. 中心复合设计

中心复合设计是由二水平因子或部分因子设计 2^k(编码为 ± 1)，加上 $2k$ 个轴点 (axial point) 或者星号点 (star point)$\pm\alpha$，以及 n_c 个中心点 (center point) 坐标为 0 的三部分构成的。图 4.3 给出了三因子中心复合设计布点示意图，包括一个普通的全因子试验设计、星号点和一些中心点。

由于中心复合设计由三部分试验点组成，而且需要同时进行，这里就有三个问题需要仔细讨论。

(1) 如何选择全因子试验设计部分。

(2) 如何确定星号点的位置，即确定 α 的数值。

(3) 如何确定中心点的个数。

在因子试验设计部分，通常都会选全因子试验的安排方法，当因子个数大于 5 时，才考虑部分因子试验设计，这时通常都要求设计的分辨度在 V 以上。

在 α 值的选取上，通常由试验者确定。其中旋转性是个很有意义的考虑。旋转性是指将来在某点处预测值的方差仅与该点到试验点中心的距离有关，而与其所在方位无关，即响应变量的预测精度在以设计的中心为球心的球面上是相同的。可以证明，这时应取：

$$\alpha=2^{k/4}$$

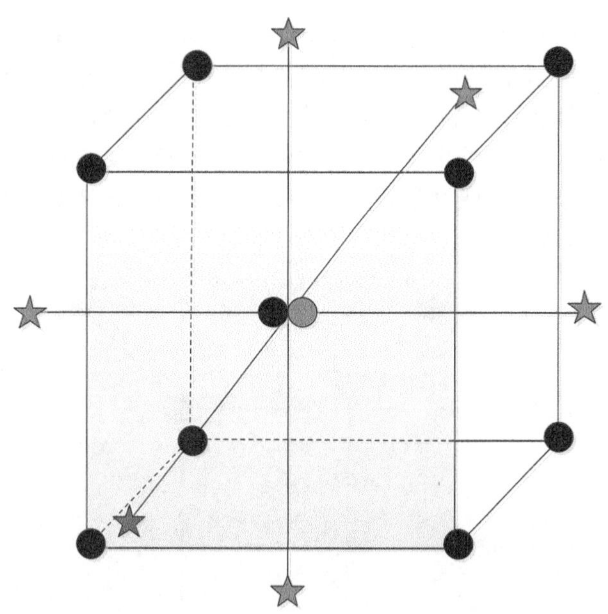

图 4.3 三因子中心复合设计布点示意图

当 $k=2$ 时，$\alpha=1.414$；当 $k=3$ 时，$\alpha=1.682$；当 $k=4$ 时，$\alpha=2$；等等。

对于 α 值的选取不必很精确，设计只要有近似旋转性 (near rotatability) 就够了。按上述公式选定的 α 值来安排中心复合设计是最典型的情形，它可以实现试验的序贯性，此种试验特称中心复合序贯 (central composite circumscribed, CCC) 设计，是中心复合设计中最常用的一种。

如果要求进行中心复合设计，但又希望试验水平安排不能超过立方体边界，则可以有两种方法。一种方法是将星号点设置为 1 及 -1。计算机会自动将原中心复合设计缩小到整个立方体内，这种设计也称为中心复合有界 (central composite inscribed, CCI) 设计，但这种设计失去了序贯性，因为前一次在立方体上所进行的试验结果，在后续的 CCI 设计中已经没有用了。另一种方法就是取 $\alpha=1$。也就是将星号点设计为 1 及 -1，原来已经进行过的因子设计保持不变，这种设计也称中心复合表面 (central composite face-centered, CCF) 设计。这样做的好处是每个因子取值的水平数只有三个 (1，0，-1)，而一般的中心复合设计，因子取值的水平数是 5 个 $(-\alpha, 1, 0, -1, -\alpha)$，这在更换因子水平较困难的情况下是有意义的。此种方法最重要的是设计保持了序贯性，但代价是 CCF 设计失去了旋转性。其示意图如图 4.4 所示。

带区组的中心复合设计中，对于 α 值的选取就要从另一个角度考虑了。由于区组也可以作为一个因子 (它是可控的，但又难以完全随机化) 来安排，在最开始估计各项效应显著性时，要把区组作为一个因子放入回归方程以减小误差，从而增加参数估计及判定的精度；后来再做预报时，又应将区组这个因子从回归方程中剔除。此时首先考虑的是希望在保留和删除区组因子这两种不同选择下，对其他因子效应的估计保持不变，也就是说，要保持区组因子与其他因子间效应估计的独立性或这两部分因子间的正交性。为此，要调整 α 值的选取标准，这时顾及不到旋转性而只能顾及正交性的要求。

在中心点的个数 (n_c) 问题上，有很多细节需要分析。在满足旋转性的前提下，如果适当选择 n_c，则可以使在整个试验区域内的预测值都有一致均匀精度 (uniform precision)，这是最好的。遗憾的是在试验前，无法预知最优点究竟位于何处，为此，中心点的试验要重复很多次。就这一问题，Box 给出了中心复合设计试验点个数的建议表 (表 4.1)。但有时认为，这样做的代价太大，n_c 取 2 次以上就够了，若中心点的选取主要是为了估计试验误差，则可能需要取 4 次以上。

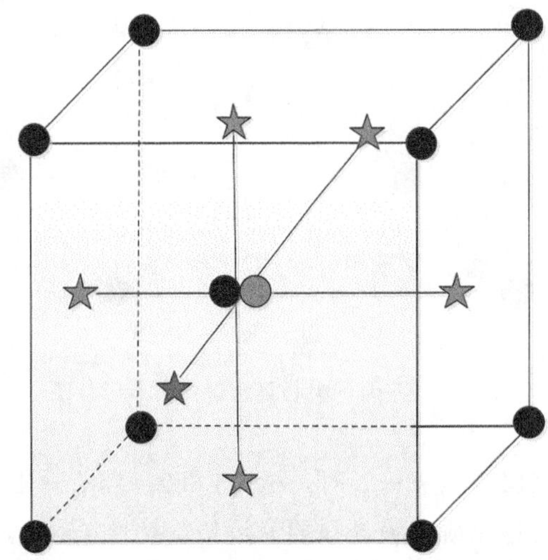

图 4.4　三因子中心复合表面设计布点示意图

表 4.1　中心复合设计试验点个数表

因子数	立方体点	星号点	中心点	总计
2	4	4	5	13
3	8	6	6	20
4	16	8	6	30
5	32	10	10	52
5	16	10	7	33

表 4.1 中，因子数为 5 时，有两种选择，前一种在因子点上进行的是全因子试验 2^5，后一种是进行部分因子试验 2^{5-1}，相应的中心点个数要求也不同。

总之，当时间和资源条件都容许时，进行中心复合设计时尽量按照表 4.1 所给出的试验计划去安排试验，可以达到一致均匀的精度，设计结果和推测出的最佳点都比较可信。实在需要减少试验次数时，中心点至少也要 $2 \sim 5$ 次。当因子水平更换有困难且试验水平安排不能超过立方体边界时可采用 CCF 设计。必须要保证一致均匀精度时，只能牺牲序贯性而保持旋转性，这时可采用 CCI 设计。这些对于具体问题的处理原则将会在下一段响应曲面设计的计划阶段体现出来。

3. Box-Behnken 设计

Box-Behnken 设计是将因子各试验点取在立方体棱的中点上。三因子的 Box-Behnken 设计布点示意图如图 4.5 所示。

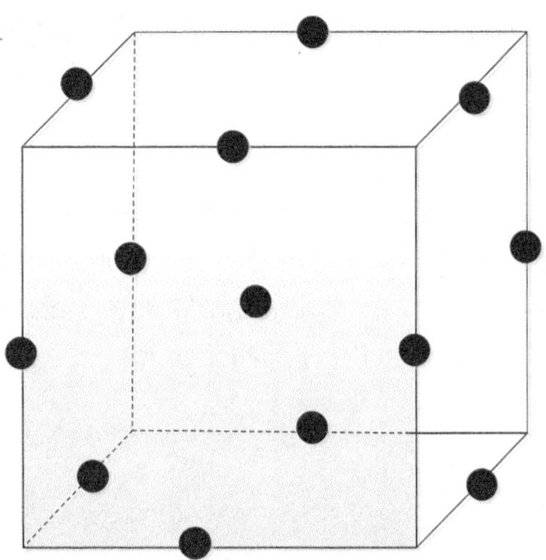

图 4.5　三因子 Box-Behnken 设计布点示意图

这种设计所需试验点数比中心复合设计要少，它也具有近似旋转性，它最适应的试验区域是球形区域，但其最大缺点是设计没有序贯性，上批进行过的试验数据几乎对下批试验没有用，每批试验都要重新做。因子数为 3 时，试验次数为 12+3=15；因子数为 4 时，试验次数为 24+3= 27。除非极端重视试验次数，否则通常不采用这种设计。

下面以三因子为例，给出 CCD、CCI、CCF 和 B-B 设计等四种设计方法的计划表(表 4.2)。前三种试验都要进行 20 次，B-B 设计需要 15 次。这些设计都是假定一开

表 4.2　三因子四种响应曲面设计试验点计划表

试验次数	CCD			CCI			CCF			B-B		
	A	B	C	A	B	C	A	B	C	A	B	C
1	−1	−1	−1	−0.6	−0.6	−0.6	−1	−1	−1	−1	−1	0
2	1	−1	−1	0.6	−0.6	−0.6	1	−1	−1	1	−1	0
3	−1	1	−1	−0.6	0.6	−0.6	−1	1	−1	−1	1	0
4	1	1	−1	0.6	0.6	−0.6	1	1	−1	1	1	0
5	−1	−1	1	−0.6	−0.6	0.6	−1	−1	1	−1	0	−1
6	1	−1	1	0.6	−0.6	0.6	1	−1	1	1	0	−1
7	−1	1	1	−0.6	0.6	0.6	−1	1	1	−1	0	1
8	1	1	1	0.6	0.6	0.6	1	1	1	1	0	1
9	−1.68	0	0	−1	0	0	−1	0	0	0	−1	−1
10	1.68	0	0	1	0	0	1	0	0	0	1	−1
11	0	−1.68	0	0	−1	0	0	−1	0	0	−1	1
12	0	1.68	0	0	1	0	0	1	0	0	1	1
13	0	0	−1.68	0	0	−1	0	0	−1	0	0	0
14	0	0	1.68	0	0	1	0	0	1	0	0	0
15	0	0	0	0	0	0	0	0	0	0	0	0
16	0	0	0	0	0	0	0	0	0			
17	0	0	0	0	0	0	0	0	0			
18	0	0	0	0	0	0	0	0	0			
19	0	0	0	0	0	0	0	0	0			
20	0	0	0	0	0	0	0	0	0			

始就希望完成全部响应曲面设计，未作序贯设计的安排，而且假定表中所列数值都已代码化。

4. 等径向设计

等径向设计是由等距离分布在圆 ($k=2$) 或者球 ($k=3$) 上，而形成有规则的多边形或者多面体所构成的设计。顾名思义，等径向是指设计点到原点的距离是相等的。图 4.6 展示了当 $k=2$ 时，两个等径向设计，一个是五边形，另一个是六边形。关于等径向设计的详细内容可参考 Myers 和 Cumming(1971) 的相关研究。

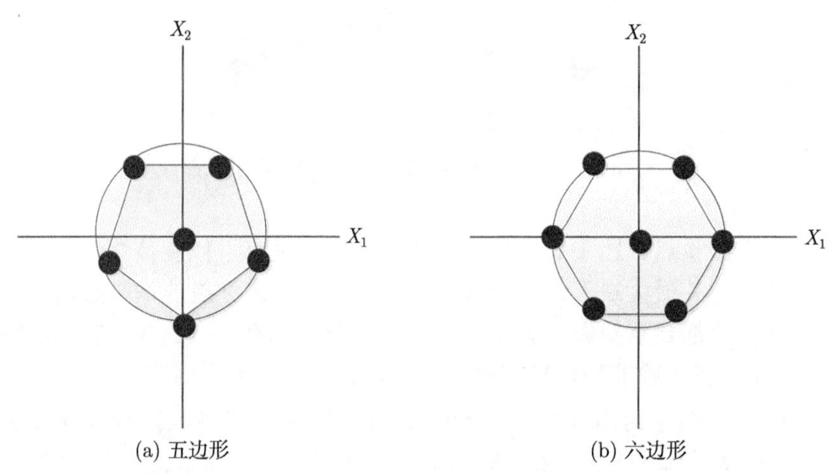

(a) 五边形　　(b) 六边形

图 4.6　关于两变量的径向设计

4.1.4　响应曲面设计期望的性质

选择合适的试验设计，将极大地有助于拟合和分析响应曲面。响应曲面设计的某些性质是非常重要的，这与试验的环境有关。为此，希望这些设计应该能够做到以下几点。

(1) 在整个试验区域内，提供数据点 (信息) 的合理分布。

(2) 保证在 $(X,\widehat{y}(X))$ 处的拟合值，尽可能地接近在 $(X,\eta(X))$ 处的真值。

(3) 保证在 $(X,\partial\widehat{y}(X)/\partial X)$ 处估计的斜率，尽可能地接近在 $(X,\partial\eta(X)/\partial X)$ 处的真斜率值。

(4) 对异常观测值，模型的不匹配和非正态误差不敏感。

(5) 允许试验能够分块实施。

(6) 允许序贯地进行高阶设计。

(7) 提供内部的误差估计。

(8) 提供最少的试验轮次。

(9) 保证模型参数估计的简单性。

(10) 提供失拟的可探测性。

有时，这些要求是彼此冲突的，因此，这就需要选择合适的设计，实现最好的权衡。关于响应曲面设计选择的更多信息参考 Box 和 Draper(1987) 的相关研究。

在响应曲面方法的设计选择中，具有很多准则，其中包括 D-最优、A-最优、E-最优、G-最优、旋转性、稳健性等，下面将予以简单介绍。

1. 字母最优

例如，D-最优、A-最优、E-最优、G-最优等设计准则是基于决策理论方法而形成的最优试验设计理论。这些设计准则，通常放在一起，冠名为字母最优。

(1)D-最优：最小化 $(X^{\mathrm{T}}X)^{-1}$ 的行列式值，等价地，最大化 $X^{\mathrm{T}}X$ 的行列式值。

(2)A-最优：最小化 $(X^{\mathrm{T}}X)^{-1}$ 的迹，即最小化 $\mathrm{tr}[(X^{\mathrm{T}}X)^{-1}]$。

(3)E-最优：最小化 $(X^{\mathrm{T}}X)^{-1}$ 的最大特征值。

(4)G-最优：在试验区域内，最小化最大的预测方差；或者说，最小化方差 $\mathrm{Var}[\widehat{y}(X)]$ 的最大值。

2. 旋转性

如果预测响应 $\widehat{y}(x)$ 的方差 $\mathrm{Var}[\widehat{y}(x)]$ 仅是点到设计中心之间距离的函数，而与方向无关，则称这种设计是可旋转的。在选择响应曲面的设计中，这是一个非常重要的设计性质，因为响应曲面方法的目的是优化响应，而在进行试验前，最优点的位置是未知的。采用旋转设计的最大好处就是在所有方向提供相同的估计精度。

假设信息函数 $I(x)$ 定义为方差 $\mathrm{Var}[\widehat{y}(x)]$ 的倒数，则有

$$I(x)=\frac{1}{\mathrm{Var}[\widehat{y}(x)]} \tag{4.10}$$

3. 稳健性

响应曲面分析通常是在一定的条件下进行的。例如，在给定模型中，总是假定误差矢量 ε 服从正态分布 $N(0,I\sigma^2)$。当不满足条件时，一个特定响应曲面分析的结果并没有受到严重的影响，则称这个设计是稳健的。这些条件包括异常点、遗失数据点、非正态误差、不相等的响应方差、模型不匹配等。

4.1.5 响应曲面设计的计划和实现步骤

1. 响应曲面设计的计划

一旦因子筛选后，识别出来的因子数目已较少，就可以准备进行响应曲面分析。整个响应曲面的设计的计划应该包括两个阶段：寻求最优试验区域和安排试验计划。

第一阶段：寻求最佳试验区域。这一阶段要先考虑识别目前试验区域的状况，它是否已经接近或达到能使响应变量达到最佳值的最优区域，还是处在远离最优区域。下面以望大型问题为例来讨论：通常响应变量的极大值是在有曲面的弯曲的山顶部分达到的，因此要分析数据是否显示了弯曲性，或者在数据拟合线性回归方程式的方差分析表中的失拟现象是否显著。如果可以得出失拟或者弯曲不显著，则说明目前试验区域的位置仍然远离最优区域。此时需要像爬山一样先沿最陡峭的方向爬上去，当到达山顶区域时，再建立细致的曲面方程来描述。下面重点介绍最速上升法 (steepest ascent search)。

如果是寻求最大值，则采用最速上升法；如果是寻求最小值，则采用最速下降法。由于这时的回归方程是线性的，其等高线是一些近似平行直线，故选取与等高线垂直的方向作为最速前进方向 (path of steepest ascent)，沿此方向边前进边做试验 (对每个选定的位置只做一次即可)。如果响应变量值持续增加，则继续前进，直到观测到的响应变量数值不再增加。这时，选定已经得到的最佳值处作为新一批响应曲面设计的中心点，转入第二阶段。

第二阶段：在已确认的最优区域范围内，安排试验计划。在进行响应曲面试验设计计划时，要根据实际条件来选择安排：三水平因子设计 3^k 或三水平部分因子设计 3^{k-p}；或者中心复合设计 (CCD)，在 CCD 型设计中又有 CCC、CCI、CCF 三种可能的选择；或者等径向设计等。

2. *响应曲面方法的主要实施步骤*

响应曲面设计也是试验设计的一种，其分析方法自然与一般的试验设计与分析的步骤相同，其流程如图 1.10 所示。在实际应用中，通常包括以下主要步骤。

(1) 寻找最佳试验区域。

(2) 在最佳区域内建立响应变量的曲面模型。

(3) 确定因子设置，以得到最优结果。

(4) 解释试验结果。

(5) 进行确认性试验。

4.2　响应曲面设计的分析及实例

响应曲面试验设计的分析方法与一般的试验设计分析的差别，就在于模型选项。响应曲面试验设计要拟合的是二次曲面。若以两个自变量为例，其一般模型为

$$y = b_0 + b_1x_1 + b_2x_2 + b_{11}x_1^2 + b_{22}x_2^2 + b_{12}x_1x_2 + \varepsilon$$

选项增加了各自变量的平方项。另外，在 MNITAB 软件输出中，输出的表达式上也有些细微的差别，在此不多加叙述，详细比较可从例 4.1 看出。

例 4.1　在黏合剂生产中，经过因子的筛选后确认，反应罐内温度和反应时间是两个关键因子。在本阶段的最初全因子试验时，因子 A 温度的低水平和高水平取为 200℃ 和 300℃，因子 B 时间的低水平和高水平取为 40s 和 70s。在中心点处也做了 3 次试验，试验结果如表 4.3 所示。

表 4.3　黏合剂生产条件优化问题第一批试验数据表

标准序	运行序	中心点	区组	温度/℃	时间/s	黏度
1	5	1	1	200	40	23.8
2	7	1	1	300	40	34.1
3	1	1	1	200	70	31.8
4	2	1	1	300	70	42.8
5	6	0	1	250	55	48.2
6	4	0	1	250	55	46.5
7	3	0	1	250	55	49.8

对于这些数据进行分析，其结果如表 4.4 所示。

将全部备选项列入模型，包含温度、时间及它们的交互作用项温度 × 时间。

表 4.4 MINITAB 输出的黏度的估计效应和系数表

拟合因子：黏度与温度, 时间

黏度的估计效应和系数 (已编码单位)

项	效应	系数	系数标准误	T 值	P 值
常量		39.5714	4.328	9.14	0.003
温度	10.6500	5.3250	5.725	0.93	0.421
时间	8.3500	4.1750	5.725	0.73	0.519
温度 × 时间	0.3500	0.1750	5.725	0.03	0.978
S	PRESS	R-Sq	R-Sq(预测)	R-Sq(调整)	
11.4500	14789.2	31.79%	0.00%	0.00%	

黏度的方差分析 (已编码单位)

来源	自由度	Seq SS	Adj SS	Adj MS	F 值	P 值
主效应	2	183.145	183.145	91.572	0.70	0.564
温度	1	113.422	113.422	113.422	0.87	0.421
时间	1	69.722	69.722	69.722	0.53	0.519
2 因子交互作用	1	0.122	0.122	0.122	0.00	0.978
温度 × 时间	1	0.122	0.122	0.122	0.00	0.978
残差误差	3	393.307	393.307	131.102		
弯曲	1	387.860	387.860	387.860	142.42	0.007
纯误差	2	5.447	5.447	2.723		
合计	6	576.574				

从方差分析表可以看出，在弯曲一栏，P 值等于 0.007，显示这里响应变量黏度有明显的弯曲趋势。在残差分析中，由残差对各自变量的图 (图 4.7 和图 4.8) 也可以验证这一点。

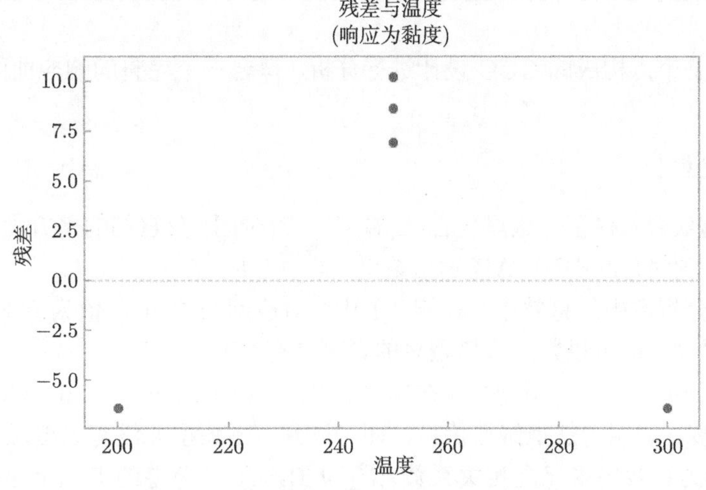

图 4.7 黏度残差对自变量温度的散点图

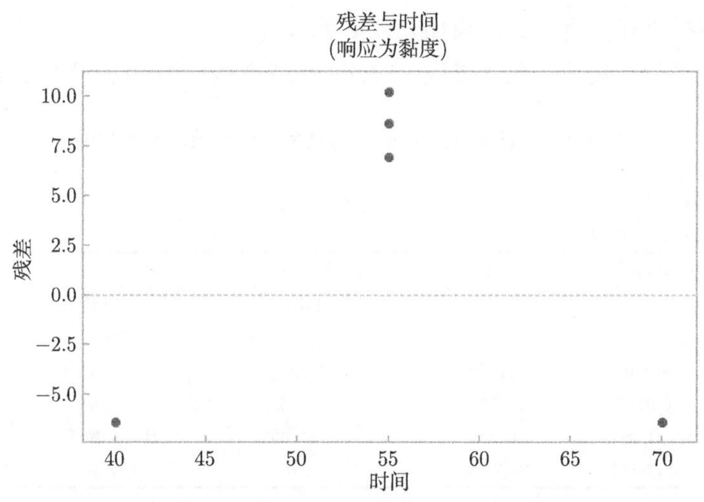

图 4.8 黏度残差对自变量时间的散点图

这些结果说明：在例 4.1 中，试验数据有明显的弯曲，现在进行的试验区域已达到响应变量的最优区域。这时对响应变量黏度单纯拟合一阶线性方程不够的，要再补充些星号点，构成一个完整的响应曲面设计，拟合一个含二阶项的方程才可能解决问题。补做 4 次星号点上的试验，而且由于假定这批新做的试验各方面条件都与上一批相同，因此直接将它们合并在一起进行分析。如果没有这种假定，两批试验应该当作两个区组来对待才能使分析更准确。补充的 4 次星号点试验结果如表 4.5 所示。

表 4.5 黏合剂生产条件优化问题第二批试验数据表

序号	标准序	运行序	区组	温度/°C	时间/s	黏度
1	5	2	1	179	55.0	13.0
2	6	4	1	321	55.0	29.3
3	7	3	1	250	33.8	35.7
4	8	1	1	250	76.2	49.1

对全部的 11 个点构成的 CCC 设计进行分析，拟合一个完整的响应曲面模型。分析结果见表 4.6。

1. 拟合选定模型

将全部备选项列入模型。这里包含 A(温度)、B(时间) 及它们的平方项 AA、BB 以及它们的交互作用项 AB。MINITAB 输出结果如表 4.6 所示。

(1) 看方差分析表中的总效果。在例 4.1 中，对应回归项的 P 值为 0.000(即 < 0.001)，表明应拒绝原假设，即可以判定本模型总的说来是有效的。

(2) 看方差分析表中的失拟现象。在例 4.1 中，失拟项的 P 值为 0.687，其数值远比临界值 0.05 大很多，表明无法拒绝原假设，即可以判定本模型并没有失拟现象。

(3) 看拟合的总效果多元全相关系数 R^2(即 R-Sq) 及调整的多元全相关系数 R^2_{adj}[即 R-Sq(调整)]。例 4.1 中，R-Sq 为 99.28%，R-Sq(调整) 为 98.56%，二者已经很接近了，如果将影响不显著的效应删去，二者会更接近。

表 4.6 MINITAB 响应曲面模型输出结果 (分析是使用已编码单位进行的)

响应曲面回归: 黏度与温度, 时间

黏度的估计回归系数

项	系数	系数标准误	T 值	P 值
常量	48.1667	0.8209	58.675	0.000
温度	5.5440	0.5027	11.028	0.000
时间	4.4563	0.5027	8.865	0.000
温度 × 温度	−13.1708	0.5983	−22.013	0.000
时间 × 时间	−2.5458	0.5983	−4.255	0.008
温度 × 时间	0.1750	0.7109	0.246	0.815
S	PRESS	R-Sq	R-Sq(预测)	R-Sq(调整)
1.42185	45.4043	99.28%	96.77%	98.56%

黏度的方差分析

来源	自由度	Seq SS	Adj SS	Adj MS	F 值	P 值
回归	5	1395.38	1395.38	279.075	138.04	0.000
线性	2	404.75	404.75	202.377	100.10	0.000
温度	1	245.88	245.88	245.884	121.62	0.000
时间	1	158.87	158.87	158.869	78.58	0.000
平方	2	990.50	990.50	495.251	244.97	0.000
温度 × 温度	1	953.90	979.60	979.600	484.55	0.000
时间 × 时间	1	36.60	36.60	36.600	18.10	0.008
交互作用	1	0.12	0.12	0.122	0.06	0.815
温度 × 时间	1	0.12	0.12	0.122	0.06	0.815
残差误差	5	10.11	10.11	2.022		
失拟	3	4.66	4.66	1.554	0.57	0.687
纯误差	2	5.45	5.45	2.723		
合计	10	1405.49				

(4) S 值的分析。例 4.1 中，$S = 1.42185$。

(5) 各项效应的显著性。在计算结果的最开始参数估计中，列出了各项效应及检验结果。可以看出，温度、时间及它们的平方项，(温度 × 温度，时间 × 时间) 都是高度显著的，它们的交互作用项 (温度 × 时间) 则不显著，将来修改模型时，应该将此交互作用项删除。

2. 进行残差诊断

利用 MINITAB 软件输出的四合一残差图 (图 4.9) 以及对于两个自变量的残差图 (图 4.10 和图 4.11) 可以很容易地进行残差诊断。

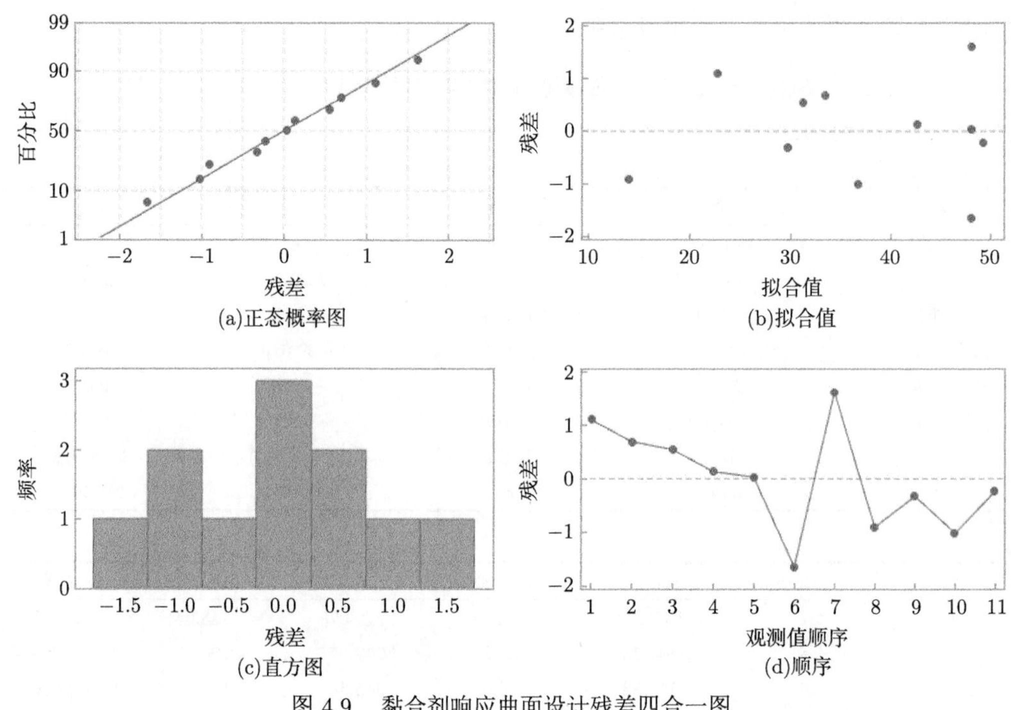

图 4.9 黏合剂响应曲面设计残差四合一图

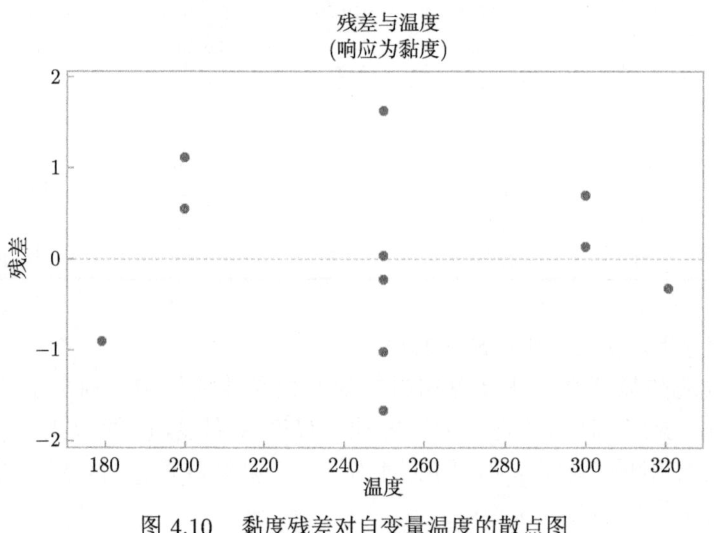

图 4.10 黏度残差对自变量温度的散点图

从图 4.10 和图 4.11 可以看出，残差的状况是正常的，不再具有弯曲和残差非齐性的状况。

3. 判断模型是否需要改进

从残差诊断中看出，模型基本上是好的，只是在检验各项效应中，发现两自变量间的交互作用项不显著，因而，改进模型主要是删除此不显著项。实际上，又要返回第一步。

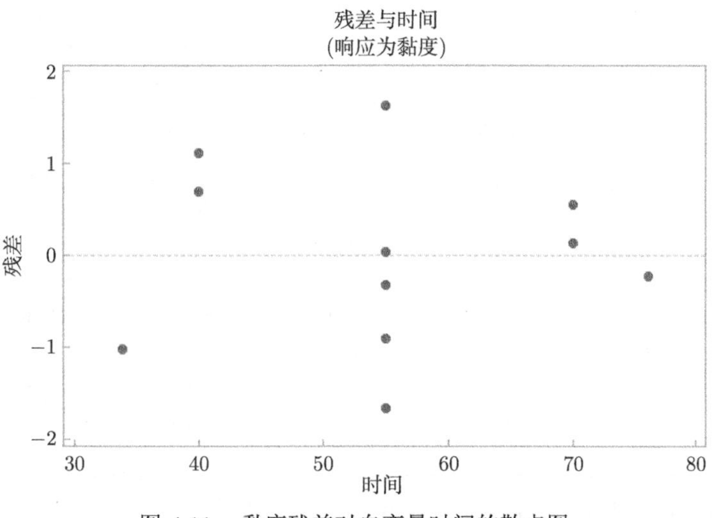

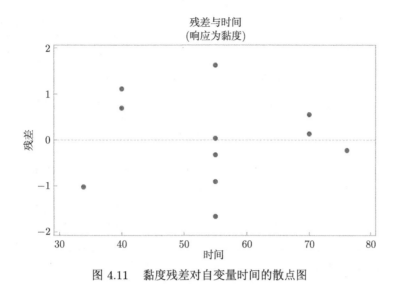

图 4.11 黏度残差对自变量时间的散点图

4. 重新拟合选定模型

在例 4.1 中，重新拟合模型的计算时要删去交互作用项 AB，而保留温度、时间及它们的平方项 AA 和 BB。再次运算 MINITAB 输出的结果如表 4.7 所示。

对于这次的计算结果，仍用前面介绍的方法与步骤来分析。此时观察到下面几处要点。

(1) 先看方差分析表中的总效果。在例 4.1 中，对应回归项的 P 值为 0.000(即 < 0.001)，表明应拒绝原假设，即可以判定本模型总的说来是有效的。

(2) 看方差分析表中的失拟现象。在例 4.1 中，失拟项的 P 值为 0.781，其数值比临界值 0.05 大很多，表明无法拒绝原假设，即可以判定，尽管模型删除了一项，但并没有造成失拟现象。

(3) 看删减后的模型是否比原模型有所改进。把两个模型计算的多元全相关系数、修正的多元全相关系数以及标准差的估计量 S 汇总成表 4.8。

表 4.7 重新拟合的响应曲面 MINITAB 输出结果 (分析是使用已编码单位进行)

响应曲面回归: 黏度与温度, 时间

黏度的估计回归系数

项	系数	系数标准误	T 值	P 值
常量	48.167	0.7539	63.889	0.000
温度	5.544	0.4617	12.008	0.000
时间	4.456	0.4617	9.653	0.000
温度 × 温度	−13.171	0.5495	−23.969	0.000
时间 × 时间	−2.546	0.5495	−4.633	0.004
S	PRESS	R-Sq	R-Sq(预测)	R-Sq(调整)
1.30581	35.1101	99.27%	97.50%	98.79%

黏度的方差分析

来源	自由度	Seq SS	Adj SS	Adj MS	F	P
回归	4	1395.25	1395.25	348.814	204.57	0.000
线性	2	404.75	404.75	202.377	118.69	0.000
温度	1	245.88	245.88	245.884	144.20	0.000
时间	1	158.87	158.87	158.869	93.17	0.000
平方	2	990.50	990.50	495.251	290.45	0.000
温度 × 温度	1	953.90	979.60	979.600	574.50	0.000
时间 × 时间	1	36.60	36.60	36.600	21.46	0.004
残差误差	6	10.23	10.23	1.705		
失拟	4	4.78	4.78	1.196	0.4	0.781
纯误差		5.45	5.45	2.723		
合计	10	1405.49				

黏度的估计回归系数 (使用未编码单位的数据)

项	系数
常量	−359.391
温度	2.74505
时间	1.54172
温度 × 温度	−0.00526833
时间 × 时间	−0.0113148

表 4.8　全模型与删减模型效果比较表

	全模型	删减模型
R-Sq	0.993	0.993
R-Sq(调整)	0.986	0.989
S	1.422	1.306

可以看出，由于模型项数减少了一项，R-Sq 通常会有略微的降低 (例 4.1 中，由于计算的舍入误差，未看出降低)，但关键是看修正的 R-Sq(调整) 是否有所提高 (例 4.1 中，R-Sq(调整) 由 0.986 提高到 0.989)，S 的值是否有所降低 (例 4.1 中，S 的值由 1.422 降至 1.306)。例 4.1 的结果展示了删除不显著的交互作用项后，回归的效果更好了。

除了上述常用结果，为了获得更精确的数值结果，还可以获得对于原始数据的回归系数的结果。由此可以写出最后确定的回归方程：

$$y = -359.35 + 2.745\text{温度} + 1.542\text{时间} - 0.0052683\text{温度}^2 - 0.0113148\text{时间}^2 \tag{4.11}$$

5. 重新进行残差诊断

没有发现任何不正常情况 (详细结果从略)，可以确认上述模型为最终选定的模型。

6. 对选定模型进行分析解释

例 4.1 中，质量特性是黏度，希望特性值越大越好，这里两个平方项系数皆为负，又没有交叉项，可以肯定将从回归方程中求得最大值 (但不能保证此最大值一定落在原来试验范围内)。在求解前，先看一下响应变量的等值线图 (图 4.12) 和曲面图 (图 4.13)。从图中可以清楚地看到，在原试验范围内确实有个最大值。

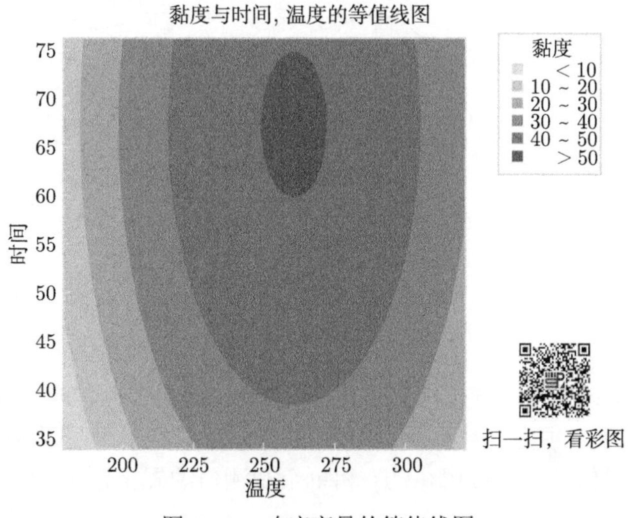

图 4.12 响应变量的等值线图

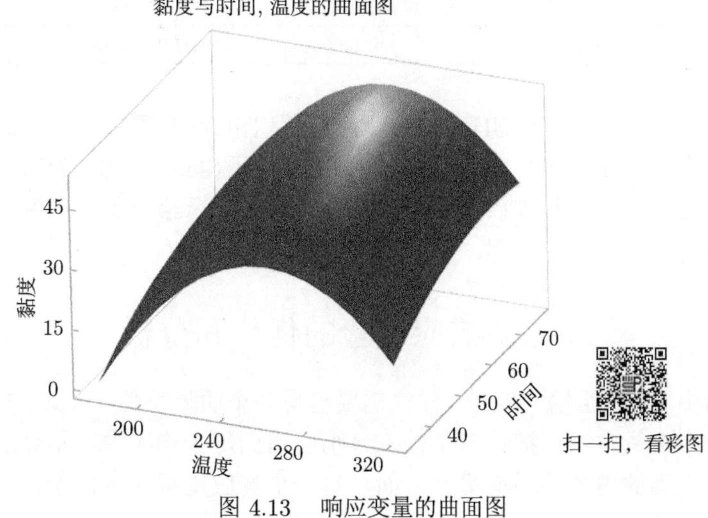

图 4.13 响应变量的曲面图

利用人工求解的方法，很容易得到最优解：当温度 =260.56℃，时间 =67.98s 时，所获得的黏度值最大，最佳值可以达到 50.68。

MINITAB 软件中提供了自动求最优解的功能，利用响应优化器可以直接获得最佳点的设置及最佳值，同时还提供了可以进行人机对话的界面，显示出有关图形 (图 4.14)，并且可以利用人工调整对最优点进行取整等，非常方便。

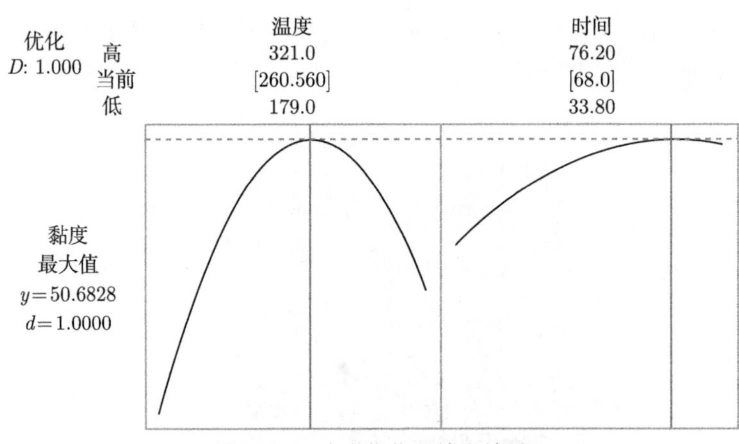

图 4.14　响应优化器输出结果

为了获得预测结果的相应置信区间，选择“统计 →DOE→ 响应曲面 → 分析响应曲面设计”选项，在“预测”项内“因子”处填写 260.56 及 67.98，即可得到预测值、预测值的标准误、预测值的置信区间 (95.0% CI) 和单个观测值的置信区间 (95.0% PI)，如表 4.9 所示。

表 4.9　在新设计点处对黏度的预测响应

点	拟合值	拟合值标准误	95%置信区间	95% 预测区间
1	50.7000	0.681206	(49.0331, 52.3668)	(47.0962, 54.3038)

预测值的置信区间 (95.0% CI) 表明是回归方程上的点的置信区间，此值可以作为改进结果的预测写在总结报告中。单个观测值的置信区间 (95.0% PI) 表明是以上述回归方程上的预测值的置信区间为基础，加上观测值固有的波动所给出的置信区间，这就是将来做一次验证试验时将要落入的范围，可供做验证试验时使用。

4.3　多响应试验的优化和分析

在许多试验中，对一组输入变量，往往需要测量多个质量特性。因此，多响应变量的试验分析应该采用多变量技术。把单变量技术分别应用到每个响应中并不合适，一方面，没有考虑响应变量之间的内在关系；另一方面，对一个响应变量的最优条件，对其他响应变量可能远非最优，甚至是不可行的。

多响应优化是多响应分析最重要的一个方面，其目标就是通过确定输入变量 $x_1, x_2, \cdots, x_m$ 的条件，使得响应变量 $y_1, y_2, \cdots, y_k$ 的值达到最优，或者接近最优。下面将利用响应曲面分析的方法，解决多响应优化的问题。

1. *满意度函数*

Derringer 和 Suich(1980) 提出了满意度函数 (desirability function) 的概念，将每个响应变量 $y_i(i=1,2,\cdots,k)$ 转换为单个满意度函数 d_i，其变化范围是

$$0 \leqslant d_i \leqslant 1$$

整个满意函数的度量采用单个满意度函数的几何平均，然后，在试验区域内最大化几何平均。即 k 个响应变量的满意度函数定义为

$$D=(d_1\cdot d_2\cdot\cdots\cdot d_k)^{\frac{1}{k}} \tag{4.12}$$

其中，$d_i(i=1,2,\cdots,k)$ 为第 i 质量特性的满意度函数。

若 $y_i(i=1,2,\cdots,k)$ 是望大质量特性，则满意度函数的表达式为

$$d_i=\begin{cases}0, & \widehat{y}_i<L\\ \left(\dfrac{\widehat{y}-L}{T-L}\right)^r, & L\leqslant\widehat{y}_i<T\\ 1, & \widehat{y}_i\geqslant T\end{cases}$$

若 $y_i(i=1,2,\cdots,k)$ 是望小质量特性，则满意度函数的表达式为

$$d_i=\begin{cases}1, & \widehat{y}_i<T\\ \left(\dfrac{\widehat{y}-T}{U-T}\right)^r, & T\leqslant\widehat{y}_i<U\\ 0, & \widehat{y}_i\geqslant U\end{cases}$$

若 $y_i(i=1,2,\cdots,k)$ 是望目质量特性，则满意度函数的表达式为

$$d_i=\begin{cases}0, & \widehat{y}_i<L\\ \left(\dfrac{\widehat{y}-L}{T-L}\right)^r, & L\leqslant\widehat{y}_i<T\\ \left(\dfrac{U-\widehat{y}}{U-T}\right)^s, & T\leqslant\widehat{y}_i<U\\ 0, & \widehat{y}_i\geqslant U\end{cases}$$

在上述满意度函数的表达式中，U 分别为质量特性的上、下界；T 为目标值；r,s 为大于零的实数值，通常表示权重。

2. 距离函数法

多响应优化的另一种方法就是 Khuri 和 Conlon(1981) 提出的距离函数法，他们提出了多个距离函数，度量响应函数与最优值的接近程度。这样多响应优化就变成了最小化关于输入变量的某个距离函数，这种方法考虑了响应变量的方差以及变量之间的相关关系。

3. 应用实例一

例 4.2 某树脂制造公司决定改进 ABS 树脂产品的冲击力 (y_1) 和流动性 (y_2)，改进团队发现影响产品冲击力和流动性的关键因素是挤压过程中的两个工艺参数，即螺杆转速

A(r/min) 和温度 B(℃)。现行的操作条件是：$A = 250$(r/min), $B = 240$(℃)。根据以往的经验，改进团队意识到：提高螺杆转速和温度，可能提升产品的冲击力和流动性。于是，决定采用等径向设计，把中心点设置在 $A_0 = 270, B_0 = 250$。表 4.10 展示了等径向设计和试验数据，试验者期望找到使 $y_1 \geqslant 21.3$，$y_2 \geqslant 52.4$ 的工艺条件。

表 4.10 等径向设计和试验数据

试验次序	A(未编码)	B(未编码)	A(编码)x_1	B(编码)x_2	y_1	y_2
6	250	260	−0.714	0.714	20.0	52.5
3	250	240	−0.714	−0.714	19.8	50.5
2	290	260	0.714	0.714	20.8	52.8
11	290	240	0.714	−0.714	20.5	50.9
5	270	250	0	0	21.5	52.2
1	270	250	0	0	21.3	52.0
8	270	250	0	0	21.8	51.9
10	242	250	−1	0	19.6	51.5
4	298	250	1	0	21.0	51.3
9	270	236	0	−1	19.6	50.2
7	270	264	0	1	20.3	53.0

根据试验数据，可以得到拟合的二阶响应曲面方程分别为

$$\widehat{y}_1 = 21.531 + 0.612x_1 + 0.262x_2 - 1.142x_1^2 - 1.492x_2^2 + 0.049x_1x_2 \tag{4.13}$$

$$\widehat{y}_2 = 52.030 + 0.021x_1 + 1.329x_2 - 0.500x_1^2 - 0.300x_2^2 + 0.098x_1x_2 \tag{4.14}$$

图 4.15 和图 4.16 分别给出了估计的冲击力 $\widehat{y}_1$ 和流动性 $\widehat{y}_2$ 的等高线图。

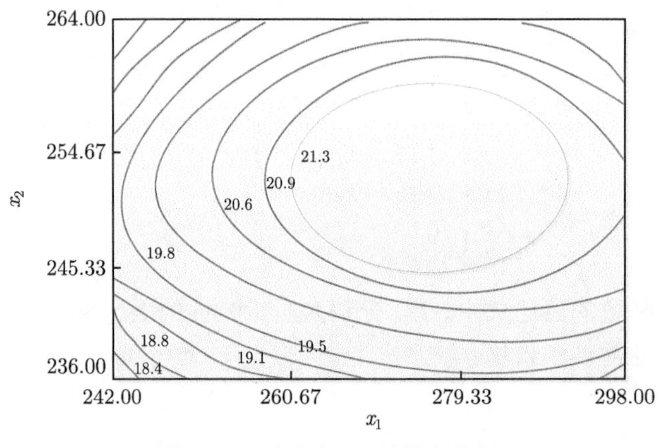

图 4.15 冲击力 $\widehat{y}_1$ 的等高线图

试验者的目标是找出工艺条件 (x_1, x_2), 使之满足

$$\widehat{y}_1 \geqslant 21.3, \quad \widehat{y}_2 \geqslant 52.4 \tag{4.15}$$

从图 4.15 和图 4.16 的等高线图中，采用等高线叠加的方式，可以得到满足式 (4.15) 要求的就是图 4.17 的阴影部分。

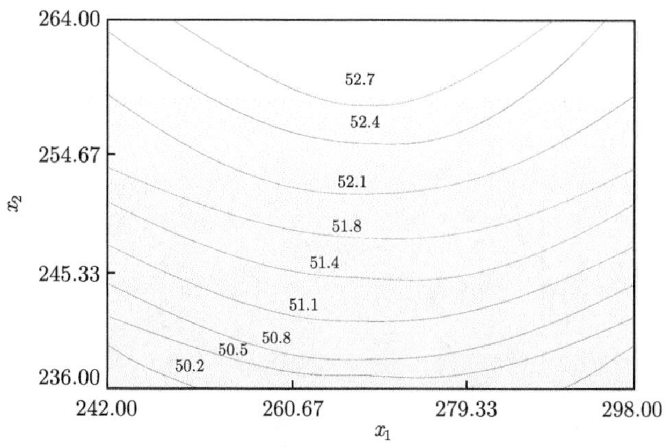

图 4.16 流动性 $\widehat{y}_2$ 的等高线图

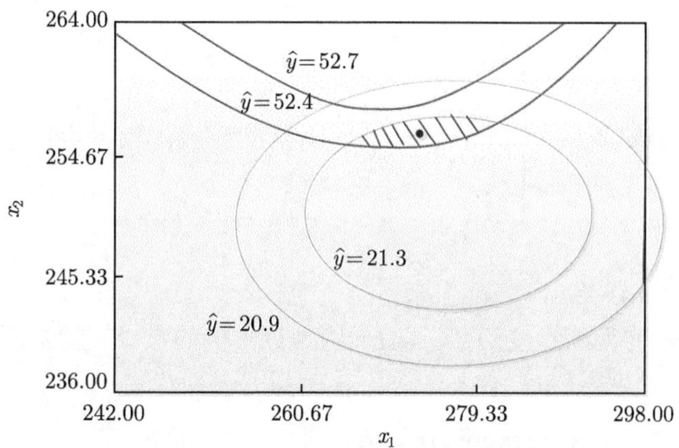

图 4.17 两个响应变量等高线的叠加图

从图 4.17 可以粗略地看到：满足要求的区域大致为

$$x_1 = -0.1 \sim 0.6(267.2 \sim 286.8(\mathrm{r/\,min}))$$

$$x_2 = 0.4 \sim 0.6(255.6 \sim 258.4(℃\,))$$

因此，试验者决定选取上述区域的中点，$x_1 = 0.25(277\mathrm{r/min})$，$x_2 = 0.5(275℃)$，作为最优生产条件。

为了进行确认性试验，试验者进行了 5 次验证性试验，试验结果完全满足要求。最终确定：在挤压过程中，选定螺杆转速为 277r/min，温度为 257℃，为 ABS 树脂产品制造过程的最优工艺条件。

尽管这种图示的方法直观、易于理解，但它仅适合于输入变量个数较少 $(k \leqslant 3)$ 的情况。通常情况下，可采用满意度函数法或者距离函数法。下面采用满意度函数法解决该问题。

首先，对质量特性 $\widehat{y}_1(X), \widehat{y}_2(X)$ 分别定义满意度函数 $d_1(X), d_2(X)$，则整体满意度函数就是单个满意度函数的几何平均，即

$$D(X) = (d_1(X) \times d_2(X))^{1/2} \tag{4.16}$$

目标是最大化 $D(X)$。

假设质量特性 y_1 的下限值 $L = 20.0$, 目标值 $T = 21.3$, 权重 $r = 1$, 则满意度函数 $d_1(X)$ 可以表示为

$$d_1(X) = \begin{cases} 0, & \widehat{y}_1(x) < 20.0 \\ \left(\dfrac{\widehat{y}_1(x) - 20.0}{21.3 - 20.0}\right)^r, & 20.0 \leqslant \widehat{y}_1(x) < 21.3 \\ 1, & \widehat{y}_1(x) \geqslant 21.3 \end{cases}$$

其中，$\widehat{y}_1(X)$ 由式 (4.13) 给出。

假设质量特性 y_2 的下限值 $L = 51.0$, 目标值 $T = 52.4$，权重 $r = 1$, 则满意度函数 $d_2(X)$ 可以表示为

$$d_2(X) = \begin{cases} 0, & \widehat{y}_2(x) < 51.0 \\ \dfrac{\widehat{y}_2(x) - 51.0}{52.4 - 51.0}, & 51.0 \leqslant \widehat{y}_2(x) < 52.4 \\ 1, & \widehat{y}_2(x) \geqslant 52.4 \end{cases}$$

其中，$\widehat{y}_2(x)$ 由式 (4.14) 给出。

在试验区域内，使得满意度函数 (4.16) 达到最大值的点 X, 就是所要寻找的最佳工艺条件。

4. 应用实例二——利用 MINITAB 软件

下面通过两个实例，结合 MINITAB 软件提供的两个窗口具体实现最优化。

例 4.3　验血校正试验。本问题是要求同时考虑四项响应指标。

(1) 吸收 (absorb)，要求：$\leqslant 61.85$，特性越小越好。

(2) 模糊 (blanking)，要求：$\geqslant 300$。

(3) 比率 (ratio)，要求：介于 $0.4 \sim 0.5$。

(4) 分离 (separation)，要求：$\geqslant 200$。

影响这四项指标的自变量有两个。A：抗体 (antibody)，取值要在 (10，40)。B：试剂 (reagent)，取值要在 (20，50)。

由于自变量范围明确不能超越，因此安排了 CCI 设计，试验费用昂贵，中心点只安排了 2 次，试验结果见表 4.11。

希望能找到满足所有要求条件且吸收越小越好的最佳因子设置。

先对这四个响应变量分别进行响应曲面设计分析，观察对于各响应变量有显著影响的自变量项 (当然他们不全相同)，取这些变量的全部：A, B, AA, BB, AB。

多响应变量的优化有两个工具可以使用：重叠等值线图 (overlaid counter plot) 及响应优化器 (response optimizer)。

表 4.11 验血校正试验数据表

标准顺序	运行顺序	区组	点类型	抗体	试剂	吸收	模糊	比率	分离
1	8	1	1	14.3934	24.3934	61.76	199	0.68	200
2	2	1	1	35.6066	24.3934	61.91	398	0.06	291
3	5	1	1	14.3934	45.6066	61.95	278	0.79	268
4	3	1	1	35.6066	45.6066	62.18	530	0.00	368
5	10	1	1	10.0000	35.0000	61.78	85	0.89	80
6	6	1	1	40.0000	35.0000	62.07	435	0.03	243
7	9	1	1	25.0000	20.0000	61.78	310	0.24	291
8	7	1	1	25.0000	50.0000	62.16	541	0.50	479
9	4	1	0	25.0000	35.0000	62.03	485	0.38	432
10	1	1	0	25.0000	35.0000	62.01	488	0.37	430

重叠等值线图就是对于选定的自变量区域内，将多个响应变量的取值等值线画在同一张图内，这便于观察同时满足多项要求的状况。选择“统计 →DOE→ 响应曲面 → 重叠等值线图”选项 (图 4.18 左)，选定“响应 (response)”为全部四个响应变量：打开“重叠等值线图: 等值线 (counter)”对话框 (图 4.18 右)，在各响应变量设置处，填写各自范围。对于只有“⩽”者，将其上界值写入“高”，将自己任意选的低值写入“低”；对于只有“⩾”者，将其下界值写入“低”，将自己任意选的高值写入“高”；对于同时有“⩽”及“⩾”者，将其下界值写入“低”，将其上界值写入“高”。这样就可以得到下列重叠等值线图，见图 4.19。

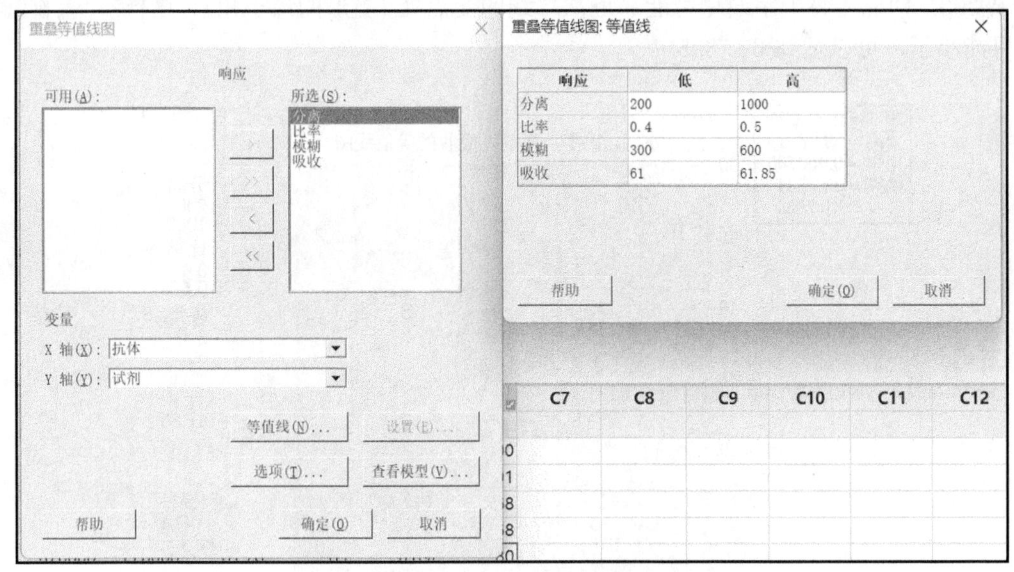

图 4.18 多响应变量重叠等值线图的界面

在重叠等值线图中，所有带阴影色的区域都是“不可行区域”，中间左下方有个白色“可行域”。如果输入“响应”，逐个填写响应变量，则在打开“重叠等值线图: 等值线”对话框 (图 4.18 右) 后，逐个填写各自范围，则可以看到等值线的个数逐渐增多，填充导致可行域逐渐缩小的过程。

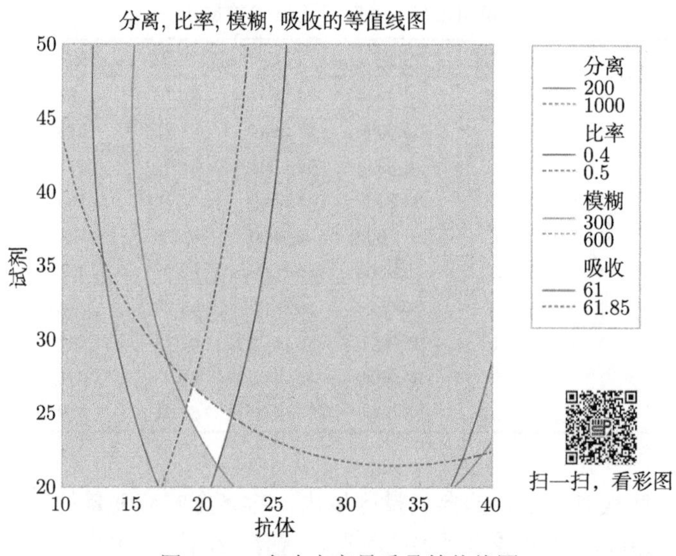

图 4.19 多响应变量重叠等值线图

为了寻求最优设置，可以用工具“十字线”作为辅助工具。对准图形右击，找到“十字线”；或从工具栏中单击“十字线”，即可以产生能自由移动的十字线 (图 4.20)。在移动十字线时，计算机在左上角自动跳出“坐标窗”显示十字线位置及各响应变量的数值。在例 4.3 中，希望吸收越小越好，则应该让“比率”尽可能接近下限 0.4，让“模糊”也尽可能接近下限 300，即应当将十字线尽可能靠近次二线的交点处 (菱形的最小角)。这样，“吸收”就尽可能小了，可以达到 61.7895。

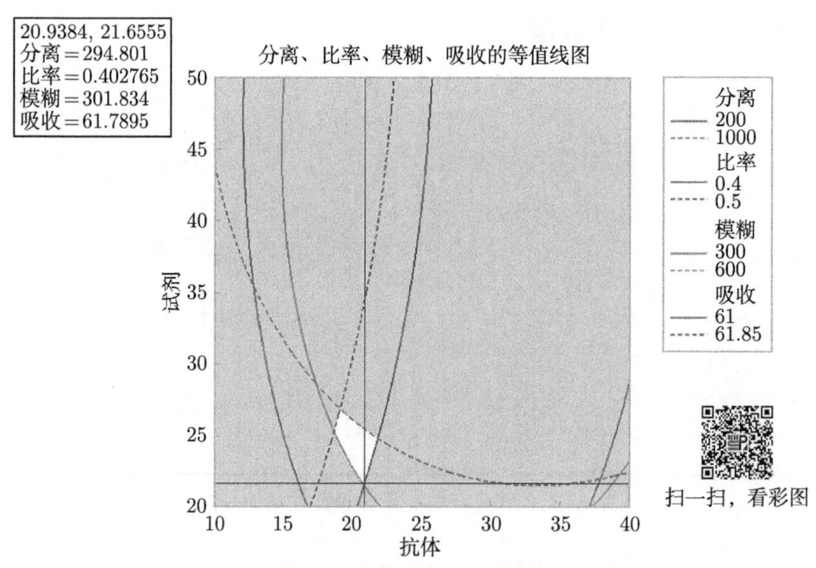

图 4.20 多响应变量重叠等值线中的十字线

在 MINITAB 软件中，多响应变量优化的另一个工具就是响应优化器。

响应优化器可以同时处理多个响应变量的优化设置选择问题。选择“统计 →DOE→

响应曲面 → 响应优化器”选项 [图 4.21(a)]，选定“响应”为全部四个响应变量；打开“响应优化器: 设置”对话框 [图 4.21(b)]，在各响应变量设置处，填写各自优化目标。对于只有“⩽”者，将其目标写为“望小”，上界值写入“上限”，将自己任意选的低值写入“望目”，“下限”空白；对于只有“⩾”者，将其目标写为“望大”，下界值写入“下界”，将自己任意选的高值写入“望目”，“上限”空白。由于多响应变量选优问题可能很复杂，计算机要先找到“初始值”作为出发点，如果搜索几次都不能满足所设要求，则计算机会“自动罢工”而无任何有意义成果输出。为此，要打开“响应优化器: 选项”对话框，输入一个“可行点”(不一定很准确)，然后计算机就可以开始正常的“选优”计算了。在例 4.3 中，将因子 A(抗体) 设为 21，将因子 B(试剂) 设为 21.5，就可以计算了。

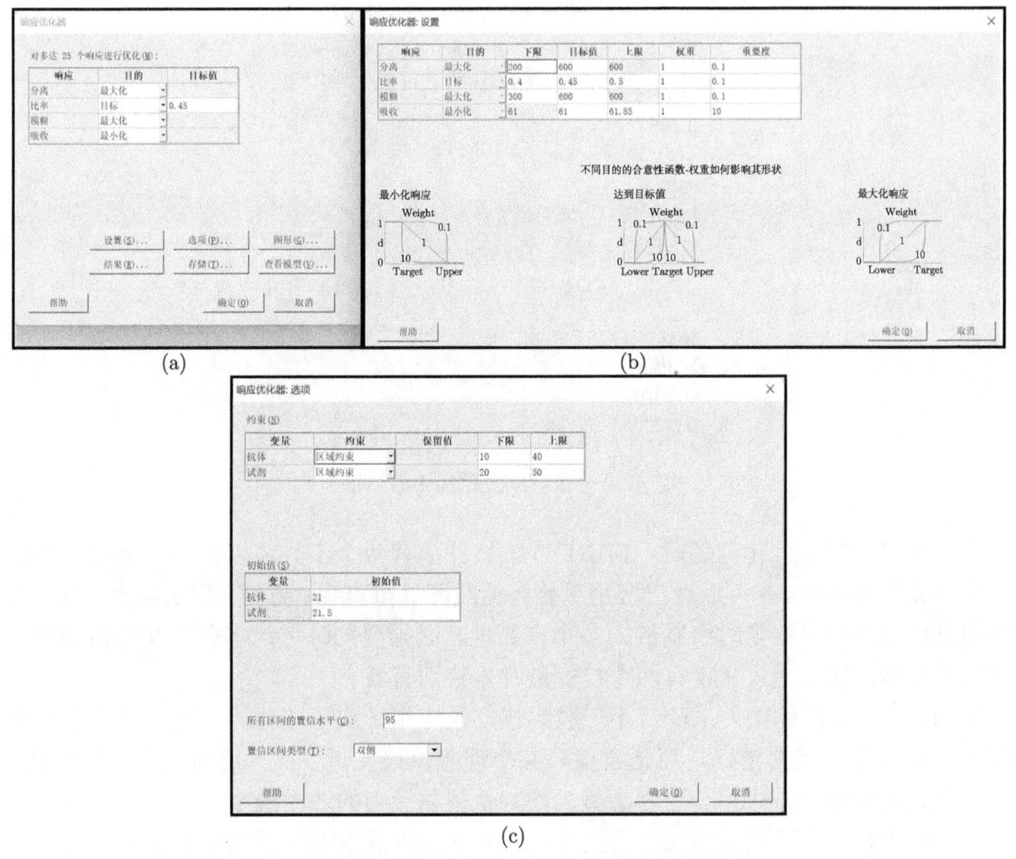

(a)　　　　(b)

(c)

图 4.21　多响应变量响应优化器的界面

计算后，可以得到多响应变量优化的结果，如图 4.22 所示。

显然，上述结果并不是令人满意的，如果调整满意度函数的权重，将吸收的权重提高到 10，其余三项的权重降为 0.1，则能达到比重叠等值线更好 (其实是更精确) 的结果。从图 4.23 可知。当因子 A(抗体) 设为 20.9883，因子 B(试剂) 设为 21.5165 时，吸收可以降低到 61.7877。

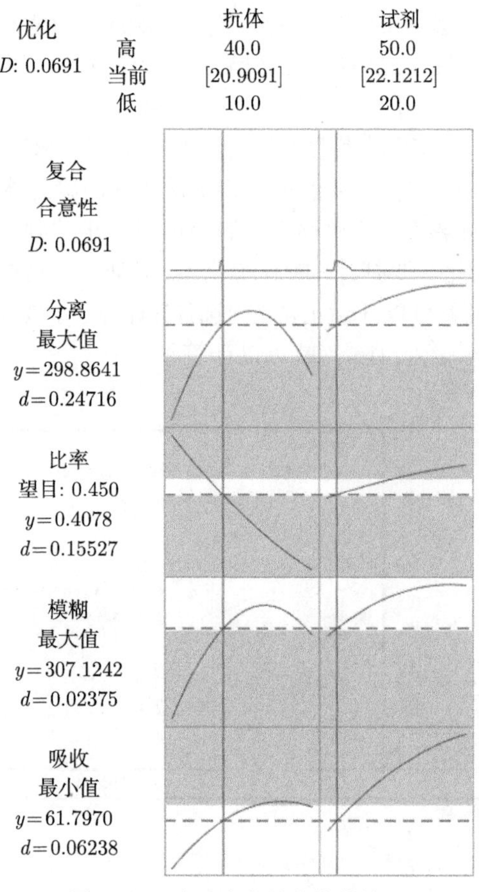

图 4.22　多响应变量优化的结果

在处理多响应的优化问题时，MINITAB 软件中有两个工具可以使用：重叠等值线图及响应优化器。从例 4.3 可以看出应用重叠等值线图显得直观、方便，但实际上，每张等值线图只是针对两个自变量时绘制的，多个自变量时必须要同时考虑多张重叠等值线图，这样重叠等值线图实际上只在仅有两个自变量时才特别有效。

例 4.4　黏接膏体接力试验。不干胶黏接广泛应用于实际工作中，有时对于黏接膏体的黏接力并非希望越大越好，而是希望与某个理想值最接近 (有一定的黏度又容易撕开)。本问题就是要求黏接力达到一个理想值，同时希望黏接力的波动最小。

影响黏接膏体的黏接力的因子有三个。因子 A 为酚醛树脂%含量，取值为 32%～36%; 因子 B 为甲醛硝钠百分含量，取值为 1.6%～1.8%；因子 C 是反应温度，取值为 120～160℃。由于自变量范围明确不能超越，因此安排了 CCI 设计，按 Box 响应曲面设计经典设计，中心点安排了 6 次。针对每个轮次重复 3 次试验。试验计划与试验结果见表 4.12。希望能找到在平均黏合力为 13.5(kg) 时，波动最小的最佳因子设置。

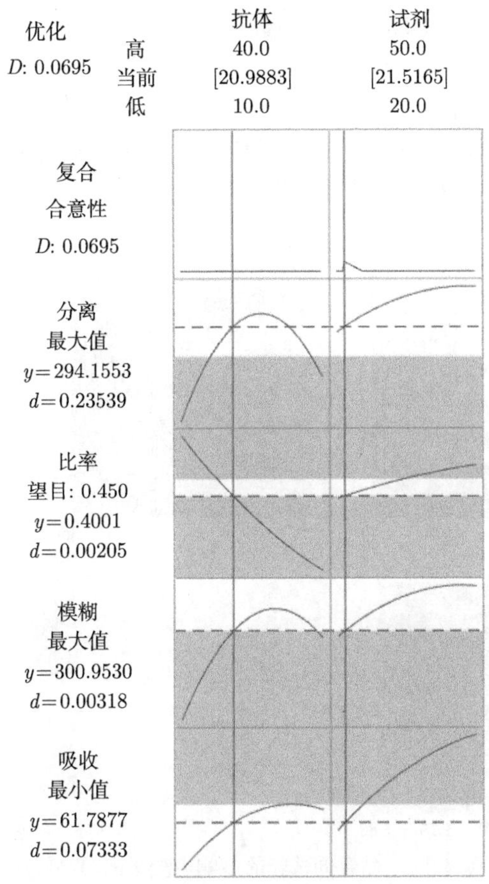

图 4.23 调整权重后，多响应变量优化的结果

表 4.12 黏合剂试验数据表

标准序	运行序	PtType	区组	A	B	C	y_1	y_2	y_3	Ybar	S	R
1	19	1	1	32.8108	1.6405	128.108	12.28	11.2	10.3	11.26	0.99136	1.98
2	9	1	1	35.1892	1.6405	128.108	12.08	13.24	12.24	12.52	0.62865	1.16
3	8	1	1	32.8108	1.7595	128.108	9.7	10.42	12.22	10.78	1.298	2.52
4	6	1	1	35.1892	1.7595	128.108	4.54	8.62	4.9	8.02	0.54991	1.08
5	3	1	1	32.8108	1.6405	151.892	10.52	11.62	11.48	11.2067	0.59878	1.1
6	10	1	1	35.1892	1.6405	151.892	12.32	11.96	14.34	12.8733	1.28286	2.38
7	13	1	1	32.8108	1.7595	151.892	12.12	12.56	13.02	12.5667	0.45004	0.9
8	11	1	1	35.1892	1.7595	151.892	10.64	11.5	12.08	11.4067	0.72452	1.44
9	18	-1	1	32.0000	1.7000	140.000	10.78	11.32	9.7	10.6	0.82486	1.62
10	14	-1	1	36.0000	1.7000	140.000	10.94	9.82	11.44	10.7333	0.82954	1.62
11	5	-1	1	34.0000	1.6000	140.000	10.3	11.42	12.44	11.3867	1.07039	2.14
12	15	-1	1	34.0000	1.8000	140.000	9.64	10.42	9.16	9.74	0.63592	1.26
13	2	-1	1	34.0000	1.7000	120.000	11.6	11.92	10.24	11.2533	0.89204	1.68
14	17	-1	1	34.0000	1.7000	160.000	12.72	12.88	11.64	12.4133	0.67449	1.24
15	1	0	1	34.0000	1.7000	140.000	13.36	14.28	13.66	13.7667	0.46918	0.92
16	16	0	1	34.0000	1.7000	140.000	13.76	14.74	14.54	14.3467	0.51782	0.98
17	4	0	1	34.0000	1.7000	140.000	14.34	13.96	13.64	13.98	0.35043	0.7
18	7	0	1	34.0000	1.7000	140.000	13.92	13.74	13.8	13.52	0.43405	0.78
19	20	0	1	34.0000	1.7000	140.000	14.08	14.78	14.22	14.3267	0.3139	0.6
20	12	0	1	34.0000	1.7000	140.000	12.86	12.4	13.08	12.78	0.34699	0.68

首先，计算 3 次试验结果的均值 $\bar{y}$ 和标准差 S，对于 $\bar{y}$ 和 S 分别进行响应曲面设计的分析，发现这两个响应变量所含各个因子、它们的平方项、交互作用项几乎都是显著的 (只有 $\bar{y}$ 中的 AC 项不显著)。

其次，对 $\bar{y}$ 的取值状况进行分析，绘制其等高线图，发现在设计区域内在设计的中心点附近确实可以有最大值，其等高线图如图 4.24 所示。

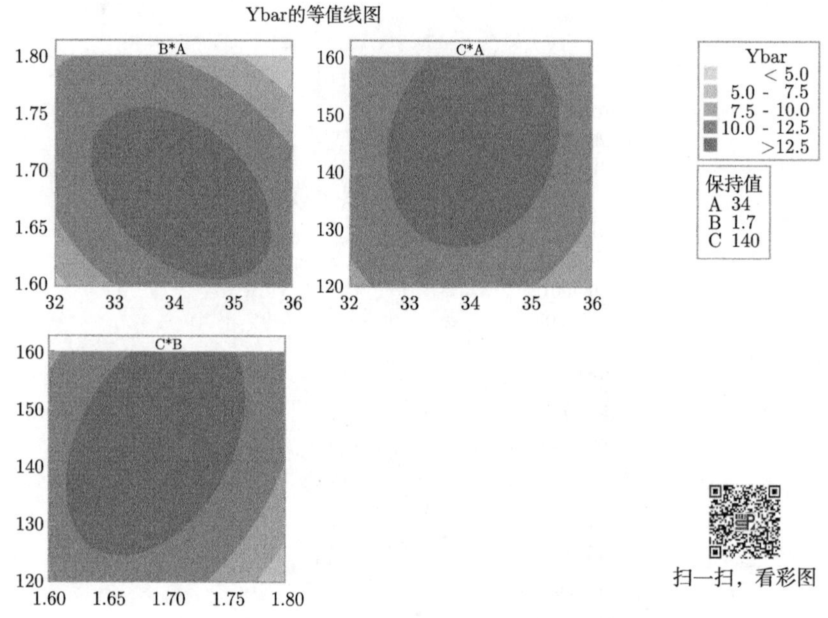

图 4.24　黏合剂试验的多响应变量的等高线图

由于有三个自变量，需要分成三组，每次讨论两个自变量，如果要求出最优值 (特别是同时求出两个响应变量的最优值) 是很麻烦的。因此，直接使用响应曲面的优化器，操作界面如图 4.25 所示。

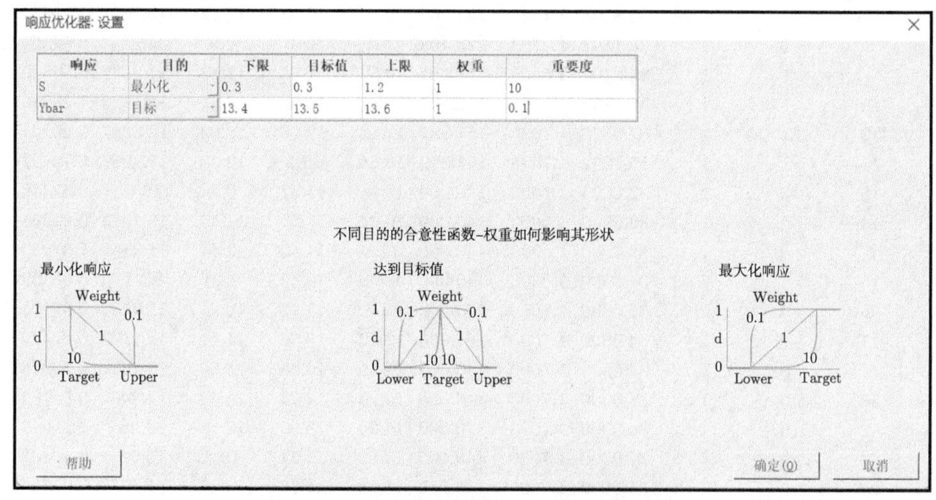
响应优化器: 设置

响应	目的	下限	目标值	上限	权重	重要度
S	最小化	0.3	0.3	1.2	1	10
Ybar	目标	13.4	13.5	13.6	1	0.1

图 4.25　黏合剂试验的优化响应器使用图

黏合剂试验优化的计算结果如图 4.26 所示。

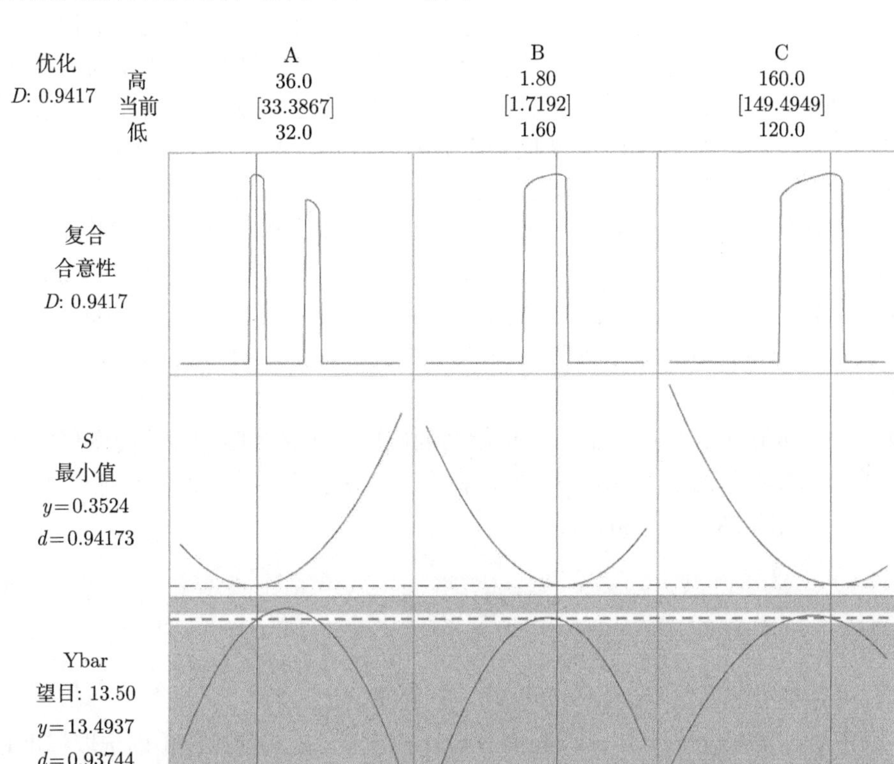

图 4.26 黏合剂试验优化的计算结果

对于望目特性的响应变量的选优问题，可以将希望值设为目标值，然后指定某种精度计算。若选取 $\bar{y}$ 的范围为 (13.4, 13.6)，则可以得到，在 A=33.3867，B=1.7192，C=149.4949 时，$\bar{y}$ 可以达到 13.494，S 可以最小化到 0.3524。

如果在使用响应曲面的优化器时，将图 4.25 的响应变量的取值范围稍加改动，将 $\bar{y}$ 的取值范围由 (13.4，13.6) 改为 (13.49，13.51)，则 $\bar{y}$ 可以达到 13.5026，S 可以最小化为 0.3527，这比上述结果更好。因此，是否对于望目特性的响应变量都可以用缩小其允许范围而得到改进呢？显然不是，如果在使用响应曲面的优化器时，将 $\bar{y}$ 的取值范围由 (13.49，13.51) 改为 (13.499，13.501)，则 $\bar{y}$ 表面上有些改变，但 S 却变大了：这时 $\bar{y}$ 为 13.5000，S 却变为 0.5134。这说明，如果对望目特性的公差要求过严，则满足此条件的自变量范围将变窄，一般来说 S 常常会变大。

下面对于多响应变量优化器使用中的重要度进行一些补充说明。

仍以例 4.4 为例，有时希望获得黏接力最大，同时希望黏接力的波动达到最小，那么如何选择最优值呢？

首先对响应变量 $\bar{y}$ 求最大值。这时按单响应变量优化处理，暂不考虑标准差 S 的问题。$\bar{y}$ 预计的最大值为 13.9302，这是在 A=34.1010，B=1.6889，C=144.6465 时得到的。如果对响应变量 S 求最小值，则仍按单响应变量优化处理，暂不考虑 $\bar{y}$ 的问题。可以得到，S 预计的最小值为 0.3192，这是在 A=32.4444，B=1.7313，C=160.0 时得到的。如果同时考虑 $\bar{y}$ 达到最大值及 S 达到最小的问题，则可以肯定两者所能达到的最优值都一定不如只考虑单响应变量时的好。这时必须考虑到二者的重要性设置，对于不同的设置肯定会得到不同的结果。当二者的重要度相等时 (二者皆取 1，这与同样取别的值结果是相同的)，可以看到，$\bar{y}$ 的最大值为 13.7905，S 的最小值为 0.3783，这是在 A=33.7778，B=1.7111，C=145.859 时得到的。当两者的重要度发生变化时 (在 MINITAB 中，重要度的取值限定在 0.1～10)，最优值会发生变化。例如，当 $\bar{y}$ 的重要度取 10，S 的重要度取 0.1 时，$\bar{y}$ 的最大值为 13.9299，S 的最小值为 0.4414(远高于单响应变量时的最小值 0.3192)，这是在 A=34.1010，B=1.6889，C=144.242 时得到的；当 $\bar{y}$ 的重要度取 0.1，S 的重要度取 10 时，$\bar{y}$ 的最大值为 13.0685，S 的最小值为 0.3390，这是在 A=33.1313，B=1.7273，C=153.131 时得到的。

总之，当自变量个数超过 2 时，等值线图的应用受到诸多限制，响应变量优化器则显示出很大威力，按不同的要求可以得到不同标准下的最优点。这些最优点都是估计出来的，最终，一定要对预测结果进行验证。

思考与练习

4-1 在进行响应曲面试验设计和分析时，其程序是什么？

4-2 试述中心复合设计和 Box-Behnken 设计的区别，在实际操作中的选取标准是什么？

4-3 某化合物生产过程中，经过因子筛选，发现其纯度主要与两个因素 (温度和压力比) 有关，用表 4.13 的数据找到最速上升路径。

表 4.13　习题 4-3 数据

温度/℃	压力比	纯度
−225	1.1	82.8
−225	1.3	83.5
−215	1.1	84.7
−215	1.3	85.0
−220	1.2	84.1
−220	1.2	84.5
−220	1.2	83.9
−220	1.2	84.3

4-4 某化工合成工艺中，为了提高产量，试验者选取三个因素：原料配比 x_1、某有机物的含量 x_2 和反应时间 x_3，每个因素均取七个水平。

原料配比 (%)：1.0、1.4、1.8、2.2、2.6、3.0、3.4。

含量 (mL)：10、13、16、19、23、25、28。

反应时间 (h)：0.5、1.0、1.5、2.0、2.5、3.0、3.5。

试验结果如表 4.14 所示。

表 4.14 习题 4-4 试验结果

试验号	原料配比 $x_1/\%$	含量 x_2/mL	反应时间 x_3/h	收率
1	1.0	13	1.5	0.332
2	1.4	19	3.0	0.336
3	1.8	25	1.0	0.292
4	2.2	10	2.5	0.477
5	2.6	16	0.5	0.209
6	3.0	22	2.0	0.452
7	3.4	28	3.5	0.483

试运用 MINITAB 进行分析。

4-5 研究某工业过程产品纯度分析，建立了响应 y、因素 z_1、因素 z_2、因素 z_3 的二次响应曲面方程为

$$\widehat{y}=26.45+0.07z_1-0.61z_2+0.54z_3+0.13z_1z_2-0.17z_1z_3-0.17z_2z_3-0.57z_1^2-1.35z_2^2-0.06z_3^2$$

试进行极值分析。

4-6 提高烧碱纯度问题。在烧碱生产中，经过因子筛选得知反应炉内压力及温度是两个关键因子。在改进阶段先进行了全因子试验设计。因子 A 压力的低水平及高水平分别取为 50Pa 及 60Pa，因子 B 反应温度的低水平及高水平分别取为 260℃ 及 320℃。在中心点处做了三次试验，试验结果如表 4.15 所示。

表 4.15 习题 4-6 试验结果

序号	标准序	运行序	中心点	区组	压力/Pa	温度/℃	纯度
1	1	5	1	1	50	260	98.08
2	2	3	1	1	60	260	95.38
3	3	2	1	1	50	320	97.28
4	4	6	1	1	60	320	94.65
5	5	7	0	1	55	290	97.82
6	6	1	0	1	55	290	97.54
7	7	4	0	1	55	290	97.98

通过对数据的检验，发现此时有“弯曲”，继而进行了第二批试验，结果如表 4.16 所示。

表 4.16 习题 4-6 第二批试验结果

序号	标准序	运行序	区组	压力/Pa	温度/℃	纯度
1	5	2	1	47.9	290.0	97.01
2	6	4	1	62.1	290.0	93.23
3	7	3	1	55.0	247.6	97.91
4	8	1	1	47.9	290.0	97.01

试运用 MINITAB 软件进行分析。

4-7 考虑三个变量的中心复合设计，试验结果如表 4.17 所示，分析并得出活性 y_2 在 55~60 最大的转化率 y_1。

表 4.17 习题 4-7 试验结果

运行	时间/min	温度/℃	催化剂	转化率/%	活性/%
1	−1.00	−1.00	−1.00	74.00	53.20
2	1.00	−1.00	−1.00	51.00	62.90
3	−1.00	1.00	−1.00	88.00	53.40
4	1.00	1.00	−1.00	70.00	62.60
5	−1.00	−1.00	1.00	71.00	57.30
6	1.00	−1.00	1.00	90.00	67.90
7	−1.00	1.00	1.00	66.00	59.80
8	1.00	1.00	1.00	97.00	67.80
9	0.00	0.00	0.00	81.00	59.20
10	0.00	0.00	0.00	75.00	60.40
11	0.00	0.00	0.00	76.00	59.10
12	0.00	0.00	0.00	83.00	60.60
13	−1.682	0.00	0.00	76.00	59.10
14	1.682	0.00	0.00	79.00	65.90
15	0.00	−1.682	0.00	85.00	60.00
16	0.00	1.682	0.00	97.00	60.70
17	0.00	0.00	−1.682	55.00	57.40
18	0.00	0.00	1.682	81.00	63.20
19	0.00	0.00	0.00	80.00	60.80
20	0.00	0.00	0.00	91.00	58.90

4-8 用响应曲面方法研究木浆混合物增白泡沫浮选过程，有两因子：漂白剂浓度和混合物温度。两因子的取值范围分别在 0~20%和 60~130°F，响应是白度 y，其特性是越白越好。经过初始阶段的分析找到最速上升路径，在此条件下用中心复合设计继续进行后续试验，数据见表 4.18，用表中的数据拟合一个二阶响应曲面，并确定得到白度最大的因子设置。

表 4.18 习题 4-8 试验结果

运行	x_1	x_2	浓度/%	温度/°F	y
1	−1	−1	13.5	86	87
2	1	−1	15.5	86	85
3	−1	1	13.5	96	88
4	1	1	15.5	96	84
5	−1.414	0	13.1	91	86
6	1.414	0	15.9	91	83
7	0	−1.414	14.5	84	94
8	0	1.414	14.5	98	87
9	0	0	14.5	91	90

注：$t^\circ\mathrm{F} = \frac{5}{9} - (t - 32)^\circ\mathrm{C}$.

第 5 章　田口方法

本章主要内容包括田口方法概述、稳健参数设计、动态参数设计、容差设计等设计方法，并提供相应的应用实例，为实际工作者提供应用指南。

5.1　田口方法概述

5.1.1　田口的质量观

田口玄一是日本著名的质量管理专家。20 世纪 60 年代，他率先将复杂的试验设计，通过适当的简化处理，引入工厂现场试验中，取得了巨大的经济和社会效益；80 年代初，又将其质量管理的理念和方法引入美国，引起了长达 10 多年关于 “田口方法” 的大讨论，形成了许多共识。田口也因此被称为 “质量工程之父”“田口方法创始人”。

田口从工程和经济的角度出发，认为 “质量就是指产品在整个生命周期中给社会造成的损失”。实际上，田口定义的质量就是指，产品上市后，由于产品功能 (质量特性) 波动所造成的损失、产品弊害项目所造成的损失以及使用费用这三种损失之和。即

$$质量 = 功能波动的损失 + 弊害项目的损失 + 使用费用$$

另外，田口也认为：产品的总损失就是质量与成本之和，产品成本是指产品出厂前所需要的生产费用，包括材料费、加工费、管理费、弊害项目的损失 (生产中对工人有害的项目，如污染、噪声、安全等) 等。

田口指出：产品质量首先是设计出来的，其次才是制造出来的，质量工作的重心应该放在产品形成的源头。设计产品的目标就是使总损失最小，也就是要提高质量 (减少质量损失)，同时降低质量成本。若不顾质量片面强调降低成本，其产品定会遭到市场的淘汰；若片面强调质量忽略成本，产品也不可能占领市场；产品设计的方向就是在一定的成本控制范围内，最大限度地提高产品质量。

田口把质量特性分为三大类，即望大特性、望小特性和望目特性。

(1) 望大特性是指质量特性不能为负值，希望特性值越大越好，且波动越小越好，这样的质量特性称为望大特性。如产品的抗拉强度、电灯泡的寿命等，其质量特性均属于望大特性。

(2) 望小特性是指质量特性不能为负值，希望特性值越小越好，理想值为 0，且波动越小越好，这样的质量特性称为望小特性。如测量误差、合金中所含杂质、表面粗糙度。

(3) 望目特性是指质量特性存在目标值，希望质量特性围绕目标值的波动越小越好，这样的质量特性称为望目特性。例如，加工某一轴件时，图纸规定 $\phi 10 \pm 0.05$mm，加工轴件的实际直径就属于望目特性，其中 10mm 是目标值，$10 + 0.05 = 10.05$ (mm) 为上规格限记为 USL；$10 - 0.05 = 9.95$ (mm) 为下规格限，记为 LSL。

根据图 1.1 过程概念的示意图，田口把不可控制的因子或者噪声因子进一步细分为产品间的噪声、外噪声和内噪声。

(1) 产品间的噪声 (产品间干扰)。在相同生产条件下，生产制造出来的一批产品，由于机器、材料、加工方法、操作者、测量误差和生产环境 (简称 5M1E) 等生产条件的微小差异，引起产品质量特性值的波动，称为产品间噪声或产品间波动。如元器件的实际值与名义值之间的差异，标明 100Ω 的电阻，可能是 101Ω，也可能是 99Ω。

(2) 外噪声 (外干扰)。由于使用条件及环境条件 (如温度、湿度、位置、操作者等) 的波动或变化，引起产品质量特性值的波动，称为外噪声，或者外干扰。请注意，外噪声并不是常说的噪声。

(3) 内噪声 (内干扰)。产品在储存或使用过程中，随着时间的推移，发生材料变质、零件磨损等老化、劣化现象，从而引起产品质量特性值的波动，称为内噪声，或者内干扰。

引起产品质量特性值波动的外干扰、内干扰、产品间干扰统称为误差干扰，或者误差因素。

田口把可控因素进一步细分为重要因子、稳健因子、位置因子、可调因子和次要因子。

(1) 重要因子，是指对质量特性的信噪比 (波动) 和质量特性的均值均具有显著影响的可控因素。

(2) 稳健因子，是指仅对质量特性的信噪比 (波动) 具有显著影响的可控因子，也称为散度因子 (dispersion factors)。

(3) 位置因子，是指对质量特性的均值 (中心位置) 具有显著影响的可控因子。

(4) 可调因子，是指对信噪比无显著影响，但对均值具有显著影响的可控因素。

(5) 次要因子，是指对信噪比和可调因子均无显著影响的可控因素。图 5.1 提供了因子分类的示意图。

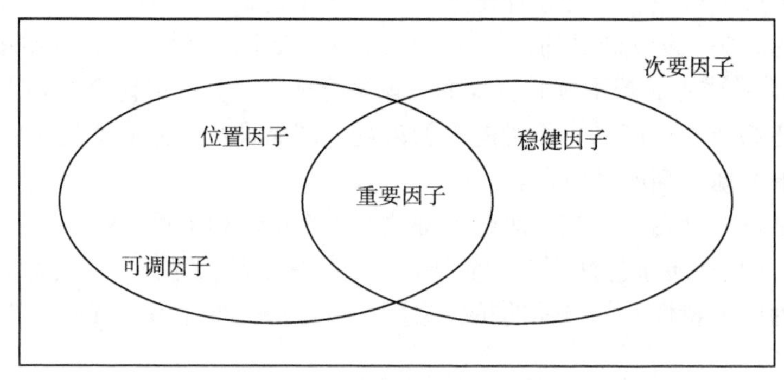

图 5.1　因子分类示意图

5.1.2　田口的质量损失函数

田口认为质量特性一旦偏离其设计目标值，就会造成质量损失，偏离越远，损失越大，并用期望损失函数加以刻画。下面将根据质量特性，分别给出质量损失函数。

1. 望目特性

假设产品的质量特性为 Y，设计目标值为 T，USL、LSL 分别为上、下规格限，则质量损失函数定义为

$$L(Y) = k(Y - T)^2 \tag{5.1}$$

其中，k 为质量损失常数，它与设计容差有关。图 5.2 给出了望目特性的质量损失函数示意图。

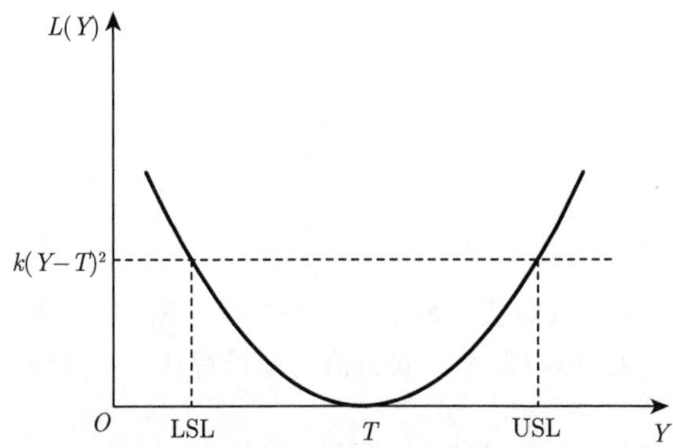

图 5.2 望目特性的质量损失函数示意图

为了量化质量损失，田口提出了期望损失函数的概念，即用损失函数 $L(Y)$ 的数学期望 $E(Y)$ 来表示期望质量损失。不妨假设过程输出质量特性 Y 的均值为 μ，表示过程输出的平均水平；标准差为 σ，表示过程输出波动的大小；则有

$$\begin{aligned} E(Y) &= kE(Y - T)^2 \\ &= kE(Y - \mu + \mu + T)^2 \\ &= k[\sigma^2 + (\mu - T)^2] \end{aligned} \tag{5.2}$$

为了最大限度地减少质量损失，人们努力的方向就是：一方面，减小过程输出的波动 σ^2，减小波动的途径主要有：① 加强系统因素，弱化随机因素的影响，如采用高精度加工设备、高等级的原材料等，这是以昂贵的投入为代价的；② 通过稳健参数设计，寻找参数之间的水平搭配，使得输出波动减小，同时，减小过程输出均值与目标值之间的偏差。换言之，就是在过程输出均值落在或接近目标值的情况下，尽可能减小过程输出的波动。由于过程输出的波动不可能为零，因此，质量改进是永无止境的。

在实际应用中，若有 n 件产品，其质量特性分别为 $Y_1, Y_2, \cdots, Y_n$，则这 n 件产品的平均质量损失为

$$E(Y) = k\left[\frac{1}{n}\sum_{i=1}^{n}(Y_i - T)^2\right] \tag{5.3}$$

如何确定质量损失常数 k 呢？主要有以下两种方法。

(1) 由功能界限 $\varDelta_0$ 和丧失功能的损失 A_0 来确定 k。功能界限 $\varDelta_0$ 是指判定产品能否正常发挥功能的界限值。当 $|Y - T| \leqslant \varDelta_0$ 时，产品能正常发挥功能；当 $|Y - T| > \varDelta_0$ 时，

产品丧失其功能。假设产品丧失功能时给社会带来的损失为 A_0，则由式 (5.1) 得

$$k = \frac{A_0}{\Delta_0^2} \tag{5.4}$$

(2) 由容差 Δ 和不合格品损失 A，确定 k。容差 (也称公差) Δ 是指判断产品是否合格的界限。当 $|Y - T| \leqslant \Delta$ 时，产品为合格品；当 $|Y - T| \geqslant \Delta$ 时，产品为不合格品。当产品为不合格品时，企业可采取报废、降级或返修等处理，假设此时给企业造成的损失为 A，则由式 (5.1) 得

$$k = \frac{A}{\Delta^2} \tag{5.5}$$

2. 望小特性

望小质量特性 Y 是不能取负值，希望质量特性越小越好，且波动尽可能小。因此，可以把望小特性看作以 0 为目标，但不能取负值的望目特性。令 $T = 0$，则式 (5.1) 为

$$L(Y) = kY^2, \quad Y > 0 \tag{5.6}$$

其中，损失常数 k 由

$$k = \frac{A}{\Delta^2} = \frac{A_0}{\Delta_0^2}$$

给出。望小特性的质量损失函数 $L(Y)$ 的图形，如图 5.3 所示。

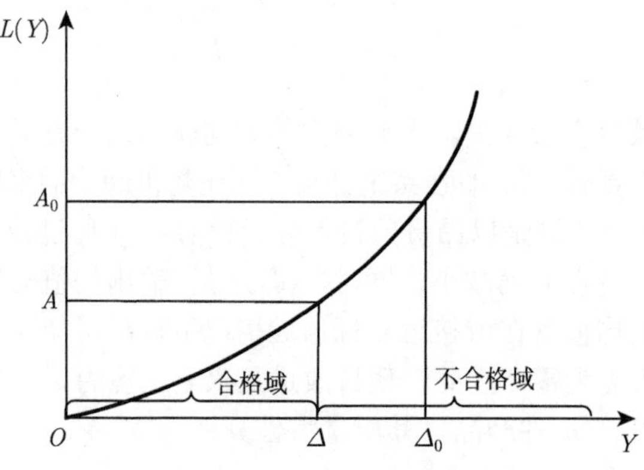

图 5.3　望小特性的质量损失函数

在实际应用中，若有 n 件产品，测得望小质量特性为 $Y_1, Y_2, \cdots, Y_n$，则这 n 件产品的平均质量损失为

$$L(Y) = k\left[\frac{1}{n}\sum_{i=1}^{n} Y_i^2\right] \tag{5.7}$$

3. 望大特性

望大质量特性 Y 是不能取负值，希望质量特性越大越好，且波动尽可能小。因此，望大特性的倒数 $\dfrac{1}{Y}$ 就是望小特性，由望小特性的损失函数 (5.6)，可以得到望大特性的损失函数为

$$L(Y) = k\frac{1}{Y^2} \quad Y > 0 \tag{5.8}$$

其中，损失常数 k 由

$$k = A_0\Delta_0^2 = A\Delta^2$$

给出。望大特性的质量损失函数 $L(Y)$ 的图形，如图 5.4 所示。

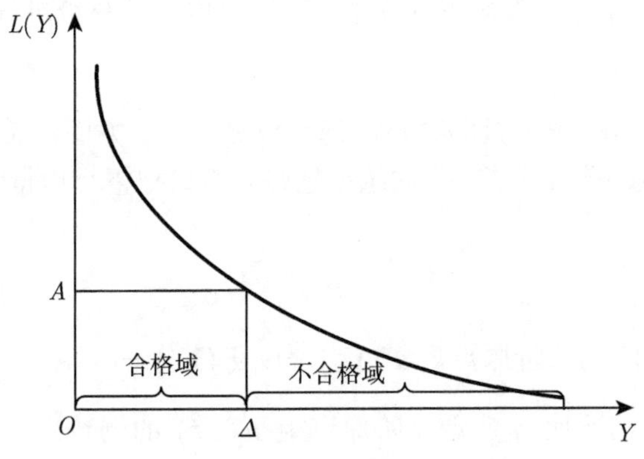

图 5.4 望大特性的质量损失函数

在实际应用中，若有 n 件产品，测得望大质量特性值为 $Y_1, Y_2, \cdots, Y_n$，则这 n 件产品的平均质量损失为

$$L(Y) = k\left[\frac{1}{n}\sum_{i=1}^{n}\frac{1}{Y_i^2}\right] \tag{5.9}$$

5.1.3 SN 比

SN 比 (signal/noise) 原是通信领域的一个指标，用于评价通信质量的优劣。田口将 SN 比的概念引入质量领域，作为判断质量特性是否稳健的指标。针对不同的质量特性 (望目、望小、望大)，其 SN 比具有不同的表达式，不妨设质量特性为 Y，目标值为 T，质量特性的期望值为 μ，方差为 σ^2。

1. 望目特性的 SN 比

对望目特性来说，希望 $\mu = T$，同时 σ^2 越小越好，田口把 SN 定义为

$$\eta = \frac{\mu^2}{\sigma^2} \tag{5.10}$$

并期望其值越大越好。事实上，该 SN 比是概率论中常用的变异系数 $\dfrac{\sigma}{|\mu|}$ 平方的倒数。记 $Y_1, Y_2, \cdots, Y_n$ 为 Y 的 n 个质量特性值，则

$$\hat{\mu} = \bar{Y} = \frac{1}{n}\sum_{i=1}^{n} Y_i, \quad \hat{\sigma}^2 = \frac{1}{n-1}\sum_{i=1}^{n}(Y_i - \bar{Y})^2$$

SN 比的估计值 $\hat{\eta}$ 的计算公式为

$$\hat{\eta} = \frac{\hat{\mu}^2}{\hat{\sigma}^2} \tag{5.11}$$

在实际计算中，取常用对数化为分贝 (dB)，仍用 $\hat{\eta}$ 表示。

$$\hat{\eta} = 10\lg\frac{\hat{\mu}^2}{\hat{\sigma}^2}$$

在大多数情况下，$\hat{\eta}$ 近似服从正态分布，因而可用方差分析进行统计分析。

2. 望小特性的 SN 比

对于望小质量特性 Y，一方面希望 Y 越小越好；另一方面，希望 Y 的波动也越小越好。即希望均值的平方 μ^2 和方差 σ^2 均越小越好，田口把望小质量特性的 SN 比定义为

$$\eta = \frac{1}{\mu^2 + \sigma^2} \tag{5.12}$$

注意，随机变量 Y 的二阶原点矩 $E(Y^2)$ 为：$E(Y^2) = \mu^2 + \sigma^2$，因此，$\eta = \dfrac{1}{E(Y^2)}$。这说明望小特性 Y 的信噪比 η 应取二阶原点矩 $E(Y^2)$ 的倒数。二阶原点矩 $E(Y^2)$ 的无偏估计成为均方值 $V_T : V_T = \dfrac{1}{n}\sum\limits_{i=1}^{n} Y_i^2$。

η 的估计值为

$$\hat{\eta} = \frac{1}{V_T} = \frac{n}{\sum\limits_{i=1}^{n} Y_i^2}$$

取常用对数化为分贝值后，望小质量特性 SN 比的估计值为

$$\hat{\eta} = -10\lg\left(\frac{1}{n}\sum_{i=1}^{n} Y_i^2\right) \tag{5.13}$$

3. 望大特性的 SN 比

对于望大质量特性 Y，则 $\dfrac{1}{Y}$ 为望小特性，因此，把望小特性 SN 比估计式 (5.12) 和式 (5.13) 中的 Y 变换成 $\dfrac{1}{Y}$，就得到望大特性 SN 比的估计值

$$\hat{\eta} = \frac{n}{\sum\limits_{i=1}^{n} \dfrac{1}{Y_i^2}} \tag{5.14}$$

或者

$$\hat{\eta} = -10\lg\left(\frac{1}{n}\sum_{i=1}^{n}\frac{1}{Y_i^2}\right) \tag{5.15}$$

5.2 稳健参数设计

5.2.1 稳健参数设计的基本原理

田口认为，开发具有某种功能的产品以满足顾客和市场的需求，通常需要经历三个阶段：① 系统设计阶段，也称概念设计阶段，主要是专业技术人员利用专业知识和工程学原理，确定系统 (产品或工艺项目) 的功能、结构满足用户需要的基本方法，一般指样机设计结束，系统设计即告完成。② 参数设计阶段，也称稳健设计或者稳健参数设计阶段。在系统设计确定后，需要进一步确定系统输入参数水平搭配，使得产品性能指标既能达到目标值，又能在各种环境条件下对噪声干扰不敏感，稳定性能好。③ 容差设计阶段，容差设计的目的是在参数设计给出最优参数条件的基础上，从质量成本的角度，权衡确定合适的容差，使质量和成本得到最佳的协调。

总之，在三次设计中，系统设计是基础，参数设计是核心，容差设计是锦上添花。如何实现稳健设计，对望目质量特性来说，通常采用如下的两步法。

(1) 减少波动。即通过试验，探索输入与输出之间的关系，从过程的输入着手，选择输入变量间不同水平的搭配，使得输出变量的波动最小化。

(2) 调整过程输出的均值，使得均值尽可能地落在设计目标值上。

图 5.5 说明了上述两步法的实施过程。假设某产品质量特性 Y 与三极管增益 X 之间存在非线性关系。记质量特性 Y 的目标值为 T，当 $X = x_1$ 时，由于波动 $\varDelta_1$ 存在，引起 Y 在目标值附近波动，此时，即使 X 有很小的波动 $\varDelta_1$，也导致 Y 有较大的波动 ΔY_1；若当 $X = x_2$ 时，存在波动 $\varDelta_2$，则 Y 在 ΔY_2 范围内。由于存在非线性关系，尽管 X 的波动范围变大了，但输出 Y 的波动范围却变小了。由此可见，只要合理选择参数的水平，即使在参数波动范围变大的条件下 (意味着降低成本)，也可以大大减小质量特性 Y 的波动范围，从而提高产品的稳定性。但此时出现了另外的问题，也就是 Y 的目标值从 T 移到了 T_1，偏离量 $\Delta T = T_1 - T$。如何保持 Y 比较稳定，又不偏离设计目标值，这时，需要找一个与输出质量特性 Y 呈线性关系，且容易调整的另一个参数 Z，把 Z 从 z_1 调整到 z_2，补偿偏移量 ΔT。也就是说，利用线性关系，将均值调整到设计目标值。

对于望大或望小特性的稳健设计问题，因为没有目标值，所以，其解决问题的两步法是：① 选择位置因子的水平使响应均值最大 (小)；② 选择非位置效应的散度因子的水平，使响应的波动最小化。

根据稳健参数设计的两步法，可以概括出稳健参数设计的基本原理：通过探索有限因素的输入与输出之间的关系，以及相应的事后统计分析，考察可控因子与噪声因子之间的交互作用，来确定可控因子的最优搭配水平，达到减小波动的目的。

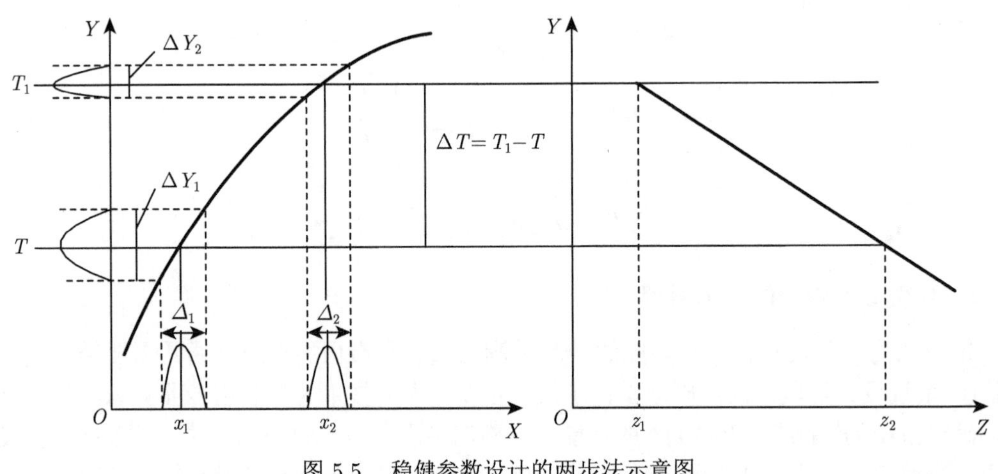

图 5.5 稳健参数设计的两步法示意图

图 5.6 给出了实施稳健参数设计的流程图。

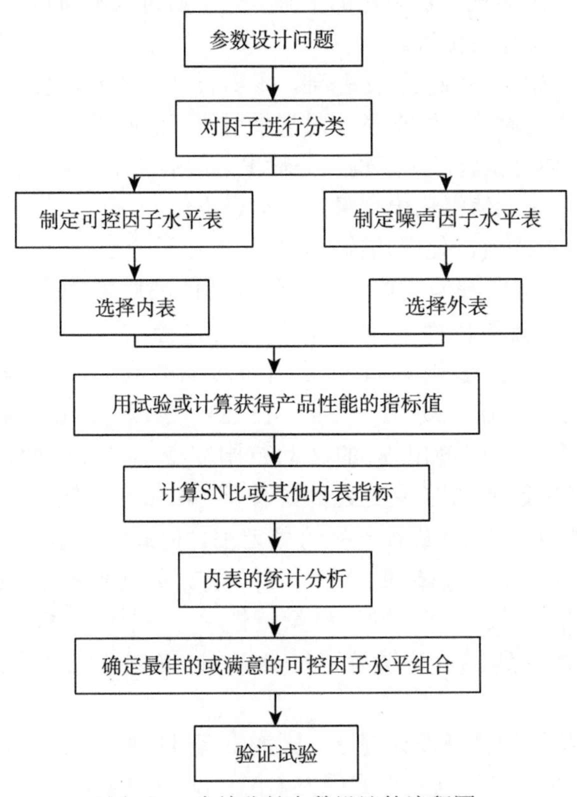

图 5.6 实施稳健参数设计的流程图

5.2.2 稳健设计的分析方法

在研究输入因子对响应变量的影响时，田口采用内、外表直积法 (或乘积法)。为了考查可控因子不同水平搭配的效果，把可控因子安排在一张正交表中，这张正交表称为控制表或者内表。通常采用全因子设计或部分因子设计，也可以采用三水平或者混合水平的表，但不考虑因子间的交互效应。

为了考查噪声因子的影响，把噪声因子安排在另外一张正交表中，通常称为噪声表或者外表。在进行试验计划时，对内表中的每个试验条件，都要经历外表的所有试验轮次，即相当于控制表中的每个水平组合都对应一个噪声表。

这种把内表中的每轮试验对应外表的所有轮次的试验，相当于内表中的每轮水平组合与外表中的所有组合相乘，构成一个乘积表。一般的，若控制表有 n_1 轮试验，噪声表有 n_2 轮试验，则乘积表的试验次数将是 $n_1 \times n_2$。表 5.1 提供了 9×4 乘积表的示意图。

表 5.1　稳健设计的乘积表示意图

外表 \ 内表					1	2	3	4	5	6	7	8		
				d	−	+	+	−	+	−	−	+		
				c	−	−	−	−	+	+	+	+		
				b	−	−	+	+	−	−	+	+		
				a	−	+	−	+	−	+	−	+		
	A	B	C	D	y_1	y_2	y_3	y_4	y_5	y_6	y_7	y_8	$\overline{y}$	S
1	1	1	1	1										
2	1	2	2	2										
3	1	3	3	3										
4	2	1	2	3										
5	2	2	3	1										
6	2	3	1	2										
7	3	1	3	2										
8	3	2	1	3										
9	3	3	2	1										

在稳健设计中，也称乘积表为内外表。当噪声因子较多或者噪声因子水平较多时，这种方法往往需要较多的试验次数。为了减少试验次数，通常采用两种方法：① 综合误差法，即在噪声表中选择少数几点 (通常 3~4 点)，能使误差达到最大的最具代表性的试验结果作为全部试验误差的代表；② 最不利综合误差法，是综合误差法的特例，即在噪声表只选两点最不利情况 (一个正偏，一个负偏) 作为全部误差试验的代表，这样可以大大减少试验次数。在实际应用中，如何选择噪声表，需要具体问题具体分析。

尽管稳健设计与经典试验设计的实施过程相同，但二者之间还是具有一定的区别的，主要表现在以下方面。

(1) 对模型的假设不同。经典的试验设计中，假定随机误差是白噪声，质量特性的波动是不变的，即常方差；稳健设计认为，质量特性的波动不是常数，与可控因子有关。

(2) 关注的重点不同。经典的试验设计，主要关注的是过程输出的均值；稳健设计不仅关心过程输出的均值，更关注过程输出波动的大小，即如何减小波动。

(3) 对外部随机因素的处理方式不同。经典的试验设计，在建模过程中，并不考虑外部随机因素；稳健设计是把外部随机因素包含在设计参数的研究当中。

5.2.3　稳健参数设计的应用实例

例 5.1　钛合金磨削工艺的稳健设计。钛合金以其强度高、重量轻、耐热性能好等优点，已广泛应用于航空、航天、造船等工业部门。但是，钛合金的导热系数小、黏附性强、抗氧化能力低，磨削性能差。即使采用特制的砂轮磨削钛合金，也只能达到表面粗糙度 $Ra > 0.6\mu m$。为了进一步降低表面粗糙度，采用稳健参数设计的方法优化钛合金磨削工艺参数。

1. 陈述存在的问题及要达到的目的

问题就是钛合金磨削工艺过程中，表面粗糙度参数 Ra 值较大。要实现的目标就是优化钛合金磨削工艺参数，实现表面粗糙度参数 $Ra < 0.2\mu m$。

2. 找出响应变量、控制因子和噪声因子

响应变量为表面粗糙度参数 Ra，影响 Ra 的可控因子主要是：A 工件转速；B 修整砂轮时的走刀量；C 工件纵向走刀量；D 磨削深度。对其他因子如冷却液、磨床等参数均保持不变。由于磨削后的表面粗糙度只能通过试验测得，因此为了减少试验次数，对噪声因子采用综合误差因子 N。

3. 制订试验计划

在制订试验计划时，首先要确定控制因子和噪声因子的水平，四个可控因子各取三水平的表格，见表 5.2。由于响应变量是望小特性，对于综合误差因子 N 可取二水平：N_1 为标准条件；N_2 为正侧最坏条件。

表 5.2　钛合金磨削工艺试验中可控因子及其水平表

水平	1	2	3
A/(r/min)	112	160	180
B/(mm/r)	0.03	0.06	0.09
C/(mm/r)	0.82	1.65	3.3
D/mm	0.00125	0.0025	0.05

构造控制表 (内表) 是由正交表而来的，用于安排控制因子。例 5.1 中，四个因子都是三水平，因此，选用三水平的正交表。一般来说，要选用的表的列数大于或等于因子的个数，试验次数最少的正交表，因此，选正交表 $L_9(3^4)$ 安排 4 个可控因子；对安排噪声因子的正交表，也称外表；由于例 5.1 采用综合误差因子的方法，即标准条件 (N_1) 和正侧最坏条件 (N_2)。

通过内、外表直积法，可以得到试验计划的方案表，见表 5.3 前 4 列。针对计划表的每个轮次，分别在综合误差因子的两个水平 N_1、N_2 下各测得试验结果 y_{i1}，$y_{i2} (i = 1, 2, \cdots, 9)$，如表 5.3 所示。

表 5.3 钛合金磨削工艺试验结果数据表

A	B	C	D	$y_{.1}$	$y_{.2}$	SN	$\bar{y}$	σ
1	1	1	1	0.162	0.184	15.2216	0.1730	0.0155563
1	2	2	2	0.259	0.313	10.8341	0.2860	0.0381838
1	3	3	3	0.178	0.206	14.3109	0.1920	0.0197990
2	1	2	3	0.204	0.211	13.6584	0.2075	0.0049497
2	2	3	1	0.226	0.244	12.5723	0.2350	0.0127279
2	3	1	2	0.167	0.178	15.2598	0.1725	0.0077782
3	1	3	2	0.213	0.228	13.1268	0.2205	0.0106066
3	2	1	3	0.157	0.188	15.2293	0.1725	0.0219203
3	3	2	1	0.238	0.271	11.8680	0.2545	0.0233345

4. 实施稳健设计试验

按照试验设计计划进行试验，记录响应变量的测量数据以及试验过程中的所有状况。试验中的任何异常数据都应该记录，以备后续分析中使用。

5. 进行分析，预测改进水平

对数据的分析应与所应用的设计相匹配。在稳健设计中，通过构造合适的统计量，主要采用描述均值的样本均值统计量、描述波动大小的统计量 SN 比或者样本方差等进行分析，进而找出可控因子的最佳水平搭配，估计输出质量特性的预测值。

下面以 MINITAB 说明分析过程。选择“统计 → DOE → 田口 → 分析田口设计”选项，将 $y_{.1}$，$y_{.2}$ 放入响应变量，在对话窗“图形”中，选取“均值主效应、标准差主效应、SN 比主效应”；在“分析”中，选择“信噪比 (S)、均值 (M)、标准差 (D)”；在“选项”中，选取“望小”特性。MINITAB 输出结果见表 5.4。

表 5.4 MINITAB 分析输出结果

信噪比响应表
望小

水平	A	B	C	D
1	13.46	14.00	15.24	13.22
2	13.83	12.88	12.12	13.07
3	13.41	13.81	13.34	14.40
Delta	0.42	1.12	3.12	1.33
排秩	4	3	1	2

均值响应表

水平	A	B	C	D
1	0.2170	0.2003	0.1727	0.2208
2	0.2050	0.2312	0.2493	0.2263
3	0.2158	0.2063	0.2158	0.1907
Delta	0.0120	0.0308	0.0767	0.0357
排秩	4	3	1	2

标准差响应表

水平	A	B	C	D
1	0.024513	0.010371	0.015085	0.017206
2	0.008485	0.024277	0.022156	0.018856
3	0.018620	0.016971	0.014378	0.015556
Delta	0.016028	0.013906	0.007778	0.003300
排秩	1	2	3	4

对于望小质量特性，解决问题的两步法是：① 选择位置因子的水平，使位置效应达到最小；② 选择非位置因子的散度因子的水平使散度最小化。因此，根据信噪比和均值响应表看：对影响位置和散度的因子的顺序是一样，即 C→D→B→A。要使位置效应达到最小，选取因子的顺序是 $C_1D_3B_1A_2$；按照 SN 比最大，选取的因子水平搭配仍是 $C_1D_3B_1A_2$。该试验的最优水平搭配是：$A_2B_1C_1D_3$。

从试验中均值、SN 比、标准差主效应图中 (图 5.7～图 5.9) 也可以得到相同的结论。

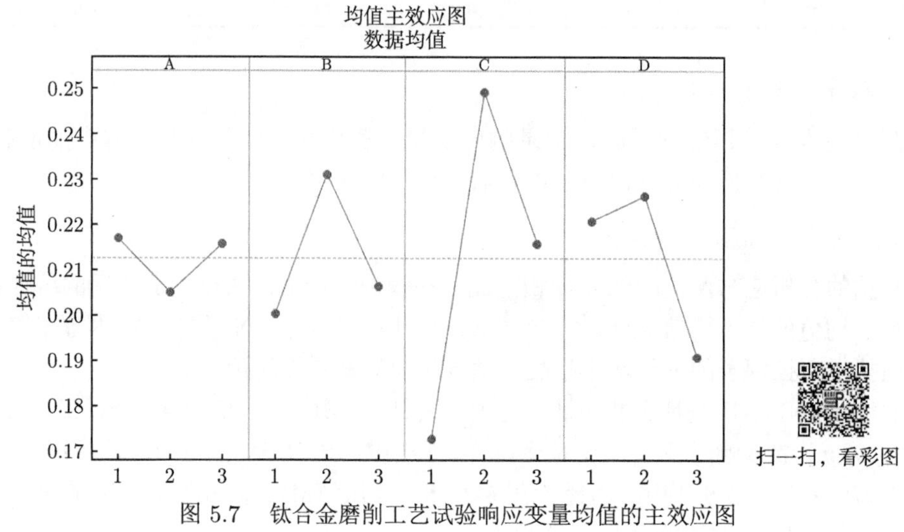

图 5.7　钛合金磨削工艺试验响应变量均值的主效应图

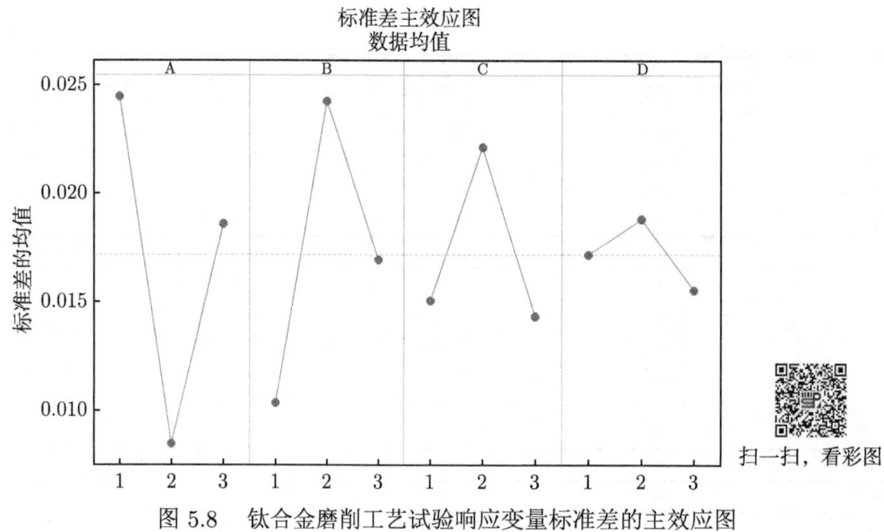

图 5.8　钛合金磨削工艺试验响应变量标准差的主效应图

需要说明的是，在例 5.1 中，按照位置效应和散度效应选取控制因子的水平时，二者选取的参数水平正好一致；在大多数情况下，往往是不一致的，这时就需要综合权衡。

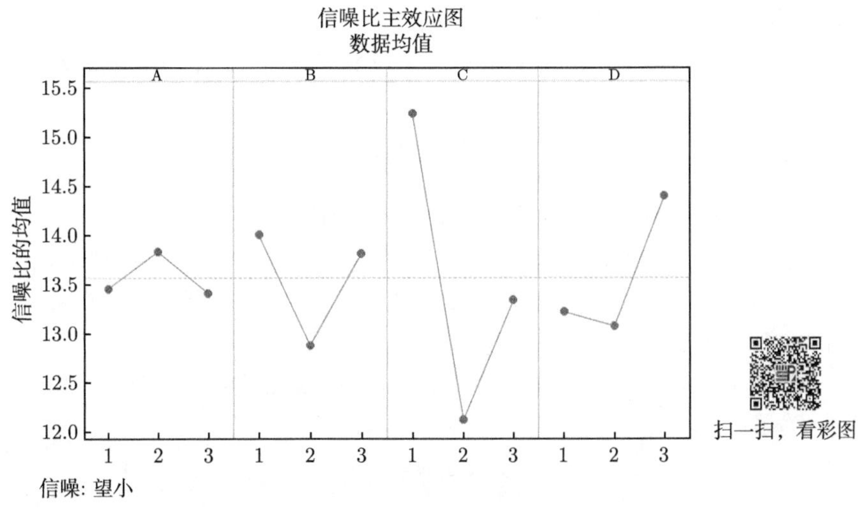

图 5.9 钛合金磨削工艺试验响应变量 SN 比的主效应图

6. 进行确认性试验

按照工艺参数 $A_2B_1C_1D_3$ 共进行了 5 次验证性试验，测得其表面粗糙度 Ra 为：0.138，0.139，0.159，0.143，0.166 (μm)。这 5 项试验结果，表面粗糙度都在 0.2μm 以下，均达到预期的试验目标。

5.3 动态参数设计

5.3.1 动态参数设计的概念

5.2 节讨论的稳健设计问题是，针对所研究的质量特性，寻找可控因子的水平搭配，使得响应变量的取值与某个固定的目标值尽可能接近。但在实际问题中，有时目标值会随着人们的需求取不同的值，因此，称固定目标的参数设计为静态的，称可以改变目标值的参数设计为动态的。

实际上，许多系统的输出特性是动态特性，例如，汽车的操纵性能就是动态特性。汽车行驶过程中，常常要变换方向，这是靠扭转方向盘实现的。方向盘的转角是信号因子，汽车的转动方向就是动态特性。在汽车转向系统的设计中，对于方向盘转动不同的角度，车轮都能有准确的转向。又如，测量仪器的测量特性是动态特性，被测对象是信号因子，仪器测量结果是动态特性，测量性能好是指测量误差小。此外，数字通信系统的输出特性等都属于动态特性。

在一个系统中，当信号发出后，该系统会产生一个响应值。动态参数设计要研究的问题就是，如何设计该系统，当系统接收到某个信号作为其输入特性时，其输出显示出与之相应的动态特性，即考虑可控因子的设置，使之响应与信号之间的关系更精确。

动态参数设计与静态参数设计的主要区别，就是动态参数设计多了一个信号因子，信号因子可以取不同的值，也可以这样理解，静态参数设计就是这个信号因子只取一个固定值，自然响应也就只有一个固定目标值。

下面将分析动态参数设计的主要内容。

设质量特征为动态特征 y，可控因子为 C，非可控因子为 N，信号因子为 M，基本模型为

$$y = f(C, M) + \varepsilon \tag{5.16}$$

这里把噪声因子的影响并入 ε 中，并假设 $\varepsilon \sim N(0, \sigma^2)$。

动态参数设计的目的就是选择可控因子 C 的一个最佳组合 C_0，使得输出 y 的波动，即 σ^2 尽可能小；同时，当信号因子 M 取不同的 M_i 时，C_0 都能使响应变量 y 与其相应的目标值间的总波动最小。

在实际工作中，对于基本模型 (5.16)，通常只考虑线性函数，一般有下列两种选择。

一般线性关系：

$$y = \alpha + \beta M + \varepsilon \tag{5.17}$$

零点比例关系：

$$y = \beta M + \varepsilon \tag{5.18}$$

动态特性好，意指两个方向：① 信号因素线性效应部分的影响越大越好，即 $|\beta|$ 要大；② 噪声 (试验误差) 的干扰越小越好，故 σ^2 以小为好。兼顾两个方面，定义动态特征的 SN 比为

$$\eta = \frac{\beta^2}{\sigma^2} \tag{5.19}$$

5.3.2 动态参数设计的计划与分析

在安排动态参数设计计划时，首先需要明确所考虑因子的不同性质，即可控因子、噪声因子和信号因子；同时也要明确这些因子的名称、水平数、水平值；可控因子的水平数尽可能取相同值，如四个因子都取三水平就比较容易安排。信号因子所取的水平数可以任意选取，没有具体要求。

安排试验计划的方法是：可控因子和信号因子安排在内表中，噪声因子安排在外表中。内表中可控因子和信号因子是分别安排的，如果信号因子所取的水平数为 k，则相当于将安排可控因子的内表“重复” k 次。安排噪声因子的外表，同静态参数设计一样，通常只选择最不利情况，或者综合噪声法，只进行 2 次或 3 次试验即可。

下面通过一个实例说明如何安排和分析动态参数设计问题。

例 5.2 硅片生产中氧化膜的厚度问题。在硅片生产中，一个重要的质量特性是氧化膜的厚度，已知影响其厚度的可控因子是温度 A、气流 B、氮气 (N_2) 稀释度 C 和氢/氧 (H_2/O_2) 比率 D，信号因子是氧化时间，影响生产的噪声因子很多，环境湿度、压力、硅片在加工炉中的位置等。为方便起见，可控因子的当前水平设置为名义值，均取三水平，即因子 A：-10%，名义值，$+10\%$；因子 B：-10%，名义值，$+10\%$；因子 C：-15%，名义值，$+15\%$；因子 D：-5%，名义值，$+5\%$。信号因子氧化时间取四个水平，即 15ms、20ms、25ms、30ms。噪声因子仅选择两个极端情况：顶部 (T) 和底部 (B)。试安排动态参数设计的计划，并选择其参数搭配。

这个系统有 4 个可控因子，各取 3 个水平，可以安排在 L_9 中，信号因子共 4 个水平，应一起安排在试验计划中。

运用 MINITAB 软件的实施步骤是：选择“统计 → DOE → 创建田口设计”选项，其界面见图 5.10 左侧，在“田口设计：设计”对话框中，选择 L_9，见图 5.10 右上，注意要勾选“为动态特性添加信号因子”，在“田口设计：因子”对话框中，见图 5.10 右下，选定因子名称，输入各水平设置，在“信号因子”内，输入信号因子数据。全部操作完成后，即可输出设计表 (或称内表)，结果参见表 5.5 左侧第 6 列。对于噪声因子，选择综合误差法，各自进行 2 次试验，试验结果列在表 5.5 中第 7、8 列。

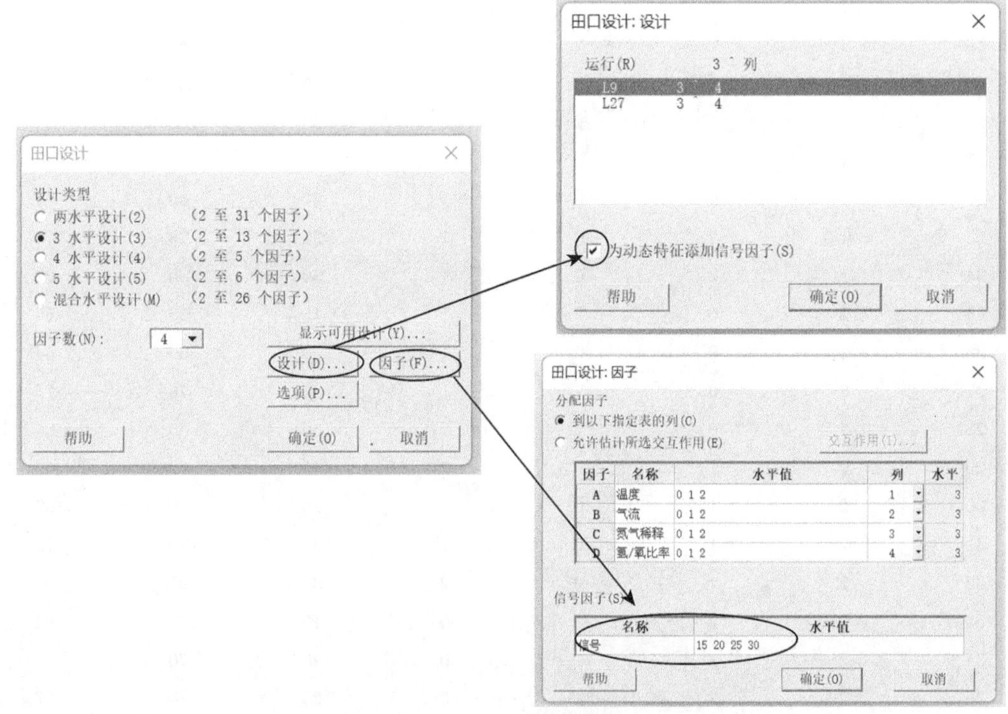

图 5.10　动态参数设计计划操作图

表 5.5　例 5.2 的计划表和数据分析表

序号	温度	气流	N_2 稀释度	H_2/O_2 比率	信号	顶部	底部
1	0	0	0	0	15	35	36
2	0	0	0	0	20	44	43
3	0	0	0	0	25	54	56
4	0	0	0	0	30	67	68
5	0	1	1	1	15	40	42
6	0	1	1	1	20	60	62
7	0	1	1	1	25	85	82
8	0	1	1	1	30	99	96
9	0	2	2	2	15	50	53

续表

序号	温度	气流	N_2 稀释度	H_2/O_2 比率	信号	顶部	底部
10	0	2	2	2	20	65	66
11	0	2	2	2	25	80	83
12	0	2	2	2	30	98	95
13	1	0	1	2	15	30	32
14	1	0	1	2	20	50	52
15	1	0	1	2	25	76	74
16	1	0	1	2	30	90	91
17	1	1	2	0	15	35	34
18	1	1	2	0	20	48	46
19	1	1	2	0	25	57	58
20	1	1	2	0	30	65	64
21	1	2	0	1	15	45	43
22	1	2	0	1	20	60	61
23	1	2	0	1	25	76	74
24	1	2	0	1	30	90	92
25	2	0	2	1	15	55	56
26	2	0	2	1	20	66	64
27	2	0	2	1	25	76	78
28	2	0	2	1	30	85	84
29	2	1	0	2	15	60	62
30	2	1	0	2	20	70	67
31	2	1	0	2	25	80	78
32	2	1	0	2	30	91	93
33	2	2	1	0	15	62	64
34	2	2	1	0	20	70	68
35	2	2	1	0	25	80	77
36	2	2	1	0	30	92	94

动态参数设计的分析过程与静态参数设计的分析过程类似，首先，需要分析各可控因子的效应，确定哪些因子对信噪比影响显著，选取这些因子的最佳水平组合，使信噪比达到最大；其次，确定哪些因子对斜率、截距影响显著而对信噪比影响不显著，仍可称为调节因子，选择这些因子的最佳水平，使输出结果尽可能满足设计要求。

如图 5.11 所示，选择“统计 → DOE → 田口 → 分析田口设计”选项，在“分析田口设计：图形”对话框选定信噪比、斜率和标准差；在“分析田口设计：分析”对话框中，选定信噪比、斜率和标准差；在“分析田口设计：存储”对话框中，选定信噪比、斜率、截距及标准差 (或标准差的对数)；在“分析田口设计：项”对话框中，选定 4 个可控因子。在上述全部操作完成后，MINITAB 软件即可输出表 5.6 结果。

从结果中可以看出，影响信噪比最显著的是因子 A “温度”，次显著的是因子 C “N_2 稀释度”。按照解决问题的思路，首先寻找 A、C 二因子的最佳组合使信噪比最大，由此选取

A_0C_0，从信噪比的主效应图 (图 5.12) 上，也可以证实这一点；其次，选取使斜率达到要求的最佳值，从数值分析结果影响斜率最显著因子 A “温度” 取水平 0 最接近 1，次显著因子 D “H_2/O_2 比率” 取水平 1 最接近 1，其他二因子都不显著，如图 5.13 所示。

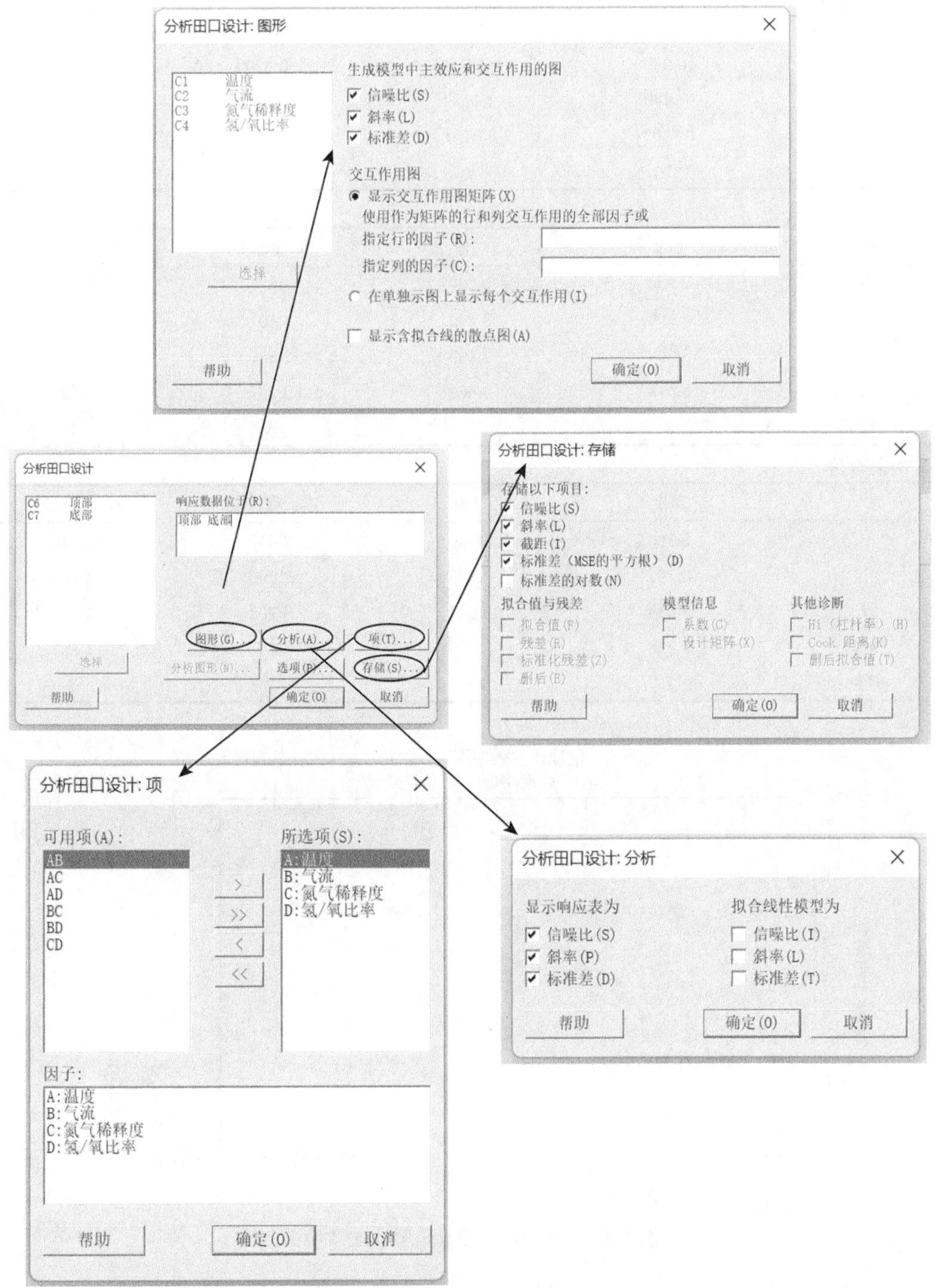

图 5.11 动态稳健参数分析操作图

表 5.6 例 5.2 的 MINITAB 输出结果

田口分析：顶部，底部与温度，气流，氮气稀释度，氢/氧比率

信噪比响应表

动态响应

水平	温度	气流	N_2 稀释度	H_2/O_2 比率
0	1.2388	−4.1467	1.2888	−1.5319
1	−0.2698	−3.5282	−6.8238	−0.8449
2	−7.4805	1.1634	−0.9764	−4.1346
Delta	8.7193	5.3101	8.1125	3.2897
排秩	**1**	3	**2**	4

斜率响应表

水平	温度	气流	N_2 稀释度	H_2/O_2 比率
0	2.894	2.709	2.837	2.591
1	2.695	2.899	3.101	3.088
2	3.208	3.189	2.859	3.118
Delta	0.513	0.480	0.264	0.527
排秩	**2**	3	4	**1**

标准差响应表

水平	温度	气流	N_2 稀释度	H_2/O_2 比率
0	2.786	5.390	3.447	4.045
1	3.751	4.845	7.000	4.257
2	7.614	3.917	3.705	5.850
Delta	4.828	1.474	3.553	1.805
排秩	**1**	4	**2**	3

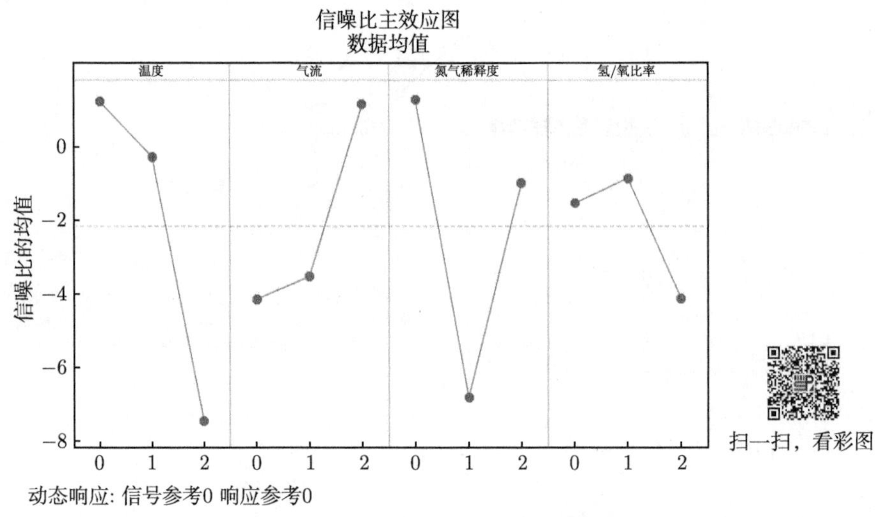

图 5.12 动态参数设计信噪比主效应图

综上所述，可以看出 $A_0C_0D_1$ 最佳水平搭配，因子 B 的效应不显著。为了验证最佳水

平搭配，必须进行确认性试验，以证实试验结果。

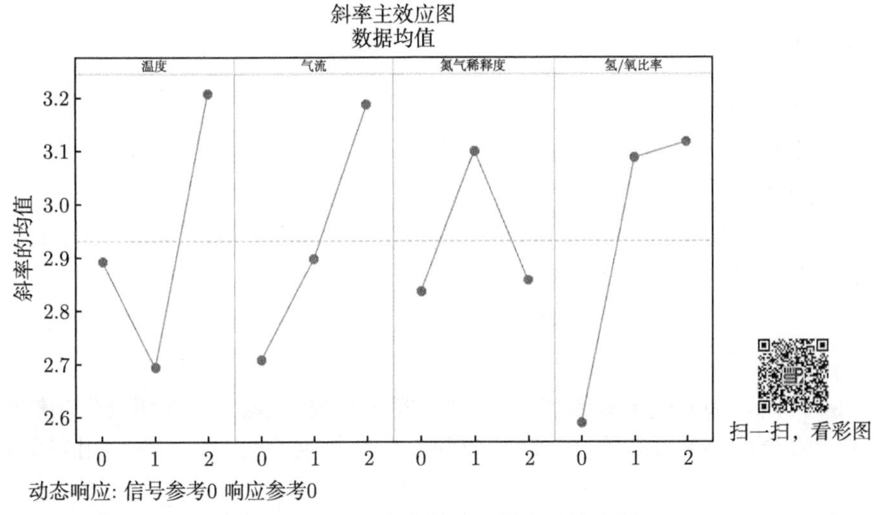

图 5.13 动态参数设计斜率主效应图

5.4 容差设计

容差设计通常是在完成系统设计和参数设计后进行的。容差设计的输出结果就是在参数设计阶段确定的最佳因子水平组合的基础上，确定各个参数合适的容许误差，使得质量和成本综合起来达到最佳经济效益。

容差设计其实是材料波动分解的应用，用以找出对最终产品波动影响最大的因素。它所采取的方法不是紧缩系统的所有容差，而是通过分析得知何者容差需要缩紧，何者可以放宽。换句话说，找出那些具有最高贡献率的因素，加以紧缩其容差，对低贡献率的零件则可以放宽其容差，从而达到成本最小化。

容差设计的基本思想是：根据各参数的波动对产品质量特性贡献 (影响) 的大小，从技术的可实现性和经济性角度考虑有无必要对影响大的参数给予较小的公差 (如用较高质量等级的元件替代较低质量等级的元件)。这样做，一方面减小质量特性的波动，提高产品的稳健性，降低质量损失；另一方面，提高了元件的质量等级和产品的成本。因此，容差设计既要考虑进一步降低参数设计后产品仍然存在的质量损失，又要考虑缩小一些元件的容差将会增加的成本，需要综合权衡，采取最佳决策。

通过容差设计，确定各参数的最合理容差，使产品总损失 (质量损失与质量成本之和) 达到最小。通常容差设计是在参数设计之后进行的，但二者是相辅相成的。

根据质量损失原理，尤其交付顾客的最终产品应具有最小的质量波动，较小的容差，以提升产品质量，增加顾客满意度；但每一层次的产品 (系统、子系统、组件、部件、零件) 均应具有很强的承受各种干扰影响的能力，即应容许其下层部件具有较大的容差范围。对于下层部件通过容差设计确定合理的容差，作为生产制造阶段符合性控制的依据。因此，虽然容差设计的实施一般晚于参数设计，但有时为了获得总体最佳，容差设计也会影响参数设计的再设计。

容差设计的实施过程与参数设计相似，但评价的指标不同。容差设计的任务是用质量损失函数来确定质量水平，以最低的成本来改进最关键的容差。

5.4.1 容差的确定

1. 由安全系数确定容差

本节的安全系数是田口在质量工程中提出的，与通常工程技术中的安全系数不是完全相同的概念，应该注意两者的区别。

设 A_0 为达到功能界限时的平均损失，主要是用户损失；A 为不合格品时的工厂损失，则安全系数 Φ 定义为

$$\Phi=\sqrt{\frac{A_0}{A}} \tag{5.20}$$

由于 $A_0 > A$，因此安全系数 Φ 大于 1，安全系数 Φ 越大，说明丧失功能时的损失也越大。对于安全性要求很高的产品，相应的安全系数也比较大。一般采用安全系数值为 4~5。

1) 望目、望小特性的容差

根据田口望目、望小特性的质量损失函数的示意图 (图 5.2 和图 5.3) 可知，望目和望小特性的容差 Δ 与丧失功能的界限 Δ_0 之间具有如下关系式：

$$\Delta=\sqrt{\frac{A}{A_0}}\Delta_0 \tag{5.21}$$

由式 (5.20) 和式 (5.21) 可知，当已知功能界限 Δ_0 和安全系数 Φ 时，容差 Δ 为

$$\Delta=\frac{\Delta_0}{\Phi} \tag{5.22}$$

例 5.3 设某电视机电源电路的直流输出电压 y 的目标值 m = 120V，功能界限 Δ_0 = 25%m，丧失功能后用户的平均损失 (包括修理费及修理后电视机仍不能使用的损失等) A_0 = 500 元，工厂内超出规格的产品，可采用改变电路中电阻值进行调整 (包括电阻费用和人工费用等)，A=5 元，试求安全系数 Φ 和容差 Δ。

根据式 (5.20)
$$\Phi=\sqrt{\frac{A_0}{A}}=\sqrt{\frac{500}{5}}=10$$

又据式 (5.22)
$$\Delta=\frac{\Delta_0}{\Phi}=\frac{0.25\times 120}{10}=3(\mathrm{V})$$

因此，容差的范围

$$m\pm\Delta=120\pm 3=[117,123]$$

2) 望大特性的容差

根据望大质量特性损失函数的示意图 (图 5.4) 可知，望大特性的容差 Δ 和丧失功能的界限 Δ_0 之间具有如下关系式：

$$\Delta=\sqrt{\frac{A_0}{A}}\Delta_0 \tag{5.23}$$

由式 (5.20) 和式 (5.23) 可知，当功能界限是 $\varDelta_0$ 和安全系数是 $\varPhi$ 时，望大质量特性的容差 $\varDelta$ 为

$$\varDelta = \varPhi\varDelta_0 \tag{5.24}$$

例 5.4 用硬聚氯乙烯型材加工塑料门窗。当材料的抗拉强度低于 31MPa 时，门窗就会断裂，此时造成的损失 $A_0 = 500$ 元；因材料不合格，工厂作报废处理的损失 $A = 125$ 元，试求硬聚氯乙烯型材的安全系数 $\varPhi$ 与容差 $\varDelta$。

质量特性抗拉强度为望大特性，已知 $\varDelta_0 = 31\text{MPa}$，$A_0 = 500$ 元，因此，

$$\varPhi = \sqrt{\frac{A_0}{A}} = \sqrt{\frac{500}{125}} = 2$$

根据式 (5.24) 得

$$\varDelta = \varPhi\varDelta_0 = 2 \times 31 = 62(\text{MPa})$$

因此所用型材的强度下限为 62MPa。

2. 下位特性容差的确定

产品的质量特性取决于两种特性，一种是产品本身的特性 (结果特性)，称为上位特性；另一种是产品元部件或子系统的特性 (原因特性)，称为下位特性。这里说明如何根据上位特性的容差或功能界限，确定下位特性的容差。

设产品的上位特性为 y，下位特性为 x，考虑最简单的情况，即当下位特性 x 变化单位量时，上位特性 y 的变化量为 β，即 y 与 x 之间存在线性函数：

$$y = \alpha + \beta x \tag{5.25}$$

记 $\varDelta_{oy}$ 为上位特性的功能界限；A_{oy} 为上位特性丧失功能时的损失；$\varDelta_y$ 为上位特性的容差；A_y 为上位特性不合格时导致产品的损失；$\varDelta_x$ 为下位特性的容差；A_x 为下位特性不合格时导致产品的损失；m_y 为上位特性的目标值；m_x 为下位特性的目标值。

m_y、m_x 也有类似的线性关系，即

$$m_y = \alpha + \beta m_x$$

因为

$$\begin{aligned} L(y) &= \frac{A_{0y}}{\varDelta_{0y}^2}(y - m_y)^2 \\ &= \frac{A_{0y}}{\varDelta_{0y}^2}[(\alpha + \beta x) - (\alpha + \beta m_x)]^2 \\ &= \frac{A_{0y}}{\varDelta_{0y}^2}\beta^2(x - m_x)^2 \end{aligned}$$

所以

$$A_x = \frac{A_{0y}}{\varDelta_{0y}^2}\beta^2\varDelta_x^2$$

由此，解得

$$\varDelta_x=\sqrt{\frac{A_x}{A_y}\frac{\varDelta_{0y}}{\beta}} \tag{5.26}$$

类似地

$$\varDelta_x=\sqrt{\frac{A_x}{A_y}\frac{\varDelta_y}{\beta}} \tag{5.27}$$

例 5.5 用钢板冲压产品，钢板的硬度和厚度对冲压件有可计算的影响。当钢板的硬度变化 1 个单位 (洛氏硬度) 时，冲压件的尺寸变化 180μm；钢板的厚度变化 1μm 时，冲压件的尺寸变化 6μm。又已知冲压件的尺寸范围为 $m\pm300$μm，当冲压件尺寸超过此容许界限时需要修正，其费用为 1200 元；当钢板的硬度或厚度超过标准时，在冲压之前就要报废，每件产品将损失 400 元，试分别确定钢板硬度和厚度的下位标准。

记：y 为冲压件尺寸，是上位特性；x 为钢板的硬度，是下位特性；z 为钢板的厚度，亦为下位特性。

据题意

$$\varDelta_y=300\text{μm},\quad A_y=1200\text{ 元},\quad A_x=A_z=400\text{ 元}$$

确定 $\varDelta_x$ 和 $\varDelta_z$。

设 x、y 之间存在线性关系为

$$y=\alpha+\beta x$$

据题意 $\beta=180$。又设 z、y 之间也存在线性关系为

$$y=\alpha'+\beta' z$$

据题意 $\beta'=6$。

于是由式 (5.27) 得

$$\varDelta_x=\sqrt{\frac{A_x}{A_y}\frac{\varDelta_y}{\beta}}=\sqrt{\frac{400}{1200}\times\frac{300}{180}}=0.96(\text{HR})$$

$$\varDelta_z=\sqrt{\frac{A_z}{A_y}\frac{\varDelta_y}{\beta'}}=\sqrt{\frac{400}{1200}\times\frac{300}{6}}=28.9(\text{μm})$$

因此，钢板硬度的出厂标准为 $(m_x\pm0.96)$HR，厚度的出厂标准为 $(m_z\pm28.9)$μm。

3. 老化系数容差的确定

电路中电阻的阻值随着时间的增加而逐渐变大；机械零件的磨损量随时间的延长逐渐变大，这种随着时间的推移向同一倾向发生变化的特性称为老化特性，或称劣化特性。

如何规定老化特性的出厂标准？由于产品检查的困难，往往需要有特别的方法；另一方面，由于不同的截止时间老化量也是不同的，因此必须预先决定设计寿命，其次在设计寿命期内决定劣化特性的容差。

为了简便计算，设产品的老化特性 y 的寿命周期为 T，y 随时间 t 呈线性变化，即

$$y = \alpha - \beta t, \quad 0 < t < T$$

其中，T 为设计寿命，β 为老化系数。

老化系数 β 的容差 Δ 的含义是：在整个寿命周期内，若 $\beta > \Delta$，表示为不合格品，则相应的损失为 A 元。

下面主要讨论当老化特性 y 的功能界限 Δ_0、丧失功能的损失 A_0 和设计寿命 T 已知时，如何确定老化系数 β 的容差。下面分两种情况加以讨论。

1) 初始值等于目标值 (即 $y_0 = m$) 的情形

设产品的设计寿命为 T 年，老化特性 y 的初始值等于目标值，即 $y_0 = m$。每年的劣化量为 β。若在整个寿命周期内的任一时刻有 $|y(t) - m| > \Delta_0$ 就丧失功能，则相应的损失为 A_0，求每年的平均劣化量 β 的容差 Δ。

由于 $L(y) = \dfrac{A_0}{\Delta_0^2}(y-m)^2 = \dfrac{A_0}{\Delta_0^2}[(\alpha - \beta t) - m]^2$，当 $t = 0$ 时，$y_0 = m$，$\alpha = m$。代入上式得 $L(y) = \dfrac{A_0}{\Delta_0^2}\beta^2 t^2$。

假定产品寿命服从 $[0, T]$ 内的均匀分布，则 $\overline{L(y)} = \dfrac{A_0}{\Delta_0^2}\dfrac{1}{T}\displaystyle\int_0^T \beta^2 t^2 \mathrm{d}t = \dfrac{1}{3}\beta^2 T^2 \dfrac{A_0}{\Delta_0^2}$。

当 $\beta = \Delta$ 时，$\overline{L(y)} = A$ 代入上式得 $A = \dfrac{1}{3}\Delta^2 T^2 \dfrac{A_0}{\Delta_0^2}$。

由此得

$$\Delta = \sqrt{\frac{3A}{A_0}}\frac{\Delta_0}{T} \tag{5.28}$$

当 $y_0 = m$ 时的老化特性如图 5.14 所示。

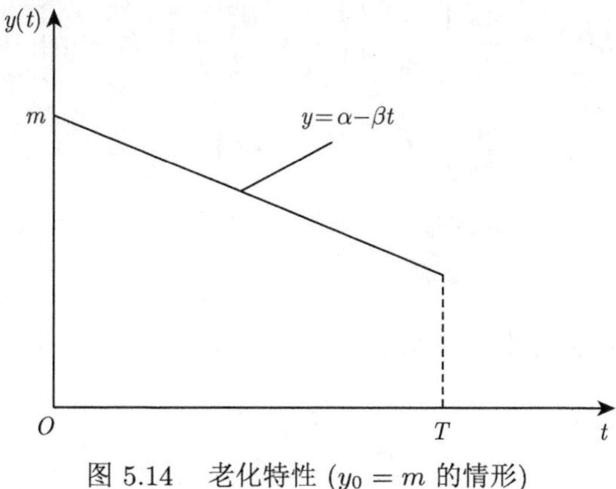

图 5.14　老化特性 ($y_0 = m$ 的情形)

例 5.6　设某零件的尺寸为 y，设计初始值为目标值 m，设计寿命 $T = 10$ 年。又已知 $\Delta_0 = 300\mu\text{m}$，$A_0 = 80$ 元，$A = 5$ 元，求平均每年磨损量 β 的容差。

根据式 (5.28)，则

$$\Delta = \sqrt{\frac{3A}{A_0}}\frac{\Delta_0}{T} = \sqrt{\frac{3\times 5}{80}}\times\frac{300}{10} = 13.0(\mu\text{m})$$

即平均每年磨损量不得超过 13.0μm。

2) 初始值不等于目标值的情形

设老化特性 y 的初始值为 $y_0 = m$。不失一般性，设 $y_0 > m$，且 $t = T/2$ 时恰有 $y(t) = m$，此时如何决定老化系数 β 的容差 Δ?

以 $t = \dfrac{T}{2}, y(t) = m$ 代入式 $y = \alpha - \beta t$，得 $\alpha = m + \dfrac{\beta T}{2}$，所以

$$y(t) = \left(m + \frac{\beta T}{2}\right) - \beta t$$

当 $y_0 > m$ 时的老化特性如图 5.15 所示。

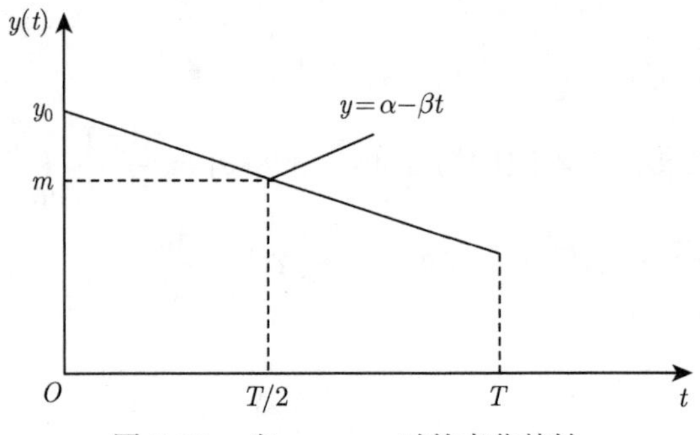

图 5.15　当 $y_0 > m$ 时的老化特性

同样假定产品的寿命 t 服从 $[0, T]$ 上的均匀分布，则

$$\begin{aligned}\overline{L(y)} &= \frac{A_0}{\Delta_0^2}\frac{1}{T}\int_0^T \left[\left(m + \frac{\beta T}{2}\right) - \beta t - m\right]^2 \mathrm{d}t \\ &= \frac{A_0}{\Delta_0^2}\frac{1}{T}\int_0^T \beta^2\left(\frac{T}{2} - t\right)^2 \mathrm{d}t \\ &= \frac{A_0\beta^2T^2}{12\Delta_0^2}\end{aligned}$$

将 $\beta = \Delta$ 时，$\overline{L(y)} = A$ 代入上式得

$$A = \frac{A_0\Delta^2T^2}{12\Delta_0^2}$$

由此，得

$$\Delta = \sqrt{\frac{12A}{A_0}}\frac{\Delta_0}{T} \tag{5.29}$$

比较式 (5.28) 和式 (5.29) 可知，当初始值大于目标值时，老化系数 β 的容差较初始值等于目标值时要大得多，因此，初始值要选得比目标值大为好，如图 5.14 所示。

例 5.7 在例 5.6 中，假设 $t=5$ 年时，零件的尺寸 y 等于目标值 m。其他条件相同，求老化函数 β 的容差 Δ。

解：由式 (5.29) 得

$$\Delta=\sqrt{\frac{12A}{A_0}\frac{\Delta_0}{T}}=\sqrt{\frac{12\times 5}{80}\times\frac{300}{10}}=26.0(\mu\text{m})$$

此时平均每年磨损量 β 的容差，是例 5.6 所求容差的 2 倍。

4. 下位特性的老化系数容差的确定

设产品的上位特性为 y，下位特性为 x, y 与 x 之间具有线性关系：$y=\alpha+\beta x$。下面给出下位特性 x 的老化系数容差的确定方法。

记：Δ_y 为上位特性的容差；A_y 为上位特性不合格时导致产品的损失；Δ_x 为下位特性的容差；A_x 为下位特性不合格时导致产品的损失；m_y 为上位特性的目标值；m_x 为下位特性的目标值；β 为 x 每变化一个单位时，相应 y 的变化量；α 为 $x=0$ 时，相应 y 的值；T 为下位特性的设计寿命；Δ 为下位特性的老化系数的容差；A 为下位特性老化系数不合格时的损失。

由式 (5.27)，下位特性 x 的初期容差 Δ_x 为

$$\Delta_x=\sqrt{\frac{A_x}{A_y}}\times\frac{\Delta_y}{|\beta|} \tag{5.30}$$

基于式 (5.28) 相似的方法，可以得到下位特性 x 的老化系数的容差为

$$\Delta=\sqrt{\frac{3A}{A_y}}\times\frac{\Delta_y}{|\beta|\,T} \tag{5.31}$$

5.4.2 望目、望小特性的容差设计

容差确定和容差设计是两个不同的概念。容差确定是根据功能界限确定系统或零部件的容差。容差设计则是质量和成本之间的平衡。容差设计是在产品的设计阶段，选择材料和零件、生产方式等，使总损失 (即质量损失与成本之和) 达到极小。容差设计的基本原则就是：总质量损失达到最小。因此，在容差设计中，一方面需要考虑提高一个或几个零部件的精度以改进质量；另一方面需要考虑因提高零部件精度所增加的成本。

容差设计的主要工具是质量损失函数。运用质量损失函数计算产品的质量损失，并按照“使社会总损失最小”的原则，来设计合适的容差。

例 5.8 设计某机械产品，其材料可以从 M_1、M_2、M_3 三种材料中任选。三种材料的线性膨胀系数 b_i (温度每变化 1℃ 时材料的伸长率)，每年的磨损量 β (材料每年平均磨损量) 及价格 P_i 见表 5.7。已知产品的功能界限 $\Delta_0=6\mu\text{m}$，丧失功能时的损失 $A_0=180$

元，设计寿命 $T = 20$ 年，温度标准差 $\sigma_{\mathrm{t}} = 15℃$。产品在标准温度下出厂的尺寸等于目标值 m，试问选用哪种材料最合适？

表 5.7　材料特性的数据

材料	b_i/(μm/℃)	β_i/(μm/年)	P_i/元
M_1	0.08	0.15	1.80
M_2	0.03	0.06	3.50
M_3	0.01	0.05	6.30

解：已知 $A_0 = 180$ 元，$\Delta_0 = 6\mu\mathrm{m}$。因为产品在标准温度下出厂的尺寸等于目标值，而且产品的均方误差是由两部分构成的：温度的波动和老化引起的质量特性的波动。温度波动的可以表示为 $b_i^2\sigma_i^2$，老化引起的质量波动计算方法如下。

设 T 为设计寿命；β_i 为每年的老化量；m 为出厂时的尺寸，在任意时刻 t，老化偏离为 βt。在 $0 \sim T$ 内，偏离目标值的平均平方误差为

$$\frac{1}{T}\int_0^T (m - \beta_i t - m)^2 \mathrm{d}t = \frac{T^2}{3}\beta_i^2$$

由此，最终质量损失函数计算公式如下：

$$L(y) = \frac{A_0}{\Delta_0^2}\Delta^2 = \frac{A_0}{\Delta_0^2}\left(b_i^2\sigma_i^2 + \frac{T^2}{3}\beta_i^2\right) \tag{5.32}$$

将 $\sigma_t^2 = 15℃$ 和 $T = 20$ 年代入上式，分别求得 M_1、M_2、M_3 三种材料的均方偏差及质量损失为

$$M_1 : \Delta^2 = 0.08^2 \times 15^2 + \frac{20^2}{3} \times 0.15^2 = 4.44$$

$$L(y) = \frac{180\text{ 元}}{6^2} \times 4.44 = 22.2\text{ 元}$$

$$M_2 : \Delta^2 = 0.03^2 \times 15^2 + \frac{20^2}{3} \times 0.06^2 = 0.6825$$

$$L(y) = \frac{180\text{ 元}}{6^2} \times 0.6825 \approx 3.41\text{ 元}$$

$$M_3 : \Delta^2 = 0.01^2 \times 15^2 + \frac{20^2}{3} \times 0.05^2 = 0.3558$$

$$L(y) = \frac{180\text{ 元}}{6^2} \times 0.3558 \approx 1.78\text{ 元}$$

将上述计算结果整理成表 5.8。

表 5.8　例 5.8 的计算结果

序号	材料	b_i/(μm/℃)	β_i/(μm/年)	P_i/元	均方偏差/μm	质量损失 L_i/元	总损失/元	L_i/P_i
1	M_1	0.08	0.15	1.80	4.44	22.2	24.00	12.33
2	M_2	0.03	0.06	3.50	0.68	3.41	6.91	0.97
3	M_3	0.01	0.05	6.30	0.36	1.78	8.08	0.28

从表 5.8 可知，总损失为价格与质量损失之和，其最小值为 6.91 元，故选用材料 M_2 最为合理；而且采用材料 M_2 时，质量损失和质量成本达到平衡，两者之比接近于 1。

通过容差设计，得到产品的成本，即不合格品损失为

$$A = 3.50\ (元)$$

则最佳条件下的安全系数 $\varPhi$ 为

$$\varPhi = \sqrt{\frac{A_0}{A}} = \sqrt{\frac{180}{3.5}} = 7.17$$

5.4.3 望大特性的容差设计

根据式 (5.8)，望大质量特性 Y 的质量损失函数为

$$L(Y) = \frac{A_0\varDelta_0^2}{Y^2}$$

则 n 件产品的平均质量损失为

$$E(Y) = A_0\varDelta_0^2\left(\frac{1}{n}\sum_{i=1}^{n}\frac{1}{Y_i^2}\right)$$

例 5.9 某系统设计中需选用一种树脂管，期望其强度越大越好。设树脂管的强度和价格均与管子的截面积成正比，单位截面积强度 $b = 80\text{MPa}$，单位截面积价格 $a = 40$ 元/mm^2。当应力 $\varDelta_0 = 5000\text{N}$ 时，树脂管会断裂，此时的损失 $A_0 = 30$ 万元。试设计该树脂管的最佳截面积。

解：设截面积为 x 时，其价格 $P = ax$，强度满足 $y = bx$，则相应的质量损失函数为

$$L = L(y) = \frac{A_0\varDelta_0^2}{(bx)^2}$$

质量总损失 L_t 可以表示为成本 P 和质量损失 L 之和，因此有

$$L_t = P + L = ax + \frac{A_0\varDelta_0^2}{(bx)^2}$$

为使 L_t 达到最小值，令 $\dfrac{\mathrm{d}L_t}{\mathrm{d}x} = 0$，得 $x = \left(\dfrac{2A_0\varDelta_0^2}{ab^2}\right)^{\frac{1}{3}}$。

将 a=40 元/mm^2，$b = 80\text{MPa}$，$A_0 = 30$ 万元，$\varDelta_0 = 5000\text{N}$ 代入，得

$$x = 388\text{mm}^2$$

因此，成本、质量损失和总损失分别为

$$P = ax = 40 \times 388 = 15520\ (元)$$

$$L=\frac{A_0\varDelta_0^2}{(bx)^2}=\frac{300000\times 5000^2}{(80\times 388)^2}=7784\ (元)$$

$$L_t=P+L=15520+7784=23304\ (元)$$

最佳条件下，成本 P 等于不合格品的损失 A。则强度的容差为

$$\varDelta=\varphi\varDelta_0=\sqrt{\frac{A_0}{A}}\times\varDelta^2=\sqrt{\frac{3\times 10^5}{15520}}\times 5000\approx 4.4\times 5000=22000(\mathrm{N})$$

5.4.4 贡献率方法的容差设计

采用贡献率法进行容差设计时，根据影响质量特性因子的个数，将其分为单因子和多因子情况，分别予以讨论。

1. 单因子情况

单因子容差设计是假设影响产品质量特性 y 的误差因子只有一个 x，质量特性 y 的目标值为 m，容差为 $\varDelta$，不合格品损失为 A，进一步假定 x 与 y 之间具有线性关系：$y=\alpha+\beta x$。单因子容差设计的问题是：如果将误差因子 x 的容差 $\varDelta_x$ 改进为 $\varDelta_x'=\lambda\varDelta_x$，此时每件产品成本将增加 P^*，问新的容差设计方案是否有利？

针对这一问题，利用贡献率法进行容差设计的主要计算步骤如下。

1) 回归直线的确定

假设通过试验，得到 n 对数据：(x_1,y_1)，(x_2,y_2)，$\cdots$，(x_n,y_n)，记

$$\bar{x}=\frac{1}{n}\sum_{i=1}^{n}x_i$$

$$\bar{y}=\frac{1}{n}\sum_{i=1}^{n}y_i$$

$$L_{xx}=\sum_{i=1}^{n}(x_i-\bar{x})^2$$

$$L_{xy}=\sum_{i=1}^{n}(x_i-\bar{x})(y_i-\bar{y})$$

$$L_{yy}=\sum_{i=1}^{n}(y_i-\bar{y})^2$$

根据最小二乘估计，可以得到回归系数 α 和 β 的估计值 a 和 b 分别为

$$a=\bar{y}-b\bar{x}$$

$$b=\frac{L_{xy}}{L_{xx}}$$

则回归方程为

$$y=a+bx \tag{5.33}$$

2) 试验数据的统计分析

利用方差分析，将总偏差平方和 S_T^2 分解为均值偏差平方和 S_m^2、回归平方和 S_x^2 与误差平方和 S_e^2 之和。田口引进纯波动 S^* 和贡献率 ρ 的概念，用贡献率分析代替 F 检验，对贡献率大小进行定量分析，表 5.9 提供了贡献率的统计分析表。

表 5.9 贡献率统计分析

来源	偏差平方和 S^2	自由度 f	均方	纯波动 S^{*2}	贡献率 $\rho/\%$
目标值 m	$S_m^2=(\bar{Y}-m)^2$	1	$V_m^2=S_m^2$	$S_m^{*2}=S_m^2-V_e^2$	$\rho_m=S_m^{*2}/S_T^2$
因子 x	$S_x^2=b^2L_{xx}$	1	$V_x^2=S_x^2$	$S_x^{*2}=S_x^2-V_e^2$	$\rho_x=S_x^{*2}/S_T^2$
随机误差 e	$S_e^2=S_T^2-S_m^2-S_x^2$	$n-2$	$V_e^2=S_e^2/(n-2)$	$S_e^{*2}=S_e^2+2V_e^2$	$\rho_e=S_e^{*2}/S_T^2$
合计	$S_T^2=\sum_{i=1}^{n}(Y_i-m)^2$	n	$V_T^2=S_T^2/n$	S_T^2	100

3) 系统偏差的校正

$\bar{y}-m$ 称为系统偏差，当系统偏差不为 0 时，可将它校正为 0，从而使 $\rho_m=0$，这就是系统偏差的校正。在 $\overline{Y}=a+b\overline{X}$ 中，令 $y^*=m$，则得到 $\bar{x}^*=\dfrac{m-a}{b}$，也就是，只需要把因子 x 的均值 $\overline{X}$ 调整到 $\bar{x}^*$，则质量特性 Y 的均值就会校正到 m，从而使系统偏差校正为 0，并使贡献率 $\rho_m=0$。

4) 确定平均质量损失

根据望目质量特性的质量损失函数，则 n 个产品 $Y_1,Y_2,\cdots,Y_n$ 的平均质量损失为

$$\overline{L}=\frac{A}{\Delta^2}\left[\frac{1}{n}\sum_{i=1}^{n}(y_i-m)^2\right]$$

5) 容差设计

当因子 x 的容差 Δ_x 变为 Δ_x' 时，将增加成本 P^* 元，这时均方偏差 V_{new}^2 为

$$V_{\text{new}}^2=\delta V_T^2$$

其中，$\delta=\rho_x\left(\dfrac{\Delta_x'}{\Delta_x}\right)^2+\rho_e=1-\rho_m-\rho_x\left[1-\left(\dfrac{\Delta_x'}{\Delta_x}\right)^2\right]$。

新的容差设计方案下的平均质量损失 L_{new} 为

$$L_{\text{new}}=\frac{A}{\Delta^2}V_{\text{new}}^2$$

则容差设计表如表 5.10 所示。

表 5.10 容差设计表

方案	成本 P/元	平均质量损失 L/元	总损失
原方案 Δ_x	0	$\overline{L}=\dfrac{A}{\Delta^2}V_T^2$	$\overline{L}$
新方案 Δ_x'	P^*	$L_{\text{new}}=\overline{L}\left\{1-\rho_m-\rho_x\left[1-\left(\dfrac{\Delta_x'}{\Delta_x}\right)^2\right]\right\}$	P^*+L_{new}

如果在新的容差设计方案下总损失小于原方案，则新方案有利。

例 5.10　某乳剂黏度 x [P (1P = 0.1Pa·s)] 对涂布厚度 y (μm) 之间存在线性关系。涂布厚度 y 的目标值 $m = 24\mu\text{m}$，容差 $\Delta = 10\mu\text{m}$。若涂布厚度不合格，则该涂布为不合格，此时损失为每单位面积 16 元。现引进一台自动控制装置，可对黏度进行自动控制，将使黏度容差减小一半。已知该自动控制装置的价格为 50 万元，每年经费 (利息、偿还、运转费) 为其 40%，涂布年产量以单位面积计算为 6 万个单位面积，问引进该自控装置是否可行？为了进行贡献率分析，现每隔 2 小时，把黏度为 x 的乳剂涂布一次，共涂 15 次，测得涂布厚度 y 的数据如表 5.11 所示。

表 5.11　例 5.10 测量数据表

序号	X/P	Y/μm	序号	X/P	Y/μm
1	6.5	20	9	7.9	22
2	10.6	43	10	7.5	21
3	9.3	39	11	9.2	34
4	8.9	23	12	8.9	26
5	7.6	19	13	9.0	30
6	8.8	25	14	8.3	23
7	9.2	39	15	6.8	15
8	7.0	17			

(1) 回归方程的确定。对表 5.11 的数据进行计算，得

$$\bar{x} = \frac{1}{15}\sum_{i=1}^{15} x_i = 8.37$$

$$\bar{y} = \frac{1}{15}\sum_{i=1}^{15} y_i = 26.4$$

$$L_{xx} = \sum_{i=1}^{15} x_i^2 - \frac{1}{15}\left(\sum_{i=1}^{15} x_i\right)^2 = 17.77$$

$$L_{xy} = \sum_{i=1}^{15} x_i y_i - \frac{1}{15}\left(\sum_{i=1}^{15} x_i\right)\left(\sum_{i=1}^{15} y_i\right) = 120.6$$

$$b = \frac{L_{xy}}{L_{xx}} = \frac{120.6}{17.77} = 6.79$$

$$a = \bar{y} - b\bar{x} = 26.4 - 6.79 \times 8.36 = -30.43$$

因此，所求回归方程为

$$y = a + bx = -30.43 + 6.79x \tag{5.34}$$

(2) 试验数据的统计分析。贡献率分析见表 5.12。

表 5.12 贡献率分析表

来源	偏差平方和 S^2	自由度 f	均方 V^2	纯波动 S^{*2}	贡献率 $\rho/\%$
m	86.4	1	86.4	68.53	6.0
x	819.6	1	819.3	801.43	70.4
e	233.2	13	17.87	268.04	23.6
合计	1138	15	75.84	1138	100

由表 5.10 可知，质量特性 y 偏离目标值 $m = 24\mu\text{m}$，产生了总偏差平方和 $S_T^2 = 1138$，其中波动的 70.4%来源于 x，6.0%来源于 $\bar{y}$ 偏离目标值 m，23.6%来源于误差 e。

(3) 系统偏差的校正。系统偏差是指涂布平均厚度 $\bar{y} = 26.4\mu\text{m}$ 与目标值 $m = 24\mu\text{m}$ 的差值，即 $\bar{y} - m = 2.4\mu\text{m}$。系统偏差的校正，就是使 $\rho_m = 0$。

根据回归方程:

$$y = -30.43 + 6.79x$$

将 $y = m = 24$ 代入回归方程，得

$$x = 8.02$$

因此，只要将 x 的均值从原来的 8.37 调整到 8.02，就可使涂布平均厚度 $\bar{y}$ 达到目标值 $m = 24$，从而使得 $\rho_m = 0$。

(4) 确定平均质量损失。根据 $m = 24\mu\text{m}$，$\Delta = 10\mu\text{m}$，$A = 16$ 元。则质量损失函数 $L(y)$ 和平均质量损失 $\bar{L}$ 分别为

$$L(y) = \frac{A}{\Delta^2}(y-m)^2 = 0.16(y-24)^2$$

$$\bar{L} = \frac{A}{\Delta^2}\left[\frac{1}{n}\sum_{i=1}^{n}(y_i - m)^2\right] = \frac{A}{\Delta^2}V_T = 0.16 \times 75.87 = 12.14\ (\text{元})$$

(5) 容差设计。在引入自控装置后，$\Delta_x' = \Delta_x/2$，又 $\rho_m = 0.06$，$\rho_x = 0.704$，则新的质量水平 L_{new} 为

$$\begin{aligned} L_{\text{new}} &= \bar{L}\left\{1 - \rho_m - \rho_x\left[1 - \left(\frac{\Delta_x'}{\Delta^2}\right)^2\right]\right\} \\ &= 12.14 \times \{1 - 0.06 - 0.704 \times 0.75\} \\ &= 5.00\ (\text{元}) \end{aligned}$$

据此，可以得到容差设计分析表，见表 5.13。

表 5.13 例 5.10 的计算结果

方案	成本 P/元	平均质量损失 L/元	总损失 $(P+L)$/元
原方案	0	12.14	12.14
自控装置	3.33	5.00	8.33

表中成本 P 是由设备的经费决定的 $50\times40\%/6=3.33$ (元)。引入自控装置后，每年可以带来净收益为

$$(12.14-8.33)\times6=22.86\ (\text{万元})$$

设备的投资回收期为

$$\frac{50}{22.84}=2.19\ (\text{年})$$

也就是需 2.19 年就可将设备投资的 50 万元通过设备自身产生的净效益收回。所以，从长期稳定生产的角度来看，引进自动控制装置是可行的方案。

2. 多因子情况

在单因子容差设计中，假定影响质量特性的因子只有一个，并且因子与质量特性之间具有线性关系，可以利用线性回归的方差分析法，进行单因子的容差设计。然而在实际中，影响质量特性的因素往往是多个，而且因子与质量特性之间的关系也未必是线性关系，这种情况下的容差设计就称为多因子容差设计。

假设：望目特性 y 的目标值为 m，容差为 $\varDelta$，不合格损失为 A；因子 $x_1,x_2,\cdots,x_l$ 与质量特性之间存在函数关系 $y=f(x_1,x_2,\cdots,x_l)$。

多因子容差设计的问题是：如果因子 x_i 的容差 $\varDelta_i$ 改进为 $\varDelta_i'=\lambda_i\varDelta_i(i=1,2,\cdots,l)$，因子 x_i 将增加成本 P_i，此时每件产品将增加成本 $P^*=\sum\limits_{i=1}^{l}P_i$，问新的容差设计是否更好？

针对这一问题，下面给出利用贡献率法进行容差设计的实施步骤如下。

(1) 试验方案的设计。因有 n 个因子 $x_1,x_2,\cdots,x_n$，属于多因子试验，通常采用正交试验法来设计方案，包括制订误差因子水平表，选用合适的正交表，确定试验方案并进行试验。

(2) 试验数据的统计分析。通过试验，对试验后的数据进行统计分析。由于误差因子的水平是等间隔的，可以利用正交多项式回归理论，把因子引起的波动平方和分解为一次项、二次项引起的波动平方和，并求出相应的纯波动和贡献率。

(3) 正交多项式回归方程的确定。由正交多项式回归理论，确定质量特性 y 与各个因子之间的正交多项式回归方程。

(4) 系统偏差的校正。系统偏差的校正，通常在参数设计阶段运用两阶段方法来解决。如果此时系统偏差不为 0，则可将它校正为 0，从而使 $\rho_m=0$，校正系统的偏差。

(5) 确定平均质量损失。与单因子情况相似，通过质量损失函数计算每个产品的质量损失，并计算平均质量损失 $\overline{L}$：

$$\overline{L}=\frac{A}{\varDelta^2}\left[\frac{1}{n}\sum_{i=1}^{n}(y_i-m)^2\right] \tag{5.35}$$

(6) 容差设计。将误差因子的容差调整后，分别计算成本、质量损失和总损失；如果在新的容差设计方案下总损失小于原方案的总损失，则新方案是有利、可行的。

下面将通过一个实例，说明多因子情况下，容差设计的具体实现过程。

例 5.11 要设计一个电感电路，此电路由电阻 $R(\Omega)$ 和电感 $L(\mathrm{H})$ 组成，如图 5.16 所示。

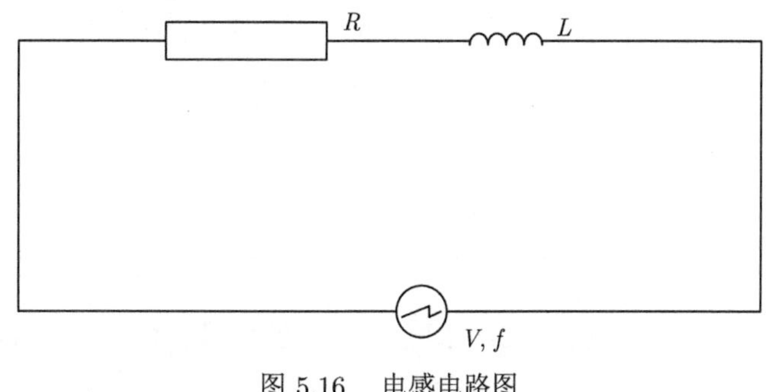

图 5.16 电感电路图

当输入交流电压 $V(\mathrm{V})$ 和电源频率 $f(\mathrm{Hz})$ 时，输出的电流为

$$y = \frac{V}{\sqrt{R^2 + (2\pi f L)^2}} \tag{5.36}$$

质量特性 y 的单位为 A。

设质量特性 y 的目标值 $m = 10\mathrm{A}$，用户对输出电流的容许范围为 $m \pm 4\mathrm{A}$，即 $\Delta_0 = 4\mathrm{A}$，超出此范围后的售后服务等损失为 $A_0 = 160$ 元。

设以最佳参数 $R = 9.5\Omega$，$L = 0.01\mathrm{H}$ 进行容差设计，原方案采用三级品的电阻和电感，问是否存在更好的容差设计方案？

(1) 试验方案的设计。例 5.11 中共有 4 个误差因子，即电源电压 V、电源频率 f、电阻 R 和电感 L。可利用正交表来设计试验方案。

误差因素都取三水平，误差因素 V 和 f 根据外界客观条件确定：

$$V_1 = 90\mathrm{V}, \quad V_2 = 100\mathrm{V}, \quad V_3 = 110\mathrm{V}$$

$$f_1 = 50\mathrm{Hz}, \quad f_2 = 55\mathrm{Hz}, \quad f_3 = 60\mathrm{Hz}$$

电阻 R 和电感 L 以最佳参数为第二水平，即 $R_2 = 9.5\Omega$，$L_2 = 0.01\mathrm{H}$，都采用三级品，波动范围为 $\pm 20\%$，这样就可得到误差因子的水平表 (表 5.14)。

表 5.14 4 个误差因子及其水平表

序号	V/V	f/Hz	R/Ω	L/H
1	90	50	8.55	0.009
2	100	55	9.5	0.01
3	110	60	10.45	0.011

选用正交表 $L_9(3^4)$，将误差因素 V，f，R，L 顺序上列，得到试验方案表，见表 5.15。

表 5.15　四因子三水平试验方案表

序号	V/V	f/Hz	R/Ω	L/H
1	1 (90)	1 (50)	1 (8.55)	1 (0.009)
2	1	2 (55)	2 (9.50)	2 (0.010)
3	1	3 (60)	3 (10.45)	3 (0.011)
4	2 (100)	1	2	3
5	2	2	3	1
6	2	3	1	2
7	3 (110)	1	3	2
8	3	2	2	3
9	3	3	1	1

根据式 (5.36)，计算表 5.15 中 9 个组合条件下的质量特性值 y_i，其结果见表 5.16。

表 5.16　例 5.11 的试验结果与分析

序号	V/V	f/Hz	R/Ω	L/H	y_i	$y_i' = y_i - 10$
1	1 (90)	1 (50)	1 (8.55)	1 (0.009)	9.99	−0.01
2	1	2 (55)	2 (9.50)	2 (0.010)	8.90	−1.10
3	1	3 (60)	3 (10.45)	3 (0.011)	8.01	−1.99
4	2 (100)	1	2	3	9.89	−0.11
5	2	2	3	1	9.17	−0.83
6	2	3	1	2	10.70	0.70
7	3 (110)	1	3	2	10.08	0.08
8	3	2	2	3	11.76	1.76
9	3	3	1	1	10.90	0.90
T_{1j}	26.90	29.96	32.45	30.06	$T = 89.4$	
T_{2j}	29.76	29.83	29.69	29.68	$T' = -0.6$	
T_{3j}	32.74	29.61	27.26	29.66		

注意：第 j 列的部分和 T_{1j}，T_{2j}，T_{3j} 是对 y_i 求和。

(2) 试验数据的统计分析。由于因素的水平是等间隔的，所以可利用正交多项式回归理论，把因子引起的波动的平方和分解为一次项、二次项引起的波动平方和，并求出相应的贡献率。

首先，计算偏差平方和：

$$\begin{aligned} S_T' &= \sum_{i=1}^{n}(y_i - m)^2 = \sum_{i=1}^{n}(y_i')^2 \\ &= (-0.01)^2 + (-0.01)^2 + \cdots + (0.9)^2 \\ &= 10.28(\mathrm{A}^2) \end{aligned}$$

其次，计算均值偏差平方和：

$$S_m = n(\bar{y} - 10)^2 = \frac{1}{n}\left(\sum_{i=1}^{n} y_i'\right)^2 = \frac{(-0.6)^2}{9} = 0.04(\mathrm{A}^2)$$

再次，计算各因子一次项、二次项引起的波动平方和。例 5.11 采用正交表 $L_9(3^4)$，总

试验次数 $n=9$，水平数 $k=3$，水平重复数 $\gamma=3$。从附表正交多项式表中可查出：

$$W_{11}=-1, W_{21}=0, W_{31}=1, \lambda_1^2 S_1=2$$

$$W_{12}=1, W_{22}=-2, W_{32}=1, \lambda_2^2 S_2=6$$

由此，可以计算出因子电压的一次、二次平方和

$$S_{vl}=\frac{(W_{11}T_{11}+W_{21}T_{21}+W_{31}T_{31})^2}{\gamma\lambda_1^2 S_1}=\frac{(-1\times 26.90+32.74)}{3\times 2}=5.68(\mathrm{A}^2)$$

$$S_{vq}=\frac{(W_{12}T_{11}+W_{22}T_{21}+W_{32}T_{31})^2}{\gamma\lambda_2^2 S_2}=\frac{(26.90-2\times 29.76+32.74)^2}{3\times 6}=8\times 10^{-4}(\mathrm{A}^2)$$

类似地，可以计算 S_{fl}，S_{fq}，S_{Rl}，S_{Rq}，S_{Ll}，S_{Lq}。将这些结果整理成表 5.17 的统计分析表。

例 5.11 中，有 4 个误差因子，选用了 $L_9(3^4)$ 正交表，因而没有空列作为误差项。为了估计试验误差的方差，把方差较小的项，即方差小于 0.01 的项 (记号为 Δ) 合并成误差项，并得到误差平方和 $S_{\tilde{e}}$。

表 5.17 统计分析表

来源	平方和 S	自由度 f	均方 V	纯波动 S'	贡献率 $\rho/\%$
m	0.04	1	0.04	0.0364	0.35
V_l	5.68	1	5.68	5.6764	55.22
ΔV_q	$\Delta 8\times 10^{-5}$	$\Delta 1$	—	—	—
f_l	0.02	1	0.02	0.0164	0.16
Δf_q	$\Delta 4.5\times 10^{-5}$	$\Delta 1$	—	—	—
R_l	4.49	1	4.49	4.4864	43.64
ΔR_q	$\Delta 6.05\times 10^{-3}$	$\Delta 1$	—	—	—
L_l	0.03	1	0.03	0.0264	0.26
ΔL_q	$\Delta 7.2\times 10^{-3}$	$\Delta 1$	—	—	—
e	0	0	—	—	—
$\tilde{e}$	(−0.0145)	(4)	(−0.0036)	(−0.0331)	(−0.32)
T	10.28	9	1.14	10.28	100

(3) 正交多项式回归方程的确定。从表 5.15 可以看出，V_l 和 R_l 对波动的贡献率最大，均为显著项，根据正交多项式回归理论，质量特性 y 与显著项之间的回归方程可表示为

$$\hat{y}=\bar{y}+b_{1V}(V-\bar{V})+b_{1R}(R-\bar{R}) \tag{5.37}$$

式中，$\bar{y}=\frac{1}{9}\sum_{i=1}^{9}y_i=\frac{89.4}{9}=9.93, \bar{V}=100, \bar{R}=9.5$。

回归系数：

$$b_{1v}=\frac{W_{11}T_{11}+W_{21}T_{21}+W_{31}T_{31}}{\gamma\lambda_1 S_1 h_V}$$

$$b_{1R}=\frac{W_{11}T_{13}+W_{21}T_{23}+W_{31}T_{33}}{\gamma\lambda_1 S_1 h_R}$$

查附表正交多项式中可知：$\lambda_1 S_1 = 2$，而水平间隔 $h_V = 10\text{V}$，$h_R = 0.95\Omega$，因此

$$b_{1V} = \frac{-1 \times 26.90 + 1 \times 32.74}{3 \times 2 \times 10} = 0.097$$

$$b_{1R} = \frac{-1 \times 32.45 + 1 \times 27.26}{3 \times 2 \times 0.95} = -0.910$$

所以，回归方程可表示为

$$\hat{y} = 9.93 + 0.097(V - 100) - 0.910(R - 9.5)$$

当 $V = 100\text{V}$，$R = 9.5\Omega$ 时，质量特性 y 的估计值 $\hat{y} = 9.93\text{A}$，它与目标值 $m = 10\text{A}$ 相差不大，可以不进行调整。通常，在参数设计阶段已对系统偏差进行校正。

(4) 确定平均质量损失。已知 $\varDelta_0 = 4\text{A}$，$A_0 = 160$ 元，$m = 10\text{A}$，可以得到电流 y 的损失函数为

$$L(y) = \frac{A_0}{\varDelta_0^2}(y - m)^2 = \frac{160}{4^2}(y - 10)^2 = 10(y - 10)^2$$

n 件产品 $y_1, y_2, \cdots, y_n$ 的质量水平为

$$\bar{L} = \frac{A_0}{\varDelta_0^2} V_T = 10 \times 1.14 = 11.4(\text{元})$$

这说明在原方案中，当 R 和 f 都采用三级品时，每个产品的平均质量损失为 11.4 元。

(5) 容差设计。例 5.11 中只有 $\rho_{V1} = 0.5522$，$\rho_{R1} = 0.4363$ 较大，而且显著。但电压为环境因素，不易压缩容差。因此，仅考虑对电阻 R 的容差进行压缩。

现在有两个容差设计方案。方案一：电阻 R 采用二级品，容差为三级品的二分之一，增加成本 3 元。方案二：电阻 R 采用一级品，容差为三级品的十分之一，成本增加 5 元。

改进后设计的质量水平为

$$L_{\text{new}} = \bar{L}\left\{1 - \rho_m - \rho_{xl}\left[1 - \left(\frac{\varDelta_x'}{\varDelta_x}\right)^2\right]\right\}$$

因此，对于方案一：

$$L_1 = 11.4 \times \left\{1 - 0.0035 - 0.4364\left[1 - \left(\frac{1}{2}\right)^2\right]\right\} = 7.6(\text{元})$$

对于方案二：

$$L_2 = 11.4 \times \left\{1 - 0.0035 - 0.4364\left[1 - \left(\frac{1}{10}\right)^2\right]\right\} = 6.4(\text{元})$$

这样，得到容差设计方案的比较表，见表 5.18。

表 5.18　容差设计方案比较表

方案	成本 P/元	平均质量损失 L/元	总损失 $L_T=(P+L)$/元
原方案	0	11.4	11.4
方案一	3	7.6	10.6
方案二	5	6.4	11.4

由此可见，方案一为最佳容差设计方案。综上所述，选取电阻 R 的中心值为 9.5Ω 的二级品，电感 L 的中心值为 0.01H 的三极品，以此组装电感电路，输出电流的期望值为 10A，达到目标值，且总损失最小。

思考与练习

5-1 参数设计的目的是什么？为什么说参数设计是三次设计的核心？

5-2 简述正交表的格式与特点。

5-3 质量损失函数有哪几种常见的类型？

5-4 结合图形描述参数设计的非线性效应。

5-5 某产品输出特性为抗拉强度，希望越大越好。今用正交表 $L_9(3^4)$ 安排试验，每个条件取两个样品，其抗拉强度的测量值如表 5.19 所示。

表 5.19　抗拉强度的测量值

试验号	A	B	C	D	Y	
	1	2	3	4	y_1	y_2
1	1	1	1	1	540	520
2	1	2	2	2	580	570
3	1	3	3	3	835	810
4	2	1	2	3	560	550
5	2	2	3	1	580	570
6	2	3	1	2	556	610
7	3	1	3	2	809	855
8	3	2	1	3	700	660
9	3	3	2	1	610	605

试确定最佳参数组合。

5-6 说明质量损失函数在容差设计中的作用。

5-7 请总结容差设计的基本步骤并说明在实施过程中的注意事项。

5-8 设汽车车门的尺寸功能界限 $\Delta_0=4\mu m$，车门关不上造成的社会损失 $A_0=500$ 元，在工厂内，车门尺寸不合格报废造成的损失 $A=150$ 元。试求车门的出厂容差。

5-9 在车间照明中，当灯泡的照度变化 Δ_y=40 lx 时，因功能损失发生故障的修理费用为 $A_y=200$ 元。当灯泡的发光强度变化 1 cd 时，相应照度要变化 0.9 lx。灯泡的初期发光强度超出规格时，调整费用为 $A_x=5$ 元。当老化超过规格时，损失为 $A'=32$ 元。设计寿命为 20000h，老化特性初始值与目标值相等。试求灯泡初期发光强度的容差 Δ 及发光强度老化系数的容差 Δ'。

5-10 某制药过程的目标是氨基糖苷含量 y，要求其越大越好。当 $y < 180\text{mg/g}$ 时，产品丧失功能，损失为 $A_0 = 352200$ 元/批，设工序中各因素即波动范围如下：A (磨粉时间) 为 $\pm 1\%$; B (成型压力) 为 $\pm 3\%$; C (炭化温度) 为 $\pm 2\%$; D (炭化时间) 为 $\pm 5\%$。将现行条件作为第二水平，按上述因素的波动范围确定第一、第三水平，配置于 $L_9(3^4)$ 正交表中，试验结果如表 5.20 所示。

表 5.20　习题 5-10 试验结果

试验号	A	B	C	D	$y/(\text{mg/g})$
	1	2	3	4	
1	1	1	1	1	253.5
2	1	2	2	2	249
3	1	3	3	3	249.5
4	2	1	2	3	252.5
5	2	2	3	1	233.5
6	2	3	1	2	244.5
7	3	1	3	2	253
8	3	2	1	3	241
9	3	3	2	1	242

如果引进一台自控设备，各因素波动可减少一半，此设备每年折旧费为 5 万元，以每年生产 100 批计算，问引进该设备是否合理？

第 6 章　混 料 设 计

在化工、制药、冶金等工业和食品行业中，常常需要研究一些配方、配比的试验问题。本章介绍混料设计概述，混料设计方法，常用的一些混料设计，如单纯形重心设计、单纯形格点设计和极端顶点设计以及相应的计算机实现方法。

6.1　混料设计概述

在通常的试验设计中，每个因子的水平与其他因子的水平之间是相互独立的。在混料试验中，因子是混料的成分或分量，因此，因子的水平不是独立的。

设 $x_1, x_2, \cdots, x_p$ 为混料试验的 p 个分量，则应满足 $x_1 + x_2 + \cdots + x_p = 1$ (即 100%)。其中，$0 \leqslant x_i \leqslant 1, (i = 1, 2, \cdots, p)$。

对于这种分量之和为 1 的试验设计，称为混料设计。图 6.1 提供了三个分量时，混料试验的约束因子空间，即三角形空间。

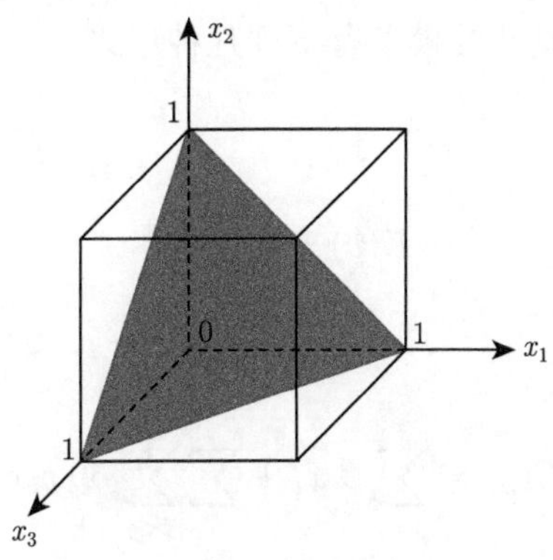

图 6.1　混料试验的约束因子空间

当混料试验有 3 个分量时，为方便起见，引入三线坐标系，其原理是：等边三角形内任何一点到三边 (垂线) 距离之和等于该三角形的高。如果把三角形的高设为 1，则任何一点都可以由其到三边的三个距离给出三个坐标。其中，这三个坐标并不独立，三者之和为 1。三线坐标系的示意图如图 6.2 所示。

从图 6.2 可以看出，三角形三个顶点的坐标分别为 $A(1,0,0)$、$B(0,1,0)$ 和 $C(0,0,1)$。三角形内任意一点都有三个坐标，可以理解为每个点到三顶点对边的距离。越接近某个顶点，这项坐标越接近 1，越远离某个顶点，这项坐标越接近 0。如果点移动到三角形的边上，则表示三种成分缺少一种，而缺少成分的名称，正是此边所对的顶点。例如，三角形的重心到三角形三边的距离相等，其坐标为 $(1/3, 1/3, 1/3)$。图 6.2 仅给出了因子个数 $p = 3$ 的示意图。当 $p=4$ 时，坐标图为正四面体；如此等等。为此，我们的设计和分析将针对一般的 P 维讨论。

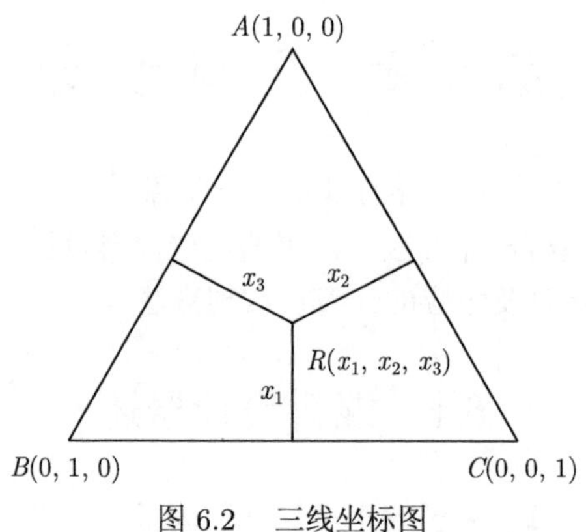

图 6.2　三线坐标图

6.2　混料设计方法

6.2.1　混料设计的模型

混料设计的模型不同于在响应曲面设计中通常所采用的多项式，这是因为存在约束 $\sum_{i=1}^{P} x_i = 1$，通常采用的混料设计的模型有下列几种形式。

(1) 线性的：

$$E(y)=\sum_{i=1}^{p}\beta_i x_i \tag{6.1}$$

(2) 二次的：

$$E(y)=\sum_{i=1}^{p}\beta_i x_i+\sum\sum_{i<j}^{p}\beta_{ij}x_i x_j \tag{6.2}$$

(3) 完全三次式：

$$\begin{aligned}E(y)=&\sum_{i=1}^{p}\beta_i x_i+\sum\sum_{i<j}^{p}\beta_{ij}x_i x_j+\sum\sum_{i<j}^{p}\delta_{ij}x_i x_j(x_i-x_j)\\&+\sum\sum_{i<j<k}\sum\beta_{ijk}x_i x_j x_k\end{aligned} \tag{6.3}$$

(4) 特殊三次式

$$E(y)=\sum_{i=1}^{p}\beta_i x_i+\sum\sum_{i<j}^{p}\beta_{ij}x_i x_j+\sum\sum_{i<j<k}\sum\beta_{ijk}x_i x_j x_k \tag{6.4}$$

这些模型中的每一项都有相对简单的解释。从式 (6.1) 到式 (6.4)，参数 β_i 表示纯混合物 $x_i=1$ 和 $x_j=0$，且 $i\neq j$ 时的期望响应；$\sum_{i=1}^{p}\beta_i x_i$ 称为线性混合物部分；当分量之间的非线性混合引起弯曲时，参数 β_{ij} 代表协同性的混合或者对立性的混合；在混料模型中经常需要更高阶的项，这是因为所研究的对象可能很复杂，试验的区域通常是完全可操控、较大的区域，所以需要一个较为精确的模型。

6.2.2 单纯形格点法

在有 p 个因子的混料设计中，单纯形格点法的基本思想就是将全部格子点集内的每个点依次选中。在直角坐标系中，格子点的含义是很清楚的，例如，二维平面的单位正方形，有 4 个顶点，每个边上增加一个中心点，可以构成一个“田”字，共有 9 个点。一般地，每边分成 n 个格，则将形成共有 $(n+1)^2$ 个格点的正方形图形。对于混料设计中的区域，如等边三角形、正四面体等也可以按照这种思路给出单纯形格点的概念。下面就以平面三坐标为例说明单纯形格点法。

设等边三角形的每边分为相等的 d 段，也称 d 为格度，则格点数由维度 p 和格度 d 这两个参数确定，记为 $\{p,d\}$。当 $p=3,d=1$，即 $\{3,1\}$ 时，就是 3 个顶点；当 $p=3,d=2$，即 $\{3,2\}$ 时，就是将三条边各二等分，由 3 个顶点和 3 边的中点构成；当 $p=3,d=3$，即 $\{3,3\}$ 时，就是将三条边各三等分，过分点做平行于底边的直线，由平行线交点所形成的格点所组成。单纯形格点设计示意图如图 6.3 所示。

一般地，p 维格度 d 的单纯形格子点集 $\{p,d\}$ 中，共包含 C_{p+d-1}^{d} 个格点。在混料设计建模过程中 p 表示变量数，d 为模型阶数。如图 6.4 所示。

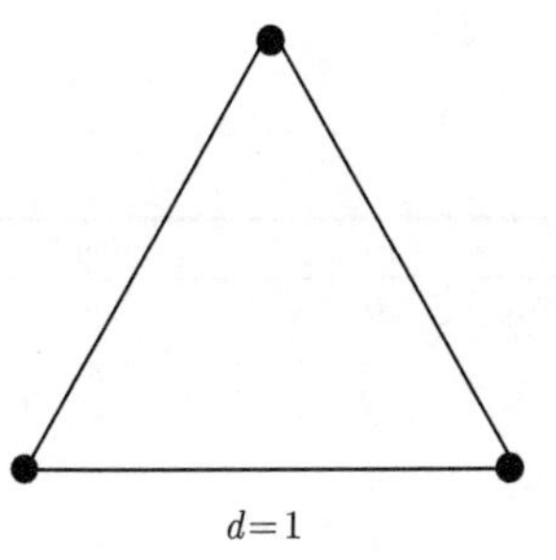
d=1

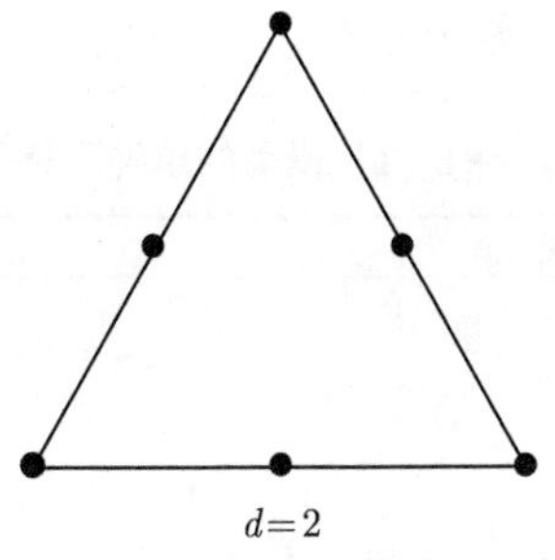
d=2

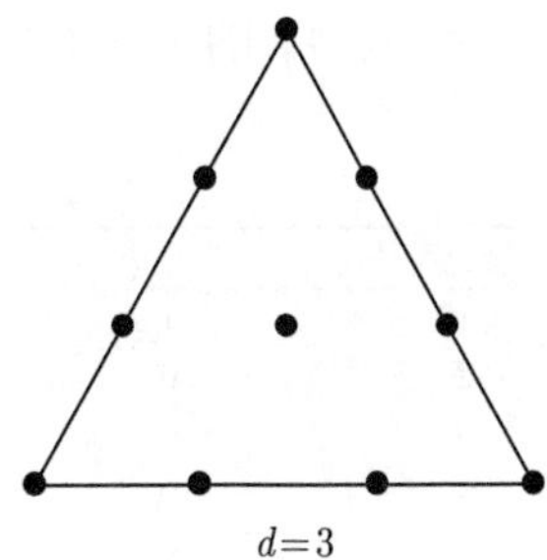
d=3

图 6.3 单纯形格点设计示意图

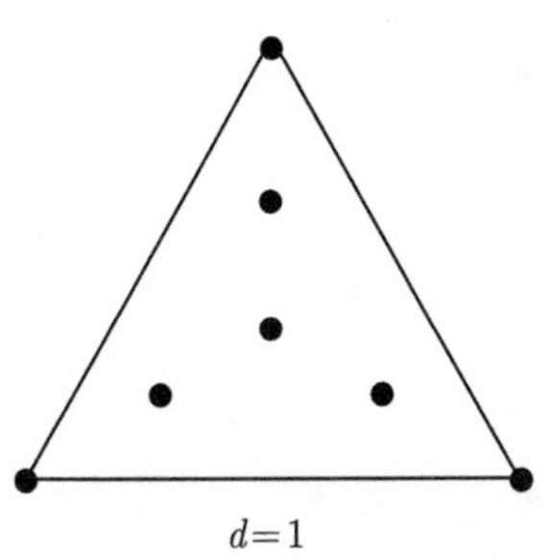
d=1

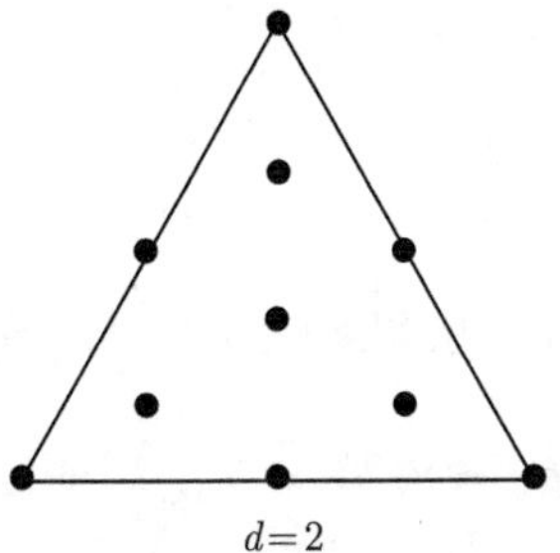
d=2

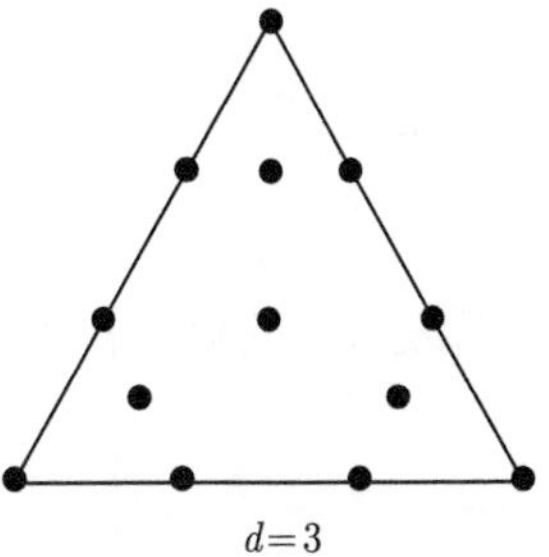
d=3

图 6.4 单纯形格点设计示意图 (增强情形)

上述设计方法都是正常的设计方法。在有些情况下，如果条件允许，可以增加一些取点，从而拟合更高阶的方程。增强就是在各顶点与中心点的连线中点再增加一次试验，图 6.4 提供了单纯形格点设计示意图 (增强情形)。

单纯形格子设计的试验点数及相应的多项式回归模型之间的关系见表 6.1。

表 6.1 $\{p, d\}$ 单纯形格子设计试验点数

变量数 p	阶数 d					
	1	2	3	$\cdots$	$d-1$	d
3	3	6	10	$\cdots$	C_{3+d-2}^{d-1}	C_{3+d-1}^{d}
4	4	10	20	$\cdots$	C_{4+d-2}^{d-1}	C_{4+d-1}^{d}
$\vdots$	$\vdots$	$\vdots$	$\vdots$	$\cdots$	$\vdots$	$\vdots$
p	p	$p(p+1)/2$	$p(p+2)(p+1)/6$		C_{p+d-2}^{d-1}	C_{p+d-1}^{d}

令 $d=1$，进行 $\{p, 1\}$ 模型的单纯形格子设计，具体结果见表 6.2。

表 6.2 $\{p, 1\}$ 模型的单纯形格子设计

编号	x_1	x_2	x_3	$\cdots$	x_p
1	1	0	0	$\cdots$	0
2	0	1	0	$\cdots$	0
3	0	0	1	$\cdots$	0
$\vdots$	$\vdots$	$\vdots$	$\vdots$		$\vdots$
p	0	0	0	0	1

例 6.1 依据表 6.2，令 $p=5$，试构建 $\{5, 1\}$ 的单纯形格子设计，并构建线性模型。
解：$\{5, 1\}$ 的单纯形格子设计见表 6.3。

表 6.3 {5, 1} 模型的单纯形格子设计

编号	x_1	x_2	x_3	x_4	x_5	y
1	1	0	0	0	0	y_1
2	0	1	0	0	0	y_2
3	0	0	1	0	0	y_3
4	0	0	0	1	0	y_4
5	0	0	0	0	1	y_5

假设线性模型的响应方程写为如下形式：

$$\hat{y}=E(y)=\sum_{i=1}^{5}\beta_i x_i$$

将表 6.3 的数据代入公式，即可求得线性模型对应系数：

$$\hat{\beta}_1=y_1, \hat{\beta}_2=y_2, \hat{\beta}_3=y_3, \hat{\beta}_4=y_4, \hat{\beta}_5=y_5$$

同理，令 $d=2$，进行 $\{p, 2\}$ 模型的单纯形格子设计，可得表 6.4。

表 6.4 $\{p,2\}$ 模型的单纯形格子设计

编号	x_1	x_2	x_3	$\cdots$	x_{p-1}	x_p
1	1	0	0	$\cdots$	0	0
2	0	1	0	$\cdots$	0	0
$\vdots$	$\vdots$	$\vdots$	$\vdots$	$\cdots$	$\vdots$	$\vdots$
p	0	0	0	$\cdots$	0	1
$p+1$	1/2	1/2	0	$\cdots$	0	0
$p+2$	1/2	0	1/2	$\cdots$	0	0
$\vdots$	$\vdots$	$\vdots$	$\vdots$	$\cdots$	$\vdots$	$\vdots$
$\dfrac{p(p+1)}{2}$	0	0	0	$\cdots$	1/2	1/2

例 6.2 依据表 6.4，令 $p=3$，试构建 $\{3,2\}$ 的单纯形格子设计，并构建线性模型。
解：$\{3,2\}$ 的单纯形格子设计见表 6.5。

表 6.5 $\{3,2\}$ 模型的单纯形格子设计

编号	x_1	x_2	x_3	y
1	1	0	0	y_1
2	0	1	0	y_2
3	0	0	1	y_3
4	1/2	1/2	0	$y_4(y_{12})$
5	1/2	0	1/2	$y_5(y_{13})$
6	0	1/2	1/2	$y_6(y_{23})$

正则多项式模型满足如下形式：

$$\hat{y}=E(y)=\sum_{i=1}^{3}\beta_i x_i+\sum_{i<j}^{3}\beta_{ij}x_i x_i$$

将表 6.5 的数据依次代入上式中进行求解，得到

$$\hat{\beta}_1=y_1,\quad \hat{\beta}_2=y_2,\quad \hat{\beta}_3=y_3,\quad \hat{\beta}_{12}=4y_4-2y_1-2y_2,$$
$$\hat{\beta}_{13}=4y_5-2y_1-2y_3,\quad \hat{\beta}_{23}=4y_6-2y_2-2y_3$$

6.2.3 单纯形重心法设计

在具有 p 个因子的混料设计中，单纯形重心法的基本思想是：试验点共由 2^p-1 点构成，其中包括 p 个顶点，顶点中每 2 个顶点的重心 C_p^2，顶点中每 3 个顶点的重心 $C_p^3,\cdots,p$ 个顶点的重心 C_p^p。

3 因子单纯形重心混料设计的示意图，如图 6.3(a) 所示，其中 7 个试验点的坐标是：顶点 $(1,0,0),(0,1,0),(0,0,1)$，每 2 个顶点的重心 $\left(\dfrac{1}{2},\dfrac{1}{2},0\right)$，$\left(\dfrac{1}{2},0,\dfrac{1}{2}\right)$，$\left(0,\dfrac{1}{2},\dfrac{1}{2}\right)$，3 个顶点的重心 $\left(\dfrac{1}{3},\dfrac{1}{3},\dfrac{1}{3}\right)$。

一般地，在一个 p 分量单纯形重心设计中，共有 2^p-1 个点，其中对应于 $(1,0,0,\cdots 0)$ 的有 p 个点，对应于 $\left(\frac{1}{2},\frac{1}{2},0\cdots\right)$ 的有 C_p^2 个点，对应于 $\left(\frac{1}{3},\frac{1}{3},\frac{1}{3},\cdots\right)$ 的有 C_p^3 点，$\cdots$，以及重心点 $\left(\frac{1}{p},\frac{1}{p},\cdots,\frac{1}{p}\right)$。图 6.5 是 $p=3$ 和 $p=4$ 时，单纯形重心设计的示意图。

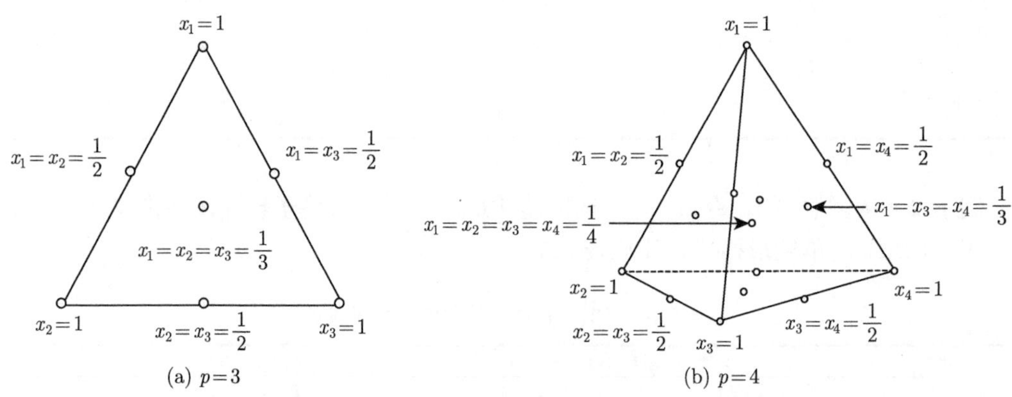

图 6.5　$p=3$ 和 $p=4$ 时，单纯形重心设计示意图

当单纯形格子设计中 $d>2$ 时，混料试验中格子点的非零坐标并不相当，导致方差系数估计受到影响。此时，建议采用混料有相等非零坐标的单纯形重心设计。

例 6.3　试构建 $\{3,3\}$ 的单纯形重心设计，并构建多项式模型。

解：由于 $p=3,d=3$，所以总试验点数为 $2^d-1=2^3-1=7$，可获得单纯形重心设计表 6.6。

表 6.6　{3, 3} 模型的单纯形重心设计

编号	x_1	x_2	x_3	y
1	1	0	0	y_1
2	0	1	0	y_2
3	0	0	1	y_3
4	1/2	1/2	0	$y_4(y_{12})$
5	1/2	0	1/2	$y_5(y_{13})$
6	0	1/2	1/2	$y_6(y_{23})$
7	1/3	1/3	1/3	$y_7(y_{123})$

假设单纯形重心模型的多项式模型为

$$\hat{y}=E(y)=\sum_{i=1}^{3}\beta_i x_i+\sum_{i<j}^{3}\beta_{ij}x_{ij}+\beta_{123}x_1x_2x_3$$

依据表 6.6 的数据，可获得对应系数为

$$\hat{\beta}_1=y_1,\hat{\beta}_2=y_2,\hat{\beta}_3=y_3,\hat{\beta}_{12}=4y_4-2y_1-2y_2,$$

$$\hat{\beta}_{13}=4y_5-2y_1-2y_3,\hat{\beta}_{23}=4y_6-2y_2-2y_3,$$

$$\hat{\beta}_{123} = 27y_7 + 3(y_1 + y_2 + y_3) - 12(y_4 + y_5 + y_6)$$

6.3 混料试验的计算机实现

例 6.4 空气过滤器设计。空气过滤器所用过滤材料主要由活性炭、碳酸钙和碱性液三种成分组成，其响应变量为吸附率。为了探索三种成分的最佳组合，用混料设计方法进行试验。试安排试验计划，并根据试验结果，分析并给出三种成分的最佳组合。

步骤 1：用单纯形质心设计法来安排试验。

选择“统计 → DOE → 混料 → 创建混料设计”选项，选择“单纯形质心”选项 [图 6.6(a)]，打开“创建混料设计：显示可用设计”对话框可以看出，对于 3 因子混料设计的试验次数为 7，即在未增强情形下，单纯形质心法只在 3 个顶点、3 条边上的中点和中心点安排试验。为了获得更好的结果，希望多进行一些试验。为此，采用加强方案，即在所有顶点与中心点的连线上增加其中点，这些点也称为轴点 (点类型用代码 “−1”)，这样，试验总数将达到 10 次。

打开“创建混料设计：单纯形质心设计”对话框 [图 6.6(c)]，选择“通过轴点增强设计”选项。再打开“创建混料设计：分量”对话框 [图 6.6(d)]，填写所有因子名称。完成这些操作后，单击“确定”按钮，即可输出设计表，结果如表 6.7 所示 (左边 7 列)。

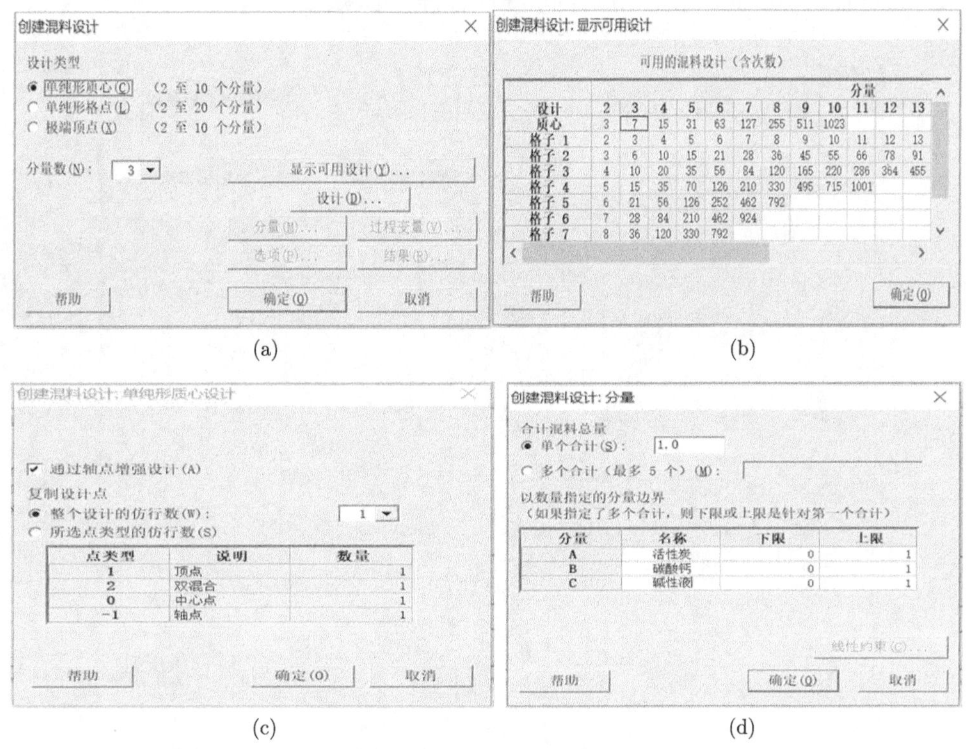

(a) (b)

(c) (d)

图 6.6 创建单纯形质心设计的操作图

步骤 2：实施试验，记录试验结果。

按照设计计划表中的运行序进行试验，并把试验结果 (吸附率) 记录在案。如表 6.7 中第 8 列所示。

步骤 3：试验结果的分析和优化。

表 6.7　空气过滤器的设计计划和试验数据表

C1 标准序	C2 运行序	C3 点类型	C4 区组	C5 活性炭	C6 碳酸钙	C7 碱性液	C8 吸附率
9	1	−1	1	0.16667	0.66667	0.16667	78.6
4	2	2	1	0.50000	0.50000	0.00000	79.2
6	3	2	1	0.00000	0.50000	0.50000	77.9
10	4	−1	1	0.16667	0.16667	0.66667	82.3
2	5	1	1	0.00000	1.00000	0.00000	80.0
1	6	1	1	1.00000	0.00000	0.00000	65.3
5	7	2	1	0.50000	0.00000	0.50000	89.4
3	8	1	1	0.00000	0.00000	1.00000	81.3
8	9	−1	1	0.66667	0.16667	0.16667	78.6
7	10	0	1	0.33333	0.33333	0.33333	81.5

选择“统计 → DOE → 混料 → 分析混料设计”选项 (图 6.7)，填入响应变量“吸附率”，打开“分析混料设计：项”对话框，选定分量项为“二次”([图 6.7(b)]；再打开“分析混料设计：图形”对话框，对于残差分析选定“四合一”并填上 3 个因子名称；打开“分析混料设计：存储”对话框，选定“拟合值”和“残差”选项。

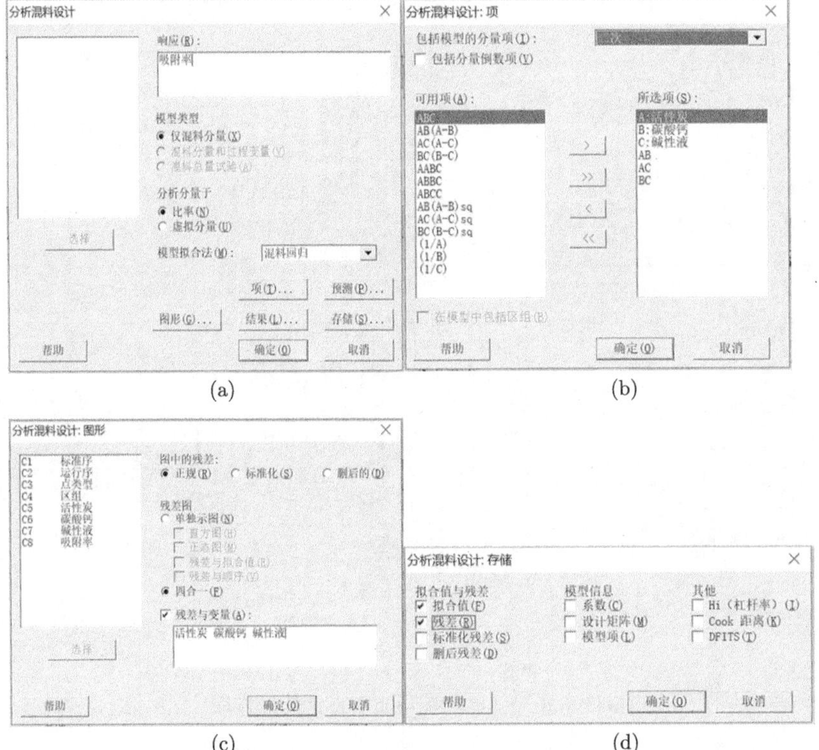

图 6.7　混料设计分析的操作图

若选定全模型 (A，B，C 以及 3 项 2 阶交互项)，则得到如表 6.8 所示结果。

表 6.8 混料回归结果

吸附率的估计回归系数 (分量比率)

项	系数	系数标准误	T 值	P 值	方差膨胀因子
活性炭	65.62	1.539			1.964
碳酸钙	80.03	1.539			1.964
碱性液	81.29	1.539			1.964
活性炭 * 碳酸钙	20.45	7093	2.88	0.045	1.982
活性炭 * 碱性液	58.58	7.093	8.26	0.001	1.982
碳酸钙 * 碱性液	−17.40	7.093	−2.45	0.070	1.982

对于吸附率的方差分析 (分量比率)

来源	自由度	Seq SS	Adj SS	Adj MS	F 值	P 值
回归	5	308.983	208.983	61.797	24.27	0.004
线性	2	98.668	166.776	83.390	32.75	0.003
二次	3	210.315	210.315	70.105	27.53	0.004
活性炭 * 碳酸钙	1	20.659	21.174	21.174	8.32	0.045
活性炭 * 碱性液	1	174.331	173.691	173.691	68.21	0.001
碳酸钙 * 碱性液	1	15.326	15.326	15.326	6.02	0.070
残差误差	4	10.186	10.186	2.564		
合计	9	319.169				
S	PRESS	R-Sq	R-Sq (预测)	R-Sq (调整)		
1.59576	111.751	96.81%	64.99%	92.82%		

从上述输出结果可以看出，3 个主效应和 3 项 2 阶交互效应都是显著的 (显著水平取 0.1)。残差分析也都正常。

为了准确求出使吸附率最大的各因子的取值，可以使用响应变量优化器。选择“统计 → DOE → 混料 → 响应优化器”选项，设定“目标”为望大，“下限”为已实现的 65，目标值 100，“上限”可不设置。运行后，得如图 6.8 所示结果。

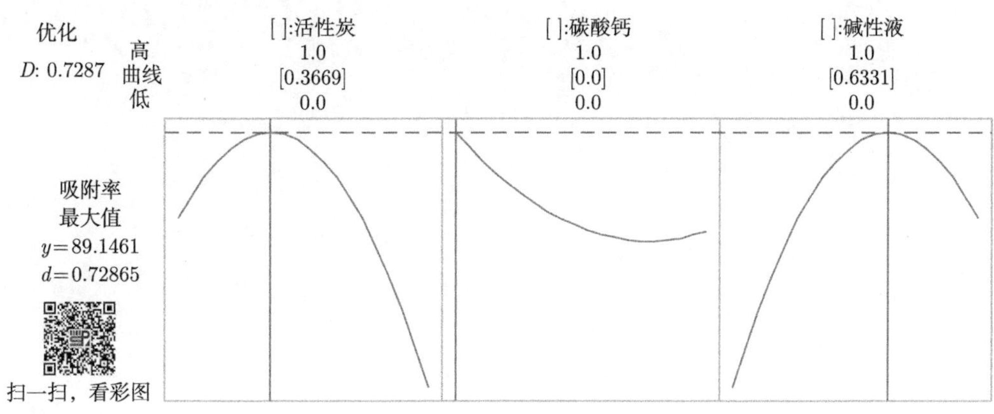

图 6.8 混料设计的响应优化图

从结果可知，当 B (碳酸钙) 取 0，A (活性炭) 取 0.3669，C (碱性液) 取 0.6331 时，吸附率取得最大值 89.1461。

作为混料试验，取得的最佳生产条件，一定要经过验证性试验确认后，才能够采用。

思考与练习

6-1 完成 {3,3} 单纯形格子设计，并计算对应的多项式方程。

6-2 完成 {4,3} 单纯形重心设计，并计算对应的多项式方程。

6-3 尝试比较 {3,3} 单纯形格子设计和 {3,3} 单纯形重心设计的异同，并进行比较分析。

6-4 依据表 6.9 所示 {4,3} 单纯形格子设计，建立对应的多项式方程，并与 {4,3} 单纯形重心设计进行比较。

表 6.9　{4, 3} 单纯形格子设计

编号	x_1	x_2	x_3	x_4	y	编号	x_1	x_2	x_3	x_4	y
1	1	0	0	0	y_1	11	0	1/3	2/3	0	y_{11}
2	0	1	0	0	y_2	12	0	2/3	1/3	0	y_{12}
3	0	0	1	0	y_3	13	0	1/3	0	2/3	y_{13}
4	0	0	0	1	y_4	14	0	2/3	0	1/3	y_{14}
5	1/3	2/3	0	0	y_5	15	0	0	1/3	2/3	y_{15}
6	2/3	1/3	0	0	y_6	16	0	0	2/3	1/3	y_{16}
7	1/3	0	2/3	0	y_7	17	1/3	1/3	1/3	0	y_{17}
8	2/3	0	0	0	y_8	18	1/3	1/3	0	1/3	y_{18}
9	1/3	0	0	2/3	y_9	19	1/3	0	1/3	1/3	y_{19}
10	2/3	0	0	1/3	y_{10}	20	0	1/3	1/3	1/3	y_{20}

6-5 计算 {5,3} 单纯形重心设计和 {5,3} 单纯形格子设计的试验次数，构建设计表并建立多项式方程。

第 7 章 波动源的探测和分析

在产品实现过程中，提高质量的核心工作是减少产品实现过程中的各种波动。如何减少产品实现过程中的波动，关键是找出波动源，这是有效进行产品质量设计、实施过程监控和改进的基础。本章主要介绍波动源探测和分析的一些方法与技术，具体包括波动源 (source of variation, SOV) 分析概述、方差分量、波动源的分离技术等。

7.1 波动源分析概述

产品各项性能指标的波动越小，表明该过程生产的产品性能越好。例如，生产稳压电源，希望输出电压为 220±5V，A 品牌稳压电源，其输出电压的标准差为 2V；B 品牌稳压电源，其输出电压的标准差为 1V，且两者都能保证电压均值偏离目标 220V 小于 1V。很显然，B 品牌稳压电源相较于 A 品牌稳压电源要好得多。这里，度量产品性能优劣的关键指标就是产品特征性能的波动，其统计指标就是产品质量特性的方差或标准差。

当然，让标准差尽可能小，可不是件简单的事，它可能牵涉到生产中的很多因子。生产中产生的波动这么大，到底是哪些原因造成的？通过事先安排好的试验计划，有规律地收集生产过程中的有关数据，通过统计分析，不但要弄清楚波动是由哪些原因组成的，而且要定量地给出每部分原因所产生的波动在总波动中占的比例。换言之，要找出产生波动的“罪魁祸首”，并把所有对产生波动有“贡献”的各因子，按其对产生总波动的“贡献率”排成队，定量地列出一个需要解决的问题的顺序清单，以便在选择攻关项目时作为参考依据。这就是通常所说的波动源分析。它所使用的主要统计工具是“方差分析”和更深入的有关方差分量的计算模型。

如上所述，波动源分析主要是为了分析问题，此时尚未考虑如何解决问题。如果希望最终判定所有因子在其可能取值范围内，究竟哪些因子对于生产特性指标有重要影响，哪些没有重要影响？对于那些有显著影响的因子，究竟它们处于什么状态时会使产品质量特性达到最佳？这由统计学中的试验设计完成。本章所要讨论的波动源分析就是要搞清楚波动究竟是怎样产生的。

7.1.1 波动源分析的意义及多源波动图

先引入一些在进行波动源分析时最常用到的概念。将最能代表过程特征的变量称为因变量或响应变量，将可能产生影响的那个 (些) 变量称为因子。将因子在观察中可能取的不同值称为水平。例如，有 3 台车床，称车床这个因子取 3 个水平。在波动源分析中，因子通常是以离散型变量形式出现的，即使原来是连续型变量也要在取定若干固定数值后将其变成离散型变量。对于因子和响应变量都是连续变量的情况，通常会用回归分析的方法来处理；对于两者皆为离散型变量的情况，通常会用列联表的卡方检验方法来处理；如果因子是连续变量而响应变量是离散数据，则使用逻辑斯蒂回归处理。在波动源分析研究中，表面上看，因子是以离散型变量形式出现的，响应变量是以连续型变量形式出现的，这种类型的问题都可以使用方差分析的方法处理。但实际上，由于每个因子的性质可能不同，各因子间还可能有多种不同的结构关系，因此处理起来也要分为多种类型，要在方差分析的基础上进一步深入计算，其细节将在下面分别介绍。

波动源分析是指通过对过程收集到的数据进行分析得到关于波动来源的结论。但是如何收集数据呢？比如，车间生产车床的丝杠直径的波动问题，到仓库中随机抽取 200 根丝杠，发现它们直径的方差很大。丝杠的直径是关键指标，减小它的波动对于生产是很重要的。但这样随机收集的数据能说明什么？它只能说明产品性能的总体波动太大，而我们希望获得的是更进一步的信息，即是什么原因造成了这么大的波动。为此必须放弃简单随机抽样，改而采用按不同因子的不同水平有计划地分层后再抽取样本。抽样一定是在现有生产条件下进行的，并不对生产条件做任何改动，抽样分析工作只是有计划的观察，这与试验设计中的状况是完全不同的。即只是对现实状况作最准确详尽的记录，并加以分析，得到各个因子在产生响应变量的波动方面的贡献率，从而确认减少波动的主攻方向。

通常按上述方法进行波动源分析。下面举例说明。

例 7.1　生产车床关键部件之一的丝杠时，其最重要的指标是直径。从仓库中抽取的丝杠，直径波动很大。为了研究波动产生的原因，随机选取 3 名工人，让他们使用同一批原料，每人都使用自己平时所用的车床，按随机顺序各自分别生产出 5 根丝杠，测量丝杠两端及中部的直径 (mm)，得到的结果如表 7.1 所示。

表 7.1　丝杠生产过程数据表　　　　(单位：mm)

工人	丝杠 1			丝杠 2			丝杠 3			丝杠 4			丝杠 5		
	位置 1	位置 2	位置 3	位置 1	位置 2	位置 3	位置 1	位置 2	位置 3	位置 1	位置 2	位置 3	位置 1	位置 2	位置 3
A	44.2	44.3	44.4	44.4	44.3	44.5	44.4	44.5	44.7	44.5	44.8	44.4	44.3	44.2	44.1
B	45.4	45.3	45.2	45.5	45.6	45.3	45.2	45.1	45.4	45.5	45.4	45.2	45	45.1	45.2
C	44.5	44.6	44.4	44.7	44.8	44.5	44.6	44.4	44.7	44.5	44.6	44.3	44.7	44.8	44.7

显然，3 个工人 (含车床) 之间可能存在差异，每个工人自己生产的丝杠之间也有差异。当然，同一根丝杠不同测量位置上测定的直径间也有差异，但我们是用其平均值来代表整根丝杠的直径，不同位置间波动的产生是生产过程中固有的，它的产生几乎是不可控制的，将它作为随机误差来处理。在实际工作中，测量系统肯定也有影响，但在进行波动源分析时，首先要保证测量系统是合乎要求的，即测量系统保证有足够的准确度和精度，测量系统所产生的偏倚及波动对于过程的波动已经小到可以忽略的程度，因此不讨论测量系统造成的波动。随机误差并不是测量误差，但它是完全随机形成的，不能算作待考察的因子。总之，如果有“工人”和“丝杠”两个因子以及一个随机误差项 (或丝杠内部波动)。那么在丝杠直径的波动中，在“工人”和“丝杠”两个因子和随机误差项之间，即在 3 名工人和每人生产的 5 根丝杠间以及丝杠内部的波动中，究竟哪项最大，哪项次之，哪项最小？它们各占多大比例？

有很多因子会影响过程波动，过程输出产生的波动的来源称为波动源。将上述问题一般化，就是进行波动源分析的方法。当然，在进行波动源分析前，先要确认测量系统是合格的，也就是说，由测量引起的波动应该控制在非常小的范围内。只有当测量系统被判定为合格时，收集到的数据才能用来进行波动源分析。进行波动源分析时，首先要全面考虑过程产生波动的可能因子 (如例 7.1 的工人、丝杠)，选定相应的水平 (如选取 3 个工人，每人生产 5 根丝杠)。概括来说，波动源分析将过程质量特征值的波动分为三类：产品内波动、产品间波动和时间波动。

(1) 产品内波动，指生产出的单位产品，其质量特征值在不同位置上所存在的波动。如加工一根丝杠，在测量其直径时，分别测丝杠上不同位置，其直径会有差异，这一差异是最基本的、不可避免且不需要再追究其原因的随机的波动，也称为组内波动，这一项是作为随机误差项来处理的，因此产品内变异并不是因子。注意不要把这部分理解为或实施为重复测量的误差，我们需要的是真正反映过程的随机误差项。

(2) 产品间波动。如果对每根丝杠都测量 3 个点 (两端及中部)，取其均值作为这根丝杠的直径，连续抽取若干根丝杠，其直径也会有差别，这种波动称为产品间波动或组间波动。产品间波动的含义非常广泛，如部件之间的差异、人员之间的差异、原料批次之间的差异、供应商之间的差异、设备之间的差异、方法之间的差异、环境条件之间的差异等，都可以称为产品间波动。这些是本书要考察的重点，而且对于不同问题将会有不同的安排与选择。

(3) 时间波动。从不同的时间点分别抽取样本，观察其在不同时间的波动，称为时间波动。常见的时间波动如早中晚三班之间的差异、每周内五个工作日之间的差异、每周之间的差异、每月之间的差异、季节之间的差异等。

波动源分析最终的目的就是把整个方差分解为若干有意义的方差分量，如果将因子用 $A, B, \cdots, K$ 代表，将随机误差用 E 代表，则有基本公式：

$$\sigma^2 = \sigma_E^2 + \sigma_A^2 + \sigma_B^2 + \cdots + \sigma_K^2 \tag{7.1}$$

波动源分析的最后结果就是要得到式 (7.1) 的数值结果，并且能把各项方差在总方差中所占的比率计算出来，从而确认对于总方差的最大贡献者。

选定波动源分析所要研究的因子后，要设计好抽样计划，它通常用树状图 (tree diagram) 来展示。在可能的情况下应保证足够的样本量，除了产品内波动 (随机误差) 项可以最少取 2 个水平，任何属于产品间波动或时间波动的因子都最少取 3 个水平。绘制树状图时，每个因子画一行，将各水平的数值从左至右列出，然后将因子自上而下画出。这时，产品内波动，即随机误差放在最底层，这行不能算是因子。

以例 7.1 为例，说明要分析丝杠直径间波动产生的原因，是按照工人、丝杠这两个因子来抽样的。例 7.1 的树状图如图 7.1 所示，工人和丝杠分别为两个因子，最下层为产品内波动，即随机误差，它不能算作因子。

按照上述树状图显示的因子间的结构关系，安排数据的收集工作，最终得到了如表 7.1 列出的观测值。

对于这种分析波动来源的问题，首先要完成其直观的显示图，即绘制多波动图。以例 7.1 为例介绍有关内容，它的目的是分析丝杠直径间的波动产生的原因，响应量为丝杠直径 (连续型)，待考察因子为工人和丝杠，是一个较简单的双因子情况，其树状图见图 7.1。现在的问题是：在丝杠直径的波动中，工人和丝杠这两个因子和随机误差之间，究竟哪项最大，它们各占多少比例？

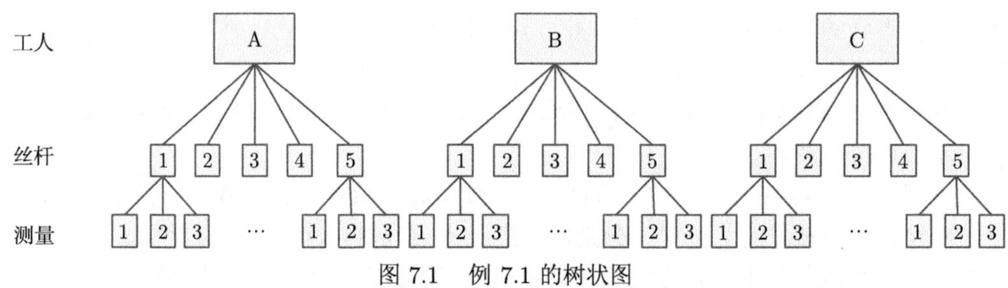

图 7.1　例 7.1 的树状图

有了树状图，就可以很容易地画出多波动图。画多波动图的具体操作是：使用 MINITAB (操作示意图如图 7.2 所示)，选择 “统计 → 质量工具 → 多变异图” 选项。

图 7.2　绘制多波动图的操作 (一)

得出的界面如图 7.3 所示，在上半部先填入响应变量名，再填入因子名称，这里特别要注意的是，因子输入顺序按照树状图中由下而上，换言之，先从最底层的因子填起 (注意误差不算因子)，然后逐次向高层填写 (图 7.3)。

计算机处理后，会将所有数据列出来形成图 7.4。多波动图中显示的点、线等与选项设置有关。在图 7.4 中，横轴表示 3 个工人：A，B，C；5 根丝杠分别用 1，2，3，4，5 表示，图中竖线方向的点表示测量每根丝杠的两端及中部的 3 个点值，折线连接的点是每个工人生产的 5 根丝杠测量的 3 个位置的均值。

从图中容易看出，不同工人丝杠直径之间差别很大，即工人因子影响很显著，当然，同一工人生产的丝杠直径间及同一根丝杠的 3 个测量值间也有差别，不过比工人造成的丝杠直径间差别小多了。这说明，丝杠直径间的差异主要是由工人间差异造成的。从图 7.4 可以看出，工人 B 生产的丝杠直径较工人 A、C 生产的丝杠直径大。

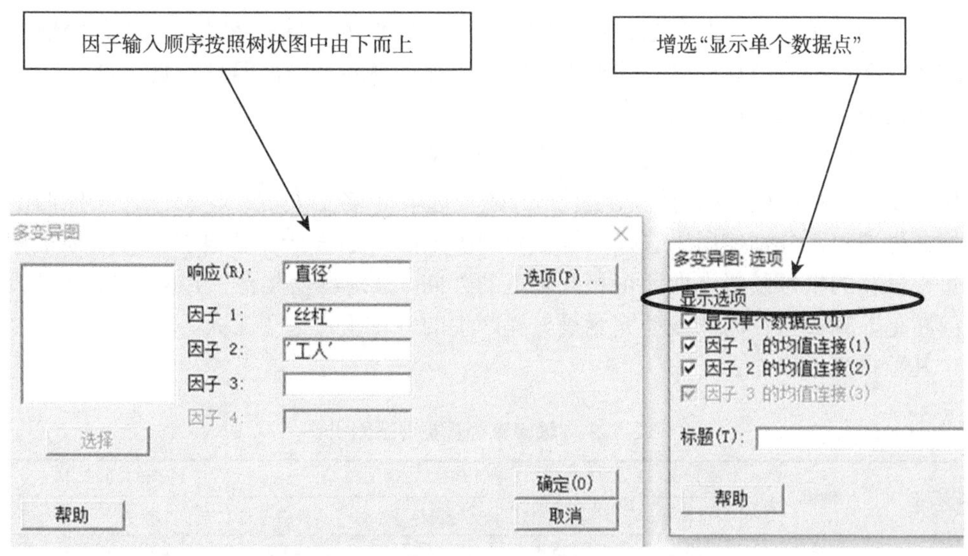

图 7.3 绘制多波动图的操作 (二)

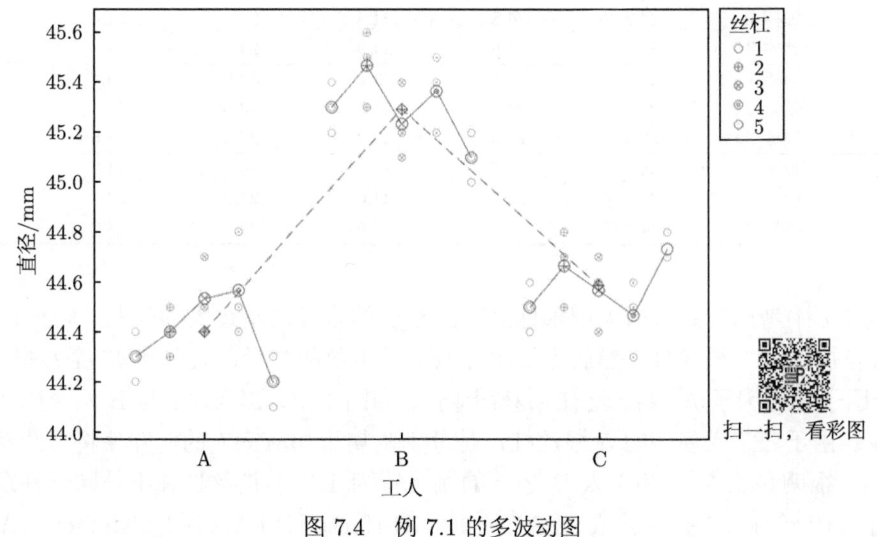

图 7.4 例 7.1 的多波动图

确定了主要波动来源，为进一步寻找影响波动的原因指明了方向。对于更复杂的不易确定波动成因主次的情况，一般不能从图形上看出明确结论，这时必须使用更精确的方差分析方法，进一步计算出方差分量以定量地给出每种波动的大小，下面讨论这个问题。

7.1.2 波动源分析中的几个概念

为了理解有关理论，先介绍关于两因子间关系和有关效应的几个概念。

1. 因子间的交叉及嵌套关系

在进行波动源分析时，通常要面对多个因子的状况。由于要同时处理多个因子的效应分析问题，因此首先要搞清楚这些因子间的关系。多个因子间通常都是分层的，在画树状图时已经有所体现。对于相邻层的两个因子，根据它们的不同关系状况，可分为嵌套或者交叉关系。在绘制多波动图时，并不需要区分两种关系的不同，但对于波动源的数值分析，两种关系就有很大的不同，必须区分清楚。

为了解更广泛的情况，下面看一个更复杂的例子。

例 7.2 轴棒直径波动问题 (3 因子)。随机选取 3 名工人 P、Q 和 R，让他们使用同一根钢条做原料，分别使用已选好并编了号的固定的 4 台车床，各自加工出 3 根轴棒，然后在每根轴棒的根部随机选取两个相互垂直的方向，分别测量其直径共得到 72 个数据。我们的问题是，轴棒直径间的波动究竟是怎样产生的？这里考虑了工人、车床及轴棒共 3 个因子，其数据列于表 7.2。

表 7.2 轴棒直径数据 (三因子)

车床	轴棒	工人 P		工人 Q		工人 R	
		直径 1	直径 2	直径 1	直径 2	直径 1	直径 2
车床 1	轴棒 1	23.1	23.3	23.7	23.6	23.1	23.2
	轴棒 2	23.0	23.4	23.6	23.5	23.3	23.1
	轴棒 3	23.1	23.3	23.8	23.7	23.4	23.2
车床 2	轴棒 1	24.6	24.5	24.9	24.8	24.6	24.5
	轴棒 2	24.7	24.8	24.9	24.7	24.4	24.5
	轴棒 3	24.5	24.6	24.9	24.8	24.3	24.5
车床 3	轴棒 1	23.6	23.8	23.9	24.0	23.4	23.6
	轴棒 2	23.9	23.8	23.5	23.9	23.4	23.5
	轴棒 3	23.4	23.5	23.8	23.6	23.6	23.4
车床 4	轴棒 1	24.1	24.3	24.5	24.4	24.0	24.1
	轴棒 2	24.2	24.3	24.0	24.3	24.2	24.3
	轴棒 3	24.1	24.2	24.6	24.7	24.2	24.4

在例 7.1 中考虑的是车床关键部件之一的丝杠的直径波动过大的问题。随机选取 3 名工人，各自加工出 5 根丝杠，然后测量丝杠两端及中部的直径，共得到 45 个数据。将“工人”这个因子记为因子 A，将“丝杠”这个因子记为因子 B，那么，A 与 B 两个因子间是什么关系呢？由于各工人生产的 5 根丝杠，是分别附属于相应工人的，即使将这些丝杠都编号为 1~5，很明显工人 A 和工人 B 之下的编号皆为 1 的两根丝杠并不是同一件东西。这时，称因子 B“丝杠”是被因子 A“工人”所嵌套的 (factor B is nested with factor A)。此种情况下的两个因子所处的地位是不能颠倒过来的。然而，在实际情况中，两个因子间还可能存在另一种关系。如例 7.2 中，3 名工人轮流使用共同的 4 台编了号的车床，每个工人都使用了车床 1，2，3，4，这时，工人 A 和工人 B 之下的编号都为 1 的两台车床是同一件东西。而且可以反过来说，每台车床都被 3 名工人使用过。这时，称因子 B“车床”与因子 A“工人”相交叉 (factor B is crossed with factor A)。如果这时候说因子 A“工人”与因子 B“车床”相交叉也是同样的，它们的位置是可以颠倒过来的。这里要注意，单从树状图上是不能区分两个因子的关系是交叉还是嵌套的，只能从实际意义判断。

下面讨论例 7.2 的轴棒直径问题。随机选取 3 个工人，让他们轮流使用固定的编了号的 4 台车床，按随机顺序各自分别加工出 3 根轴棒。若将与因子 A (工人) 搭配的因子 B (车床) 的每台车床编好号，则可以发现，工人 P、Q、R 之下的同编号的车床是相同的东西。换言之，因子 A (工人) 的每个水平 (每个工人) 与因子 B (车床) 的每个水平 (4 台车床) 都恰好搭配了一次。因此，因子 A (工人) 与因子 B (车床) 间的关系是交叉关系。注意，它们两因子间可以颠倒顺序，即可以反过来说，因子 B (车床) 的每个值也都与因子 A (工人) 的每个值搭配过。如果车床不是固定编号的车床，而是每个工人各自有固定的 4 台车床，这时因子 A (工人) 与因子 B (车床) 间的关系就不再是交叉关系，而是嵌套关系了。

例 7.2 讨论的是三因子问题。由于不能将轴棒之间的波动看成随机误差，因而要求将轴棒之间的波动也看作因子，即形成三因子问题。这里 3 个工人 (因子 A)，分别使用已选好并编了号的 4 台车床 (因子 B)，各自分别加工出 3 根轴棒 (因子 C)，然后对每根轴棒测两次直径 (误差)。由于因子 B 的 4 台车床是固定的，所以工人 (因子 A) 与车床 (因子 B) 之间是交叉关系，轴棒 (因子 C) 是被 A 与 B 所嵌套的，即三因子是先交叉后嵌套的关系。

如果将例 7.2 的安排稍加调整：3 个工人 (因子 A)，分别使用自己固定的 4 台车床 (因子 B)，各自分别加工出 3 根轴棒 (因子 C)，这时因子间的关系就会发生变化。这时，B 被 A 所嵌套，C 被 A、B 所嵌套，这种关系也称为完全嵌套关系 (fully nested)。

实际问题中可能有多种结构，但仔细分析它们的数据就可以发现，因子间的关系无非是嵌套或交叉这两种基本类型。有时在实际问题中可能遇到因子个数较多的情况，关系较复杂，这时需要仔细分析处理。

2. 固定效应与随机效应

下面讨论每个因子本身的效应问题。一个因子可以取若干个不同的数值，这些数值称为该因子的水平。对于此因子所取的每个水平下响应变量取值均值的算术平均值，称为此因子的因子总均值。如果对于此因子所取的各个水平，响应变量取值的各水平均值与此因子的总均值有差别，则称这个差别 (因子所取的各个水平下响应变量取值的均值减去此因子的总均值) 为此因子在该水平上的效应 (effect)，即因子取此水平时会使响应变量取值的均值在本因子的总均值上产生多大改变。

这种效应有两种不同的情形：固定效应和随机效应。如果对于每个特定的水平，其效应是一个固定数，则称此种效应为固定效应 (fixed effect)，此因子称为固定效应因子 (factor with fixed effect)。比如，在比较多个总体均值是否相等时使用的方差分析方法，那里所遇到的都是设各因子的效应是固定效应的例子。但实际生活中还有另一种类型，各因子在各水平上的效应不是固定的数值，而是一个随机变量。此种效应称为随机效应 (random effect)，此因子称为随机效应因子 (factor with random effect)。本章所讨论的波动源问题一般都将各因子考虑为随机效应因子。比如，例 7.2 中，因子 A (工人) 有 P、Q、R 共 3 个水平，这 3 个水平是从这个因子 A (工人) 所有可能取值的集合中随机抽取的，它们的效应不再是固定的数值，而是随机变量。这时，焦点不是具体分析出各自的效应是多少，而是希望得知这种效应的变化有多大，此种效应属于随机效应，因而因子 A (工人) 是随机效应因子。该因子的方差 σ_A^2 称为因子 A 的方差分量 (variance component)。

波动源分析的最终目的是将各个因子的方差分量按照由大到小的顺序排列出来，这就是它们对总波动的贡献。将它们换算为百分数，就是各个因子对于总波动的贡献率，按贡献率由大到小排序是进行 “波动源分析” 的主要目标。

分析随机效应因子与固定效应因子是很不同的。由于以前介绍过的方差分析中处理的都是固定效应因子，因此必须在方差分析的基础上，经过进一步计算才能得到方差分量的值。显然，求方差分量的工作要远比方差分析难得多。

另外，值得注意的是，因子之间的关系是嵌套或交叉，与这些因子本身是固定效应还是随机效应是没有关系的。换言之，两个皆为固定效应因子 (或皆为随机效应因子) 之间，或一个随机效应因子与一个固定效应因子之间，既可以是嵌套关系，也可以是交叉关系。当然，也要注意：两个是交叉关系的随机效应因子，除了考虑它们每个因子的主效应方差 σ_A^2 及 σ_B^2，还应该考虑它们之间可能存在的交互效应方差 $\sigma_{A\times B}^2$。对于两个是嵌套关系的随机效应因子，它们之间不可能存在交互效应方差项。这是因为，如果因子 B 被因子 A 所嵌套，因子 B 不可能取固定的各个水平，因子 B 所取的各个水平将依因子 A 的不同水平而不同，这时，它们之间是没有交互作用的。下面将只考虑因子 A 的效应方差 σ_A^2 和因子 B 被 A 所决定的各个水平效应的方差 $\sigma_{B(A)}^2$。根据固定效应与随机效应的定义，可以得知，在两因子为交叉关系时，只有两者皆为固定效应时，其交互作用才是固定效应的；只要有一个因子是随机效应，则交互作用肯定都是随机效应的，都要考虑计算方差分量。至于有交叉关系的两个因子间，是否一定存在交互作用呢？两因子间确实可能并没有交互作用存在。对于这种情况，通常先假设它们存在交互作用，然后通过假设检验的方法，给出它们之间是否有交互作用的判断。如果它们的交互效应真的不显著，则可以把它们的交互效应从模型中剔除。

7.2 方差分量

在试验设计中，由于因子个数不同或者因子间关系不同，方差分量的计算是很不相同的，本节介绍常见的方差分量的计算方法。

7.2.1 单因子方差分量

设 y_{ij} 为因子 A 在第 i 个水平时的第 j 个观测值，则其模型可以表示为

$$y_{ij} = \mu + \alpha_i + \varepsilon_{ij}, \quad i = 1, 2, \cdots, n_A, j = 1, 2, \cdots, r \tag{7.2}$$

其中，μ 为总平均值，是非随机参数；α_i 为因子 A 的随机效应，是随机变量，且 $\alpha_i \sim N(0, \sigma_A^2)$；$\varepsilon_{ij}$ 为随机误差，且 $\varepsilon_{ij} \sim N(0, \sigma^2)$；随机变量 α_i 和 ε_{ij} 是不相关的。

在单因子方差分量模型中，σ_A^2 和 σ^2 称为方差分量。对这个模型研究的重点是放在方差分量的估计上。需要注意的是，这种问题的分析方法与普通的方差分析方法是不同的：在得到方差分析表后，已经可以算出各分量的离差平方和 SS，相应的自由度 df，从而得到各分量的平均平方和 (均方) MS，包括 $\mathrm{MS_A}$ 和 $\mathrm{MS_E}$。如果因子 A 是随机效应因子，各水平下观测值的离差平方和既包含因子 A 方差的影响，又包含随机误差的影响，那么为了单纯求出因子 A 的方差必须扣除随机误差的影响。可以证明

$$E(\mathrm{MS_A}) = r\sigma_A^2 + \sigma^2, \quad E(\mathrm{MS_E}) = \sigma^2$$

下面举例说明如何获得方差分量，并对其进行仔细分析。

例 7.3 某磁砖厂每天烧制一炉瓷砖，每炉随机抽取 5 块，分别测量其平面度。连续抽取了 7 天，共记录了 35 个数据，如表 7.3 所示。试分析其平面度波动的成因。

表 7.3 瓷砖平面度数据表

块数	第一天	第二天	第三天	第四天	第五天	第六天	第七天
1	2.39	1.29	1.63	1.21	2.43	2.16	1.79
2	2.37	1.56	1.81	1.46	2.65	1.96	1.84
3	2.24	1.49	1.82	1.23	2.61	2.04	1.83
4	2.23	1.45	2.13	1.51	2.53	1.92	2.05
5	2.01	1.26	1.81	1.68	2.45	1.91	2.02

使用 MINITAB 软件，绘制多波动图 (图 7.5)。从图中可以看出，尽管每天的 5 块瓷砖平面度间有差异，但明显是 7 天之间瓷砖平面度间的差异要大得多。

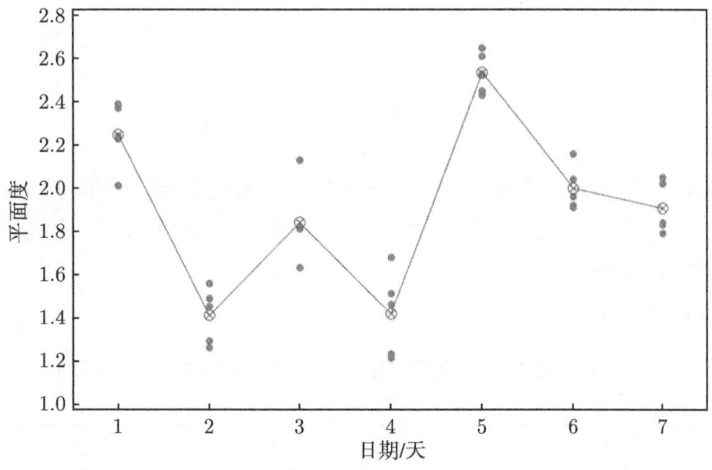

图 7.5 例 7.3 平面度对于日期的多波动图

为了获得更准确的两个方差分量的结果，使用 MINITAB 来具体计算两个方差分量。其操作步骤如图 7.6 所示，选择“统计 → 方差分析 → 完全嵌套方差分析”选项。

图 7.6 完全嵌套方差分量计算操作 (一)

在如图 7.7 所示界面中，在“响应”中填写“‘平面度’”，在“因子”中填写“‘天’”，则可以得到结果。

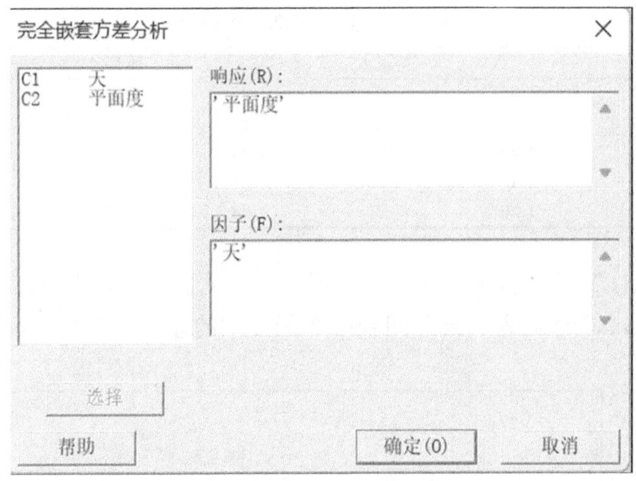

图 7.7 完全嵌套方差分量计算操作 (二)

注意：本操作窗口能计算的是所有因子是完全嵌套时的随机效应模型，由于例 7.3 只有一个因子，当然也可以借用此窗口功能，以后还会使用此窗口来计算更复杂的例子。在打开的窗口中填写相应的信息即可，见图 7.7。

计算结果如表 7.4 所示。

表 7.4 例 7.3 中嵌套方差分析的 MINITAB 计算结果

平面度的方差分析

来源	自由度	SS	MS	F 值	P 值
天	6	5.0415	0.8403	40.212	0.000
误差	28	0.5851	0.0209		
合计	34	5.6266			

方差分量

来源	方差分量	总和的百分比	标准差
天	0.164	88.69	0.405
误差	0.021	11.31	0.145
合计	0.185	100	0.430

首先看方差分析表，本例中只有一个因子 A (天)，其余是随机误差。方差分析显示的是因子 A (天) 相对于误差项的显著程度，无法直接分析方差分量的大小。MINITAB 基于方差分解的方法给出了各个方差分量的估计结果，显示在方差分析下面的“方差分量”表中。

因子 A (天) 和随机误差的方差分量分别为 0.164 及 0.021，因子 A (天) 的方差分量占总和高达 88.69%，随机误差的方差分量只占总和的 11.31%。这就从数值上定量地给出各项方差在总方差中所占比例。

将方差分量结果中的前两列粘贴入原始数据工作表 C4-T 列和 C5 列 (图 7.8)，然后绘制帕累托图。选择“统计 → 质量工具 → Pareto 图”选项 (图 7.8)，在“缺陷或属性数据在”中填写“‘来源’”，在“频率位于”中填写“‘方差分量’”(图 7.8)。

	天	平面度		来源	方差分量
19	5	2.61		天	0.164
20	6	2.04		误差	0.021
21	7	1.83			
22	1	2.23			

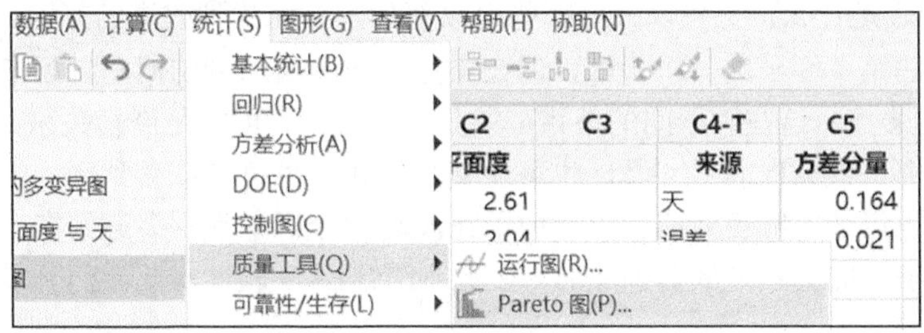

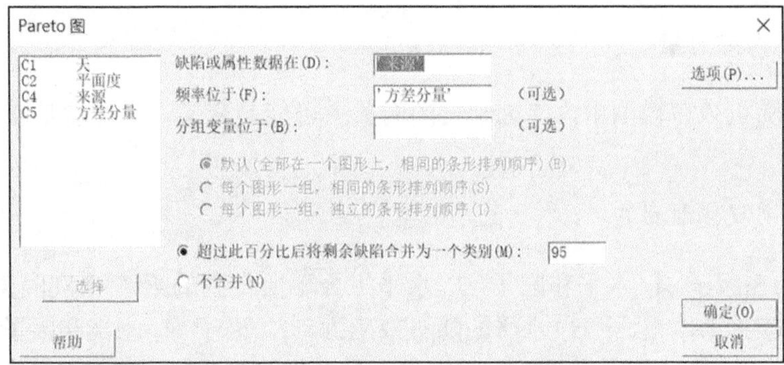

图 7.8 由方差分量画帕累托图的操作

结果就得到了波动源的帕累托图 (图 7.9)。

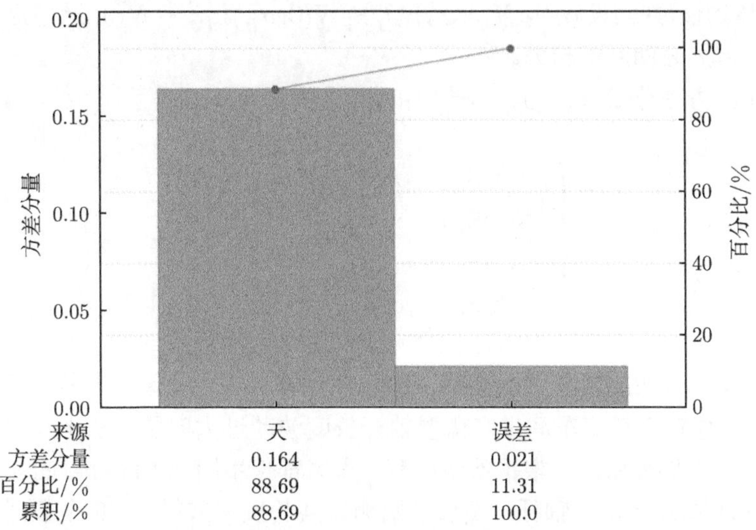

图 7.9 瓷砖平面度波动源的帕累托图

从图 7.9 可以看出，天与天之间的差异确实是非常显著的，它对于总波动的贡献率高达 88.6%。随机误差项的方差分量只占总和的 11.4%。例 7.3 的分析是成功的，因为因子的方差分量远大于随机误差的方差分量。如果在最后的结果中随机误差的分量成了最大项，则说明整个波动产生的原因并未搞清楚，它被笼统地归纳为随机误差了，这说明分析太粗糙，并未找出波动产生的真正原因，也无从改进。这时，下一步的工作只能是再仔细分析"随机误差"到底是什么，又可以分成哪些组成部分，从而找到改进的方向。

上面介绍的是单因子的分析步骤，但在实际工作中所遇到的问题，因子的个数可能是 2 个、3 个或更多个；这些因子间的关系可能是交叉关系，可能是嵌套关系，多因子时更可能先交叉后嵌套，或先嵌套后交叉，也可能交叉到底，也可能嵌套到底；因子的效应可能是固定效应，也可能是随机效应。只是由于在波动源分析中常常会遇到多个因子都是随机效应，而且因子间的关系是嵌套到底的，因此 MINITAB 软件对此专门开设了窗口，只处理此种模型。

7.2.2 二因子方差分量

在二因子随机效应模型中，二因子之间的关系可能是交叉，也可能是嵌套，下面分别予以介绍。

1. 二因子交叉随机效应

设 y_{ijk} 为在因子 A_i 水平和因子 B_j 水平组合下所得到的第 k 个观测值。记因子 A_i 水平的随机效应为 α_i，因子 B_j 水平的随机效应为 β_j，因子 A_i 水平和因子 B_j 水平的随机交互效应为 γ_{ij}，则二因子交叉效应的方差分量随机模型为

$$\begin{gathered} y_{ijk}=\mu+\alpha_i+\beta_j+\gamma_{ij}+\varepsilon_{ijk} \\ i=1,2,\cdots,m \quad j=1,2,\cdots,n \quad k=1,2,\cdots,r \end{gathered} \tag{7.3}$$

式中，μ 为总体均值，并假设 $\alpha_i\sim N(0,\sigma_A^2)$，$\beta_j\sim N(0,\sigma_B^2)$，$\gamma_{ij}\sim N(0,\sigma_{AB}^2)$，$\varepsilon_{ijk}\sim N(0,\sigma^2)$；$\alpha_i$，$\beta_j$，$\gamma_{ij}$，$\varepsilon_{ijk}$ 之间互不相关。

可以证明，方差分量 σ_A^2、σ_B^2、σ_{AB}^2 和 σ^2 之间满足下列关系：

$$\begin{cases} E(\mathrm{MS_A})=nr\sigma_A^2+r\sigma_{AB}^2+\sigma^2 \\ E(\mathrm{MS_B})=nr\sigma_B^2+r\sigma_{AB}^2+\sigma^2 \\ E(\mathrm{MS_{AB}})=r\sigma_{AB}^2+\sigma^2 \\ E(\mathrm{MS_E})=\sigma^2 \end{cases}$$

下面通过实例说明如何利用 MINITAB 软件计算二因子交叉型方差分量的问题。

例 7.4 考虑精密车工车间生产微型轴杆长度波动过大问题。从十几位工人中随机选取 3 名工人，让他们使用同一根钢条做原料，大家都使用固定的编好号的 4 台车床，按随机顺序各自分别加工出 3 根轴杆，然后分别测量其长度，共得到 36 个数据，其数据列于表 7.5。试对其进行波动源分析。

表 7.5 轴杆长度数据

工人	轴杆	车床 1	车床 2	车床 3	车床 4
甲	轴杆 1	12.52	12.01	12.43	12.18
	轴杆 2	12.48	12.05	12.29	12.25
	轴杆 3	12.38	12.04	12.58	12.27
乙	轴杆 1	12.77	12.01	12.51	12.22
	轴杆 2	12.71	12.2	12.49	12.23
	轴杆 3	12.62	12.03	12.48	12.36
丙	轴杆 1	12.9	12.04	12.62	12.39
	轴杆 2	12.84	12.1	12.72	12.56
	轴杆 3	12.99	12.21	12.7	12.43

由于因子 A (工人) 中每个水平与因子 B (车床) 的每个水平进行了全面搭配，显然 A 与 B 是交叉的。下面先画出多波动图，然后给出方差分量的计算结果。

由于有交叉关系的两个因子间可以交换顺序，无论哪个在上面，都可以把因子 B (车床) 作为最高层，结果如图 7.10 所示。

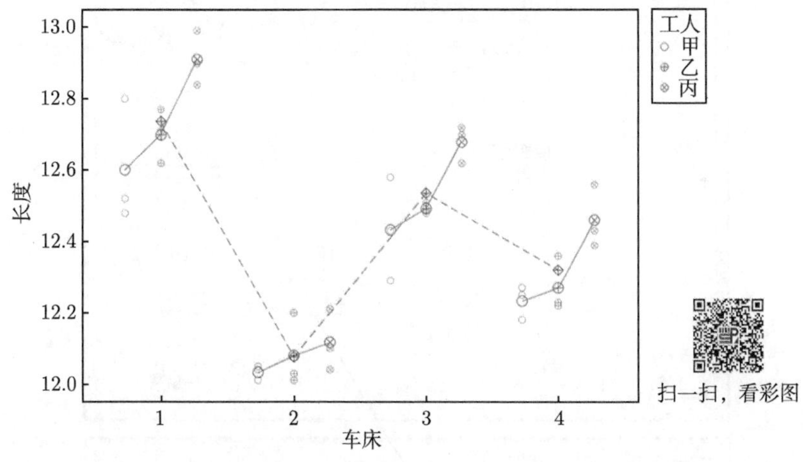

扫一扫，看彩图

图 7.10 轴杆长度多波动图

从图 7.10 可以看出，车床间有明显差异，工人间似乎也有差异，几根轴杆间也存在随机波动。究竟各项方差大小的顺序如何、各占多大比率等问题则要经过下面的数值计算。使用 MINITAB 中一般线性模型，计算方差分量的操作如图 7.11 和图 7.12 所示。

选择“统计 → 方差分析 → 一般线性模型”选项，在“响应”中填写“长度”；在“模型”中填写“‘车床’‘工人’‘车床’*‘工人’”；在“随机因子”内填写“‘车床’‘工人’”；打开结果后，勾选“显示期望均方和方差分量”，则可以得到方差分量计算结果。

与例 7.3 同样，可以画出方差分量的帕累托图，如图 7.13 所示。

例 7.4 中，车床的方差分量所占比例高达 73.3%，工人间方差分量所占比例只有 15.4%。为了解决轴杆长度的波动过大问题，必须先从车床间的波动为何这么大开始分析，然后设法将其尽可能减小。

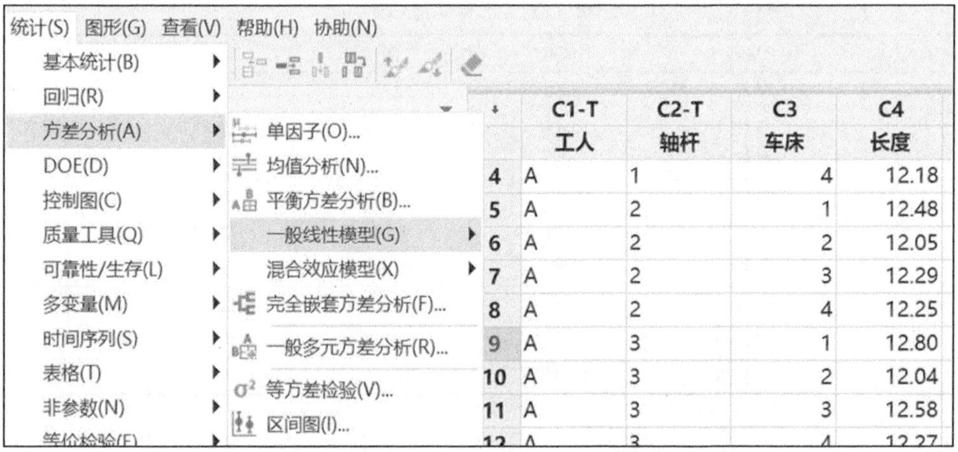

统计(S) 图形(G) 查看(V) 帮助(H) 协助(N)

基本统计(B)
回归(R)
方差分析(A)
DOE(D)
控制图(C)
质量工具(Q)
可靠性/生存(L)
多变量(M)
时间序列(S)
表格(T)
非参数(N)

单因子(O)...
均值分析(N)...
平衡方差分析(B)...
一般线性模型(G)
混合效应模型(X)
完全嵌套方差分析(F)...
一般多元方差分析(R)...
等方差检验(V)...
区间图(I)...

↓	C1-T 工人	C2-T 轴杆	C3 车床	C4 长度
4	A	1	4	12.18
5	A	2	1	12.48
6	A	2	2	12.05
7	A	2	3	12.29
8	A	2	4	12.25
9	A	3	1	12.80
10	A	3	2	12.04
11	A	3	3	12.58

图 7.11　使用一般线性模型计算方差分量操作图 (一)

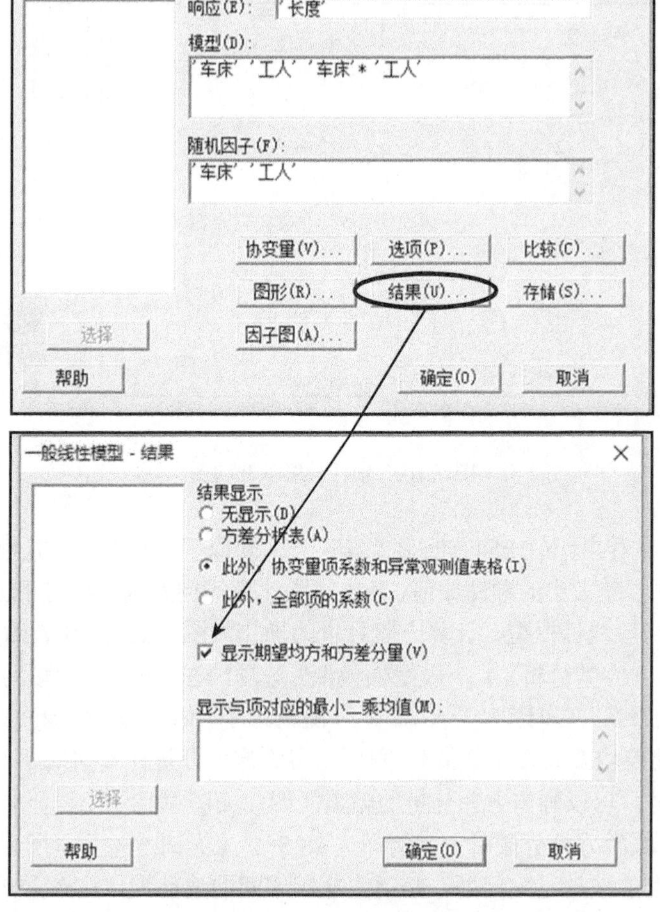

图 7.12　使用一般线性模型计算方差分量操作图 (二)

方差分量结果如表 7.6 所示。

表 7.6 例 7.4 的方差分量 (使用调整的 SS) 结果

来源估计值	
车床	0.06890
工人	0.01453
车床 * 工人	0.00432
误差	0.00631

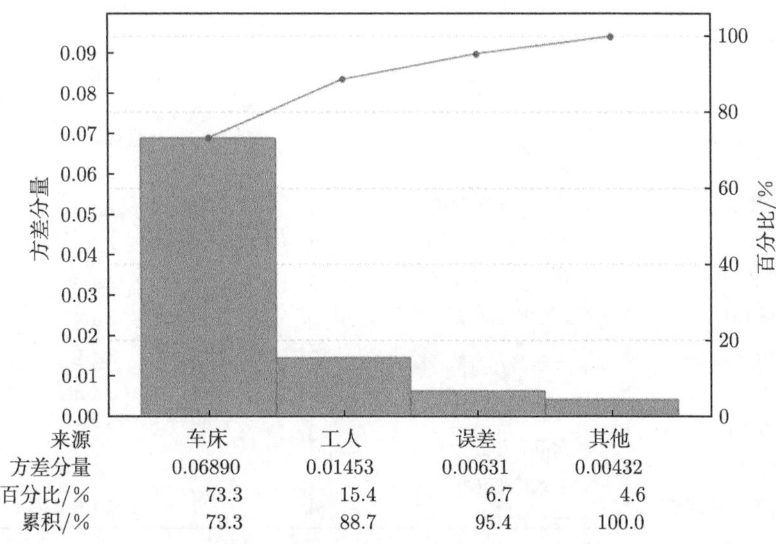

图 7.13 轴杆生产过程方差分量帕累托图

2. 二因子嵌套随机效应

设 y_{ijk} 为在因子 A_i 水平和因子 B_j 水平组合下所得到的第 k 个观测值。记因子 A_i 水平的随机效应为 α_i，$\beta_{j(i)}$ 为因子 B 的第 j 水平被嵌套在因子 A_i 水平下，$\varepsilon_{(ij)k}$ 为被套在因子 B_j 和因子 A_i 组合内的第 k 次测量，二因子嵌套随机效应的方差分量模型为

$$\begin{gathered} y_{ijk} = \mu + \alpha_i + \beta_{j(i)} + \gamma_{ij} + \varepsilon_{(ij)k} \\ i = 1, 2, \cdots, m \quad j = 1, 2, \cdots, n \quad k = 1, 2, \cdots, r \end{gathered} \tag{7.4}$$

其中，μ 为总体均值，并假设 $\alpha_i \sim N(0, \sigma_A^2)$，$\beta_{j(i)} \sim N(0, \sigma_{B(A)}^2)$，$\varepsilon_{(ij)k} \sim N(0, \sigma^2)$；$\alpha_i$，$\beta_{j(i)}$，$\varepsilon_{(ij)k}$ 之间互不相关。

可以证明，方差分量 σ_A^2，$\sigma_{B(A)}^2$ 和 σ^2 之间满足下列关系：

$$\begin{cases} E(\mathrm{MS_A}) = nr\sigma_A^2 + r\sigma_{B(A)}^2 + \sigma^2 \\ E(\mathrm{MS_{B(A)}}) = r\sigma_{B(A)}^2 + \sigma^2 \\ E(\mathrm{MS_E}) = \sigma^2 \end{cases}$$

例 7.5 (续例 7.1 中的双因子嵌套问题) 考虑丝杠直径波动过大问题。随机选取 3 名工人 (他们各自拥有自己固定的车床)，让他们在自己的车床上按随机顺序各自分别加工出

5 根丝杠，测量丝杠两端及中部的直径，共得到 45 个数据。下面分析丝杠直径间波动产生的原因。由于因子 B (丝杠) 的各水平是由因子 A (工人) 所决定的，因此，因子 B 被因子 A 所嵌套。下面对两个嵌套因子方差分量的计算进行分析。

首先画出多波动图，如图 7.4 所示。下面提供两种方法给出方差分量的计算结果。

在 MINITAB 软件中，对于方差分析完全嵌套模型给出了专门的窗口，可以直接进入此窗口进行分析。选择 “统计 → 方差分析 → 完全嵌套方差分析” 选项 (图 7.14)。

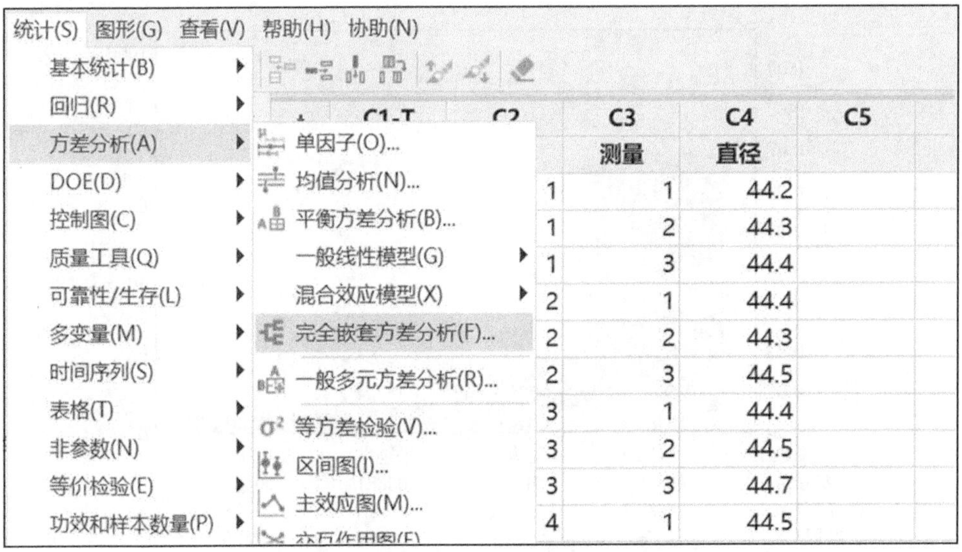

图 7.14　完全嵌套模型的方差分量计算操作 (一)

打开 “完全嵌套方差分析” 对话框，在 “响应” 中填写 “‘直径’”；在 “因子” 中依次填写 “工人”“丝杠” (图 7.15)。请注意：填写因子时要按照树状图的因子排列由上到下输入，例 7.5 中，一定要先写 “工人”，再写 “丝杠”。

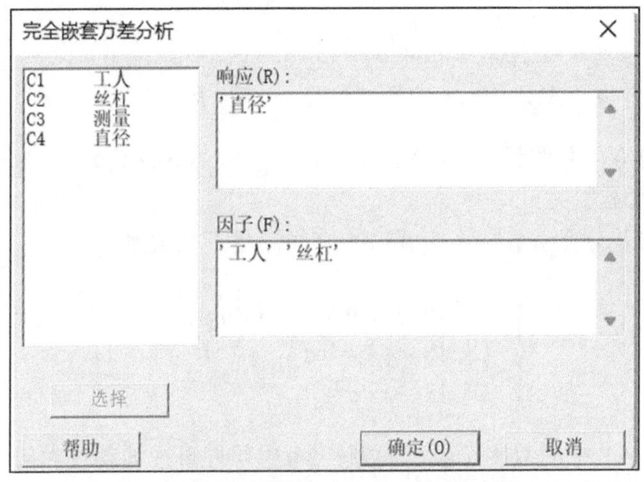

图 7.15　完全嵌套模型的方差分量计算操作 (二)

MINITAB 输出的计算结果如表 7.7 和表 7.8 所示。

表 7.7 例 7.5 的嵌套方差分析 (直径与工人，丝杠) 结果

直径的方差分析

来源	自由度	SS	MS	F 值	P 值
工人	2	6.6613	3.3307	59.952	0.000
丝杠	12	0.6667	0.0556	3.086	0.006
误差	30	0.5400	0.0180		
合计	44	7.8680			

表 7.8 例 7.5 的嵌套方差分析的方差分量结果

方差分量

来源	方差分量	总和的百分比	标准差
工人	0.218	87.74	0.467
丝杠	0.013	5.03	0.112
误差	0.018	7.23	0.134
合计	0.249	100	0.499

上述结果比较完整，不但给出了方差分量的计算结果，而且给出了各分量的贡献率，以及标准差的结果。

对于例 7.5，同样可以用一般线性模型得到结果。其模型为

$$Y = A + B(A)$$

在 MINITAB 软件中，选择 "统计 → 方差分析 → 一般线性模型" 选项，在 "响应" 中填写 "直径"；在 "模型" 中填写 "工人""丝杠 (工人)"；在 "随机因子" 内填写 "工人""丝杠" (图 7.16)；单击结果按钮，勾选 "显示期望均方和方差分量"，则可以得到方差分量计算结果。

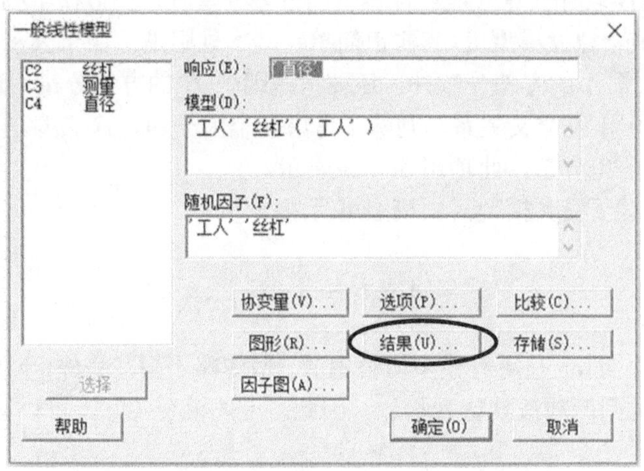

图 7.16 一般线性模型嵌套二因子方差分量计算操作

MINITAB 输出的计算结果如表 7.9 所示。

表 7.9 例 7.5 的一般线性模型方差分量 (使用调整的 SS) 结果

来源估计值

工人	0.21834
丝杠 (工人)	0.01252
误差	0.01800

这里只有方差分量结果，嵌套二因子方差分量的帕累托分析结果，如图 7.17 所示。

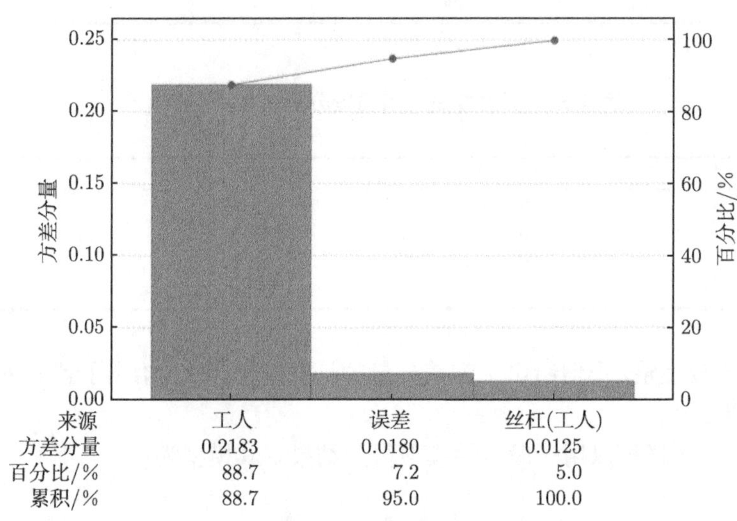

图 7.17 嵌套二因子方差分量的帕累托图

从方差分量的计算结果可以看出，工人的方差分量所占比率最大 (达 87.7%)，为了减小丝杠直径的波动，可以重点分析 “工人” 这一因子。

7.2.3 一般线性模型的方差分量

使用 MINITAB 软件计算一般线性模型的方差分量时，应遵循下列三个步骤。

(1) 要学会如何 “建立模型”。其实很简单，基本规则是：如果因子 B 被因子 A 所嵌套，则除了考虑因子 A 的方差分量外，还要考虑因子 B 的方差分量，这项用 $B(A)$ 表示；如果因子 B 与因子 A 是交叉关系，则除了考虑两个因子 A，B 自身的方差分量，还要考虑二者交互效应的方差分量，此项用 $A*B$ 表示。

例如，考虑二因子交叉模型，则模型可写成：

$$Y = A + B + A * B + \text{error} \tag{7.5}$$

在实际填写时，error 是所有模型所公用的，故省略不写；另外，MINITAB 软件规定，用 “空格” 连接的并列两项被默认为相加。因此，上述模型实际上可以写为

$$Y = ABA * B \tag{7.6}$$

为了印刷上不被误解，本节中仍保留 “+” 号，即应该写成：

$$Y = A + B + A * B \tag{7.7}$$

为了简化输入格式，MINITAB 软件还规定，对于交叉因子模型可以简化为

$$Y = A|B \tag{7.8}$$

考虑二因子嵌套模型，B 被 A 嵌套，则模型可写成：

$$Y = A + B(A) \tag{7.9}$$

考虑三因子嵌套模型，B 被 A 嵌套，C 被 A 和 B 嵌套，则模型可写成：

$$Y = A + B(A) + C(AB) \tag{7.10}$$

考虑三因子全交叉模型，则模型可写成：

$$Y = A + B + B + A * B + A * C + B * C + A * B * C = A|B|C \tag{7.11}$$

考虑三因子模型，A，B 交叉，C 被 A 和 B 嵌套，则模型可写成：

$$Y = A + B + A * B + C(AB) = A|B + C(AB) \tag{7.12}$$

考虑三因子模型，B 被 A 嵌套，C 与 A 和 B 交叉，则模型可写成：

$$Y = A + B\,(A) + C + A * C + B * C \tag{7.13}$$

更多的因子情况类似，在此不再赘述。

(2) 选定随机效应项。由于在一般线性模型中，默认的是固定效应，因此如果某因子是随机效应则应该将此因子列入“随机效应因子”的表格中。要注意的是，在波动源中，除极个别情况外，所有的因子都是随机效应因子，计算中不要漏选此项。对于固定效应项，各因子效应是固定常数，根本没有方差分量。

(3) 增选输出“方差分量结果”。由于在一般线性模型中，默认的是固定效应，没必要计算方差分量，因此在进行波动源分析时，必须在操作中注意，在填写完“响应”变量名称、“模型”内容、“随机因子”名称后，打开“结果”对话框，勾选“显示期望均方和方差分量”。具体操作见图 7.11 和图 7.12。

在一般线性模型的方差分量计算中，由于情况不同，具体方法与公式也很不相同。下面给出三因子方差分量计算方法，其他情况就不再叙述了。

例 7.6 (例 7.2 续) 3 名工人 P、Q、R，让他们使用已选好并编了号的固定的 4 台车床，各自分别加工出 3 根轴棒，然后在每根轴棒的根部测出两个相互垂直方向的直径。这里考虑了工人、车床及轴棒共 3 个因子。计算各项方差分量。

首先画出多波动图 (图 7.18)。

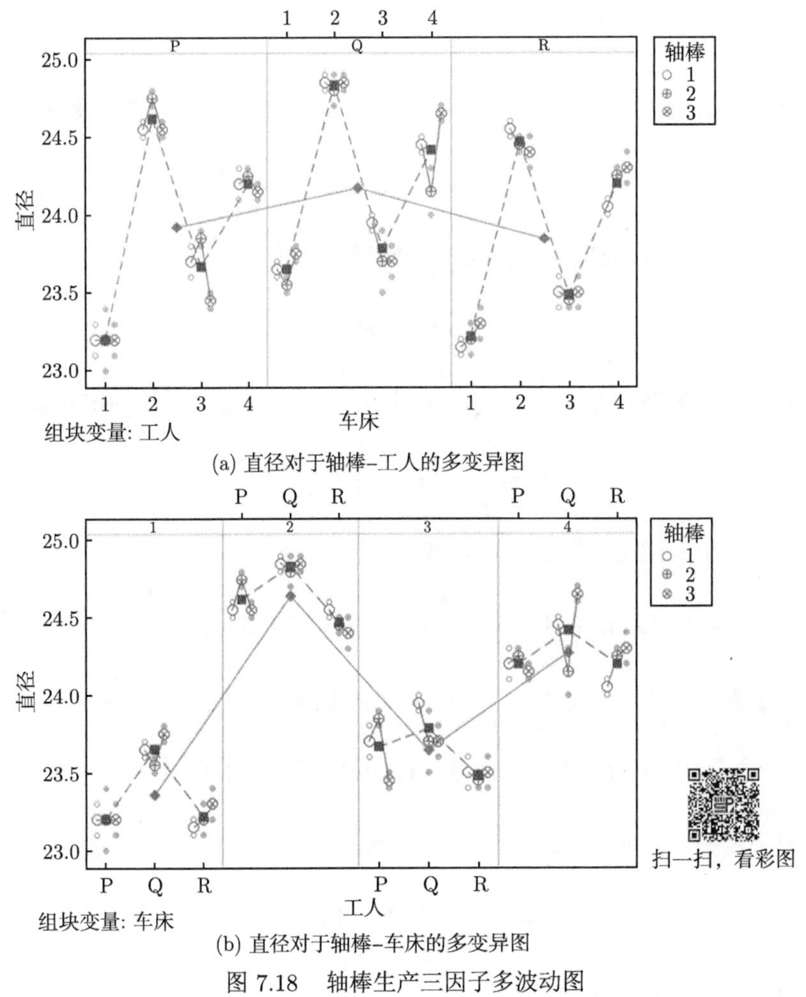

(a) 直径对于轴棒–工人的多变异图

(b) 直径对于轴棒–车床的多变异图

图 7.18　轴棒生产三因子多波动图

从图 7.18 可以看出，车床间差异明显，工人间差异有一些，轴棒间差异也有一点。将“车床”和“工人”两因子颠倒后画出的多波动图更清楚地显示了这一结果 (图 7.18)。具体每项各占多大比例，要经过方差分量的计算。

容易看出，工人与车床之间是交叉关系，而轴棒被二者所嵌套，所以模型应该表示为

$$Y = A + B + A * B + C(AB)$$

在 MINITAB 软件中，选择“统计 → 方差分析 → 一般线性模型”选项，在“响应”中填写“‘直径’”；在“模型”中依次填写“‘工人’|‘车床’‘轴棒’ (‘工人’‘车床’)”；在“随机因子”内填写“‘工人’‘车床’‘轴棒’” (图 7.19)；单击结果按钮，勾选“显示期望均方和方差分量”，则可以得到方差分量计算结果。

其计算结果如表 7.10 所示。

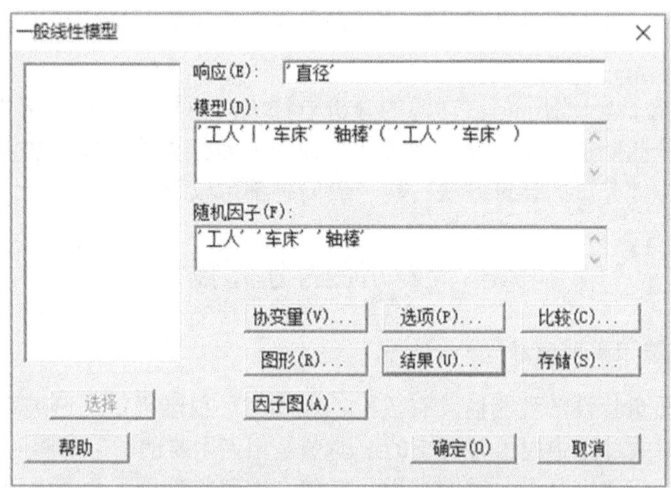

图 7.19 轴棒三因子方差分量计算操作图

表 7.10 例 7.2 的一般线性模型方差分量 (使用调整的 SS) 结果

来源估计量	
工人	0.02789
车床	0.33851
工人 * 车床	0.00146
轴棒 (工人车床)	0.00750
误差	0.01528

方差分量的帕累托图，如图 7.20 所示。

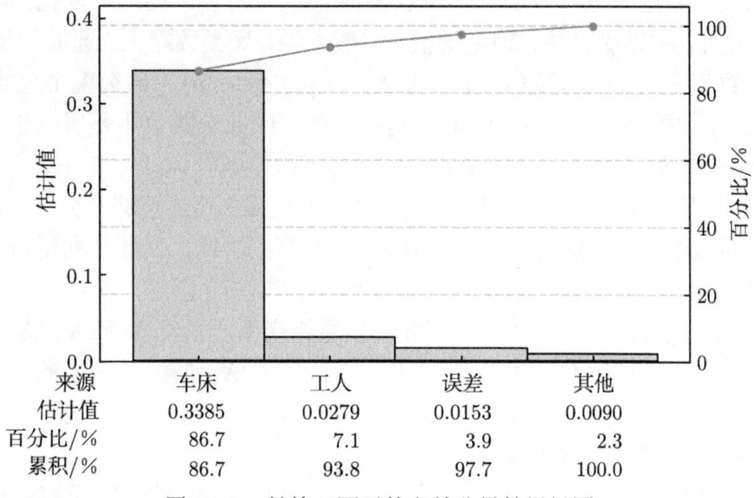

图 7.20 轴棒三因子的方差分量帕累托图

从图 7.20 明显看出，车床间的方差分量贡献最大，达到 86.7%。工人之间也有差别，但相比于车床间的差别小多了 (只占 7.1%)。这说明，轴棒直径间的差异主要是由不同的车床间差异造成的。这可以从图形中直观分析看出，但方差分量的计算给出了定量的分析结论。

实际问题可能千差万别，但波动源的分析方法大同小异。既要掌握多波动图的图形分析方法，得到一个粗略的结论，又要掌握完全嵌套方差分量的计算方法以及有更广泛应用的一般线性模型方差分量的计算方法，使一般问题都可以得到解决。

7.3 波动源的分离技术

7.3.1 类分析方法和实现技术

当最终输出质量特性的观测值具有较大的波动时，很难确定制造过程中的波动源，换句话说，从整个相关过程中找出其真正的波动源是相当困难的。下面将利用聚类分析方法，从可能的波动源中筛选出几个关键的过程，以便利用残差分析，探测并分离出波动源。

用 $V_0, V_1, \cdots, V_n$ 分别代表最终产品质量特性 Y 和过程质量特性 $X_0, X_1, \cdots, X_n$，则 Y 与 X_i，与 $X_j(i \neq j)$ 之间的相关关系可以用其相关系数 $r_{0i}, r_{ij}(i, j = 1, 2, \cdots, n)$ 来表示。相关系数绝对值越大，两者之间的关系越密切。因此，最终产品质量特性与过程、过程与过程之间的相互关系可由其相关系数矩阵表示：

$$
\begin{array}{c} \\ V_0 \\ V_1 \\ \vdots \\ V_n \end{array}
\begin{array}{c} \begin{array}{cccc} V_0 & V_1 & \cdots & V_n \end{array} \\
\begin{bmatrix} r_{00} & r_{01} & \cdots & r_{0n} \\ r_{10} & r_{11} & \cdots & r_{1n} \\ \vdots & \vdots & & \vdots \\ r_{n0} & r_{n1} & \cdots & r_{nn} \end{bmatrix} \end{array}
$$

同样，相关系数矩阵也可以用一个赋权网络表示。为了聚类，可以找出该赋权网络的最大支撑树。此外，根据聚类数，确定阈值。一般来说，聚类数越大，选取的阈值也应越大。

若记聚类数为 m，每一类为 $C_i(i = 1, 2, \cdots, m)(m < n)$，那么整个分类可记为 $C = (C_1, C_2, \cdots, C_m)$，由于最大支撑树的解不是唯一的，因此分类也不是唯一的。例如，对于包含有最终产品 V_0 的 $C_{i0}(i_0 < m)$ 类来说，不妨记 $C_{i0} = \{V_0, V_j, V_{j+1}, \cdots, V_k\}$。若要仅单独地研究 V_0 与某个 $V_s(s = j, j+1, \cdots, k)$ 之间的关系，那是不够充分的。过程之间的相互关系应该全面考虑，而且这种关系应该由路径可以达到 V_0，因此，利用这种聚类技术可以全面地研究 V_0 与每个过程之间的关系。由于分支 $C_{i0} = \{V_0, V_j, V_{j+1}, \cdots, V_k\}$ 对应的质量特性分别为 $\{Y, X_j, X_{j+1}, \cdots, X_k\}$，因此，当最终产品质量特性 Y 发生较大波动时，可以有充分的理由指出：这种波动主要是由 $X_j, X_{j+1}, \cdots, X_k$ 的波动引起的。据此，可以找出这些过程波动 $X_j, X_{j+1}, \cdots, X_k$ 对最终产品波动 Y 的贡献，并且按照它们的贡献程度，确定对哪些过程减小波动，实施改进。

为了确定过程波动 $X_j, X_{j+1}, \cdots, X_k$ 对最终质量特性 Y 波动的贡献程度，确定真正的波动源，必须给出相应的可操作的实现技术。如果消除 $X_j, X_{j+1}, \cdots, X_k$ 对 Y 的影响后，Y 自身的波动较小，那么说明过程变量 $X_j, X_{j+1}, \cdots, X_k$ 是真正的波动源，需要对其减少波动。为方便起见，记 $X = (V_j, V_{j+1}, \cdots, V_k)$，则可以建立下面的残差分析模型：

$$Y_x = E(Y|X) + \varepsilon_x \tag{7.14}$$

其中，$E(Y|X)$ 是在 $X=x$ 条件下，Y 的条件数学期望；ε_x 是在 $X=x$ 的条件下，观测值 Y_x 的随机误差。方差 $D(\varepsilon_x)$ 代表消除了 $X=(V_j, V_{j+1}, \cdots, V_k)$ 对 Y 的影响后，Y_x 自身波动的大小。通常，假设随机误差 ε_x 对任意的 X 都服从均值为零、方差为 σ^2 的正态分布，即 $\varepsilon_x \sim N(0, \sigma_\varepsilon^2)$。因此，上述残差分析模型可以改写为

$$Y = E(Y|X) + \varepsilon \tag{7.15}$$

其中，$\varepsilon_x \sim N(0, \sigma_\varepsilon^2)$。

一般情况下，假设 (尤其当 Y 与 X 具有联合正态分布时，可以证明) $E(Y|X)$ 与 X 具有线性关系，即

$$E(Y|X) = \beta_0 + \beta_1 X_j + \beta_2 X_{j+1} + \cdots + \beta_{k-j+1} X_k \tag{7.16}$$

因此，残差分析模型为

$$Y = \beta_0 + \beta_1 X_j + \beta_2 X_{j+1} + \cdots + \beta_{k-j+1} X_k + \varepsilon \tag{7.17}$$

若记观测值 Y 的方差为 $D(Y) = \sigma_Y^2$，如果 $\dfrac{\sigma_Y - \sigma_\varepsilon}{\sigma_Y}$ 接近于 1，则表明 $X = (V_j, V_{j+1}, \cdots, V_k)$ 对 Y 的波动的贡献是大的，即过程波动 $X = (V_j, V_{j+1}, \cdots, V_k)$ 是最终产品质量特性 Y 的主要波动源，而且需要减少这些过程的波动。

然而，在实际应用中，同时减少多个过程的波动是不现实的。由于同一分支 $X = (V_j, V_{j+1}, \cdots, V_k)$ 对 Y 波动贡献程度是不同的，应该予以分别处理。由此，引入下面的模型：

$$Y = \alpha_s + \beta_s X_s + \varepsilon_s, \quad s = j, j+1, \cdots, k \tag{7.18}$$

分别计算 $\dfrac{\sigma_Y - \sigma_\varepsilon}{\sigma_Y}(s = j, j+1, \cdots, k)$，首先对该最大值所对应的过程进行改进；然后依次进行。值得注意的是，没有必要对具有较小 $\dfrac{\sigma_Y - \sigma_\varepsilon}{\sigma_Y}$ 值所对应的过程进行改进，这是因为该过程 V_s 对 Y 的影响较小。如果所有的 $\dfrac{\sigma_Y - \sigma_\varepsilon}{\sigma_Y}(s = j, j+1, \cdots, k)$ 均接近 0，表明过程对 Y 的影响是微不足道的，那么对这些过程实施改进是无效的。在这种情况下，应从初始网络中去掉节点 $V_j, V_{j+1}, \cdots, V_k$，重新获得新的相关矩阵，构造相对应的赋权网络，确定最大支撑数，并根据确定的阈值，对新的网络进行聚类，并依照上述步骤，找出新的波动源，以采取措施，减少波动。

7.3.2 串联生产系统中波动源的探测及应用

如果每一加工过程的波动都较小，那么最终产品质量特性的波动也将是较小的，因此，最终产品的质量改进将转向上游相关制造过程的改进，包括最后过程，但又不仅仅是最后过程。当生产系统由串联的 n 个阶段构成时，见图 7.21，有些制造阶段 (或过程) 可能产生较大的波动，有些阶段 (或过程) 可能有效地吸收上阶段传递的波动。因此，为了有效地

减小串联制造过程中的波动，了解波动在整个生产系统中是如何增加的，以及在上、下过程之间是如何传递的，对于质量改进至关重要。

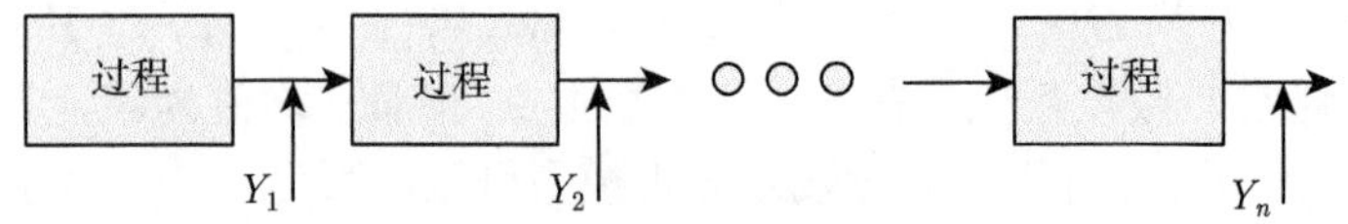

图 7.21　串联制造系统的一般模型

图 7.21 是串联生产系统的一种简单模式。对任意过程 $P_k(2 \leqslant k \leqslant n)$，它的输出质量特性 Y_k 不仅受当前过程 P_k 的影响，还与前序过程 P_{k-1} 有关，但与后序过程 $P_{k+1}, \cdots, P_n$ 无关。因此，假设在给定条件 $Y_{k-1}, \cdots, Y_1$ 下，Y_k 的分布仅依赖于 Y_{k-1}。

由于每一个过程的质量特性 $Y_i(i=1,2,\cdots,n)$ 是可测量的，不妨记 Y_1 服从均值 μ_1，方差为 σ_1^2 的正态分布，即 $Y_1 \sim N(\mu_1, \sigma_1^2)$。可以发现 $Y_k(k=2,3,\cdots,n)$ 与 Y_{k-1} 关系为

$$Y_k = E(Y_k|Y_{k-1}) + \varepsilon_k \tag{7.19}$$

其中，$E(Y_k|Y_{k-1})$ 为在 $Y_{k-1}=y_{k-1}$ 条件下的数学期望，ε_k 为在 $Y_{k-1}=y_{k-1}$ 条件下的随机误差，$\varepsilon_k \sim N(0, \sigma_k^2)$。

Y_{k-1} 对 Y_k 的影响完全由 $E(Y_k|Y_{k-1})$ 确定，而且与 ε_k 相互独立。如果 Y_{k-1} 固定在其目标值上，那么，条件期望 $E(Y_k|Y_{k-1})$ 是一个常数。当过程处于统计控制状态时，方差是过程波动的最好度量。从式 (7.16)，很容易得到

$$D(Y_k) = D(E(Y_k|Y_{k-1})) + \sigma_k^2 \tag{7.20}$$

过程 P_k 的方差是由两部分构成的：一部分是由前一过程 P_{k-1} 传递而来的，即 $D(E(Y_k|Y_{k-1}))$；另一部分来自过程 P_k 本身，也就是 σ_k^2。因此，称 ε_k 为过程 P_k 的固有波动，而且与前序过程无关。式 (7.20) 说明，为了减小 Y_k 的波动，可能的策略是减少从过程 P_{k-1} 传递给 P_k 的波动，或者减小过程 P_k 本身的波动。

在大多数情况下，可以建立 Y_k 关于 Y_{k-1} 的线性回归模型，即

$$E(Y_k|Y_{k-1}) = \alpha_{k-1} + \beta_{k-1}Y_{k-1} \tag{7.21}$$

从而，有

$$D(Y_k) = \beta_{k-1}^2 D(Y_{k-1}) + \sigma_k^2 \tag{7.22}$$

如果 β_{k-1} 接近零，那么过程 P_k 与 P_{k-1} 之间的关系较弱，即可认为前一过程 P_{k-1} 对过程 P_k 无显著影响，否则 $\beta_{k-1}^2 D(Y_{k-1})$ 代表过程 P_{k-1} 传递给过程 P_k 的波动。

本书分析的目标是寻找影响最终质量特性的波动源。为了实现这一目标，需要首先发现每一个过程的固有波动，以及前序过程对后序过程的影响，然后检查哪些过程的固有波动对最终产品质量特性 Y_n 有较大的影响，以寻找质量改进的机会。

在实际中，不管 $E(Y_k|Y_{k-1})(k=2,3,\cdots,n)$ 与 Y_{k-1} 是否具有线性关系，它都可以精确的或近似的表示为线性函数

$$\begin{aligned}&Y_1=\beta_0+\varepsilon_1\\&Y_2=\alpha_1+\beta_1Y_1+\varepsilon_2\\&\cdots\\&Y_n=\alpha_{n-1}+\beta_{n-1}Y_{n-1}+\varepsilon_n\end{aligned}\tag{7.23}$$

其中，$\alpha_i(i=1,2,\cdots,n-1)$，$\beta_j(j=1,2,\cdots,n-1)$ 为回归系数。

我们要寻找的是在 $P_k(i=1,2,\cdots,n)$ 中，哪些过程对最终质量特性 Y_n 的波动具有最大的影响。因为我们最关心的是：使最终产品的质量特性 Y_n 的波动尽可能小，即 $D(Y_n)$ 尽可能小。$D(Y_n)$ 既包括第 n 个过程的固有波动 σ_n^2，也包括第 $(n-1)$ 个过程传递下去的波动 $\beta_{k-1}^2D(Y_{k-1})$，见式 (7.20)。同样地，对第 $(n-1)$ 个过程也是这样。因此，按照上述递推公式，可以得到：

$$\begin{aligned}D(Y_n)&=\beta_{n-1}^2D(Y_{n-1})+\sigma_n^2\\&=\beta_{n-1}^2(\beta_{n-1}^2D(Y_{n-2})+\sigma_{n-1}^2)+\sigma_n^2\\&=\cdots\\&=(\beta_{n-1}\beta_{n-2}\cdots\beta_1)^2\sigma_1^2+(\beta_{n-1}\beta_{n-2}\cdots\beta_2)^2\sigma_2^2+\cdots\beta_{n-1}^2\sigma_{n-1}^2+\sigma_n^2\end{aligned}\tag{7.24}$$

这种分解表明：最终质量特性 Y 的波动是各个过程共同作用的结果。为了改进最终产品的质量：一方面，需要了解上、下过程间的传递关系；另一方面，需要找出真正的波动源。

由于 $Y_1,Y_2,\cdots,Y_n$ 可能相关，又注意到 $\varepsilon_1,\varepsilon_2,\cdots,\varepsilon_n$ 是过程 $P_1,P_2,\cdots,P_n$ 的固有波动，而且它们彼此独立。因此，可以从这些固有波动中直接找出 $\varepsilon_1,\varepsilon_2,\cdots,\varepsilon_n$ 对最终质量特性的影响，它可以通过线性回归得到：

$$Y_n=L_0+L_1\varepsilon_1+L_2\varepsilon_2+\cdots+L_{n-1}\varepsilon_{n-1}+\varepsilon_n\tag{7.25}$$

其中，$L_j(j=0,1,2,\cdots,n-1)$ 为回归系数。

通过简单的推导可以证明：式 (7.25) 的残差 ε_n 与式 (7.25) 中最后一个方程的残差是一样的，因此，式 (7.25) 的残差也记为 ε_n。因为 $\varepsilon_1,\varepsilon_2,\cdots\varepsilon_n$ 相互独立，从式 (7.25) 可以得到：

$$D(Y_n)=L_1^2\sigma_1^2+L_2^2\sigma_2^2+\cdots+L_{n-1}^2\sigma_{n-1}^2+\sigma_n^2\tag{7.26}$$

其中，$\sigma_i^2(i=1,2,\cdots,n)$ 为 $\varepsilon_i(i=1,2,\cdots,n)$ 的方差。

式 (7.26) 说明了过程的固有波动对最终产品质量特性 Y_n 方差的影响，即每一个过程的固有波动对 Y_n 波动的贡献。对最终过程 P_n 的方差 $D(Y_n)$ 来说，前序过程 $P_k(1\leqslant k\leqslant n-1)$ 的贡献是 $L_k^2\sigma_k^2$，而 P_n 本身的贡献是 σ_n^2。

把 $L_1^2\sigma_1^2,L_2^2\sigma_2^2,\cdots,L_{n-1}^2\sigma_{n-1}^2,\sigma_n^2$ 按照由大到小的顺序排列，结果记为 $A_1,A_2,\cdots,A_n$。利用帕累托分析，可以选择相应的 $A_1,A_2,\cdots,A_m(m<n)$ 作为关键过程，只要满足 $\sum\limits_{i=1}^{m}A_i/$

$D(Y_n) \geqslant 80\%$即可。

通过利用这种方法，可以发现对最终产品质量具有重要影响的几个关键过程。通过对这些关键过程的改进，将极大地减小最终过程的波动，实现减少产品质量特性波动的目标。

例 7.7　某种产品是经过 4 道工序 P_1、P_2、P_3、P_4 加工而成的。每个过程均处于统计控制状态，相应的输出结果分别记为 $Y_k(k=1,2,3,4)$，测量数据见表 7.11。

表 7.11　过程 $P_k(k=1,2,3,4)$ 的测量数据

序号	Y_1	Y_2	Y_3	Y_4	序号	Y_1	Y_2	Y_3	Y_4
1	5.807	5.352	6.568	9.026	26	1.760	2.817	3.030	2.050
2	5.063	5.677	7.191	8.714	27	2.066	1.368	−0.862	−5.764
3	4.201	5.297	6.350	9.569	28	4.047	4.913	6.382	8.241
4	4.262	3.692	3.711	3.161	29	5.270	5.257	5.678	6.758
5	3.523	5.067	6.378	8.698	30	0.243	2.126	1.826	0.697
6	4.578	3.973	5.167	6.184	31	5.501	5.079	5.809	7.783
7	5.986	5.941	8.734	14.321	32	5.023	4.453	4.850	6.081
8	3.811	2.405	1.823	−0.076	33	3.859	2.863	3.656	3.602
9	7.209	4.905	5.293	6.649	34	4.672	4.641	4.056	4.839
10	3.698	3.401	2.541	1.177	35	4.414	4.210	4.422	5.677
11	5.763	4.208	3.496	3.917	36	2.006	2.276	1.880	0.059
12	0.226	1.812	1.613	−0.599	37	2.078	1.673	0.168	−3.658
13	5.873	4.726	5.726	7.516	38	5.591	4.504	4.285	4.848
14	8.632	5.492	6.923	9.438	39	5.704	5.099	5.481	6.619
15	3.635	3.923	2.796	2.149	40	5.576	3.457	3.255	2.644
16	5.582	5.472	6.394	9.235	41	6.658	6.423	7.544	10.980
17	3.400	2.995	2.163	0.475	42	3.979	4.457	4.546	5.132
18	3.007	2.466	6.684	1.921	43	2.299	5.520	0.435	−2.907
19	3.380	2.472	1.806	0.145	44	3.749	4.789	4.614	4.829
20	4.403	2.266	0.493	−4.108	45	2.759	3.211	1.687	−1.057
21	2.339	3.773	2.418	1.284	46	4.498	3.585	3.121	1.216
22	1.809	1.801	0.729	−2.510	47	4.885	2.548	3.381	0.674
23	3.486	2.813	2.353	1.231	48	5.579	5.158	7.031	10.734
24	3.887	3.613	4.251	4.333	49	3.086	3.764	3.079	2.353
25	3.040	4.667	4.794	5.340	50	5.493	4.731	5.192	5.920

利用拟合优度检验和参数估计，可知 $Y_k(k = 1,2,3,4)$ 服从正态分布，而且 $Y_1 \sim N(4.10, 1.68^2)$，$Y_2 \sim N(3.90, 1.33^2)$，$Y_3 \sim N(3.90, 1.68^2)$ 和 $Y_4 \sim N(3.90, 4.37^2)$。最终过程 P_4 的上规格限 $\text{USL} = 6.00$, 下规格限 $\text{LSL} = 2.00$, 目标值 $T = 4.00$，通过计算过程能力指数知，由于 $C_p = 0.15, C_{pk} = 0.14$，因此，该过程不满足过程能力指数的基本要求，必须减小其波动。为此，首先得到了线性回归方程：

$$Y_2 = 1.33 + 0.62Y_1 + \varepsilon_2$$

其中，$\varepsilon_2 \sim N(0.00, 0.81^2)$。利用相关系数检验证实了回归方程 $\hat{Y}_2 = 1.33 + 0.62Y_1$ 是充分合适的。

类似的，可以得到

$$Y_3 = -2.16 + 1.56Y_2 + \varepsilon_3\varepsilon_3 \sim N(0.00, 0.66^2)$$

$$Y_4 = -3.95 + 2.01Y_3 + \varepsilon_4 \varepsilon_4 \sim N(0.00, 0.44^2)$$

这些结果和相应的假设检验，利用 MINITAB 软件很容易得到。由此，得到的残差 $\varepsilon_i(i=1,2,3,4)$ 见表 7.12。

表 7.12 过程 $P_k(k=1,2,3,4)$ 的残差

序号	ε_1	ε_2	ε_3	ε_4	序号	ε_1	ε_2	ε_3	ε_4
1	−1.703	0.390	0.401	−0.214	26	2.344	0.383	0.809	−0.086
2	−0.959	1.179	−0.482	0.232	27	2.039	−1.256	−0.829	−0.085
3	−0.097	1.339	0.268	0.767	28	0.057	1.050	0.899	−0.624
4	−0.158	−0.305	0.128	−0.342	29	−1.166	0.700	−0.341	−0.694
5	0.581	1.538	0.655	−0.161	30	3.862	0.640	0.680	0.185
6	−0.474	−0.221	1.146	−0.243	31	−1.397	0.308	0.067	0.068
7	−0.882	0.867	1.651	0.732	32	−0.919	−0.019	0.082	0.291
8	0.293	−1.311	0.244	0.211	33	0.245	0.117	−0.193	0.210
9	−0.924	−0.821	−0.178	−0.031	34	−0.568	0.388	−1.003	0.643
10	0.406	−0.244	−0.589	0.023	35	−0.310	0.118	0.033	0.747
11	−1.066	−0.726	−0.891	0.846	36	2.098	−0.311	0.500	0.233
12	3.878	0.337	0.956	0.110	37	2.027	−0.059	−0.272	−0.048
13	−1.769	−0.278	0.534	−0.033	38	−1.487	−0.323	−0.563	0.189
14	−4.526	−0.809	−0.122	−0.515	39	−1.599	0.202	−0.292	−0.439
15	0.469	0.318	−1.147	0.482	40	−1.472	−1.361	0.038	−0.124
16	−1.477	0.651	0.040	0.345	41	−2.593	0.930	−0.290	−0.219
17	0.705	−0.463	−0.334	0.077	42	1.125	0.637	−0.227	−0.048
18	1.098	−0.747	1.009	0.480	43	1.805	1.250	0.232	0.169
19	0.724	−0.974	0.122	0.467	44	0.355	0.113	−0.677	−0.488
20	1.702	−0.569	−0.871	−1.149	45	1.345	0.153	−1.146	−0.497
21	1.765	0.978	−1.292	0.377	46	−0.394	−0.560	−0.296	−1.102
22	2.295	−0.663	0.090	−0.026	47	−0.781	−1.839	0.579	−0.160
23	0.618	−0.699	0.139	4.454	48	−1.475	0.698	0.877	0.022
24	0.217	−0.149	0.791	−0.255	49	1.018	0.502	−0.617	0.119
25	1.064	1.434	−0.307	−0.337	50	−1.388	−0.034	−0.009	−0.557

利用表 7.12 的数据，得到回归表达式：

$$\begin{aligned} Y_4 &= L_0 + L_1\varepsilon_1 + L_2\varepsilon_2 + L_3\varepsilon_3 + \varepsilon_4 \\ &= 3.8911 - 1.9375\varepsilon_1 + 3.1418\varepsilon_2 + 2.0635\varepsilon_3 + \varepsilon_4 \end{aligned}$$

由式 (7.26) 可以得到

$$D(Y_4) = L_1^2\sigma_1^2 + L_2^2\sigma_2^2 + L_3^2\sigma_3^2 + \sigma_4^2$$

而且

$$\begin{aligned} A_{P_1} &= L_1^2\sigma_1^2 = 10.57 \\ A_{P_2} &= L_2^2\sigma_2^2 = 6.52 \\ A_{P_3} &= L_3^2\sigma_3^2 = 1.83 \\ A_{P_4} &= L_4^2\sigma_4^2 = 0.20 \end{aligned}$$

$$D(Y_4) = 19.12$$

利用帕累托分析可知 (图 7.22)，最终过程 P_4 的波动主要来自第 1 个过程 P_1，其次是第 2 个过程 P_2。为了减小最终产品质量特性的波动，必须首先减小过程 P_1 和 P_2 的波动。

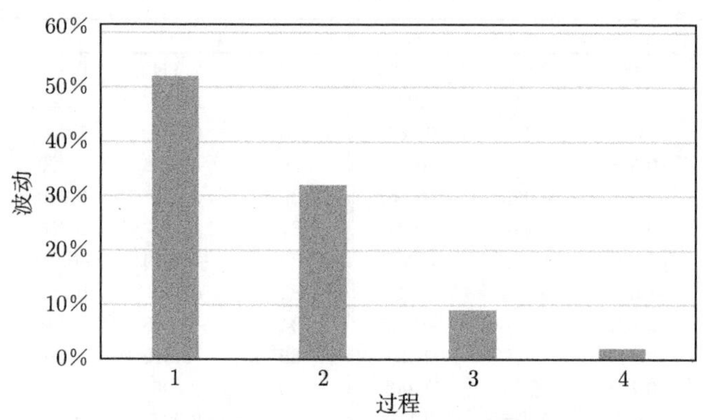

图 7.22 制造过程波动源的帕累托分析

利用定量的方法分析了串联生产系统中每一个过程的固有波动，对最终产品质量的影响，确定了过程中波动是如何增加的，以及波动是如何传递的关系。

对大多数过程而言，可能有多个质量特性，有些过程也可能并行或交叉排列。在多变量输出情况下，不仅要研究先前过程的影响，还要研究输出特性之间的相互影响；当过程并行或交叉排列时，总可以按照制造时间的先后次序区分，因此，本章给出的方法也可以用于并联系统波动源的分析。应该注意的是，本章给出的方法是有先决条件的，一是过程必须处于统计控制状态，否则，将有异常数据，并可能导致回归模型失真；二是过程是由离散的阶段构成的，而且每一过程中质量特性可以测量。

7.3.3 识别生产系统中波动源的数据分类方法及其应用

减小产品实现过程中的波动有各种各样的途径，其中最简易的方法就是购进高新设备、高质量的原材料等，但这并不是质量工程所追求的目标。质量工程的主要观点就是在现有的条件下，尽量以不花钱或少花钱的方式，最大限度地挖掘，进而达到提高质量、降低成本的目的。

在现实的生产系统中，往往观测到过程的大量历史数据，这些数据就是过程改进中极有价值的信息，关键的问题是如何利用这些信息，本节将提出易于在生产过程中实施的数据分类方法，并给出它在分离波动源实施过程改进中的应用。过程概念的图示见图 7.23。

设过程输出质量特性为 Y, 控制因子为矢量 $X=(X_1,X_2,\cdots,X_m)^{\mathrm{T}}$，随机因子为 $U=(U_1,U_2,\cdots,U_m)^{\mathrm{T}}$，假定 $X=(X_1,X_2,\cdots,X_m)^{\mathrm{T}}$ 为分类型变量，且 $X_i,X_j(i\neq j,i,j=1,2,\cdots,m)$ 之间不存在交互作用，它可以是不同的操作者、不同的工具或机器等。记 $y_1,y_2,\cdots,y_n$ 为质量特性 Y 获得的 n 个观测值，下面根据这些数据给出识别和区分重要控制因子的方法。

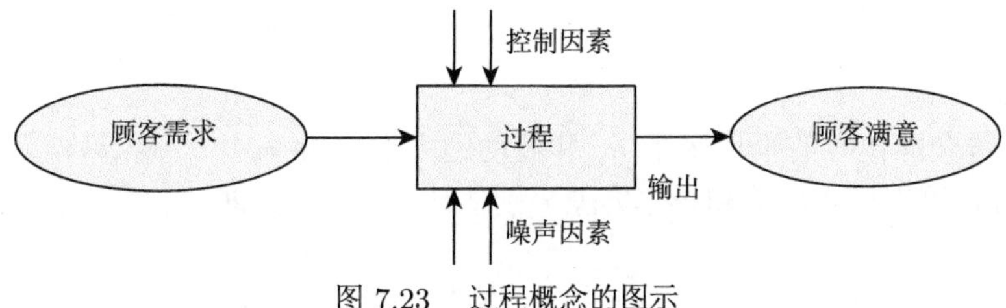

图 7.23　过程概念的图示

尽管质量特性 Y 与各种因子之间的关系不能精确表达，但仍可以形式化地表示为

$$Y = f(X, U) = f(X_1, \cdots, X_{i-1}, X_{i+1}, \cdots, X_m, U_1, U_2, \cdots, U_m) \tag{7.27}$$

为了识别重要的控制因子，这种关系可以简化为

$$Y = g(X_i) + \varepsilon(X_1, \cdots, X_{i-1}, X_{i+1}, \cdots, X_m, U_1, U_2, \cdots, U_m) \tag{7.28}$$

其中，ε 为由 $X_1, \cdots, X_{i-1}, X_{i+1}, \cdots, X_m, U_1, U_2, \cdots, U_m$ 的波动而引起的随机误差。

尽管控制因子的水平是事先确定的，但围绕其设置水平的波动是不可避免的。例如，在分类型控制因子中，假设控制因子是操作者，那么每一个操作者的工作水平是可以确定的，即具有一定的工作水平，但不同操作者之间的差异却是始终存在的，因此，不可避免地将会产生随机误差。当然，随机因子 $U_1, U_2, \cdots, U_m$ 是主要的随机误差。通常，总是假设 ε 服从某种分布。根据上述讨论，第 i 控制因子 X_i 与质量特性 Y 之间的关系可以由图 7.24 予以说明。

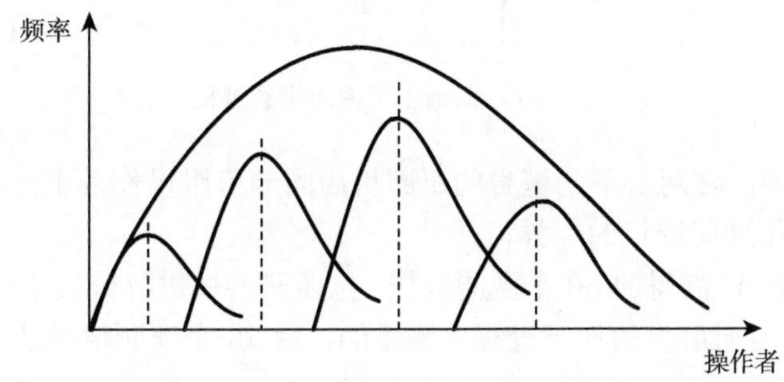

图 7.24　不同操作者之间的工作水平

不失一般性，设控制因子 X 为 m 个操作者，即 $X = \{$操作者 1, 操作者 2, $\cdots$, 操作者 $m\}$。下面将给出在分类型变量情况下，识别重要控制因子的实现过程。

(1) 对观测数据 $y_1, y_2, \cdots, y_n$ 按照不同的操作者进行分类：

$$\begin{gathered}
\text{操作者 } 1(x_1): y_{11}, y_{12}, \cdots, y_{1k_1} \\
\text{操作者 } 2(x_2): y_{21}, y_{22}, \cdots, y_{2k_2} \\
\cdots\cdots \\
\text{操作者 } m(x_m): y_{m1}, y_{m2}, \cdots, y_{mk_m}
\end{gathered}$$

其中，$\sum_{i=1}^{m} k_i = n$。

(2) 计算每个操作者的平均水平 u_i 和波动的大小 $\sigma_i(i=1,2,\cdots,m)$，当每类数据的样本数较多时，可用样本均值和样本方差分别估计 μ_i 和 σ_i，即

$$\hat{\mu}_i = \frac{1}{k}\sum_{j=1}^{k_i} y_{ij} \tag{7.29}$$

$$\hat{\sigma}_i^2 = \frac{1}{k_i - 1}\sum_{j=1}^{k_i} (y_{ij} - \hat{\mu}_i)^2 \tag{7.30}$$

当每类数据的样本数目较少时，可用中位数和样本极差等方法，确定 μ_i 和 σ_i 的估计值。

(3) 计算每个操作者对最终产品质量特性 Y 的总波动的贡献，确定主要的波动源，进而寻找质量改进的机会。

例 7.8 汽车曲轴生产中的最后一道加工过程是研磨，该过程由 2 台不同型号的研磨机组成 (图 7.25)，产品的质量特性是曲轴直径 Y，其目标值是 2.5×10^{-5}in (1in = 2.54cm)，记为 2.5。

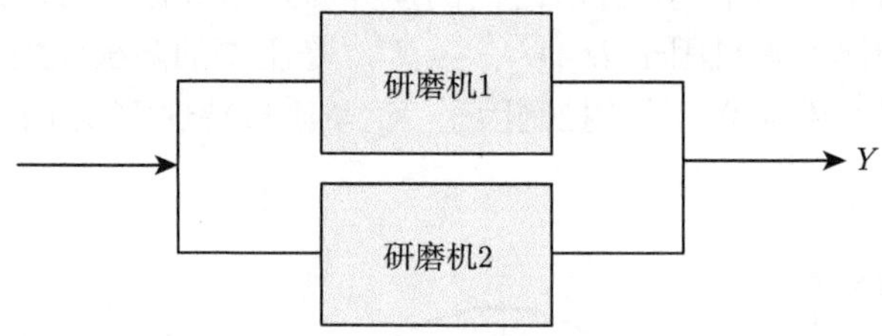

图 7.25 曲轴生产中的研磨过程

在该加工过程中，这两台不同型号的研磨机由同一班组操作，下面将通过对观测数据 Y 的分类，来评价不同研磨机的差异。

通过对质量特性 Y 测得的 50 个观测数据，按照研磨机进行分类 (表 7.13)。表 7.13 前 25 个观测值是从 1 号研磨机的加工过程中测量的，后 25 个观测值是从 2 号研磨机的加工过程中测量的。

记这道加工过程的输出均值为 u，标准差为 σ；第 i 号 $(i=1,2)$ 研磨机输出的均值和标准差分别为 $\mu_i,\sigma_i(i=1,2)$，则过程总的波动又可进一步分解为研磨机内部波动和研磨机之间的波动，即 $\sigma^2 = \sum_{i=1}^{2}\frac{1}{2}\sigma_i^2 + \sum_{i=1}^{2}\frac{1}{2}(\mu_i-\mu)^2$。

通过对观测数据的估计得到

$$\hat{\mu} = 2.45\hat{\sigma} = 0.28$$

$$\hat{\mu} = 2.46\hat{\sigma} = 0.27$$

$$\hat{\mu} = 2.44\hat{\sigma} = 0.28$$

表 7.13　曲轴直径的测量数据

序号	测量值 Y	序号	测量值 Y	序号	测量值 Y	序号	测量值 Y
1	2.38	14	2.83	26	2.26	39	2.20
2	2.68	15	2.14	27	2.15	40	2.52
3	2.37	16	2.22	28	2.10	41	2.16
4	2.47	17	2.91	29	2.50	42	2.04
5	2.62	18	2.37	30	2.77	43	2.98
6	2.99	19	2.46	31	2.37	44	2.73
7	2.47	20	2.52	32	2.61	45	2.16
8	2.04	21	2.76	33	2.31	46	2.86
9	2.39	22	2.17	34	2.10	47	2.41
10	2.71	23	2.01	35	2.34	48	2.67
11	2.25	24	2.70	36	2.79	49	2.25
12	2.68	25	2.06	37	2.82	50	2.46
13	2.39			38	2.03		

从以上计算结果可以看出：这两种型号的研磨机无论是过程输出的均值，还是过程输出的波动都没有显著的差异，因此，这两种不同型号的研磨机具有相同的性能。

思考与练习

7-1 考虑车工在生产标准螺钉时的直径波动过大问题。从十几名工人中随机选取 3 名工人，让他们使用同一根钢条做原料，每人都使用自己平时所用的车床，按随机顺序各自分别加工出 4 颗螺钉，然后在每颗螺钉的根部随机选取两个相互垂直的方向，分别测量其直径，共得到 24 个数据。分析螺钉直径间的波动产生的原因。其数据列于表 7.14。

表 7.14　习题 7-1 数据

螺钉	工人 A		工人 B		工人 C	
	测量 1	测量 2	测量 1	测量 2	测量 1	测量 2
1	8.2	8.4	8.8	8.9	8.1	8.2
2	8.6	8.4	8.9	8.6	8.3	8.2
3	8.4	8.5	8.7	8.6	8.1	8.2
4	8.2	8.4	8.6	8.7	8.2	8.3

7-2 为了研究焊锡膏涂抹机在涂抹焊锡膏过程中波动过大的原因，使用了 3 批焊锡膏，每批焊锡膏中各随机挑选了 4 管，对每管焊锡膏都涂抹在 3 个不同的点上。烘烤后，将焊锡膏刮掉，测量其涂抹量。全部数据记录如表 7.15 所示，计算各项方差分量。

表 7.15　习题 7-2 数据　　(单位：mg)

	管 1			管 2			管 3			管 4		
	点 1	点 2	点 3	点 1	点 2	点 3	点 1	点 2	点 3	点 1	点 2	点 3
批 1	40	37	37	40	43	42	38	40	39	41	43	44
批 2	41	36	36	39	42	41	37	39	36	40	42	43
批 3	38	43	36	35	37	38	38	34	40	41	39	38

7-3 简述主要控制因子识别的基本原理。

7-4 简述复杂生产系统的类型。

第 8 章　其他试验设计与分析

在实际应用中，非正态响应、非均衡数据和多重线性回归广泛存在。本章主要讨论非正态响应、因子设计中的非均衡数据和协方差分析方法。

8.1　非正态响应

8.1.1　非正态响应变换

实际工作中，当响应数据不满足正态分布情形时，需要采用合适的方法，对数据处理并将其转换为正态响应以适应统计需要。下面介绍 Box-Cox 变换和 Johnson 变换。

1. Box-Cox 变换方法

Box-Cox 提出了将非正态数据转化为正态数据的广义幂转换方法。其计算公式如下：

$$y^{\lambda}=\begin{cases}\dfrac{y^{\lambda}-1}{\lambda}, & \lambda\neq 0\\ \ln y, & \lambda=0\end{cases}\tag{8.1}$$

其中，λ 的值从原始正态数据估计获得，根据 λ 的值可将原始数据转换为近似正态分布。实际 λ 求解中，可通过 MINITAB 软件实现。

λ 取不同值时，对应不同的变换方法。在实际应用中，λ 可取整数值。例如，当 $\lambda=0$ 时，Box-Cox 变换转换为对数变换方法。

2. Johnson 变换方法

Johnson 提出了将非正态数据通过分布系统进行转化的 Johnson 变换方法。实际应用中，典型的关于变量 x 的 Johnson 分布族可轻易转化为标准正态分布，其分布可分为边界 (Bounded)、对数正态 (Lognormal) 和无边界 (Unbounded) 共三种转换类型，分别表示为 $S_{\mathrm{B}}, S_{\mathrm{L}}$ 和 S_{U}。具体 Johnson 分布系统描述见表 8.1。

表 8.1　Johnson 分布系统描述

Johnson 系统	Johnson 曲线	正态变换	参数约束条件	变量约束
S_{B}	$\ln\left(\dfrac{x-\varepsilon}{\lambda+\varepsilon-x}\right)$	$z=\gamma+\eta\ln\left(\dfrac{x-\varepsilon}{\lambda+\varepsilon-x}\right)$	$-\infty<\gamma<\infty$ $-\infty<\varepsilon<\infty$ $\eta,\lambda>0$	$\varepsilon<x<x+\lambda$
S_{L}	$\ln(x-\varepsilon)$	$z=\gamma+\eta\ln(x-\varepsilon)$	$-\infty<\gamma<\infty$ $-\infty<\varepsilon<\infty$ $\eta>0$	$x>\varepsilon$
S_{U}	$\operatorname{arcsinh}\left(\dfrac{x-\varepsilon}{\lambda}\right)$	$z=\gamma+\eta\operatorname{arcsinh}\left(\dfrac{x-\varepsilon}{\lambda}\right)$ $\sinh x=\mathrm{e}^{x}-\mathrm{e}^{-x}/2$, $\operatorname{arcsinh}x=\ln(x+(x^{2}+1)^{1/2})$	$-\infty<\gamma<\infty$ $-\infty<\varepsilon<\infty$ $\eta,\lambda>0$	$-\infty<x<\infty$

对于非正态响应样本，选择合适的 Johnson 曲线十分重要。实现过程中，首先选取合适的正态变换 z，并根据标准正态表获取 $\{-3z,-z,z,3z\}$ 对应的分布概率 $p_{-3z},p_{-z},p_z,p_{3z}$；其次，找出样本对应的分位数 $x_{-3z},x_{-z},x_z,x_{3z}$，定义符号 $m=x_{3z}-x_z,n=x_{-z}-x_{-3z},p=x_z-x_{-z}$，并计算分位数比率 $\mathrm{QR}=mn/p^2$；然后，令 $s=3$，根据 Bowman 和 Shenton(1989) 构建的选择规则选择 S_B，S_L 及 S_U。(当 $\mathrm{QR}<1$ 时，选择 S_B；当 $\mathrm{QR}=1$ 时，选择 S_L；当 $\mathrm{QR}>1$ 时，选择 S_U。) 最后，分别确定三种转换类型参数，在确定位置参数和尺度参数 $(\varepsilon,\gamma,\lambda,\eta)$ 后，即可求得概率为 0.5，0.00135，0.99865 所对应的百分位数。具体参数见表 8.2。

表 8.2 三种转换类型下参数确定公式

分布	参数表达式
S_B	$\eta=z\left\{\operatorname{arccosh}\left(\frac{1}{2}\left(1+\frac{p}{m}\right)\left(1+\frac{p}{n}\right)\right)^{\frac{1}{2}}\right\}^{-1}$ $\gamma=\operatorname{arcsinh}\left(\left(\frac{p}{n}-\frac{p}{m}\right)\left(\left(1+\frac{p}{m}\right)\left(1+\frac{p}{n}\right)-4\right)^{\frac{1}{2}}\left(2\left(\frac{p^2}{mn}-1\right)\right)^{-1}\right)$ $\lambda=p\left(\left(\left(1+\frac{p}{n}\right)\left(1+\frac{p}{m}\right)-2\right)^2-4\right)^{\frac{1}{2}}\left(\frac{p^2}{mn}-1\right),$ $\varepsilon=\frac{x_z+x_{-z}}{2}-\frac{\lambda}{2}+p\left(\frac{p}{n}-\frac{p}{m}\right)\left(2\left(\frac{p^2}{mn}-1\right)\right)^{-1}$
S_U	$\eta=2z\left\{\operatorname{arccosh}\left[\frac{1}{2}\left(\frac{p}{n}+\frac{p}{m}\right)\right]^{\frac{1}{2}}\right\}^{-1},$ $\gamma=\eta\operatorname{arcsinh}\left(\left(\frac{p}{n}-\frac{p}{m}\right)\left(2\left(\frac{p^2}{mn}-1\right)\right)^{-1}\right)$ $\lambda=2p\left(\left(\frac{mn}{p}-1\right)\left(\frac{p}{n}+\frac{p}{m}-2\right)\left(\frac{p}{n}+\frac{p}{m}+2\right)\right)^{\frac{1}{2}},$ $\varepsilon=\frac{x_z+x_{-z}}{2}-\frac{\lambda}{2}+p\left(\frac{p}{n}-\frac{p}{m}\right)\left(2\left(\frac{p}{n}+\frac{p}{m}-2\right)\right)^{-1}$
S_L	$\eta=2z/\ln(m/p),\varepsilon=\frac{x_z-x_{-z}}{2}-\frac{p}{2}\left(\frac{m/p+1}{m/p-1}\right),\gamma=\eta\ln\left(\frac{m/(p-1)}{p(m/p)^{1/2}}\right)$

例 8.1 选取某外资企业电功率数据进行研究，试分析该数据服从正态分布。若不服从，则用 Box-Cox 变换或 Johnson 变换将数据转化为正态数据。数据包含 100 个样本，子组样本容量为 1。具体数据信息见表 8.3。

表 8.3 某外资企业电功率数据

1-10	11-20	21-30	31-40	41-50	51-60	61-70	71-80	81-90	91-100
0.302	0.282	0.286	0.283	0.299	0.335	0.282	0.283	0.284	0.295
0.297	0.284	0.289	0.293	0.322	0.283	0.302	0.293	0.322	0.286
0.317	0.279	0.292	0.281	0.303	0.289	0.280	0.280	0.281	0.281
0.281	0.283	0.284	0.285	0.286	0.288	0.290	0.301	0.301	0.301
0.302	0.302	0.305	0.305	0.307	0.312	0.315	0.334	0.352	0.368
0.287	0.285	0.314	0.312	0.304	0.295	0.305	0.289	0.283	0.284
0.294	0.296	0.412	0.313	0.323	0.283	0.322	0.283	0.304	0.299
0.292	0.287	0.286	0.296	0.307	0.286	0.313	0.289	0.308	0.283
0.287	0.349	0.297	0.287	0.292	0.324	0.303	0.360	0.298	0.306
0.297	0.302	0.282	0.299	0.279	0.327	0.339	0.291	0.298	0.299

针对表 8.3 的数据，采用 MINITAB 软件进行正态性检验实施过程，选择“统计 → 基本统计 → 正态性检验”选项，勾选 Kolmogorov-Smirnov。

由图 8.1 可知：企业电功率均值为 0.3004，标准差为 0.02144。KS 取值为 0.165，表示模型预测能力较差。P 值小于 0.05，拒绝原假设，企业电功率不服从正态分布。因此，需对非正态响应数据进行正态变换。采用 MINITAB 软件，选择“统计 → 控制图 →Box-Cox 变换”选项，获得参数取值，$\lambda = -5$。同时对其进行正态性检验，选择“统计 → 基本统计量 → 正态性检验”选项，勾选 Kolmogorov-Smirnov (K-S)。

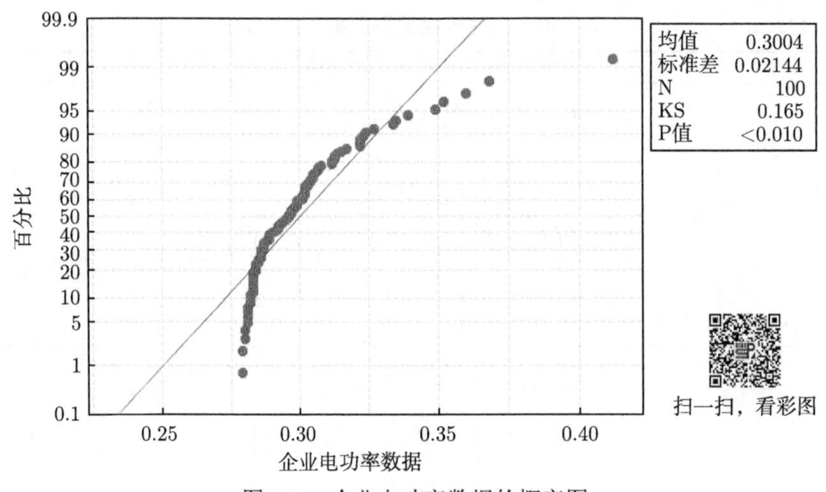

图 8.1　企业电功率数据的概率图

由图 8.2 可知，P 值小于 0.05，应该拒绝原假设，Box-Cox 变换后企业电功率数据不服从正态分布。KS 值为 0.102，表示模型预测效果较差。上述结果表明，Box-Cox 变换方法不适合处理企业电功率非正态响应问题。

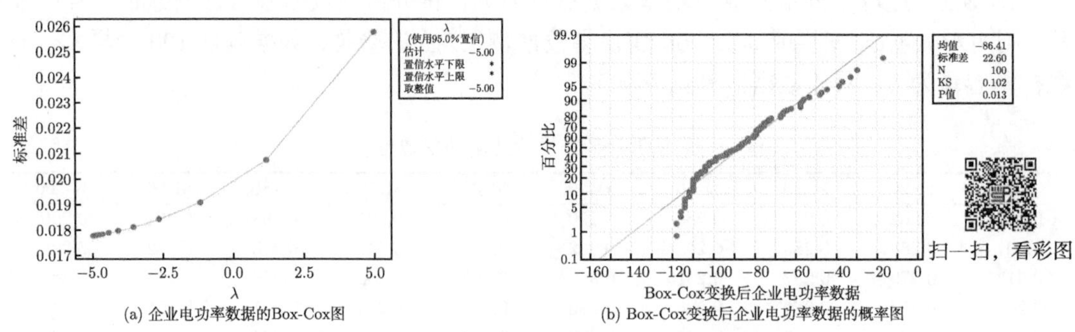

图 8.2　企业电功率数据的 Box-Cox 变换分析

利用 MINITAB 软件对企业电功率数据进行 Johnson 变换，选择“统计 → 质量工具 →Johnson 变换”选项，进行 Johnson 变换分析，见图 8.3。

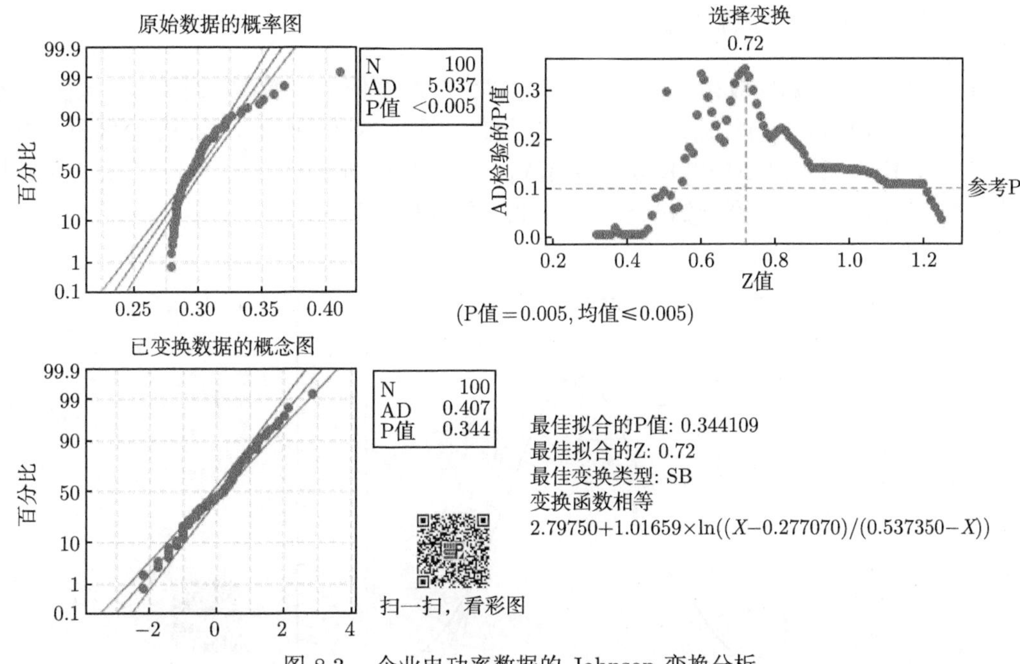

图 8.3 企业电功率数据的 Johnson 变换分析

由图 8.3 可知，$S_{\rm B}$ 曲线正态转换系数 $\eta = 1.01659, \gamma = 2.79750, \varepsilon = 0.277070, \lambda = 0.26028$。相比原始数据，Johnson 变换有效且能够很好地拟合变换后的数据，且图中变换后数据的点均能够分布在正态分布线附近。同时，获得最佳拟合的 z 值 0.72。

为更好地体现 Johnson 变换后数据的整体特性，绘制其数据图像并进行正态性检验。选择“统计 → 基本统计 → 图形化汇总”选项，选择“统计 → 基本统计 → 正态性检验”选项，勾选 Kolmogorov-Smirnov (K-S)。具体结果见图 8.4。

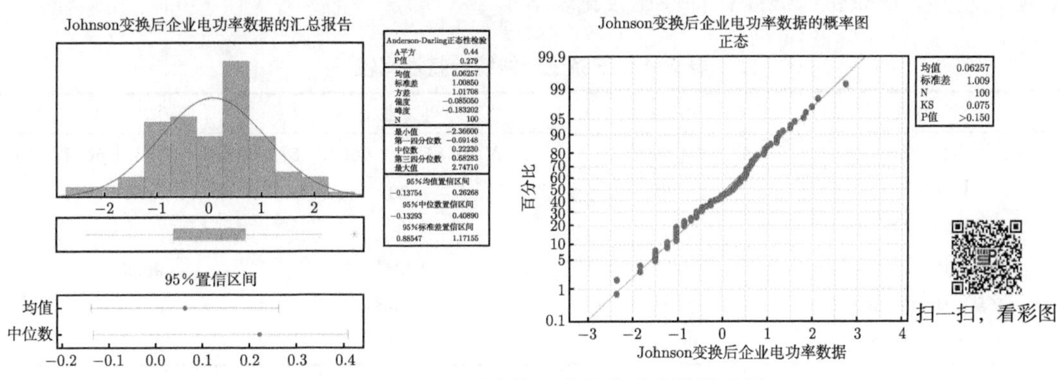

图 8.4 Johnson 变换后企业电功率数据分析

由图中统计结果可知：变换后数据均值为 0.06257，标准差为 1.009。KS 值为 0.075，表明模型预测效果良好。注意到 P 值大于 0.05，接受原假设，Johnson 变换后企业电功率数据服从正态分布。

8.1.2 非正态响应的因子筛选方法

为了说明非正态响应对系统响应的影响，以生产线算例进行解释。假设有三条生产线，对应输出响应分别为 Y_1, Y_2, Y_3。Y_1 服从正态分布，即 $Y_1 \sim N(20,1)$，Y_2, Y_3 分别服从偏正态分布，即 $Y_2 \sim SN(21.1583, 1.5503, -3), Y_3 \sim SN(21.2563, 1.6057, -5)$。产品质量特性的设定为 20 ± 3，三条生产线的概率密度函数图像如图 8.5 所示。

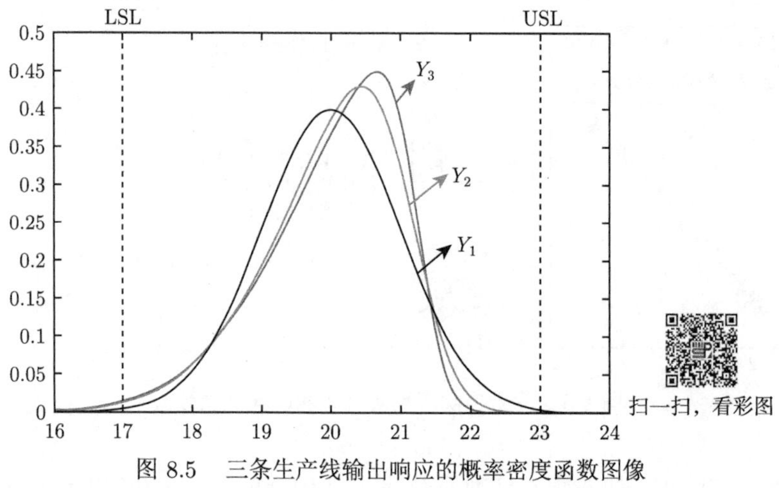

图 8.5　三条生产线输出响应的概率密度函数图像

对三条生产线的输出响应进行统计，响应 Y_1, Y_2, Y_3 获得相同的均值和标准差，即均满足 Y_1 正态分布假设。由图 8.5 可知，Y_2, Y_3 的响应均为非正态分布，具有明显的左偏特征。因此，如果忽略 Y_2, Y_3 的偏度特性，仅通过均值和标准差刻画三条生产线输出产品质量，那么三条生产线无差别。但若从质量损失的角度进行考虑，即越靠近目标值则质量损失越小，那么通过每条生产线落在 $\pm\sigma, \pm 2\sigma, \pm 3\sigma$ 区间内产品的百分比可知，三条生产线存在明显差异。三条生产线统计特性比较见表 8.4。

表 8.4　三条生产线统计特性比较

统计特性	生产线 1	生产线 2	生产线 3
响应分布	$N(20,1)$	$SN(21.1583, 1.5503, -3)$	$SN(21.2563, 1.6057, -5)$
响应均值	20	20	20
响应标准差	1	1	1
产品占比 [17，23]	99.73%	99.34%	99.20%
产品占比 [18，22]	95.45%	95.68%	95.70%
产品占比 [19，21]	68.27%	69.29%	69.46%

由表 8.4 可知，在非正态情形下需借助偏度对分布进行刻画。因此，即使某个因子的位置、散度效应不显著，若能够影响偏度，就应被识别为显著因子。为此考虑非正态响应的因子筛选问题时，需要识别出对响应偏度起显著作用的因子。

针对系统中可能出现的非正态分布情形，考虑偏正态分布响应模型及筛选过程。假设系统输出可表示为一阶多项式响应曲面模型：

$$y = \beta_0 + \sum_{h=1}^{k} \beta_h x_h + \varepsilon(x) \tag{8.2}$$

其中，x_h 为第 h 个编码后的可控因子，取值为 0 或 1；β_h 为可控因子 x_h 的位置效应系数；$\varepsilon(x)$ 为随机项，服从均值为 0 的偏正态分布，由其可控因子决定。

偏正态分布通过引入一个形状参数 α，可实现非正态数据分布的获取。对于一个服从偏正态分布的随机变量 X，即 $X \sim SN(\xi, \omega, \alpha)$。其概率密度函数可表示为

$$f_X(x) = \frac{2}{\omega}\phi\left(\frac{x-\xi}{\omega}\right)\varPhi\left(\alpha\frac{x-\xi}{\omega}\right), \quad -\infty < x < \infty \tag{8.3}$$

其中，$\phi(\cdot), \varPhi(\cdot)$ 分别为标准正态分布的概率密度函数和分布函数；ξ, ω, α 分别为偏正态分布的位置、尺度和形状参数；形状参数 α 可以控制概率密度函数的偏度特性，当 $\alpha \neq 0$ 时，$f_X(x)$ 为非正态分布，当 $\alpha = 0$ 时，$f_X(x)$ 为正态分布。

由于随机项与可控因子相关，故假设 $\varepsilon(x) \sim SN(\xi(x), \omega^2(x), \alpha(x))$。$\xi(x), \omega(x), \alpha(x)$ 分别表示与可控因子相关的偏正态分布的位置、尺度和形状参数。

对于偏正态模型进行刻画，需对 $\xi(x), \omega(x), \alpha(x)$ 进行求解。假设形状参数的线性表达式为

$$\alpha(x) = \eta_0 + \sum_{h=1}^{k} \eta_h x_h \tag{8.4}$$

其中，η_h 为可控因子 x_h 的偏度效应系数。偏正态的分布的位置、散度效应由多个参数决定。其中，响应方差模型可假设为

$$\log D(\varepsilon(x)) = \log(\omega^2(x)(1 - b^2\lambda^2(x)) = \delta_0 + \sum_{h=1}^{k} \delta_h x_h \tag{8.5}$$

其中，δ_h 为可控因子 x_h 的散度效应系数。式 (8.5) 左侧进行对数方差变换可将非负响应方差映射到整个实数域，方便建模的同时使其具有良好的正态分布特性。

除式 (8.5) 和式 (8.2) 的可控因子 x_h 的散度效应系数 δ_h 及位置效应系数 β_h，随机效应的均值 $E(\varepsilon(x)) = 0$，计算得

$$E(\varepsilon(x)) = \xi(x) + b\omega(x)\lambda(x) = 0 \tag{8.6}$$

其中，$\lambda(x) = \alpha(x)/\sqrt{1 + \alpha^2(x)}$。通过式 (8.4)~ 式 (8.6) 可得随机项 $\varepsilon(x)$ 的位置、尺度和形状参数，从而确定其响应分布。

根据经典序贯分支因子筛选的基本框架，偏正态响应的序贯分支筛选过程见图 8.6。

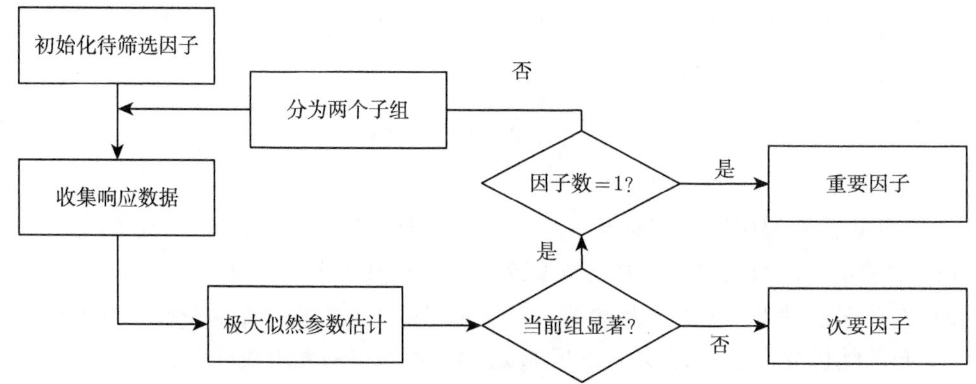

图 8.6　偏正态响应下的序贯分支因子筛选图

图 8.6 展示的为非正态响应性的序贯分支因子筛选图，其仍遵守序贯分支方法的基本框架。然而，非正态响应的背景、偏正态响应模型假设的特殊性及重要因子的定义，使得因子筛选中的每个“分支”阶段，针对子组的显著性检验成为因子筛选的核心问题。因此，在偏正态模型假设下，需采用极大似然估计方法进行参数估计，对两偏态总体进行显著性检验。根据非正态响应下重要因子的性质，如果一个因子至少一个效应系数非零，那么该因子是需要识别出来的重要因子。

一般情况下，可以结合蒙特卡罗仿真试验，从效用和效率两个方面评价序贯分支方法。为此，需要针对同一组因子进行 N 次重复筛选，然后分别用 $f_{\mathrm{DI}}(\cdot)$ 和平均重复次数 (average number of replicates, ANR) 度量筛选方法的效用和效率。

$f_{\mathrm{DI}}(\cdot)$ 为某个因子在 N 次重复筛选中被识别为重要因子的频率，可以表示为

$$f_{\mathrm{DI}}(\cdot)=\frac{N_{\mathrm{DI}}(\cdot)}{N}$$

其中，$N_{\mathrm{DI}}(\cdot)$ 为对应的因子 N 次重复筛选中被识别为重要因子的次数。

例 8.2　选取 12 因子的小规模因子筛选试验，在样本量 $n=30,50,70$ 的情形下进行因子筛选。选取偏正态序贯分支 (skew normal sequential bifurcation, SNSB) 方法进行筛选，并与结合 t 分布的序贯分支方法 (sequential bifurcation with t distribution, SB-t) 比较。

解：12 因子小规模因子筛选试验的位置、散度和偏度系数见表 8.5。根据图 8.6 的实现流程进行因子筛选，由表 8.5 的系数可知，因子 1 的三种系数为零，可知因子 1 为次要因子；因子 2∼ 因子 12 的效应系数不全为零，因子均为需要识别出来的重要因子。表 8.5 给出了采用 t 分布序贯分支方法和偏正态序贯分支的筛选结果，中间部分数字为对应因子被识别为重要因子的频率。

由表 8.5 的比较结果可知：① 传统 SB-t 方法可以识别带有非零位置系数以及零偏度系数的因子 ($\beta_h\neq 0,\eta_h=0$) 为重要因子 (如因子 2，3，5，6)；② SB-t 筛选方法在识别非零散度/偏度系数因子 ($\delta_h\neq 0$ 或 $\eta_h\neq 0$) 为重要因子的频率较低 (如因子 4，7，10)；③ 非零的偏度系数 ($\eta_h\neq 0$) 会从一定程度上降低 SB-t 方法的效用 (如因子 8，10，12)。综

上，表 8.5 的数据结果表明，采用传统 SB-t 方法筛选结果远不如 SNSB，因此对于非正态响应情形下，需要对偏度效应系数进行检验。

表 8.5 12 因子仿真实验中 t 分布序贯分支和偏正态序贯分支方法筛选比较 ($\eta_h \geqslant 0$)

因子	β	δ	η	SB$-t$			SNSB		
				$n=30$	$n=50$	$n=70$	$n=30$	$n=50$	$n=70$
1	0	0	0	0.06	0.08	0.05	0.03	0.03	0.04
2	1.5	0	0	1.00	1.00	1.00	1.00	1.00	1.00
3	3.0	0	0	1.00	1.00	1.00	1.00	1.00	1.00
4	0	0.5	0	0.08	0.03	0.09	1.00	1.00	1.00
5	1.5	0.5	0	0.99	1.00	1.00	1.00	1.00	1.00
6	3.0	0.5	0	1.00	1.00	1.00	1.00	1.00	1.00
7	0	0	1	0.02	0.05	0.05	0.21	0.51	0.67
8	1.5	0	1	0.74	0.94	1.00	1.00	1.00	1.00
9	3.0	0	1	1.00	1.00	1.00	1.00	1.00	1.00
10	0	0.5	1	0.03	0.01	0.05	1.00	1.00	1.00
11	1.5	0.5	1	0.58	0.73	0.94	1.00	1.00	1.00
12	3.0	0.5	1	0.91	0.99	0.99	1.00	1.00	1.00

8.1.3 非正态响应中的广义线性模型

广义线性模型 (general linear model，GLM) 是建立在一般正态线性模型基础之上的，主要是将一般正态线性模型的响应分布与线性系统成分的形式进行推广。一般正态线性模型具体结果如下：

$$y(x) = \beta_0 + \beta_1 x_1 + \beta_2 x_2 + \cdots + \beta_p x_p + \varepsilon \tag{8.7}$$

其中，$\beta_0 + \beta_1 x_1 + \beta_2 x_2 + \cdots + \beta_p x_p$ 为包含 p 个变量 $x_1, x_2, \cdots, x_p$ 的系统成分；ε 服从均值为 0、方差为 σ^2 的正态分布。将式 (8.7) 中一般正态线性模型推广至广义线性模型，得

$$E(y) = \mu = \beta_0 + \beta_1 x_1 + \beta_2 x_2 + \cdots + \beta_p x_p, \quad y \sim N(\mu, \sigma^2) \tag{8.8}$$

在广义线性模型中，响应可拓广至其他非正态响应的分布类型，如泊松分布、伽马分布和二项分布等。对于连续型响应变量和离散型响应变量，广义线性模型均可表示为指数族的概率分布形式，其基本表达式为

$$f_Y(y, \theta, \phi) = \exp\left\{\frac{y\theta - b(\theta)}{a(\phi)} + c(y, \phi)\right\} \tag{8.9}$$

其中，$a(\phi)$、$b(\theta)$ 及 $c(y, \phi)$ 均为已知函数；θ, ϕ 分别为规范参数与尺度参数。其对应的似然函数为

$$l(y, \theta, \phi) = \frac{y\theta - b(\theta)}{a(\phi)} + c(y, \phi) \tag{8.10}$$

由广义线性模型概率分布可知，其响应变量的方差为一个依赖于均值的函数。这也是与一般线性模型不同之处。广义线性模型可将诸多常见分布函数统一到指数分布框架之中，并通过式 (8.9) 中 $a(\phi)$，$b(\theta)$，$c(y, \phi)$ 构建常见的分布函数。

广义线性模型的构建可通过定义三个关键要素来完成，分别为均值、线性预报器和联系函数，其定义为：① 线性预报器 (linear predictor) $\eta_i = X_i\beta$；② 均值 $\mu_i = \mu(\theta) = h(\eta_i)$；③ 联系函数 (link function) $g(\mu_i) = \eta_i = X_i\beta_i$。在广义线性模型中，一般假设线性预报器 η_i 与线性组合 $X_i\beta$ 相对应，同时反过来假定是均值 μ_i 的单调可逆变换 g，即联系函数。以联系函数作为广义线性模型的一个尺度，同时假定系统效用线性可加。构建规范参数 θ 与回归参数 β 的函数关系 h，可知函数 g, h 存在关系 $g = h^{-1}$。针对不同分布函数定义不同联系函数，一般常见的广义线性模型的分布及自然联系函数见表 8.6。

表 8.6 广义线性模型的分布及自然联系函数

模型	分布	联系函数
正态线性模型	正态分布	Identity 函数 ($\eta = \mu$)
泊松回归模型	泊松分布	Log 函数 ($\eta = \ln(\mu)$)
逻辑斯蒂模型	二项分布	Logit 函数 ($\eta = \ln[\mu(1-\mu)]$)
Probit 回归模型	二项分布	Probit 函数 ($\eta = \Phi^{-1}(\mu)$)
伽马回归模型	伽马分布	Inverse 函数 ($\eta = \mu^{-1}$)

广义线性模型一般采用极大似然法拟合回归模型，仅在极少数情况下应用普通最小二乘 (ordinary least squares，OLS) 法。相比非正态响应变换方法，广义线性模型拟合数据时：① 不必服从正态分布，假设响应数据服从自然分布；② 变换响应均值而不是响应本身以达到线性；③ 建模随机成分对方差函数的选择、未得到系统效应的线性及对联系函数的选择完全分开。

例 8.3 Davis 和 Grove (1992) 在描述汽车工具箱塑料盖注射铸模过程，试验中质量问题是出现损坏塑料表面的流动污点。该实验研究了 8 个二水平因子，因素及水平见表 8.7，注射铸模过程试验设计矩阵和响应见表 8.8。试分析该数据的因子效应，并在 OLS 法和 GLM 法建模的基础上进行分析。

表 8.7 注射铸模过程因素水平表

因子	水平 1	水平 2	因子	水平 1	水平 2
A (注射过程)	40mm	70mm	E (喷嘴口径)	4mm	6mm
B (熔化温度)	200°C	250°C	F (铸模紧固力)	480t	630t
C (铸模温度)	40°C	80°C	G (第一阶段注射速度)	15mm/s	25mm/s
D (变点)	13mm	23mm	H (第二阶段注射速度)	20mm/s	30mm/s

表 8.8 注射铸模过程试验设计矩阵和响应表

试验号	因子								污点数 Y
	A	B	C	D	E	F	G	H	
1	−	−	−	−	−	−	−	−	310
2	+	−	−	+	−	+	+	−	260
3	−	+	−	+	−	+	−	+	215
4	+	+	−	−	−	−	+	+	150
5	−	−	+	+	−	−	+	+	265
6	+	−	+	−	−	+	−	+	200
7	−	+	+	−	−	+	+	−	0
8	+	+	+	+	−	−	−	−	95

续表

试验号	因子								污点数 Y
	A	B	C	D	E	F	G	H	
9	−	−	−	−	+	+	+	+	315
10	+	−	−	+	+	−	−	+	290
11	−	+	−	+	+	−	+	−	300
12	+	+	−	−	+	+	−	−	150
13	−	−	+	+	+	+	−	−	165
14	+	−	+	−	+	−	+	−	290
15	−	+	+	−	+	−	−	+	0
16	+	+	+	+	+	+	+	+	0

解：使用 MINITAB 软件对试验因子进行筛选，得到效应的帕累托图。选择"统计→DOE→ 因子 → 分析因子设计 → 选择因子及响应 → 执行回归"选项，具体结果见图 8.7。

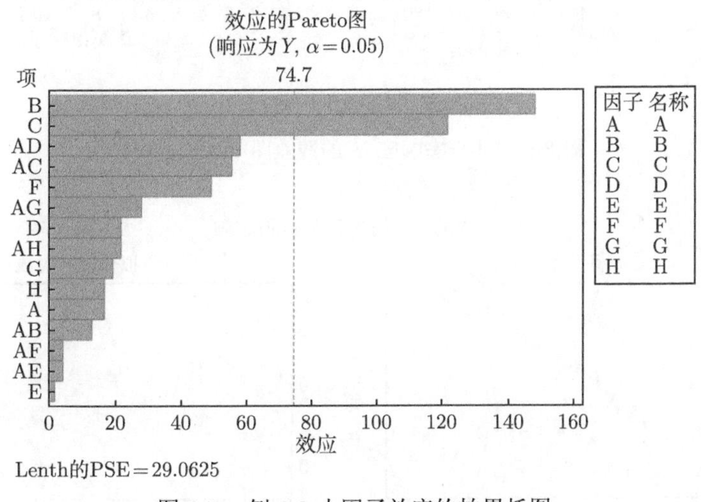

图 8.7 例 8.3 中因子效应的帕累托图

由图 8.7 结果可以看出，在该部分因子试验中，因子 B 和 C 的效用最显著。使用 MINITAB 软件执行 OLS 拟合，MINITAB 实施过程：选择"统计 → 回归 → 拟合回归模型"选项。对话框勾选响应 Y，连续预测变量 B，C，图形选取四合一。具体结果见图 8.8。

由图 8.8 结果可知：散点图未能很好地集中于 OLS 拟合直线两侧且直方图集中于左侧区间，表明残差正态性较差。与顺序结果表明残差不服从独立性假定。MINITAB 软件执行上述拟合回归模型步骤后，可获得 OLS 拟合方程：

$$\hat{y}^{\mathrm{OLS}} = 187.8 - 74.1B - 60.9C \tag{8.11}$$

在图 8.7 结果确定主要因子效应的基础上，采用 GLM 方法拟合。实施过程：选择"统计 → 回归 →Possion 回归 → 拟合 Possion 模型"选项。勾选响应 Y，连续预测变量 B，C，图形选取四合一。具体结果见图 8.9。

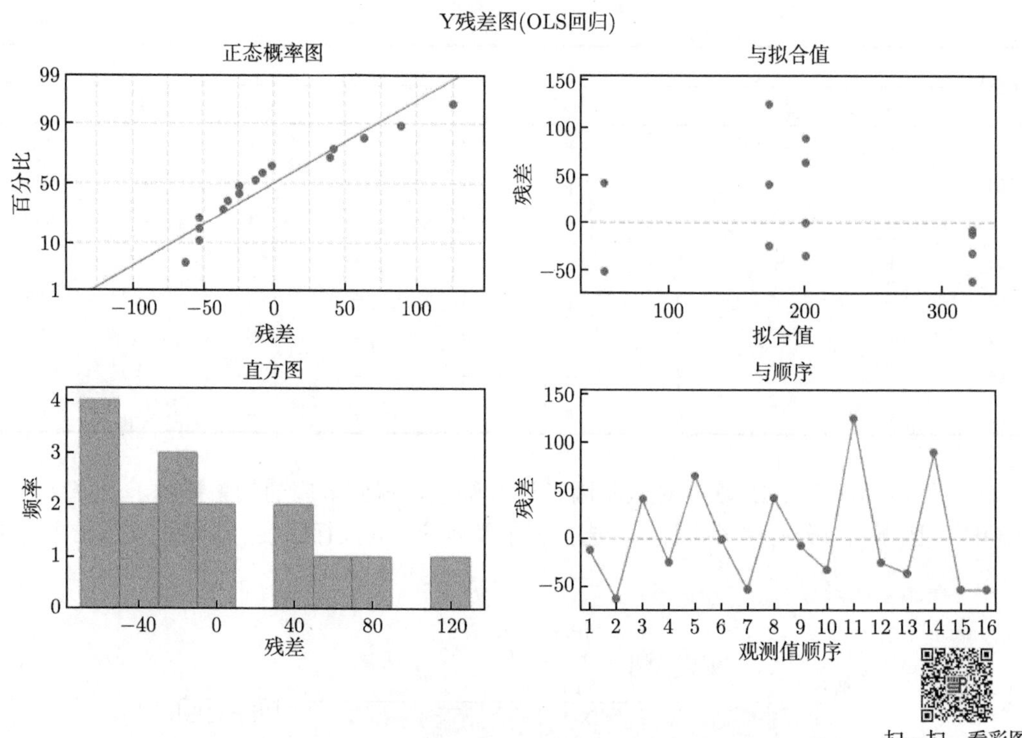

图 8.8　非正态响应 Y 的残差图 (OLS 回归)

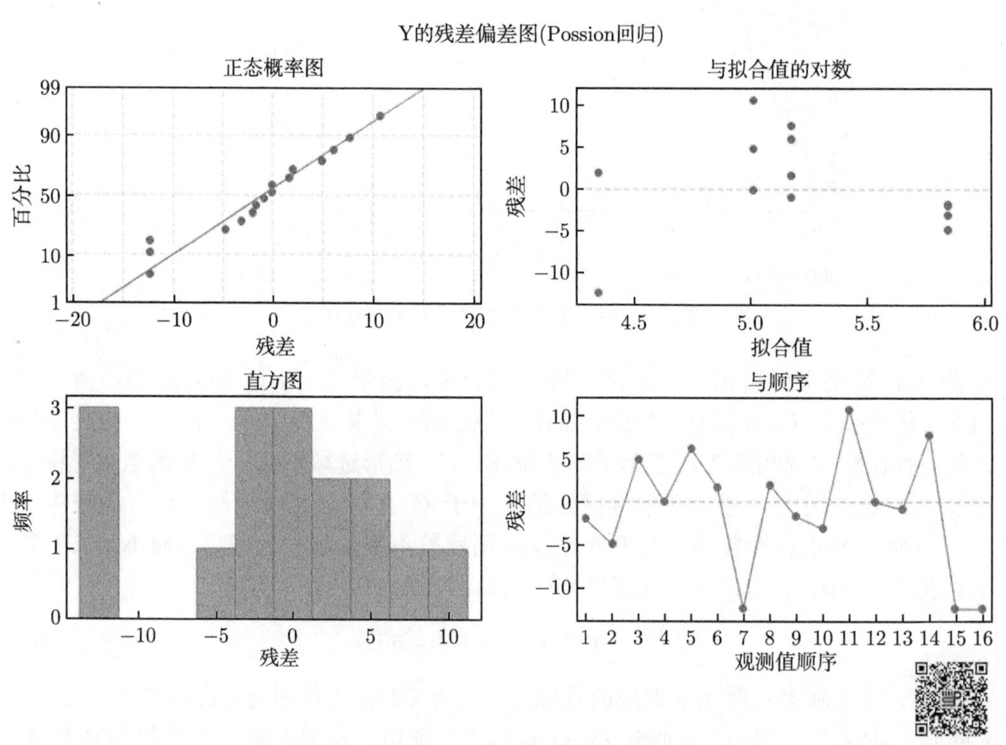

图 8.9　非正态响应 Y 的残差偏差图 (GLM 回归)

对比图 8.8 的 OLS 回归方法结果，从残差和偏差残差的正态性来看，GLM 方法较 OLS 方法更优，且 GLM 方法具有更高的预测精度。此外，从与顺序的结果来看，GLM 方法的散点随机散布在以 0 为中线的水平带中间，表明误差服从独立性假定。综上，GLM 方法在处理非正态响应时，优于 OLS 方法。这对统计过程控制和稳健型设计具有十分重要的意义。执行上述 MINITAB 步骤，可得 GLM 回归方程：

$$\hat{y}^{\mathrm{GLM}} = \exp(5.093 - 0.4169B - 0.3366C) \tag{8.12}$$

统计 OLS 和 GLM 拟合方法对注射铸模过程的预测结果的残差值、偏残差及其对应 95%置信区间结果，具体结果见表 8.9。

表 8.9 OLS 模型与 GLM 模型异常值拟合结果对比分析

序号	响应	OLS 模型			GLM 模型		
		$\hat{y}^{\mathrm{OLS}}$	残差	95%置信区间	$\hat{y}^{\mathrm{GLM}}$	偏残差	95%置信区间
1	310	322.8	−12.8	(266.4，379.2)	346.84	−2.01	(329.91，364.57)
2	260	322.8	−62.8	(266.4，379.2)	346.84	−4.88	(329.91，364.57)
3	215	174.7	40.3	(118.3，231.1)	150.66	4.92	(140.50，161.55)
5	265	200.9	64.1	(144.5，257.3)	176.91	6.16	(165.63，188.95)
7	0	52.8	−52.8	(−3.6，109.2)	76.84	−12.40	(70.79，83.41)
8	95	52.8	42.2	(−3.6，109.2)	76.84	2.00	(70.79，83.41)
10	290	322.8	−32.8	(266.4，379.2)	346.84	−3.14	(329.97，364.57)
11	300	174.7	125.3	(118.3，231.1)	150.66	10.70	(140.50，161.55)
14	290	200.9	89.1	(144.5，257.3)	176.91	7.78	(165.63，188.95)
15	0	32.8	−52.8	(−3.6，109.2)	76.84	−12.40	(70.79，83.41)
16	0	32.8	−52.8	(−3.6，109.2)	76.84	−12.40	(70.79，83.41)

由表 8.9 结果可知，从方差齐次性角度来讲，二者差别不大。但从残差和偏差残差的正态性角度来说，GLM 方法较 OLS 方法的拟合效果更好，GLM 模型的预测精度性能更优。这与图 8.8 及图 8.9 结果一致。

8.2 因子设计中的非均衡数据

方差分析中每个试验因素在水平上具有相同数量的观察值的数据集，称为平衡数据。假定存在包含 a 个水平的因素 A 和 b 个水平的因素 B，那么可得 ab 种试验方案。令 $a = 2$，$b = 3$，并且在每种试验方案下进行 4 次试验，以 X 为单次试验的观测结果，可得表 8.10 的 2×3 平衡因子设计。

表 8.10 2×3 平衡因子设计

因素 A	因素 B		
	1	2	3
1	XXXX	XXXX	XXXX
2	XXXX	XXXX	XXXX

对于涉及少量因子的平衡设计，所有处理组合的测试次数相同。但在平衡设计试验中，因设备故障、试验中的数据收集不完整等导致观察丢失的情况并不少见，这就使得设计变

得非均衡。常见的非均衡设计可以分为三种：① 样本量不等。不同试验组合的观测数量可能不相等。② 单元格数据缺失。即一些试验组合数据可能部分或者完全缺失。③ 缺少响应数据。多变量数据中，某些试验组合仅针对响应变量的一个子集进行测量。

对于平衡设计，一个因素可以保持不变，另一个因素可以独立变化。对于非均衡设计，平衡设计所具有的正交性通常会丢失。其对比的统计分量和与对比相关的平方和不能直接从对比设计中的因素的边际综合计算。因此，为均衡设计开发的各种分析技术无法直接应用于非均衡设计。

8.2.1　非均衡数据类型

非均衡数据可以分为样本量不等、单元格数据缺失和缺少响应数据三类。

1. 样本量不等

数据非均衡最常见的方式是试验组合中的观测数不等。例如，当观测对象为有机体时，有机体的死亡、迁移及未遵守试验规定等。在平衡设计的基础上，样本量不等的 2×3 非均衡因子设计可见表 8.11。

表 8.11　样本量不等的 2×3 非均衡因子设计

因素 A	因素 B		
	1	2	3
1	XX	XXXX	XXX
2	XXXX	XXX	XX

可以看到，表中单元格数据分别为 2、3、4 个观测记录值，样本量不等。实际上不论样本量不等的原因是什么，相比其他组合，具有四个观测值的因子水平组合有更多关于该组合的效果信息。因此，缺乏平衡会削弱试验区分因子影响的能力。同时，样本量不等也使得计算平方和统计量的各种方法不再产生相同的结果，因此不同方法的解释可能存在很大差异。

2. 单元格数据缺失

相比样本量不等情况下的部分数据缺失，极端的情况是某种因子组合下所有关于该组合试验效果数据的全部缺失。对于某种因子组合下所有关于该组合试验效果数据的全部缺失，称为单元格数据缺失。单元格数据缺失的 2×3 非均衡因子设计见表 8.12。

表 8.12　单元格数据缺失的 2×3 非均衡因子设计

因素 A	因素 B		
	1	2	3
1	XXXX		XXXX
2	XXXX	XXXX	

由表 8.12 的数据可以看到，有两处单元格中未记录任何数据。因此，相比样本量不等在一定程度上导致效果信息缺失，单元格数据缺失则导致在该试验组合下完全没有可用信息。因此，在单元格数据缺失情形下的数据处理需要更加小心，以便可以将单元格数据缺失的试验组合也纳入计算。

3. 缺少响应数据

样本量数据不等和单元格数据缺失情况的主要差别是非均衡的程度。对于缺少响应数据的情况，则指多变量情况下研究者可能计划在试验中观测若干属性。虽然相同数量的个体可能代表试验设计的每个单元格，但估计可能是非均衡的。因为并非所有观测的属性均在每个个体上进行研究记录，所以特定观测的多变量响应中存在缺失值。缺少响应数据的 2×3 非均衡因子设计如表 8.13 所示。

表 8.13 缺少响应数据的 2×3 非均衡因子设计

因素 A	因素 B		
	1	2	3
1	XX, YY	YY, ZZ	XX, ZZ
2	XX, ZZ	XX, YY	YY, ZZ

针对分析非均衡数据的问题，传统的办法是施加平衡。例如，将表 8.11 的试验组合单元格内存在 3 个和 4 个的数据进行删减，以保证每个组合单元格下均有 2 个观测数据。虽然删除方法使其满足了平衡特性，但在统计上没有充分利用样本信息，会降低估计精度和假设检验能力。因此，采用删减的方法是不可取的。处理非均衡数据时，消除非均衡的另一种方法则是对缺失数据进行填充，该方法根据已获取的部分数据，估算缺失值并进行填充，然后进行分析。统计结果表明，施加平衡的简单程序存在缺陷，因此，Yates 开发了 ANOVA 方法以考虑缺乏平衡的情况。

8.2.2 非均衡数据的方差分析

1934 年，Yates 提出了未调整的常数拟合法、调整的常数拟合法和均值加权平方法，已成为最常用的平方和划分方法 (Langsrud，2003)。上述方法也就是 SAS 软件中的类型 I、类型 II 和类型 III 平方和。三类平方和的基础均是线性回归模型和完全平方和 (total sum of squares，$\mathrm{SS_{Total}}$) 分解，完全平方和可进一步分解为回归平方和 (regression sum of squares，$\mathrm{SS_{Reg}}$) 和误差平方和 (error sum of squares，$\mathrm{SS_{Error}}$)，具体表达形式如下：

$$\mathrm{SS_{Total}} = \sum_{i=1}^{n} (y_i - \bar{y})^2 = \mathrm{SS_{Error}} + \mathrm{SS_{Reg}}$$

$$\mathrm{SS_{Error}} = \sum_{i=1}^{n} (y_i - \hat{y}_i)^2, \quad \mathrm{SS_{Reg}} = \sum_{i=1}^{n} (\hat{y}_i - \bar{y})^2$$

其中，y_i 为第 i 个样本对应的响应值；$\hat{y}_i$ 为回归模型在第 i 个样本对应的近似响应值；$\bar{y}$ 为响应均值。

类型 I 分析对于每个效应顺序添加到模型，其受模型中各项的排序方式影响。不同的顺序可能会给出不同的结果，某个因素 P 值较小并不能视为该因子有效的证据。类型 II 结果和类型 III 结果可通过使用不同顺序运行多个 I 类型分析来获得。相比 I 类型分析，类型 II 和 III 不受模型项排序方式影响。类型 III 分析中，每个效应都针对模型中的其他所有项进行了调整，其实际上是排序的最后一项。故类型 III 分析必须指定完整模型的唯一参数形式，并且由于具有主效应和所有交互作用的普通模型是过度参数化的。因此对类型 III 分析中的模型参数进行约束，其每个项的参数在对任何下标求和时相加为零。类型 II 分析方法假设相互作用可以忽略不计或不存在，类型 II 分析中，每个效应都针对除主效应项之外的所有其他项进行了调整，以一个三向表 (A，B，C) 为例，对于 AB、AC 和 ABC 的交互，因子 A 的主效应不进行调整。Yates 的三类平方和比较见表 8.14。

表 8.14　Yates 的三类平方和比较

平方和类型	特点	处理问题	总结
类型 I (序贯型) 未调整的常数拟合方法	“从无到有”，进行顺序添加；计算结果“不纯净”，无法排除其他效应干扰	不等组设计，I 型平方和根据主效应进场顺序的不同，计算结果也不同	
类型 II (分层型) 调整的常数拟合方法	没有先后顺序。所有设计都应采用分析方法解释	常用在无交互作用的方差分析模型中	(1) 交互作用的平方和计算结果相同 (2) 等组设计中，三类平方和等价 (3) 单因素方差分析不涉及各种平方和
类型 III (边界型) 均值加权平方法	通过全模型与缺少某效应的模型比较。可排除其他效应干扰，结果更“纯净”	不等组设计，与进场顺序无关。有交互作用	

包含正在测试的效果。类型 II 模型不适用于对参数的约束。无论在可忽略/不显著的相互作用还是不存在相互作用的情况下，“可忽略”与“不显著”在指代“小”统计上不显著的交互作用时可互换使用。相比类型 III 的分析方法，对于非均衡设计，类型 II 功效的中位数更大，四分位数范围相应值更宽。这表明，平衡设计中观测值的丢失越多，II 型方法将越强大。

为了更好地说明平衡设计与非均衡设计 ANOVA 的区别，以因子 A、B 的主效应及二者的交互作用利用维恩图来说明，见图 8.10。

图 8.10(a) 表示当交互作用与因子 A 和 B 均不相关时。图 8.10(b)∼ 图 8.10(d) 给出了当交互作用 A×B、因子 A 和 B 与预测相关时的非均衡设计，用因素和交互作用相关的平方和重叠或重叠的相关程度表示。维恩图的类比并不完美，因为“重叠”方差不能用这种格式完全地表示，但通过图 8.10 的描述，可以清楚如何划分重叠等存在的问题。这也体现了

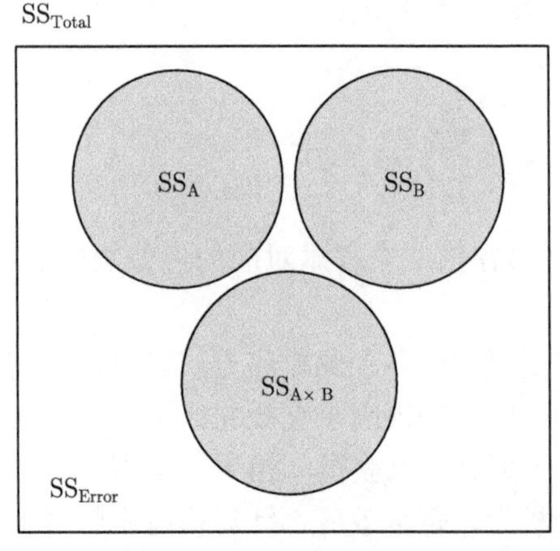

(a) 平衡设计–类型I, II, III

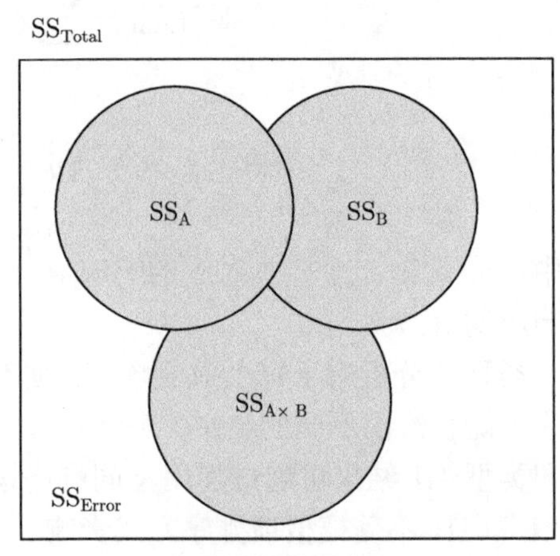

(b) 非均衡设计–类型I

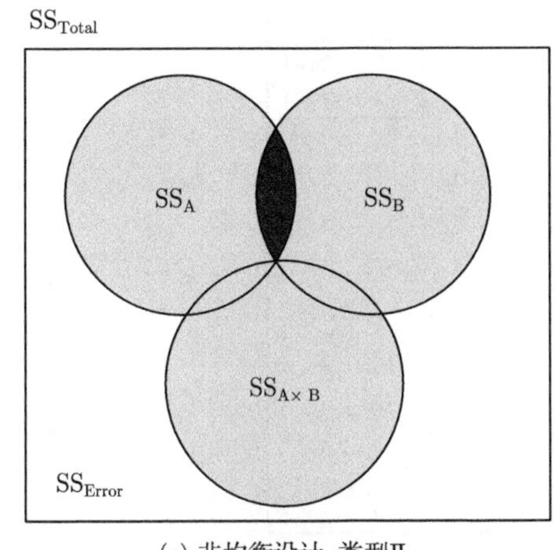

(c) 非均衡设计–类型Ⅱ

SS$_{\text{Total}}$
SS$_{\text{A}}$
SS$_{\text{B}}$
SS$_{\text{A×B}}$
SS$_{\text{Error}}$

(d) 非均衡设计–类型Ⅲ

图 8.10 平衡设计与非均衡设计 ANOVA 类型维恩图

非均衡设计中三类平方和处理不同问题的特点。目前并没有一套通用的平方和分解方法，三类平方和实现过程体现适当的回归平方和之间的差异。

例 8.4 Carrie 和 Robert (2014) 调查了现役运动员、退役运动员和非运动员的赌博数据。假设退役运动员表现出比现役运动员或非运动员更强的赌博行为。具体数据结果见表 8.15。试对数据进行统计分析并计算数据的三类平方和。

表 8.15 模拟赌博得分数据

	现役运动员	退役运动员	非运动员	边际均值
	3.0，3.0	5.1，5.2，4.7	2.1，1.9	
男性	2.8	4.9，4.9，5.0	2.0，1.8	3.28
	2.93	4.97	1.95	
	2.3，2.4	3.9，4.1	1.2，1.3，1.1	
女性	2.1	3.8	1.1，1.0	
	2.27	3.93	1.14	2.45

解：表 8.15 的得分数据是典型的 2×3 因子的非均衡设计。首先绘制表 8.15 单元格均值图 8.11，研究性别及运动员类别是否对赌博具有影响。

由图 8.11 可以看出，男性与女性在平均分数上呈平行关系，表明性别对平均分数产生影响。此外，利用 ANOVA 对表中数据进行分析，可获得关于研究对象及性别的平均差异的证据。

以表 8.15 的数据为例建立回归模型，运动员分类有三个水平，因此需要假设两个回归偏差量 D_{A1}, D_{A2}，回归方程可表示为

$$\hat{y} = c_0 + c_1 D_G + c_2 D_{A1} + c_3 D_{A2} + c_4 D_G \times D_{A1} + c_5 D_G \times D_{A2} \tag{8.13}$$

其中，c_0 为截距项，$c_i\ (i = 1, 2, \cdots, 5)$ 为系数，二者均为常数；D_G 为性别因素，D_{A1}, D_{A2} 分别为运动员的两种标记方式；$D_G \times D_{A1}$ 为性别因素与第一种运动员标记的交互效应；$D_G \times D_{A2}$ 为性别因素与第二种运动员标记的交互效应。以 A 为性别因子，B 为运动员类别，则可得到关于完整回归模型和嵌套子模型的回归平方和总结表 8.16。

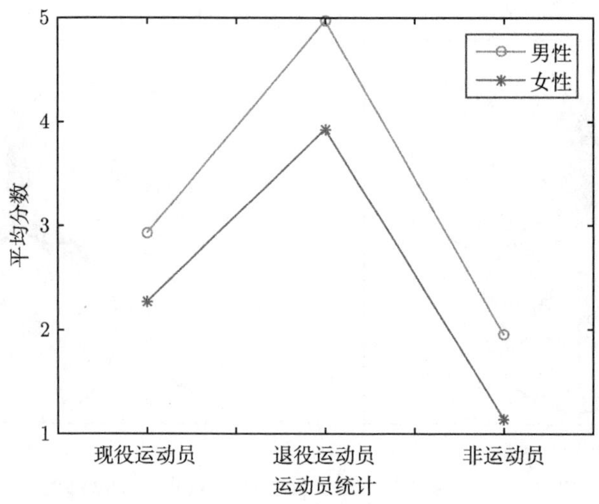

图 8.11　表 8.15 数据统计的运动员平均分数

表 8.16　完整回归模型和嵌套子模型的回归平方和及相关的回归偏差量

回归模型	回归平方和	模型回归项				
		性别	运动员类别		交互作用	
模型 1	$SS_{Reg}(A, B, A\times B)$	D_G	D_{A1}	D_{A2}	$D_G\times D_{A1}$	$D_G\times D_{A2}$
模型 2	$SS_{Reg}(A, B)$	D_G	D_{A1}	D_{A2}	$D_G\times D_{A1}$	
模型 3	$SS_{Reg}(A, A\times B)$	D_G			$D_G\times D_{A1}$	$D_G\times D_{A2}$
模型 4	$SS_{Reg}(B, A\times B)$		D_{A1}	D_{A2}	$D_G\times D_{A1}$	$D_G\times D_{A2}$
模型 5	$SS_{Reg}(A)$	D_G				
模型 6	$SS_{Reg}(B)$		D_{A1}	D_{A2}		

通过 SS_{Error} 可以拟合完整模型的残差变异性，即计算均方误差 $MS_{Error} = SS_{Error}/df_{Error}$，其中 df_{Error} 为自由度。在三类平方和的计算中，也采用相同的方法计算因子的交互项。这种方法的实现过程可称为增量回归平方和计算方法，其可以理解为逐步增加回归项实现模型拟合的逆运算。以表 8.16 关于因子交互项的计算为例，可通过完整模型 1 中的 $SS_{Reg}(A, B, A\times B)$ 减去回归平方和模型 2 中的 $SS_{Reg}(A, B)$ 得到。其可用维恩图 8.12 表示。

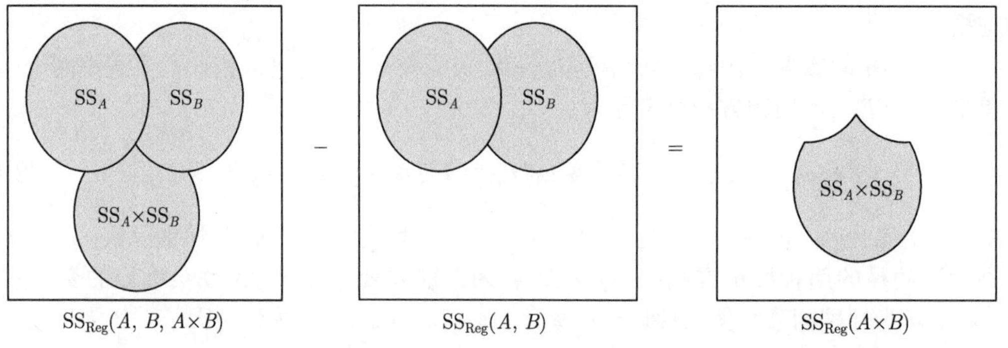

图 8.12　运用增量回归平方和计算因子交互作用 $A\times B$ 的平方和

三类平方的实现与计算对于试验设计分析十分重要，已知可实现平衡因子设计的软件有 SPSS、SAS、MINITAB 和 MATLAB 等。但大多数商用软件难以实现非均衡设计数据的三类平方和计算，目前可采用 R 语言及 MATLAB 等软件实现非均衡平方和分析。

1. 第 I 类平方和

第 I 类平方和也称为序贯型，主要针对主效应和交互作用不能完全分离组间平方和的情况。计算第 I 类平方和时需要考虑主效应因素的“入场顺序”。假设存在包含 a 个水平的因子 A 和 b 个水平的因子 B，可得 ab 种组合方案，令 $a=2$，$b=2$，并在每一种组合下存在 k 个观测值。得到如表 8.17 所示组合。

表 8.17 2 × 2 因子平衡设计

因素 B	因素 A	
	A_1	A_2
B_1	X	X
B_2	X	X

采用第 I 类平方和进行方差分析，该方法遵循序贯增加因素进行相关平方和的计算。具体实现步骤如表 8.18 所示。

表 8.18 二因子二水平的第 I 类平方和实现步骤

步骤	模型假定	回归模型	因素效应分析
步骤 1	没有任何因素的影响	$y_{ijk}=\mu_{ij}+e_{ijk}$	无因素影响
步骤 2	考虑 $A(B)$ 因素的主效应	$y_{ijk}^{A}=\mu_{ij}+\alpha_i(\beta_i)+e_{ijk}$	A 因素的主效应 $(y_{ijk}^{A}-y_i)-(y_{ijk}-y_i)$
步骤 3	考虑 $B(A)$ 因素的主效应	$y_{ijk}^{B}=\mu_{ij}+\alpha_i+\beta_j+e_{ijk}$	B 因素的主效应 $y_{ijk}^{B}-y_{ijk}^{A}$
步骤 4	考虑 AB 的交互效应	$y_{ijk}^{AB}=\mu_{ij}+\alpha_i+\beta_j+\gamma_{ij}+e_{ijk}$	AB 因素的交互效应 $y_{ijk}^{AB}-y_{ijk}^{B}$

其中，μ_{ij} 为阶乘第 ij 个单元的均值；e_{ijk} 为第 k 个观测值的偏差。

对于例 8.4 中的非均衡数据，采用第 I 类平方和方法进行 ANOVA 分析，根据表 8.18 中因子添加顺序，进行回归得到表 8.19 结果。

表 8.19 第 I 类平方和的 ANOVA 汇总表

Source (来源)		df	SS	MS	F	P
(a)	性别	1	11.023	11.0228	528.6245	8.572e-15
	运动员	2	37.940	18.9701	909.7575	<2.2e-16
	性别 × 运动员	2	0.121	0.0606	2.9061	0.08059
	残差	18	0.375	0.0209		
	总平方和	23	49.46	2.1504		
(b)	运动员	1	44.824	22.4120	1074.8213	<2.2e-16
	性别	2	4.139	4.1390	198.4970	3.661e-11
	运动员 × 性别	2	0.121	0.0606	2.9061	0.08059
	残差	18	0.375	0.0209		
	总平方和	23	49.46	2.1504		

由表 8.19(a) 中统计的主要结果分析可知：主效应、性别和运动员的 P 值均小于 0.001。根据置信水平 $\alpha=0.05$ 判定，拒绝 H_0，接受 H_1，可认为分值与性别和运动员存在线性关系，需要进行协方差分析。性别与运动员的交互效应 P 值大于 0.001，在置信水平下，可

判定性别与运动员类别存在交互效应。对比表 8.19(b) 的结果，二者统计表现基本一致，但对应的平方和存在差别。

表 8.19(a) 和 (b) 的不同在于因子添加顺序不同。A 的因素平方和等于表 8.16 中模型 5 减去模型 2 之间的 $\mathrm{SS}_{A|B}$ 差异。

2. 第 II 类平方和

采用第 II 类平方和方法进行 ANOVA 分析，计算主效应因子 A 的平方和，但忽略高阶项，是表 8.16 中模型 2 和模型 6 之间的差异。利用维恩图进行表示，见图 8.13。

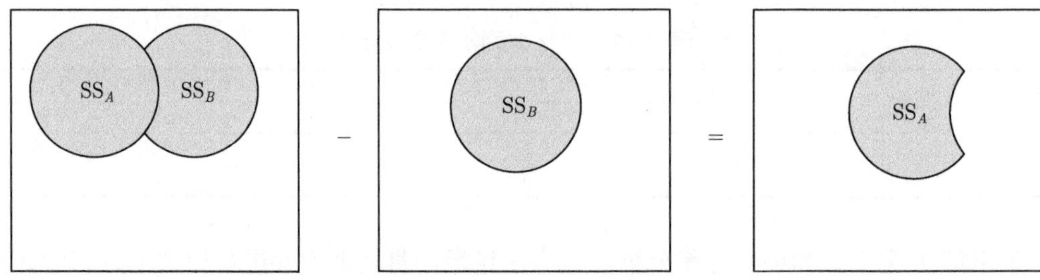

图 8.13 运用增量回归平方和计算因子 A 的平方和

假设 $y_{ijk} \sim (\mu_{ij}, \sigma^2)(i=1,2,\cdots,a, j=1,2,\cdots,b)$，对于包含因子 A、B 及交互项的完整模型，其表达形式如下：

$$y_{ijk} = \mu + \alpha_i + \beta_j + \gamma_{ij} + e_{ijk},$$
$$i=1,2,\cdots,a, \quad j=1,2,\cdots,b, \quad k=1,2,\cdots,n_{ij}$$

其中，μ 为总平均数；α_i 为因子 A 在第 i 个水平下的效应；β_j 为因子 B 在第 j 个水平下的效应；γ_{ij} 为因子 A, B 组合水平下的交互效应；e_{ijk} 服从均值为 0，协方差为 σ^2 的独立同分布。类型 II 关于因子 A 和因子 B 的原假设可表示如下。

无交互项：

$$H_0^A : \bar{\mu}_{i\cdot} = \bar{\mu}_{i'\cdot}, i \neq i'; \quad H_0^B : \bar{\mu}_{\cdot j} = \bar{\mu}_{\cdot j'}, j \neq j'$$

完整模型：

$$H_0^A : \sum n_{ij}\mu_{ij} = \sum_{i'}\sum_{j} n_{ij}n_{i'j}\mu_{i'j}/n_{\cdot j}; \quad H_0^B : \sum n_{ij}\mu_{ij} = \sum_{i}\sum_{j'} n_{ij}n_{ij'}\mu_{ij'}/n_{i\cdot}$$
$$H_0^{AB} : \mu_{ij} - \mu_{i'j} = \mu_{ij'} - \mu_{i'j'}, i \neq i', j \neq j'$$

其中，$\bar{\mu}_{i\cdot}$ 为因子 A 第 i 个水平下的均值；$\bar{\mu}_{\cdot j}$ 为因子 B 第 j 个水平下的均值；$\bar{\mu}_{i'\cdot} = \sum_{j=1}^{b} \frac{n_{ij}}{n_{i\cdot}}\mu_{ij}$ 为因子 A 的第 i 个水平的加权平均值；$n_{i\cdot} = \sum_{j=1}^{b} n_{ij}$；$\bar{\mu}_{\cdot j'} = \sum_{i=1}^{a} \frac{n_{ij}}{n_{\cdot j}}\mu_{ij}$ 为因子 B 的第 j 个水平的加权平均值，$n_{\cdot j} = \sum_{i=1}^{a} n_{ij}$。第 II 类平方和的原假设理论上可以存在，

但难以在实践中解释。在 $a=2, b=3$ (2×3) 设计中，使用因子 A 时，忽略交互作用 AB，通过调整 B，对 A 进行估计。

对例 8.4 的非均衡数据，采用第 II 类平方和进行分析，先后建立：① 考虑因子 A，因子 B 及交互效应 AB 模型；② 只考虑因子 A 和 B 的主效应模型，先添加 A；③ 只考虑因子 A 和 B 的主效应模型，先添加 B；④ 对结果进行调整，得到局部第 II 类平方和。具体结果见表 8.20。

表 8.20 第 II 类平方和的 ANOVA 汇总表

	Source (来源)	df	SS	MS	F	P
(a)	性别	1	11.023	11.0228	528.6245	8.572e-15
	运动员	2	37.940	18.9701	909.7575	< 2.2e-16
	性别 × 运动员	2	0.121	0.0606	2.9061	0.08059
	残差	18	0.375	0.0209		
(b)	性别	1	11.023	11.0228	444.00	3.98e-15
	运动员	2	37.940	18.9701	764.11	< 2.2e-16
	残差	20	0.497	0.0248		
(c)	运动员	2	44.824	22.4120	902.75	< 2.2e-16
	性别	1	4.139	4.1390	166.72	3.687e-11
	残差	20	0.497	0.0248		
(d)	性别	1	11.023	11.0228	528.6245	8.572e-15
	运动员	2	44.824	22.4120	902.75	< 2.2e-16
	性别 × 运动员	2	0.121	0.0606	2.9061	0.08059
	残差	18	0.375	0.0209		

3. 第 III 类平方和

采用第 III 类平方和方法进行 ANOVA 分析，计算主效应因子 A 的平方和。利用维恩图进行表示，见图 8.14。

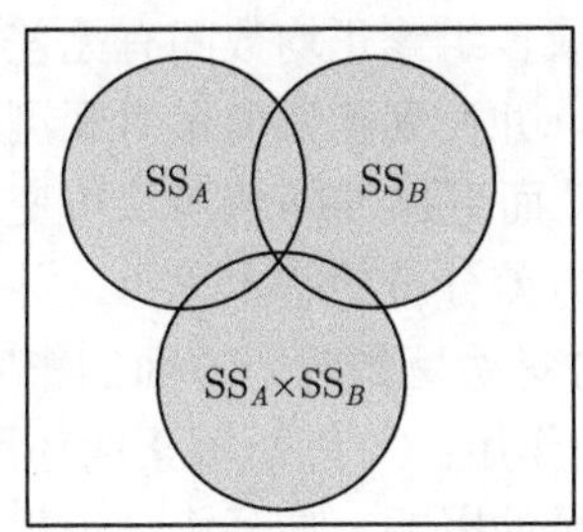

−
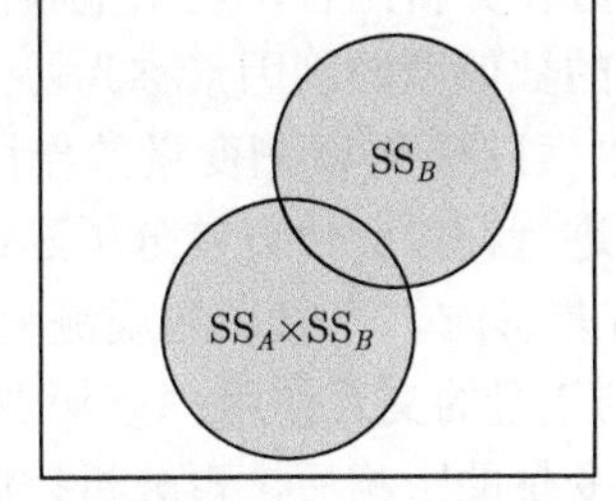

=
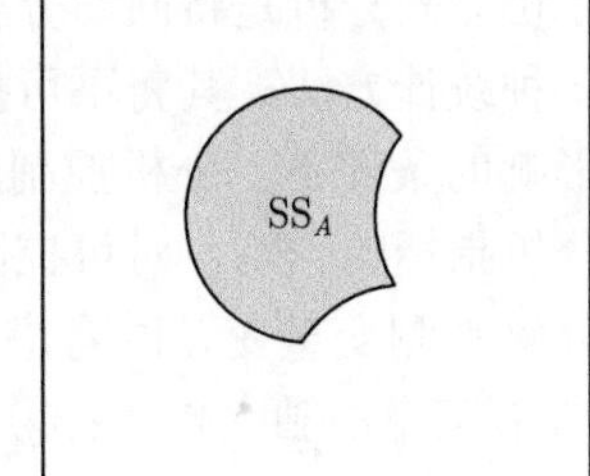

图 8.14 运用增量回归平方和计算因子 A 的平方和

第 III 类中关于因子 A 和因子 B 的原假设可表示如下：

$$H_0^A: \bar{\mu}_{i\cdot} = \bar{\mu}_{i'\cdot}, i \neq i' \quad H_0^B: \bar{\mu}_{\cdot j} = \bar{\mu}_{\cdot j'}, j \neq j'$$
$$H_0^{AB}: \mu_{ij} - \mu_{i'j} = \mu_{ij'} - \mu_{i'j'}, i \neq i', j \neq j'$$

第 III 类平方和的原假设中，存在的非均衡设计族是不变的，即单元均值的简单行 (列) 的平均值简单比较在列 (行) 上。在 2×3 设计中，第 III 类平方和分析涉及主效应 A 对 B 和交互效用 AB 进行调整。

例 8.4 的非均衡数据采用第 III 类平方和进行分析，先后建立：① 考虑因子 A、因子 B 及交互效应 AB 模型；② 考虑 AB 交互效应，再顺序添加 A、B；③ 考虑 AB 交互效应，再顺序添加 B、A；④ 对结果进行调整，得到第 III 类平方和。具体结果见表 8.21。

表 8.21　第 III 类平方和的 ANOVA 汇总表

编号	Source (来源)	df	SS	MS	F	P
(a)	运动员	2	44.824	22.4120	1074.8213	< 2.2e-16
	性别	1	4.139	4.1390	198.4970	3.661e-11
	运动员 × 性别	2	0.121	0.0606	2.9061	0.08059
	残差	18	0.375	0.0209		
	总平方和	23	49.459			
(b)	运动员 × 性别	1	0.620	0.6202	24.195	9.531e-05
	性别	1	10.464	10.4645	408.245	2.645e-14
	运动员	2	37.888	18.9440	739.051	< 2.2e-16
	残差	19	0.487	0.0256		
	总平方和	23	49.459			
(c)	运动员 × 性别	1	0.620	0.6202	24.195	9.531e-05
	运动员	2	44.376	22.1879	865.605	< 2.2e-16
	性别	1	3.977	3.9766	155.137	1.378e-10
	残差	19	0.487	0.0256		
	总平方和	23	49.459			
(d)	运动员	2	44.824	22.4120	1074.8213	< 2.2e-16
	性别	1	10.464	10.4645	408.245	2.645e-14
	运动员 × 性别	2	0.121	0.0606	2.9061	0.08059
	残差	18	0.375	0.0209		
	总平方和	23	55.784			

8.3　协方差分析

协方差分析是将回归分析及方差分析结合，用来检验两组或多组修正均数间有无差异的一种统计方法。其将不可控制的数值型控制因素称为协变量，并在剔除协变量对观测变量影响的条件下，分析控制变量 (可控) 对观测变量的作用，从而更加准确地消除协变量对分析指标的影响，对可控因素进行评价。协方差分析延续了方差分析的基本思想，并且在分解观测变量变差时考虑协方差影响。一般认为观测变量的变动受到四个方面的影响：① 控制变量的独立作用；② 控制变量的交互作用；③ 协变量的作用；④ 随机因素的作用。因此，协方差的意义在于剔除协变量的影响后，再分析控制变量的影响，使分析结论更加可靠。协方差分析可用于完全随机设计、拉丁方设计、因子设计等。当协变量数目仅有一个时，称为一元协方差分析；若协变量的数目为多个，则称为多元协方差分析。

8.3.1　协方差与相关系数

协方差分析，从因子分析角度，探讨可控因子不同水平对试验指标的影响。回归分析通过建立回归方程来研究试验指标与一个 (或几个) 因子数量之间的关系。简单来说，两个不同因子之间的方差就是协方差。对于两个连续的随机变量 X_1, X_2，其协方差可定义为

$$\mathrm{Cov}(X_1, X_2) = E[X - E(X_1)][X - E(X_2)] \tag{8.14}$$

其中，$E(X_1), E(X_2)$ 分别为随机变量 X_1, X_2 的期望。若 $E[X-E(X_1)][X-E(X_2)]=0$，则二者不相关；若 $E[X-E(X_1)][X-E(X_2)]\neq 0$，则说明随机变量之间存在一定的相关性，即协相关。若只有一种随机变量或随机变量 $X_1=X_2$，协方差等价于方差

$$\mathrm{Cov}(X_1,X_2)=D(X_1)=D(X_2) \tag{8.15}$$

随机变量 X_1, X_2 的相关系数为

$$\rho(X_1,X_2)=\frac{\mathrm{Cov}(X_1,X_2)}{\sqrt{D(X_1)D(X_2)}} \tag{8.16}$$

其中，当 $\rho(X_1,X_2)=0$ 时，称 X_1, X_2 不相关，与 $\mathrm{Cov}(X_1,X_2)=0$ 等价；当 $|\rho(X_1,X_2)|\leqslant 1$ 时，称随机变量 X_1, X_2 正 (负) 相关，$|\rho(X_1,X_2)|=1$ 的充分必要条件为随机变量 X_1, X_2 存在线性关系，即 $P(X_2=aX_1+b)=1, (a,b\in \boldsymbol{R})$。

若随机变量 X, Y 为离散型，协方差公式 (8.14) 可表述为

$$\mathrm{Cov}(X_1,X_2)=\sum_{i=1}^{n}(x_{1i}-\bar{X}_1)(x_{2i}-\bar{X}_2)P(X_1=x_{1i},X_2=x_{2i}) \tag{8.17}$$

其中，$\bar{X}_1, \bar{X}_2$ 为随机变量的均值，n 为样本对数，x_{1i}, x_{2i} 为第 i 个离散样本对；$P(X_2=x_{2i}, X_1=x_{1i})$ 为对应的概率。

单因素协方差分析的统计模型可表示如下：

$$y_{ij}=\mu+\alpha_i+\beta z_{ij}+\varepsilon_{ij},\quad i=1,2,\cdots,k,\quad j=1,2,\cdots,n \tag{8.18}$$

其中，y_{ij} 为单个控制变量在水平 i 下的第 j 次试验的观测值；μ 为观测变量总的期望值；α_i 为控制变量水平 i 对试验结果的附加影响；β 为 y_{ij} 在 x_{ij} 上的线性回归系数；$z_{ij}=x_{ij}-\bar{x}_{..}$ 为水平 i 下第 j 次试验观测值对应的协变量取值；$\varepsilon_{ij}\sim N(0,\sigma^2)$ 为随机抽样误差。

协方差分析前，要对数据资料进行方差齐性检验和回归系数的假设检验，以判断是否满足协方差分析的应用条件：① 各组数据均来自正态总体，且各组方差相等；② 各组的总体回归系数 β_i 相等，且均不为 0；③ 处理效应之和等于零，即 $\sum\limits_{i=1}^{k}\alpha_i=0$。

从公式 (8.18) 的统计模型可以看出，协方差分析模型是方差模型和回归分析线性模型的结合。令 $\mu'=\mu-\beta\bar{x}_{..}$，公式 (8.18) 可重写为

$$y_{ij}=\mu'+\alpha_i+\beta x_{ij}+\varepsilon_{ij},\quad i=1,2,\cdots,k,\quad j=1,2,\cdots,n$$

协方差分析需要对总离差平方和 $\mathrm{SS_T}$、组间 (处理) 离差平方和 $\mathrm{SS_A}$、组内离差 (误差) 平方和 $\mathrm{SS_E}$ 及交叉乘积和 $\mathrm{SS_\times}$ 进行计算。

$$\mathrm{SS}_{\mathrm{T}}^{y}=\sum_{i=1}^{k}\sum_{j=1}^{n}(y_{ij}-\bar{y}_{..})^2=\sum_{i=1}^{k}\sum_{j=1}^{n}(y_{ij}-\bar{y}_{i.})^2+\sum_{i=1}^{k}\sum_{j=1}^{n}(y_{i.}-\bar{y}_{..})^2=\sum_{i=1}^{k}\sum_{j=1}^{n}y_{ij}^2-\frac{y_{..}^2}{kn} \tag{8.19}$$

其中，$\mathrm{SS}_{\mathrm{E}}^{y}=\sum_{i=1}^{k}\sum_{j=1}^{n}(y_{ij}-\bar{y}_{i\cdot})^2$ 为组内离差平方和；$\mathrm{SS}_{\mathrm{A}}^{y}=\sum_{i=1}^{k}\sum_{j=1}^{n}(y_{i\cdot}-\bar{y}_{\cdot\cdot})^2$ 为组间离差平方和。$y_{i\cdot}=\sum_{j=1}^{n}y_{ij}$ 为对 y_{ij} 下标 j 的和；$\bar{y}_{i\cdot}=\dfrac{1}{n}y_{i\cdot}$ 为 $y_{i\cdot}$ 的平均；$y_{\cdot\cdot}=\sum_{i=1}^{k}\sum_{j=1}^{n}y_{ij}$ 为总和；$\bar{y}_{i\cdot\cdot}=\dfrac{1}{kn}y_{\cdot\cdot}$ 为 y_{ij} 的总平均。

同理，可得关于 x 的总离差平方和及交互效用的总离差平方和：

$$\mathrm{SS}_{\mathrm{T}}^{x}=\sum_{i=1}^{k}\sum_{j=1}^{n}(x_{ij}-\bar{x}_{\cdot\cdot})^2=\sum_{i=1}^{k}\sum_{j=1}^{n}x_{ij}^2-\frac{x_{\cdot\cdot}^2}{kn}$$

$$\mathrm{SS}_{\mathrm{T}}^{xy}=\sum_{i=1}^{k}\sum_{j=1}^{n}(x_{ij}-\bar{x}_{\cdot\cdot})(y_{ij}-\bar{y}_{\cdot\cdot})=\sum_{i=1}^{k}\sum_{j=1}^{n}x_{ij}y_{ij}-\frac{x_{\cdot\cdot}y_{\cdot\cdot}}{kn}$$

由公式 (8.19) 可知，总离差平方和可进一步分解为组间离差平方和与组内离差平方和。因此，可得关于 x 和交互效应的组间离差平方和与组内离差平方和。

$$\mathrm{SS}_{\mathrm{A}}^{x}=\sum_{i=1}^{k}\sum_{j=1}^{n}(\bar{x}_{i\cdot}-\bar{x}_{\cdot\cdot})^2=\sum_{i=1}^{k}\frac{x_{i\cdot}^2}{k}-\frac{x_{\cdot\cdot}^2}{kn}$$

$$\mathrm{SS}_{\mathrm{A}}^{xy}=\sum_{i=1}^{k}\sum_{j=1}^{n}(\bar{x}_{i\cdot}-\bar{x}_{\cdot\cdot})(\bar{y}_{i\cdot}-\bar{y}_{\cdot\cdot})=\sum_{i=1}^{k}\frac{x_{i\cdot}y_{i\cdot}}{n}-\frac{x_{\cdot\cdot}y_{\cdot\cdot}}{kn}$$

和

$$\mathrm{SS}_{\mathrm{E}}^{x}=\sum_{i=1}^{k}\sum_{j=1}^{n}(x_{ij}-\bar{x}_{i\cdot})^2=\mathrm{SS}_{\mathrm{T}}^{x}-\mathrm{SS}_{\mathrm{A}}^{x}$$

$$\mathrm{SS}_{\mathrm{E}}^{xy}=\sum_{i=1}^{k}\sum_{j=1}^{n}(x_{ij}-\bar{x}_{i\cdot})(y_{ij}-\bar{y}_{i\cdot})=\mathrm{SS}_{\mathrm{T}}^{xy}-\mathrm{SS}_{\mathrm{A}}^{xy}$$

采用上述公式可计算变量 x,y 的离差平方和、乘积和，因此，可计算总的、组间和组内各部分的回归系数：

$$b_{\mathrm{T}}=\frac{\mathrm{SS}_{\mathrm{T}}^{xy}}{\mathrm{SS}_{\mathrm{T}}^{x}},\quad b_{\mathrm{A}}=\frac{\mathrm{SS}_{\mathrm{A}}^{xy}}{\mathrm{SS}_{\mathrm{A}}^{x}},\quad b_{\mathrm{E}}=\frac{\mathrm{SS}_{\mathrm{E}}^{xy}}{\mathrm{SS}_{\mathrm{E}}^{x}}$$

其中，b_{T} 为总回归系数；b_{A} 为组间回归系数；b_{E} 为组内回归系数。

协方差分析的基本点是通过协变量 x 调整反应变量 y。公式 (8.18) 中 μ 的估计值为 $\bar{y}_{\cdot\cdot}$，β 的估计值为 b_{E}。组内效应 $\alpha_i=\bar{y}_{i\cdot}-\bar{y}_{\cdot\cdot}-b_{\mathrm{E}}(\bar{x}_{i\cdot}-\bar{x}_{\cdot\cdot})$。如果试验中不存在组内效应，公式 (8.18) 重写为

$$y_{ij}=\mu+\beta(x_{ij}-x_{i\cdot})+\varepsilon_{ij},\quad i=1,2,\cdots,k,\quad j=1,2,\cdots,n$$

例 8.5 表 8.22 为某型钢架重量与尺寸和材料的关系数据，对该款钢架产品的重量进行分析。钢架重量在每种材料条件下，选择 4 种不同尺寸进行制造并组装。试研究材料尺寸是否对重量具有显著影响。

解：该问题研究原假设 H_0 可描述为：材料尺寸对钢架重量无影响；备择假设 H_1 为材料尺寸对钢架重量有影响。数学公式表达可写为

$$H_0:\alpha_1=\alpha_2=\cdots=\alpha_r;\quad H_1:\alpha_1,\alpha_2,\cdots,\alpha_r \text{ 至少一个不为 } 0$$

协变量线性回归系数 β 表征数值变量对钢架重量结果的影响。若 $\beta=0$，则无影响，若 $\beta\neq 0$，则有影响，其可用如下形式的假设检验进行表达。

$$H_0:\beta=0;\quad H_1:\beta\neq 0$$

实际分析中，当协方差回归系数 β 显著时，通过 β 的估计值及数值变量在各水平上的均值与所有观测值的差值对方差分析的检验统计量进行修正，以获得 F 统计量。采用 P 值法来判断是否拒绝原假设，其余方差分析判断方法一致。在实际应用中，协方差允许多个因子和多个协变量同时出现在模型中进行估计。

表 8.22 钢架重量与尺寸和材料的关系

编号	材料	尺寸	重量	编号	材料	尺寸	重量
1	甲	12.21	42.43	9	丙	5.51	35.33
2	甲	12.53	42.33	10	丙	5.01	35.24
3	甲	12.82	42.65	11	丙	6.72	36.66
4	甲	12.74	42.86	12	丙	6.74	36.82
5	乙	7.96	58.01	13	丁	5.63	45.53
6	乙	6.65	57.02	14	丁	6.84	46.63
7	乙	8.90	58.99	15	丁	7.99	47.85
8	乙	9.91	59.95	16	丁	9.38	49.26

根据 SS_T、SS_A、SS_E 公式对表 8.22 的数据进行计算，具体各变量及交互效应的总离差平方和、组间平方和和组内平方和等信息见表 8.23。

表 8.23 钢架尺寸与钢架重量的计算信息

变异来源	自由度	尺寸 x	重量 y	交互 xy
		SS	SS	SS
材料间 SS_A	3	95.78	1077.17	31.25
误差 SS_E	15	15.9873	14.80	15.24
总变异 SS_T	18	111.77	1091.97	46.49

采用 MINITAB 软件实施过程：选择“图形 → 散点图”选项，打开散点图对话框，选择“含组”，在含组对话框中，响应变量 (Y) 为重量，输入变量 (X) 为尺寸；在用于分组的类别变量输入，材料。单击确定按钮绘制图。具体结果见图 8.15。

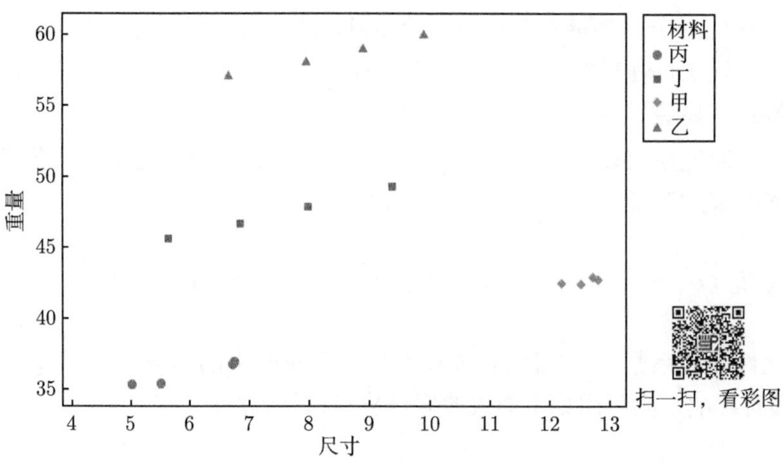

图 8.15　不同材料下尺寸与重量的散点图

由图 8.15 散点图结果可以看出：在相同材料情况下，钢架重量与尺寸正相关，该结果表明钢架重量不仅与尺寸相关，也受到制造材料的影响；在不考虑尺寸影响 (相同尺寸) 的情况下，乙种材料制作的钢架最重，丁、甲、丙材料制作的钢架重量逐渐减小。实施过程：选择“统计 → 方差分析 → 一般线性模型”选项。弹出对话框设定：响应变量部分勾选重量；因子变量部分勾选材料；协变量部分勾选尺寸；模型中的项部分勾选材料和尺寸；模型选项部分勾选均值选择主效应结果；选择简单表：勾选方法、因子信息、模型汇总和回归方程，下拉菜单选择单一方程和均值。实现上述步骤得到表 8.24 及表 8.25。

表 8.24　MINITAB 输出方差分析表

来源	自由度	Adj SS	AdjMS	F 值	P 值
尺寸	1	14.53	14.528	589.72	0.000
材料	3	1072.36	357.454	14509.64	0.000
误差	11	0.27	0.025		
合计	15	1091.97			

表 8.25　MINITAB 输出回归方程、均值及协变量的均值表

回归方程		均值			协变量的均值		
		项	拟合均值	均值标准误	协变量	数据均值	标准差
甲	重量 =30.298+0.9533 尺寸	材料			尺寸	8.60	2.73
乙	重量 =40.206+0.9533 尺寸	丙	38.492	0.129			
丙	重量 =30.580+0.9533 尺寸	丁	48.400	7 0.0903			
丁	重量 =50.258+0.9533 尺寸	甲	38.775	0.175			
		乙	58.7225	0.0790			

表 8.24 中的方差分析表为矫正后信息，由表 8.24 及表 8.25 结果可以看出：尺寸的协变量效应 P 值小于 0.001。在置信水平 $\alpha = 0.05$ 条件下，认为尺寸与重量存在较强的线性关系，因此进行协方差分析有助于更好的设计。主效应材料的 P 值小于 0.001，在扣除尺寸影响外，不同的材料对钢架的重量有影响，见方差分析结果。此外，在模型汇总中调整

系数 R^2 (R-sq)=99.98%，说明模型拟合效果良好，具有较好的预测精度。此外，99.98%说明钢架重量变异的 99.98%可由材料和尺寸的变量来解释。

8.3.2 随机区组设计的协方差

随机区组设计又称为组内设计或相关组设计，其根据被试对象的某些特征进行分组，保持组内同质 (组间是否异质视试验性质而定)，使每个区组接受所有的试验处理。

当试验设计为随机区组设计时，协方差分析的统计模型为

$$y_{ij} = \mu + \alpha_i + v_j + \beta z_{ij} + \varepsilon_{ij}, \quad i = 1, 2, \cdots, k, \quad j = 1, 2, \cdots, m$$

其中，j 为第 j 个区组；v_j 为区组 (重复) 效应，且满足 $\sum\limits_{j=1}^{m} v_j = 0$。

例 8.6 某一农村进行橡胶树肥料试验，采用正交表 $L_9(3^9)$ 安排试验，试验为随机区组设计，区组数 $m = 4$，处理数 $k = 9$，区组内橡胶树处理前平均基围为 x，处理后平均基围为 y，具体处理前、后平均基围数据见表 8.26。试用协方差分析研究各因素对橡胶树平均基围的影响。

表 8.26 处理前、后橡胶树不同区组的平均基围观测值

处理		区组 I		区组 II		区组 III		区组 IV		求和	
		x_{i1}	y_{i1}	x_{i2}	y_{i2}	x_{i3}	y_{i3}	x_{i4}	y_{i4}	$x_{i\cdot}$	$y_{i\cdot}$
1		30.3	32.9	30.5	31.9	28.2	31.3	27.4	30.7	116.4	126.5
2		32.8	35.4	30.7	33.1	29.1	31.8	24.0	27.4	116.6	127.7
3		31.7	34.7	25.6	28.4	25.5	28.1	23.8	26.4	106.6	117.6
4		26.7	29.7	31.6	34.1	27.1	30.1	25.4	28.3	110.8	122.2
5		32.9	35.9	33.0	36.1	26.1	28.7	25.7	28.8	117.7	129.5
6		30.0	31.9	32.3	35.1	28.1	30.9	28.4	31.7	118.8	129.6
7		34.3	37.5	31.8	35.0	27.1	30.8	28.1	31.8	121.3	135.1
8		31.5	34.8	30.9	33.1	29.5	31.7	27.8	31.2	119.7	130.8
9		29.6	32.3	30.1	33.2	26.2	29.4	24.0	26.9	109.9	121.8
求	$x_{\cdot j}$	279.8		276.5		246.9		234.6		($x_{\cdot\cdot}$)1037.8	
和	$y_{\cdot j}$		305.1		300.0		272.8		263.2		($y_{\cdot\cdot}$) 1141.1

解：首先根据表 8.26 的观测值信息，计算各部分的总离差平方和：

$$\begin{aligned}
\mathrm{SS}_\mathrm{T}^y &= \sum_{i=1}^{k}\sum_{j=1}^{m}(y_{ij} - \bar{y}_{\cdot\cdot})^2 = \sum_{i=1}^{k}\sum_{j=1}^{m} y_{ij}^2 - \frac{y_{\cdot\cdot}^2}{km} \\
&= 32.9^2 + 35.4^2 + \cdots + 26.9^2 - \frac{1141.1^2}{36} = 276.37 \\
\mathrm{SS}_\mathrm{T}^x &= \sum_{i=1}^{k}\sum_{j=1}^{m}(x_{ij} - \bar{x}_{\cdot\cdot})^2 = \sum_{i=1}^{k}\sum_{j=1}^{m} x_{ij}^2 - \frac{x_{\cdot\cdot}^2}{km} \\
&= 30.3^2 + 32.8^2 + \cdots + 24.0^2 - \frac{1037.8^2}{36} = 285.05
\end{aligned}$$

$$\mathrm{SS}_{\mathrm{T}}^{xy}=\sum_{i=1}^{k}\sum_{j=1}^{m}(x_{ij}-\bar{x}_{..})(y_{ij}-\bar{y}_{..})=\sum_{i=1}^{k}\sum_{j=1}^{m}x_{ij}y_{ij}-\frac{x_{..}y_{..}}{km}$$

$$=30.3\times 32.9+32.8\times 35.4+\cdots+24.0\times 26.9-\frac{1037.8\times 1141.1}{36}=276.76$$

其次，计算各部分处理的离差平方和

$$\mathrm{SS}_{\mathrm{A}}^{y}=\sum_{i=1}^{k}\sum_{j=1}^{m}(\bar{y}_{I\cdot}-\bar{y}_{..})^2=\sum_{i=1}^{k}\sum_{j=1}^{m}\frac{y_{i\cdot}^2}{m}-\frac{y_{..}^2}{km}$$

$$=\frac{1}{4}(126.5^2+127.7^2+\cdots+121.8^2)-\frac{1141.1^2}{36}=57.91$$

$$\mathrm{SS}_{\mathrm{A}}^{x}=\sum_{i=1}^{k}\sum_{j=1}^{m}(\bar{x}_{I\cdot}-\bar{x}_{..})^2=\sum_{i=1}^{k}\sum_{j=1}^{m}\frac{x_{i\cdot}^2}{m}-\frac{x_{..}^2}{km}$$

$$=\frac{1}{4}(116.4^2+116.6^2+\cdots+109.9^2)-\frac{1037.8^2}{36}=50.34$$

$$\mathrm{SS}_{\mathrm{A}}^{xy}=\sum_{i=1}^{k}\sum_{j=1}^{m}(\bar{x}_{I\cdot}-\bar{x}_{..})(\bar{y}_{I\cdot}-\bar{y}_{..})=\sum_{i=1}^{k}\sum_{j=1}^{m}\frac{x_{ij}y_{ij}}{m}-\frac{x_{..}y_{..}}{km}$$

$$=\frac{1}{4}(116.4\times 126.5+116.6\times 127.7+\cdots+109.9\times 121.8)-\frac{1037.8\times 1141.1}{36}=53.15$$

然后，计算各部分区组的离差平方和，记为 SS_{Q}

$$\mathrm{SS}_{\mathrm{Q}}^{y}=\sum_{i=1}^{k}\sum_{j=1}^{m}(\bar{y}_{\cdot j}-\bar{y}_{..})^2=\sum_{i=1}^{k}\sum_{j=1}^{m}\frac{y_{\cdot j}^2}{k}-\frac{y_{..}^2}{km}$$

$$=\frac{1}{9}(305.1^2+300.0^2+\cdots+263.2^2)-\frac{1141.1^2}{36}=139.20$$

$$\mathrm{SS}_{\mathrm{Q}}^{x}=\sum_{i=1}^{k}\sum_{j=1}^{m}(\bar{x}_{\cdot j}-\bar{x}_{..})^2=\sum_{i=1}^{k}\sum_{j=1}^{m}\frac{x_{\cdot j}^2}{k}-\frac{x_{..}^2}{km}$$

$$=\frac{1}{9}(279.8^2+276.5^2+\cdots+234.6^2)-\frac{1037.8^2}{36}=164.43$$

$$\mathrm{SS}_{\mathrm{Q}}^{xy}=\sum_{i=1}^{k}\sum_{j=1}^{m}(\bar{x}_{\cdot j}-\bar{x}_{..})(\bar{y}_{\cdot j}-\bar{y}_{..})=\sum_{i=1}^{k}\sum_{j=1}^{m}\frac{x_{ij}y_{ij}}{k}-\frac{x_{..}y_{..}}{km}$$

$$=\frac{1}{9}(279.8\times 305.1+276.5\times 300.0+\cdots+234.6\times 263.2)-\frac{1037.8\times 1141.1}{36}$$

$$=151.07$$

由于总离差平方和等于各部分离差平方和之和，即得到误差离差平方和

$$\mathrm{SS}_{\mathrm{E}}^{y}=\mathrm{SS}_{\mathrm{T}}^{y}-\mathrm{SS}_{\mathrm{Q}}^{y}-\mathrm{SS}_{\mathrm{A}}^{y}=79.26$$

$$SS_E^x = SS_T^x - SS_Q^x - SS_A^x = 70.28$$

$$SS_E^{xy} = SS_T^{xy} - SS_Q^{xy} - SS_A^{xy} = 72.54$$

最后，整理上述数据，得到表 8.27 的离差平方和信息汇总。

表 8.27 离差平方和信息汇总

变异来源	自由度	变量 x	变量 y	交互 xy
区组 SS_Q	3	164.43	139.20	151.07
处理 SS_A	8	50.34	57.91	53.15
误差 SS_E	24	70.28	79.26	72.54
总变异 SS_T	35	285.05	276.37	276.76

MINITAB 实现过程：选择“统计 → 方差分析 → 一般线性模型”选项。在 MINITAB 弹出对话框中选定：因子变量为区组和处理，协变量为处理前的平均基围。在“随机/嵌套”对话框中，选择因子类型中的区组为固定，处理选择为随机。在模型对话框中，模型中的项选定为区组、处理、处理前平均基围及处理前平均基围 * 区组。在结果对话框中勾选简单表。在方法选择中勾选因子信息、方差信息、模型汇总及协变量的均值。单击确定按钮得到表 8.28 及表 8.29。

表 8.28 MINITAB 输出因子信息及协变量均值表

因子信息				协变量的均值		
因子	类型	水平数	值	协变量	数据均值	标准差
区组	固定	4	I, II, III, IV	处理前平均基围	28.83	8.85
处理	随机	9	1, 2, 3, 4, 5, 6, 7, 8, 9			

表 8.29 MINITAB 输出方差分析表

来源	自由度	AdjSS	AdjMS	F 值	P 值
处理前平均基围	1	61.678	61.6783	307.10	0.000
区组	3	0.268	0.0895	0.45	0.723
处理	8	1.707	0.2133	1.06	0.426
处理前平均基围 * 区组	3	0.365	0.1218	0.61	0.619
误差	20	4.017	0.2008		
合计	35	276.370			
		模型汇总			
S	R-sq	R-sq (调整)	R-sq (预测)		
0.448152	98.55%	97.46%	93.63%		

由表 8.28 及表 8.29 的结果可知：协变量效应，处理前平均基围的 P 值小于 0.001，在置信水平 $\alpha = 0.05$ 条件下，处理前平均基围与处理后平均基围存在线性关系，需要进行协方差分析；主效应，区组的 F 值为 0.45，P 值大于 0.001，处理的 F 值为 1.06，P 值大于 0.001。在置信水平 $\alpha = 0.05$ 条件下，接受 H_0，拒绝 H_1，可认为扣除处理前平均基围的影响后，不同的区组和处理，处理后平均基围的总体均值相等；对于处理前平均基围 * 区组的交互效应，F 值为 0.61，P 值大于 0.001，在置信水平 $\alpha = 0.05$ 条件下，拒绝 H_0。处理前的平均基围和区组存在交互效应。此外，模型决定系数 R^2 为 98.55%，接近 100%，表明模型对数据的拟合效果良好，变量对响应的可解释程度较高。

8.3.3 多元协方差分析

在多重线性回归中，当需要比较两组或多组因变量，而这些因变量 y 又与多个自变量间存在一定的线性关系时，要考虑自变量 x 的影响，必要时应将 x 调整到相同水平。对 y 的平均值进行调整后再进行比较，这就需要进行多元协方差分析。多元协方差分析原理与单个协变量的协方差分析原理一致，多元协方差分析将回归系数改为偏回归系数。回归平方和、回归剩余平方和相对应地修改为偏回归平方和与偏回归剩余平方和。

例 8.7 对 1980 年、1981 年、1982 年某林木害虫自然死亡率进行统计。实践调查结果表明害虫自然死亡率受到空气温度和空气湿度影响，具体统计信息见表 8.30。试分析不同年份害虫自然死亡率是否有显著差异。

表 8.30 空气温度、空气湿度及害虫自然死亡率观察统计

	1980 年			1981 年			1982 年			年份求和		
	x_1	x_2	y	x_1	x_2	y	x_1	x_2	y	x_1	x_2	y
重复	25.6	14.9	19.0	25.4	7.2	32.4	27.9	18.6	26.2	78.9	40.7	77.6
	25.4	13.3	22.2	28.3	9.5	32.2	34.4	22.2	34.7	88.1	45.0	89.1
	30.8	4.6	35.3	35.3	6.8	43.7	32.5	10.0	40.0	98.6	21.4	119.0
	33.0	14.7	32.8	32.4	9.7	35.7	27.5	17.6	29.6	92.9	42.0	98.1
	28.5	12.8	25.3	25.9	9.2	28.3	23.7	14.4	20.6	78.1	36.4	74.2
	28.0	7.5	35.8	24.2	7.5	35.2	32.9	7.9	47.2	85.1	22.9	118.2
求和	171.3	67.8	170.4	171.5	49.9	207.5	178.9	90.7	198.3	521.7	208.4	576.2

解：首先，计算总离差平方和

$$\mathrm{SS}_{\mathrm{T}}^{y}=\sum_{i=1}^{k}\sum_{j=1}^{n}(y_{ij}-\bar{y}_{..})^2=\sum_{i=1}^{k}\sum_{j=1}^{n}y_{ij}^2-\frac{y_{..}^2}{kn}=982.30$$

$$\mathrm{SS}_{\mathrm{T}}^{x_1}=\sum_{i=1}^{k}\sum_{j=1}^{n}(x_{1ij}-\bar{x}_{..})^2=\sum_{i=1}^{k}\sum_{j=1}^{n}x_{1ij}^2-\frac{x_{1..}^2}{kn}=230.53$$

$$\mathrm{SS}_{\mathrm{T}}^{x_2}=\sum_{i=1}^{k}\sum_{j=1}^{n}(x_{2ij}-\bar{x}_{..})^2=\sum_{i=1}^{k}\sum_{j=1}^{n}x_{2ij}^2-\frac{x_{2..}^2}{kn}=385.07$$

$$\mathrm{SS}_{\mathrm{T}}^{x_1y}=\sum_{i=1}^{k}\sum_{j=1}^{n}(x_{1ij}-\bar{x}_{1..})(y_{ij}-\bar{y}_{..})=\sum_{i=1}^{k}\sum_{j=1}^{n}x_{1ij}y_{ij}-\frac{x_{1..}y_{..}}{kn}=341.25$$

$$\mathrm{SS}_{\mathrm{T}}^{x_2y}=\sum_{i=1}^{k}\sum_{j=1}^{n}(x_{2ij}-\bar{x}_{2..})(y_{ij}-\bar{y}_{..})=\sum_{i=1}^{k}\sum_{j=1}^{n}x_{2ij}y_{ij}-\frac{x_{2..}y_{..}}{kn}=-300.75$$

$$\mathrm{SS}_{\mathrm{T}}^{x_1x_2}=\sum_{i=1}^{k}\sum_{j=1}^{n}(x_{1ij}-\bar{x}_{1..})(x_{2ij}-\bar{x}_{2..})=\sum_{i=1}^{k}\sum_{j=1}^{n}x_{1ij}x_{2ij}-\frac{x_{1..}x_{2..}}{kn}=-0.65$$

其次，计算处理 (重复) 离差平方和

$$\mathrm{SS}_{\mathrm{A}}^{y}=\sum_{i=1}^{k}\sum_{j=1}^{n}(\bar{y}_{.j}-\bar{y}_{..})^2=\sum_{i=1}^{k}\sum_{j=1}^{n}\frac{y_{.j}^2}{k}-\frac{y_{..}^2}{kn}=124.41$$

$$\mathrm{SS}_{\mathrm{A}}^{x_1}=\sum_{i=1}^{k}\sum_{j=1}^{n}(\bar{x}_{1\cdot j}-\bar{x}_{\cdot\cdot})^2=\sum_{i=1}^{k}\sum_{j=1}^{n}\frac{x_{1\cdot j}^2}{k}-\frac{x_{1\cdot\cdot}^2}{kn}=6.25$$

$$\mathrm{SS}_{\mathrm{A}}^{x_2}=\sum_{i=1}^{k}\sum_{j=1}^{n}(\bar{x}_{2\cdot j}-\bar{x}_{\cdot\cdot})^2=\sum_{i=1}^{k}\sum_{j=1}^{n}\frac{x_{2\cdot j}^2}{k}-\frac{x_{2\cdot\cdot}^2}{kn}=124.41$$

$$\mathrm{SS}_{\mathrm{A}}^{x_1y}=\sum_{i=1}^{k}\sum_{j=1}^{n}(\bar{x}_{1\cdot j}-\bar{x}_{\cdot\cdot})(\bar{y}_{\cdot j}-\bar{y}_{\cdot\cdot})=\sum_{i=1}^{k}\sum_{j=1}^{n}\frac{x_{1\cdot j}y_{\cdot j}}{k}-\frac{x_{1\cdot\cdot}y_{\cdot\cdot}}{kn}=8.41$$

$$\mathrm{SS}_{\mathrm{A}}^{x_2y}=\sum_{i=1}^{k}\sum_{j=1}^{n}(\bar{x}_{2\cdot j}-\bar{x}_{2\cdot\cdot})(\bar{y}_{\cdot j}-\bar{y}_{\cdot\cdot})=\sum_{i=1}^{k}\sum_{j=1}^{n}\frac{x_{2\cdot j}y_{\cdot j}}{k}-\frac{x_{2\cdot\cdot}y_{\cdot\cdot}}{kn}=-22.25$$

$$\mathrm{SS}_{\mathrm{A}}^{x_1x_2}=\sum_{i=1}^{k}\sum_{j=1}^{n}(\bar{x}_{1\cdot j}-\bar{x}_{1\cdot\cdot})(\bar{x}_{2\cdot j}-\bar{x}_{2\cdot\cdot})=\sum_{i=1}^{k}\sum_{j=1}^{n}\frac{x_{1\cdot j}x_{2\cdot j}}{k}-\frac{x_{1\cdot\cdot}x_{2\cdot\cdot}}{kn}=26.24$$

然后，计算区组 (年份) 的离差平方和

$$\mathrm{SS}_{\mathrm{Q}}^{y}=\sum_{i=1}^{k}\sum_{j=1}^{n}(\bar{y}_{i\cdot}-\bar{y}_{\cdot\cdot})^2=\sum_{i=1}^{k}\sum_{j=1}^{n}\frac{y_{i\cdot}^2}{n}-\frac{y_{\cdot\cdot}^2}{kn}=629.22$$

$$\mathrm{SS}_{\mathrm{Q}}^{x_1}=\sum_{i=1}^{k}\sum_{j=1}^{n}(\bar{x}_{1i\cdot}-\bar{x}_{\cdot\cdot})^2=\sum_{i=1}^{k}\sum_{j=1}^{n}\frac{x_{1i\cdot}^2}{n}-\frac{x_{1\cdot\cdot}^2}{kn}=106.33$$

$$\mathrm{SS}_{\mathrm{Q}}^{x_2}=\sum_{i=1}^{k}\sum_{j=1}^{n}(\bar{x}_{2i\cdot}-\bar{x}_{\cdot\cdot})^2=\sum_{i=1}^{k}\sum_{j=1}^{n}\frac{x_{2i\cdot}^2}{n}-\frac{x_{2\cdot\cdot}^2}{kn}=171.46$$

$$\mathrm{SS}_{\mathrm{Q}}^{x_1y}=\sum_{i=1}^{k}\sum_{j=1}^{n}(\bar{x}_{1i\cdot}-\bar{x}_{\cdot\cdot})(\bar{y}_{i\cdot}-\bar{y}_{\cdot\cdot})=\sum_{i=1}^{k}\sum_{j=1}^{n}\frac{x_{1i\cdot}y_{i\cdot}}{n}-\frac{x_{1\cdot\cdot}y_{\cdot\cdot}}{kn}=190.83$$

$$\mathrm{SS}_{\mathrm{Q}}^{x_2y}=\sum_{i=1}^{k}\sum_{j=1}^{n}(\bar{x}_{2i\cdot}-\bar{x}_{2\cdot\cdot})(\bar{y}_{i\cdot}-\bar{y}_{\cdot\cdot})=\sum_{i=1}^{k}\sum_{j=1}^{n}\frac{x_{2i\cdot}y_{i\cdot}}{n}-\frac{x_{2\cdot\cdot}y_{\cdot\cdot}}{kn}=-257.02$$

$$\mathrm{SS}_{\mathrm{Q}}^{x_1x_2}=\sum_{i=1}^{k}\sum_{j=1}^{n}(\bar{x}_{1i\cdot}-\bar{x}_{1\cdot\cdot})(\bar{x}_{2i\cdot}-\bar{x}_{2\cdot\cdot})=\sum_{i=1}^{k}\sum_{j=1}^{n}\frac{x_{1i\cdot}x_{2i\cdot}}{n}-\frac{x_{1\cdot\cdot}x_{2\cdot\cdot}}{kn}=-47.06$$

最后，计算误差的离差平方和

$$\mathrm{SS}_{\mathrm{E}}^{y}=\mathrm{SS}_{\mathrm{T}}^{y}-\mathrm{SS}_{\mathrm{Q}}^{y}-\mathrm{SS}_{\mathrm{A}}^{y}=228.67,\quad \mathrm{SS}_{\mathrm{E}}^{x_1}=\mathrm{SS}_{\mathrm{T}}^{x_1}-\mathrm{SS}_{\mathrm{Q}}^{x_1}-\mathrm{SS}_{\mathrm{A}}^{x_1}=117.94$$

$$\mathrm{SS}_{\mathrm{E}}^{x_2}=\mathrm{SS}_{\mathrm{T}}^{x_2}-\mathrm{SS}_{\mathrm{Q}}^{x_2}-\mathrm{SS}_{\mathrm{A}}^{x_2}=74.19,\quad \mathrm{SS}_{\mathrm{E}}^{x_1y}=\mathrm{SS}_{\mathrm{T}}^{x_1y}-\mathrm{SS}_{\mathrm{Q}}^{x_1y}-\mathrm{SS}_{\mathrm{A}}^{x_1y}=142.01$$

$$\mathrm{SS}_{\mathrm{E}}^{x_2y}=\mathrm{SS}_{\mathrm{T}}^{x_2y}-\mathrm{SS}_{\mathrm{Q}}^{x_2y}-\mathrm{SS}_{\mathrm{A}}^{x_2y}=-21.47,$$

$$\mathrm{SS}_{\mathrm{E}}^{x_1x_2}=\mathrm{SS}_{\mathrm{T}}^{x_1x_2}-\mathrm{SS}_{\mathrm{Q}}^{x_1x_2}-\mathrm{SS}_{\mathrm{A}}^{x_1x_2}=20.17$$

整理得到表 8.31 的计算结果。

表 8.31　空气湿度、空气温度及害虫自然死亡率离差平方和统计

变异来源	自由度	离差平方和			交互离差平方和		
		x_1	x_2	y	x_1y	x_2y	x_2x_2
年份 $\mathrm{SS_Q}$	2	106.33	171.46	629.22	190.83	−257.02	−47.06
重复 $\mathrm{SS_A}$	5	6.25	124.41	124.41	8.41	−22.25	26.24
误差 $\mathrm{SS_E}$	10	117.94	74.19	228.67	142.01	−21.47	20.17
总和 $\mathrm{SS_T}$	17	230.53	385.07	982.30	341.25	−300.75	−0.65

两个协变量条件下，偏回归系数 $b^y_{x_1\cdot x_2}$ 和 $b^y_{x_2\cdot x_1}$ 计算公式如下：

$$b^y_{x_1\cdot x_2}=\frac{\mathrm{SS}_\mathrm{E}^{x_1y}\mathrm{SS}_\mathrm{E}^{x_2}-\mathrm{SS}_\mathrm{E}^{x_2y}\mathrm{SS}_\mathrm{E}^{x_1x_2}}{\mathrm{SS}_\mathrm{E}^{x_1}\mathrm{SS}_\mathrm{E}^{x_2}-\mathrm{SS}_\mathrm{E}^{x_1x_2}\mathrm{SS}_\mathrm{E}^{x_1x_2}}=1.3147,$$

$$b^y_{x_2\cdot x_1}=\frac{\mathrm{SS}_\mathrm{E}^{x_2y}\mathrm{SS}_\mathrm{E}^{x_1}-\mathrm{SS}_\mathrm{E}^{x_1y}\mathrm{SS}_\mathrm{E}^{x_1x_2}}{\mathrm{SS}_\mathrm{E}^{x_1}\mathrm{SS}_\mathrm{E}^{x_2}-\mathrm{SS}_\mathrm{E}^{x_1x_2}\mathrm{SS}_\mathrm{E}^{x_1x_2}}=-0.6468$$

偏回归平方和 SS^b 及偏回归剩余平方和 SS^{be} 为

$$\mathrm{SS}^b=b^y_{x_1x_2}\mathrm{SS}_\mathrm{E}^{x_1y}+b^y_{x_2x_1}\mathrm{SS}_\mathrm{E}^{x_2y}=200.5873,$$

$$\mathrm{SS}^{be}=\mathrm{SS}_\mathrm{E}^{y}-b^y_{x_1x_2}\mathrm{SS}_\mathrm{E}^{x_1y}-b^y_{x_2x_1}\mathrm{SS}_\mathrm{E}^{x_2y}=28.0827$$

根据计算偏回归平方和及偏回归剩余平方和，进行回归分析，列出方差分析表 8.32。

表 8.32　方差分析表

变差来源	离差平方和	自由度	均方	F	F_a
偏回归	200.5873	2	100.29365	28.571	$F_{(2,8)}=4.46$
剩余	28.0827	8	3.51034		
总和 (误差)	228.67	10			

由表 8.32 可知，偏回归显著，说明需要用偏回归方法来对害虫死亡率进行校正，除去空气温度与空气湿度不同所受的影响，再进行死亡率的校正方差分析。MINITAB 融合了上述功能，下面介绍实现过程。

MINITAB 软件实现过程：载入表 8.31 的数据，选择“统计 → 方差分析 → 一般线性模型”选项；在弹出对话框中勾选响应为害虫死亡率，因子变量为年份，协变量为空气温度和空气湿度。在“随机/嵌套”对话框中，年份的因子类型为固定；“模型”对话框中，模型的项为年份、空气温度、空气湿度、年份 * 空气湿度、年份 * 空气温度及空气温度 * 空气湿度。“结果”对话框中选择简单表，并选择方法、因子信息、方差信息及回归方程。单击确定按钮得到表 8.33 和表 8.34 的结果。

表 8.33　MINITAB 输出因子信息及回归方程表

因子信息			
因子	类型	水平数	值
年份	固定	3	1980，1981，1982

回归方程

年份

1980 害虫自然死亡率 =17.1+0.81 空气温度 −2.39 空气湿度 +0.047 空气温度 * 空气湿度

1981 害虫自然死亡率 =38.1+0.538 空气温度 −3.62 空气湿度 +0.047 空气温度 * 空气湿度

1982 害虫自然死亡率 =15.2+1.11 空气温度 −2.41 空气湿度 +0.047 空气温度 * 空气湿度

表 8.34　MINITAB 输出的方差分析表

来源	自由度	AdjSS	AdjMS	F 值	P 值
空气温度	1	3.731	3.731	0.41	0.538
空气湿度	1	7.137	7.137	0.79	0.399
年份	2	5.774	2.887	0.32	0.735
空气温度 × 空气湿度	1	1.946	1.946	0.22	0.654
空气温度 × 年份	2	3.587	1.794	0.20	0.823
空气湿度 × 年份	2	11.742	5.871	0.65	0.547
误差	8	72.013	9.002		
合计	17	982.298			
S	R-sq	R-sq (调整)	R-sq (预测)		
3.00026	92.67%	84.42%	0.00%		

由表 8.33 及表 8.34 的结果可知，协变量效应，空气温度 F 值为 0.41，P 值大于 0.001，在置信水平 $\alpha = 0.05$ 条件下，不拒绝 H_0，可认为空气温度和空气湿度与害虫死亡率不存在线性关系，因此，可不进行协方差分析；交互效应，空气温度 × 空气湿度的 F 值为 0.22，P 值大于 0.001。空气温度 × 年份的 F 值为 0.20，P 值大于 0.001。空气湿度 × 年份的 F 值为 0.65，P 值大于 0.001。在置信水平 $\alpha = 0.05$ 条件下，不拒绝 H_0，尚不能认为上述交互项存在交互效应。主效应：年份，F 值为 0.32，P 值大于 0.001，在置信水平 $\alpha = 0.05$ 条件下，不能拒绝原假设 H_0，在扣除空气温度、空气湿度及交互效应后，尚不能认为不同年份害虫死亡率的总体均值不同，故不同年份害虫死亡率无显著差异。此外，模型 R^2 为 92.67%，表明模型对数据的拟合效果良好，对变量对响应的可解释程度较高。

思考与练习

8-1 构造非正态响应数据集，采用不同变换方法进行变换，并通过 MINITAB 软件进行分析研究。

8-2 在习题 8-1 的基础上，构建广义线性模型并进行分析。

8-3 选用 Shaw&Mitchell-Olds 的假设示例数据集，数据集包括作为响应变量的试验靶器官高度，作为解释因子的相邻器官试验移除 (不移除) 及靶器官生物的初始大小。每个因素均有二个水平，即二因子各有二水平交叉。具体数据见表 8.35。对该数据集进行方差分析。

8-4 对表 8.36 的 4 种肥料作用下梨树比较试验的统计结果进行协方差分析。该数据来源于以某果园梨树单株在 A、B、C、D 4 种肥料作用下的平均产量为例，选取 40 株梨树进行试验验证。将 40 株梨树分成 4 组，每组 10 棵施加 1 种肥料。统计各株梨树的起始周 (x) 和单株产量 (y)，并检验 4 种肥料的单株产量是否有显著差异。

8-5 研究者决定研究 1，2，3 号钢梁的强度指标，在 8 个区组 (S1-S8) 中，每个区组均采用 3 种钢梁进行试验。记录钢梁的界面高度 (H) 作为协变量，Aarau 表示以某种方法获得的钢梁强度数据。具体钢梁试验的强度数据见表 8.37。试用协方差分析研究各因素对钢梁强度的影响。

表 8.35　习题 8-3 数据

处理 (高度)	有效控制 (不移除)	移除	边际平均数
小	50	57	
小	57	71	62.25
小	—	85	
小	—	—	
单元格平均数	53.5	71.0	
大	91	105	
大	94	120	
大	102	—	108.87
大	99.25	—	
单元格平均数	76.37	112.5	
边际平均数	76.37	91.75	

表 8.36　习题 8-4 数据

肥料种类	变量	观测值	总和	平均
A	x_{1j}	36 30 26 23 26 30 20 19 20 16	246	24.6
	y_{1j}	89 80 74 80 85 68 73 68 80 58	755	75.5
B	x_{2j}	28 27 27 24 25 23 20 18 17 20	229	22.9
	y_{2j}	64 81 73 67 77 67 64 65 59 57	674	67.4
C	x_{3j}	28 33 26 22 23 20 22 23 18 17	232	23.2
	y_{3j}	55 62 58 58 66 55 60 71 55 48	588	25.8
D	x_{4j}	32 23 27 23 27 28 20 24 19 17	240	24.0
	y_{4j}	52 58 64 62 54 54 55 44 51 51	545	54.5
总和			947	23.675
			2562	64.05

表 8.37　习题 8-5 数据

钢梁	区组	H	Aarau	钢梁	区组	H	Aarau	钢梁	区组	H	Aarau
1	S1	31.56	0.712	2	S1	29.42	0.844	3	S1	89.6	0.852
1	S2	53.12	0.701	2	S2	44.44	0.831	3	S2	37.17	0.947
1	S3	42.34	0.767	2	S3	84.38	0.767	3	S3	37.32	0.983
1	S4	54.82	0.645	2	S4	88.42	0.759	3	S4	89.21	0.825
1	S5	86.7	0.677	2	S5	71.33	0.899	3	S5	58.57	0.907
1	S6	76.27	0.687	2	S6	45.15	0.887	3	S6	66.68	0.919
1	S7	68.66	0.727	2	S7	66.79	0.826	3	S7	82.78	0.926
1	S8	47.27	0.654	2	S8	58.34	0.884	3	S8	29.52	0.979

8-6 不孕症问题是关乎人类发展的重要问题，研究者设计试验从甲乙两个地区各收集了 10 名男子的精子数 (10^6/mL)，舒张压 (mmHg) 和年龄 (岁)，具体数据见表 8.38。试分析甲、乙两个地区男子的平均精子数之间有无统计意义。

8-7 Box 和 Bisgaard 描述了一种特殊工艺进行的弹簧试验，该试验为减少弹簧裂缝百分比。研究了三个因子：油温，碳百分比及淬火前的钢温。试验使用 2^3 设计，弹簧试验的设计矩阵和响应数据见表 8.39。试用多元协方差对试验数据进行分析。

表 8.38　习题 8-6 数据

地区	年龄/岁	舒张压/mmHg	精子数/(10^6/mL)	地区	年龄/岁	舒张压/mmHg	精子数/(10^6/mL)
甲	25	70	70	乙	24	68	72
甲	27	75	50	乙	28	76	49
甲	29	73	47	乙	30	74	45
甲	32	70	42	乙	31	73	46
甲	36	80	37	乙	34	70	41
甲	40	85	40	乙	35	75	40
甲	45	79	25	乙	36	81	46
甲	45	82	28	乙	42	80	35
甲	50	78	26	乙	44	78	32
甲	51	83	25	乙	50	76	28

表 8.39　弹簧试验的计划矩阵和响应数据

油温/°C	碳百分比/%	钢温/°F	无裂缝弹簧百分比/%
70	0.50	1450	67
70	0.50	1600	79
70	0.70	1450	61
70	0.70	1600	75
120	0.50	1450	59
120	0.50	1600	90
120	0.70	1450	52
120	0.70	1600	87

第 9 章　计算机试验设计简介

计算机试验设计因其高效性及不易受环境影响等优点成为 21 世纪提升产品质量、缩短设计周期、降低研发成本的重要方法之一。本章主要内容包括计算机试验设计的发展历程及展望，计算机试验设计基础，计算机试验与随机过程，空间填充设计，序贯试验设计等，并提供相应的应用实例，为实际工作者提供指南。

9.1　计算机试验设计的发展历程及展望

9.1.1　计算机试验设计的发展概况

计算机试验设计主要是指利用计算机仿真取代实物试验，通过制订计划、设定条件，为更好地研究输入与输出间函数关系所进行的以提高收集和分析试验信息效率的一系列通过计算机实现的方法和技术。计算机试验设计包括试验的设计、代理模型技术、灵敏度分析及模型校正等相关理论和方法。相比传统物理试验，仿真试验最早可追溯至 1773 年法国自然学家布丰 (Buffon) 采用随机投针法计算圆周率而进行的投针试验。尽管随机数试验很早就已提出，但随机数仿真试验真正被应用则始于 1876 年统计学家戈塞 (Gosset) 对于 t 统计分布问题的证明 (Moore and Mccabe，1989)。Metropolis 和 Ulam(1949) 提出为大家所熟知的伪随机数抽样方法，该方法后来被 Ulam 和 Von Newmann 命名为蒙特卡罗仿真方法，这也被认为是近代计算机仿真设计的开端 (Metropolis，1987)。

蒙特卡罗仿真方法在实际应用中存在计算量大且耗时的问题，20 世纪 60 年代以来通过拟蒙特卡罗方法进行随机数抽样逐渐成为减少蒙特卡罗仿真所需的样本数、计算时间和计算复杂度的重要方法之一。拟蒙特卡罗方法采用低差异性的拟随机列代替随机数进行蒙特卡罗模拟，选用不同的序列发展了数量众多的拟蒙特卡罗仿真方法。与蒙特卡罗仿真随机数产生的不确定性相比，拟蒙特卡罗方法是一种确定性抽样方法。

McKay 和 Conover(1979) 提出拉丁超立方抽样方法，该方法是一种从多元参数分布中近似随机抽样的方法，属于分层抽样技术，是计算机试验常用方法之一。与此同时，方开泰等提出了均匀设计抽样方法。

Sacks 等 (1989a) 首次提出计算机试验概念，并通过有限元分析软件，实现了高水平的工业应用。通过构建高斯过程模型，提出了采用均方预测误差设计方法来辅助新设计方案挑选。

Mockus 等 (1978) 提出了期望改进准则，Schonlau 等 (1998) 结合克里金模型发展了高效全局优化算法，使其同时考虑输入变量与输出变量，具有系统性。系统辅助设计为通过计算机试验进行优化设计开辟了全新的理论框架，使计算机试验具备了自适应采样能力。

21 世纪初，Kennedy 和 O'Hagan(2001) 针对计算机仿真中网格导致的精度不一致问题，提出了模型校正设计方案。方开泰等将经典试验设计中的均匀设计应用到计算机试验领域，同时引入统计工具进行序贯优化。模型校正设计逐步成为计算机试验的一个发展方向。

近年来，由序贯 (自适应) 设计发展而来的智能采样设计逐渐成为计算机试验设计的研究热点，该类方法考虑模型信息更新、序贯 (自适应) 设计特性的同时兼顾样本位置信息，如基于抽样方法的位置优化、自适应混合抽样方法等。图 9.1 以图示的方式，展示了计算机试验设计的发展概况。

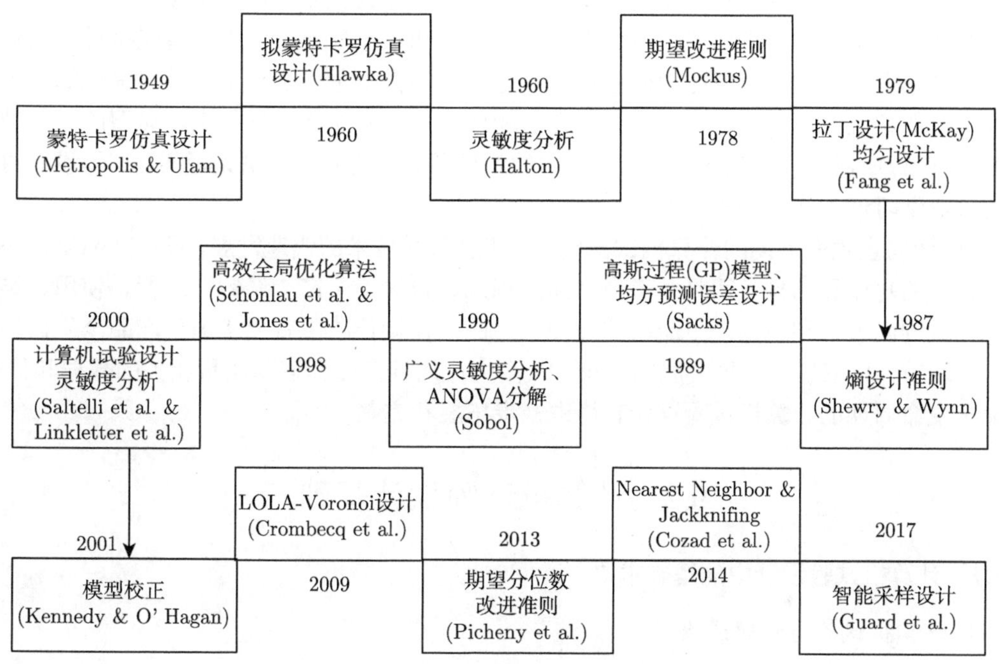

图 9.1 计算机试验设计发展概况

9.1.2 计算机试验设计的展望

随着中国制造 2025 等国家战略规划的出台，智能制造背景下，实现产品制造的数字化、网络化和智能化集成，逐渐成为现代制造企业转型的关键。智能制造的实现，计算机试验是必不可少的重要环节，必将加强以下几个方面的研究及应用。

(1) 智能制造背景下的定制化生产与计算机试验设计。随着序贯设计方法和人工智能技术的快速发展，综合系统信息、样本位置信息、仿真原理信息及建模技术进行计算机试验设计已成为现代产品设计的重要方法和手段。同时，随着顾客个性化需求和定制化的发展，以用户需求驱动的整个制造系统智能升级，大规模个性化定制模式的数据化实践，成为让用户全程参与，打通产品、用户需求及制造过程壁垒的关键。数字化、网络化和智能化制造使得企业能够精准定位用户定制的个性化需求，有助于实现企业的全价值链增值。

(2) 计算资源丰富条件下的高效计算机试验设计及优化。随着仿真对象日益复杂，采用多台计算机或多核心计算机同时执行仿真或计算任务的并行计算可以有效减少设计周期，缩短产品研发时间，提高设计优化效率。对于计算机试验设计而言，采用大规模空间填充设计或网格设计并不能高效地实现计算资源的充分利用。因此，采用高效的多点序贯设计方法并通过并行计算来实现高效计算机试验设计及优化逐渐成为解决昂贵仿真优化问题的主流方法。例如，并行代理优化方法已被应用于航空航天领域的翼型优化设计、工程领域的确定性优化及可靠性分析及优化等。

(3) 人工智能 (机器学习) 与试验设计的结合方法。随着传感设备功能增强、价格降低，数据的收集也由传统试验设计的小样本向大样本数据集过渡。因此，工业生产、机械制造等领域的制造过程具备一定程度的自动化。机器学习中的预测建模侧重预测，通过系统分析，发现数据中的非随机模式，可广泛应用于质量和可靠性建模。人工智能接近试验设计典型的方法有具备自主学习能力的序贯设计方法，其在大量候选点集中获得最优的试验设计样本，如响应曲面方法、可靠性分析方法和代理优化方法等。近年来，典型的二者结合的方法有 A/B 测试，在网格连接点问题中的新试验设计方法等。毫无疑问，试验设计可以加速机器学习过程并提升其效用。

(4) 面向全生命周期的计算机试验设计。随着科学技术的快速发展，设计产品早已不再限于产品的功能和结构，而且要考虑产品的规划、设计、生产、经销、运行、使用、维修保养，直到回收再利用的全生命周期过程。因此，在设计阶段就要考虑到产品全生命历程的所有环节，以保证可持续发展的需求。从全生命周期角度提取与质量相关的数据和信息，实现全生命周期的计算机试验设计有待进一步拓展和完善。

9.2 计算机试验设计基础

9.2.1 计算机试验设计中的基础术语

1. 计算机试验与物理试验

物理试验也即实物试验，是指在工厂、实验室等场景下通过一系列实际试验获取数据，对物理系统的输入与输出关系进行研究的试验方法。计算机试验是指采用复杂的数学模型来刻画系统输入和输出间的函数关系，并通过计算机编程实现系统运行过程的高精度仿真实现，在计算机试验数据基础上对系统的输入与输出关系进行研究的计算机试验方法。

计算机试验与物理试验有共同的特点，也有区别，具体表现在以下方面。

(1) 从试验误差来看，物理试验的误差主要来源于人为误差、系统误差和随机误差。计算机试验的误差主要来源于计算机仿真，计算机数值仿真的误差主要来源于人为误差和系统误差。

(2) 从统计特性来看，物理试验具有随机性，同一个输入往往对应多个不同的输出。计算机试验具有确定性特征且不受随机误差的影响，即在试验设置不变的情况下，同一输入变量对应同一确定性输出。这在物理试验中几乎是不可能发生的。

(3) 从变量性质来看，物理试验可以根据变量性质进行分类，如温度、湿度等。计算机试验中计算机仿真包含模型参数等标定变量。此外，计算机试验可以比物理试验处理更多的复杂变量问题，对复杂非线性问题具有更广阔的设计区域或设计空间。

在实际的应用中，完全采用物理试验往往因耗时、安全性和经济性等因素而难以实现。完全采用计算机试验则难以保证产品设计的完整性。因此，将计算机试验与物理试验相结合是最好的方法。即采用计算机试验进行仿真设计，然后通过物理试验进行确认性验证。此外，计算机试验尽管对于任何给定的输入均可以给出相应的响应值，但输入变量和输出响应之间的函数关系未知，其本质上是一种黑箱函数。计算机试验具有确定性、可重复性、安全性、经济性等优点。

2. 仿真模型

仿真模型也称仿真器，是指基于计算流体力学、有限元方法等技术对系统进行刻画的高精度计算机程序。仿真模型因其自身程序设计的复杂性及基于仿真模型商用软件开发的封闭性，也认为是黑箱 (black box) 模型。仿真模型实现过程见图 9.2。它包括对研究对象的理论分析、程序实现和系统仿真三个阶段。

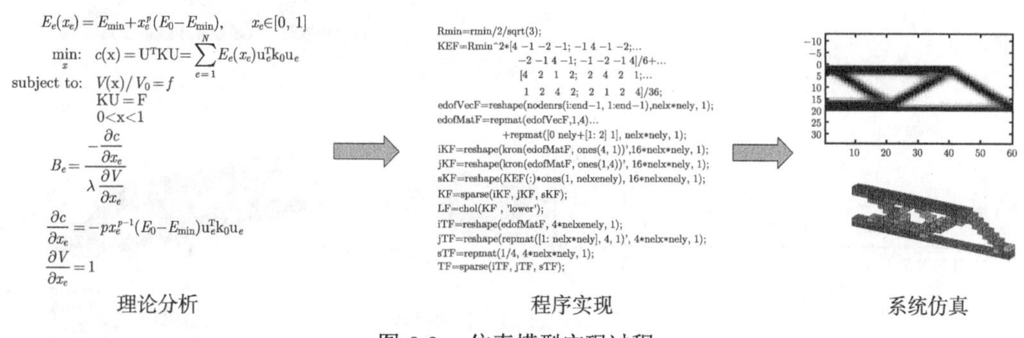

图 9.2 仿真模型实现过程

仿真模型从不同的研究视角，也可分为三类。

(1) 静态仿真模型与动态仿真模型。静态仿真模型是一个系统在特定时间的一种表示，或者是一个可以用来表示不随时间而变化的系统，如机械模块的应力试验。与此相反，动态仿真模型表示随着时间的推移而演变的系统，如工厂中的输送系统。

(2) 确定性仿真模型与随机仿真模型。确定性仿真模型是不包含任何随机成分的模型，如一个化学反应的微分方程。与此相反，如果一个仿真模型中包含一些随机输入的成分，对应的输出也是随机的，那么称为随机仿真模型，如银行排队问题中顾客达到的时间间隔和服务时间。

(3) 离散型仿真模型与连续型仿真模型。离散型仿真模型是模型中的状态或者变量在某个时间点发生瞬时的变化。例如，银行的顾客达到仿真模型中，当客户到达或客户服务结束离开时，银行中的客户数量就会发生变化。连续型仿真模型是状态变量随时间连续变化的系统。例如，一架在空中飞行的飞机的位置和时间都是随时间连续变化的。

在工程和力学等领域，一般会涉及连续型仿真模型；在机械制造、航空航天等领域会涉及离散型和确定性仿真模型。不论如何区分，仿真模型的建立为计算机试验设计提供了便利，为更好地进行试验设计分析和改进打下了坚实的基础。

3. 代理模型

代理模型也称为元模型或模拟器，是指根据少量试验获取系统输入与输出数据，建立的系统输入与输出函数关系，并在分析和优化过程中用以替代昂贵仿真模型的近似响应曲面模型。代理模型可以近似描述仿真模型的变化趋势，有助于更好地理解仿真模型，实现产品设计及变量灵敏度分析；同时，因其实现过程简单、拟合精度高等，易与优化策略相融合，降低设计难度的同时提高优化效率。

代理模型可分为两类：一类以支持向量机、多项式回归为代表，不具备预测不确定性度量能力；另一类以高斯随机过程模型为代表，可实现预测不确定性度量。此外，常用的代理模型有多项式混沌展开、径向基函数及人工神经网络等。一般代理模型建立过程可由图 9.3 表示。

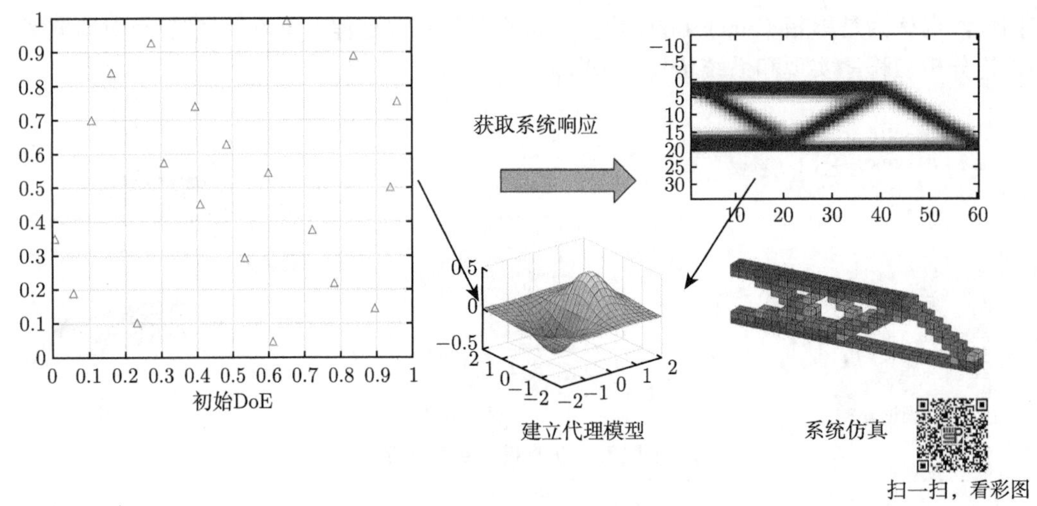

图 9.3　代理模型建立过程

由图 9.3 可知，代理模型实现步骤：①选择初始试验设计方法，获取用于构建代理模型的系统输入 (初始样本点)；②通过仿真模型或物理试验获取系统输出 (响应值)，根据设计需求等信息，选择一个或多个合适的代理模型；③根据系统输入和系统输出信息，完成一个或多个代理模型的构建。

由图 9.2 和图 9.3 对比可以看出，计算机仿真侧重于物理模型的计算机实现过程，代理模型关注输入和输出数据的整合利用。计算机仿真模型为代理模型建立提供基础，二者均为计算机试验设计的重要组成部分。

在计算机试验中，依赖仿真模型进行试验尤为关键。一个仿真模型可以视为一个黑箱，即仿真可将可视化的输入转化为可视化的输出，但仿真模型的底层代码、模型内部输入与输出间的逻辑关系未知。因此，计算机试验设计的目的与经典试验设计类似，均以选择合适的设计矩阵，探索输入变量与输出响应之间的关系，进而对试验设计进行分析与改进。计算机试验设计与分析示意图见图 9.4。

图 9.4 表示某一个仿真系统，在给定初始试验设计输入样本 $x_1, x_2, \cdots, x_n$ 的基础上，依托系统高精度仿真获取系统输出响应；收集数据，选择代理模型并根据系统输入与系统输出构建代理模型；根据模型假设及目标终止条件，使用代理模型在输入 x_{n+i} 情况下进行预测；根据模型精度等进行计算机试验设计分析与改进。

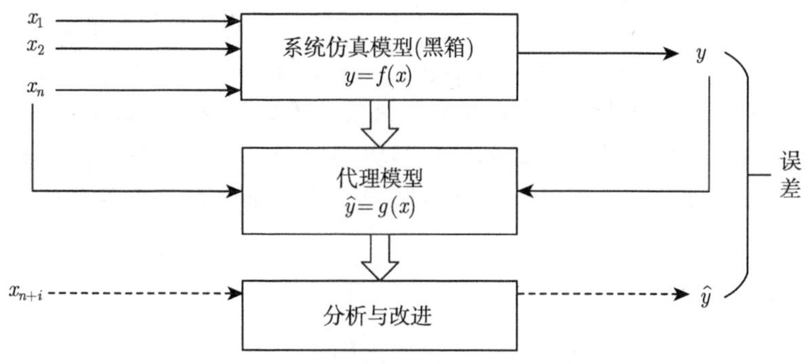

图 9.4　计算机试验设计与分析示意图

9.2.2　计算机试验的常见类型

经典的试验设计与分析关注因子的个数和水平，计算机试验关注输入变量的类型。计算机试验常见的三种输入类型如下。

1. 齐次输入仿真

假设输入控制因子完全由控制变量组成，即 $x = x_c$。在这种情况下，一个重要的目标是实现响应输出 $y(x)$ 在区间 Ω 上的预测性能，以便更好地比较控制变量的预测性能。判断预测 $\hat{y}(x)$ 性能，最直观的办法是采用积分平方误差，其表达式为

$$\int_{\Omega} [\hat{y}(x) - y(x)]^2 w(x) \mathrm{d}x \tag{9.1}$$

其中，$w(x)$ 为非负权函数，用来度量每个输入样本 $x, x \in \Omega$ 的重要性，Ω 为输入样本空间；当 $w(x) = 1$ 时，表示各输入样本等价，$w(x)$ 的取值可用如下示性函数表示：

$$w(x) = \begin{cases} 1, & x \in \Omega_x \\ 0, & x \notin \Omega_x \end{cases}$$

其中，$\Omega_x \subset \Omega$ 为 $w(x) = 1$ 时重要度等价的样本集合。

在实际应用中，上式中对于未试验点 x 的预测值 $\hat{y}(x)$ 可以通过模型回归进行预测，但是真实响应值 $y(x)$ 未知，故往往在初始试验设计时选取训练集 $\Omega_t = [X_t, y_t]$ 进行建模，并采用测试集 $\Omega_{\text{test}} = [X_{\text{test}}, y_{\text{test}}]$ 进行计算。当模型预测性能满足要求时，预测问题被认为是一个全局目标问题。例如，在整个输入空间寻找满足 $y(x)$ 的名义值的输入 x。可写成如下形式：

$$y(x) = T, \quad x \in \Omega_c$$

对于一个广义近似模型而言，一种情况就是寻找目标 $y(x)$ 在整个输入空间的极小值(极大值) 问题。这里假设问题均转化为极小值问题，或者称为求解黑箱问题的广义优化解。可以用如下公式表示：

$$\begin{gathered} \min \quad y(x) \\ x \in \Omega_c \end{gathered}$$

对于仿真模型，当输入 x 仅依赖环境变量时，最普遍的解释是分布已知的环境变量 x_e 表示输入的不确定性，称为不确定分析 (uncertainty analysis) 或不确定度量 (uncertainty quantification) 问题。另一种情况为齐次输入只依赖模型参数，也就是 $x = x_m$。相比上述两种同质输入情况，只依赖模型参数问题出现频率较少，多出现在具有许多参数的气候模型中。当然，对于真实物理系统的仿真，有限元、计算流体力学模型本身的参数校准是一个重要问题。

2. 混合输入仿真

混合输入仿真是指输入中包含至少两种输入因子，例如，同时包含控制因子和环境因子，即 $x = (x_c, x_e)$。这种情况下的每一个控制输入 x_c，均对应一个包含已知分布的随机变量 x_e。因此，相比确定性输入对未试验点响应 $y(x_c)$ 进行预测的问题，该类问题转化为对响应点 $y(x_c, x_e)$ 的均值估计问题，即

$$\mu(x_c) = E[y(x_c, x_e)]$$

对于广义极值问题，考虑环境因子的不确定性，往往采用分位数进行约束，则问题转化为

$$\begin{aligned} \min \quad & \mu(x_c) = E[y(x_c, x_e)] \\ \text{s.t.} \quad & P[y(x_c, x_e) \geqslant \xi^{\alpha}(x_e)] = \alpha \end{aligned}$$

其中，α 为上分位数，如 $\xi^{\alpha}(x_e) = \xi^{0.5}(x_e)$ 为中位数，$\xi^{\alpha}(x_e) = \xi^{0.25}(x_e)$ 为上四分位数。

对于混合输入 $x = (x_c, x_e)$ 而言，仍然可以采用式 (9.1) 进行偏差判断，表达为

$$\int_{\Omega} [\hat{\mu}(x_c) - \mu(x_c)]^2 w(x_c) \mathrm{d}x_c$$

其中，$\hat{\mu}(x_c)$ 为期望均值 $\mu(x_c)$ 的预测。对于极值问题，均可转化为极小值问题，即

$$\begin{aligned} \min \quad & \mu(x_c) = E[y(x_c, x_e)] \\ \text{s.t.} \quad & x_c \in \Omega_c \end{aligned}$$

3. 多输出仿真

在实际应用中，尤其是复杂仿真优化问题，其输出往往为多输出的。例如，同时包含目标和约束的多输出仿真问题，可表示为

$$\begin{aligned} \min \quad & y(x_c) \\ \text{s.t.} \quad & g_i(x_c) \geqslant M_i \end{aligned} \tag{9.2}$$

其中，$M_i (i = 1, 2, \cdots, m)$ 为第 i 个约束响应输出 $g_i(x_c)$ 最低的可接受边界。若输入因子 x 包含环境变量，即 $x = (x_c, x_e)$，则式 (9.2) 改写为如下形式：

$$\begin{aligned} \min \quad & \mu(x_c) \\ \text{s.t.} \quad & \mu[g_i(x_c)] \geqslant M_i \end{aligned}$$

其中，$\mu(x_c) = E[y(x_c, x_e)]$。

9.2.3 计算机仿真试验

计算机仿真可分为确定性仿真和随机仿真两大类。确定性仿真的基础是高精度仿真模型的使用，其核心是基于试验数据建立近似刻画系统输入与输出关系的元模型或代理模型；随机仿真主要是指通过随机试验来实现对试验问题中随机问题的模拟或求解，典型的如布丰投针试验、蒙特卡罗仿真方法等。对于计算机试验设计而言，采用确定性仿真获取数据极大地降低了试验成本、试验次数，有效提升了产品设计质量和产品研发周期。计算机仿真通过集成仿真软件于移动终端，广泛应用于机械工程、物流运输等领域。

仿真试验通常是指通过计算机编程模拟真实过程所搭建的系统仿真模型，其本质是给出特定输入后一系列数学模型的输出实现。与仿真试验相比，物理试验单次实现成本高昂，甚至存在无法实施的情况，如核试验，森林大火、洪水及飓风等自然灾害试验。仿真试验的重点是仿真模型，仿真模型越接近真实过程所得结果越准确。为了更好地实现仿真试验，需要对建立的仿真模型进行验证，具体关系如图 9.5 所示。

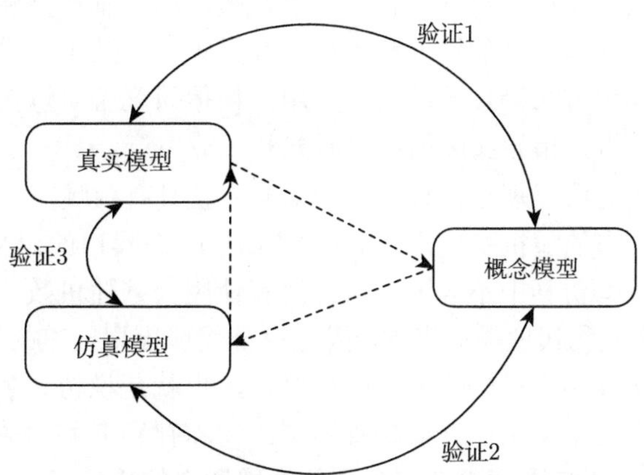

图 9.5　仿真建模与模型验证的关系示意图

图 9.5 包含真实模型、概念模型和仿真模型，验证 1、验证 2 和验证 3 三个阶段。首先，通过对真实模型进行抽象分析得到概念模型 (包含所关注系统及过程信息、假设及描述)；然后，通过计算机编程语言将概念模型转化、实现，得到仿真模型；最后，通过计算机仿真模型的运行实现对真实模型的模拟。因此，若使仿真模型尽可能接近真实模型，需要对整个仿真建模过程的三个阶段进行验证：第一阶段称为 Q(qualification) 阶段，目的是确定概念模型的充分性，以达到预期应用领域可接受的程度；第二阶段称为 V(verification) 阶段，目的是使得仿真模型在指定的精度范围内尽可能地表示出概念模型；第三阶段称为 V(validation) 阶段，目的是在其适用范围内确保仿真模型与真实模型产生一致的 (满足精度范围的)、令人满意的结果。当然，仿真模型与真实模型之间的偏差是真实存在的，故需要借助实物试验的数据进行校正。

随着计算机科学技术的快速发展，基于计算机进行的仿真试验已成为研究复杂系统的主要方法之一。仿真试验因仿真对象的不同，结果也存在差异。但总的来说，仿真试验的优势主要体现在以下五个方面。

(1) 大多数复杂的、带有随机因素的真实系统无法通过一个可以解析评估的数学模型来准确描述。因此，仿真往往是用于研究此类系统的唯一手段。

(2) 仿真可以在模拟一些预设条件下评估真实系统的性能。

(3) 可通过仿真比较几种系统的操作方案，并对方案间的差异进行比较。

(4) 在仿真试验中，可实现对试验条件更好的控制，在真实的系统中，改变试验条件往往需要昂贵的经济和时间成本。

(5) 仿真试验可以长时间、持续地实现对研究系统的观测。

9.3　计算机试验与随机过程

试验设计 (DoE) 起源于 20 世纪 20 年代，随后被应用于不同的研究领域。在物理试验中，一般要求因子个数不能超过 10 个。此外，每个因子使用多个水平值进行试验也是相当困难的。21 世纪以来，随着计算机技术的飞速发展，计算机试验开始逐渐代替物理试验对输入和输出间的函数关系进行探索。相比实物试验，以仿真模型建立为基础的计算机试验设计方法则可以处理数以百计的输入和参数，并且每个参数可以设置多个水平。空间填充设计、序贯设计和建模方法等技术的快速应用，使得研究者可以快速、有效地使用复杂仿真进行试验设计与分析，指导实际的科研研究和工业生产。

计算机试验中经典的假设规定仿真输出为单响应且具有白噪声。其中，白噪声 u 是以 0 为均值的正态独立同分布的随机变量，即 $u \sim N(0, \sigma_u^2)$。白噪声的定义包含如下假设：①仿真响应服从正态分布；②仿真中不同因子组合没有使用公共随机数；③不同因子组合的仿真输出具有相同的方差；④代理模型有效，因此拟合代理模型残差的期望值为 0。然而，实际中通用黑箱模型的仿真输出是一个多元随机变量，也就是说仿真模型的输出结果是多元输出。例如，包含如下两个输出的仓储仿真模型：①库存和订购的成本总额在整个仿真周期内的均值；②服务 (或供应) 速率在同一个仿真周期内的均值。

上述仓储仿真模型包含两个输出变量，并且变量根据应用条件的不同而变化。上述过程的实现难以通过物理试验进行，因此这就需要通过计算机试验开展设计和分析工作。图 9.6 展示了计算机试验设计、分析与改进的关系。

由图 9.6 可以看出，依托系统仿真，试验目的、试验设计、试验分析和试验改进是计算机试验的重要组成部分，具体部分包含以下内容。

计算机试验的目的包括：①验证和确认 (V&V)；②灵敏度分析、可靠性分析或假定推测分析；③改进和优化；④风险分析。

在计算机试验设计与分析中，设计是分析的基础，分析的目的则是实现试验改进，进而形成一个闭环持续改进系统。计算机试验设计方法主要有两种：①单阶段 (空间填充) 方法；②两阶段方法 (序贯方法)。常用的建模方法包括多项式响应曲面模型、克里金模型、径向基函数、支持向量回归等。试验分析的主要内容包括灵敏度分析 (全局和局部)、可靠性分析、风险分析与决策等。

计算机试验改进主要是在空间填充设计的基础上，通过系统仿真、数据挖掘和代理模型构建进行计算机试验分析，判断是否达到终止条件。否则，进行两阶段序贯优化获取更好的设计。

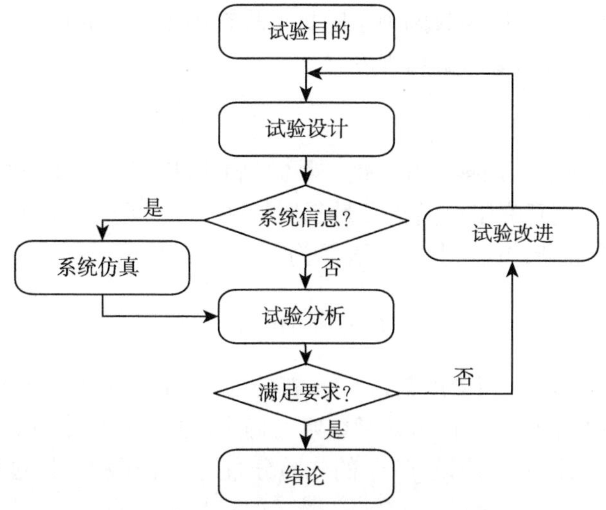

图 9.6 计算机试验设计、分析及改进

9.3.1 随机过程

随机过程一般是指包含多个随机变量，对某些随机现象变化过程进行刻画的随机变量族。例如，生物种群的繁衍问题：假定某一时刻 t 的种群数记为 N_t，对 $t=0,1,2,\cdots,T$ 的每一个时刻都会对应一个种群数 N_t，则称 $\{N_t, t=0,1,2,\cdots,T\}$ 为一个随机过程。注意，随机过程每次试验得到的样本函数可能都不一样。此外，随机过程依据参数 t 是离散的或连续的，可将随机过程分为离散随机过程和连续随机过程。假设随机过程 $\{X(t),(t\in T)\}$，当 $t\in T$ 时，$X(t)$ 是一维随机过程，其均值 $\mu_x(t)$ 和方差 $\sigma_X^2(t)$ 可表示为

$$\mu_x(t)=E[X(t)],\quad \sigma_X^2(t)=E[(X(t)-\mu_X(t))^2]$$

以一维随机过程为例，把一维随机过程的若干个样本函数、均值函数和方差函数画到同一个坐标系中，见图 9.7。

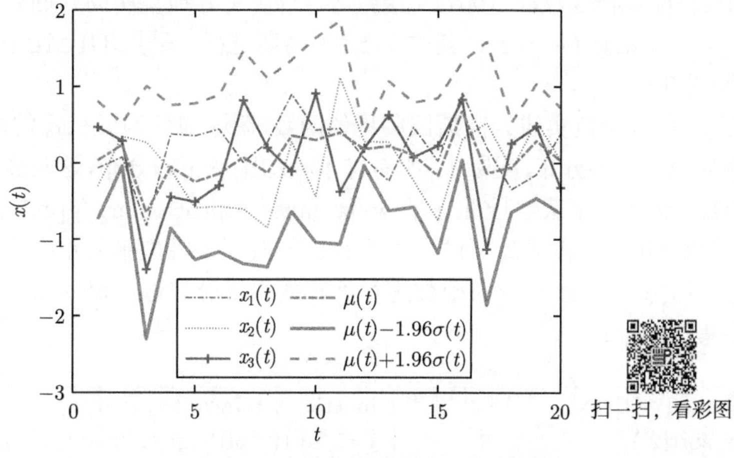

图 9.7 一维随机过程时间变化曲线

由图 9.7 可以看出，均值函数刻画了随机过程在各个时刻的摆动中心，方差函数刻画了随机过程在各个时刻对均值的偏离程度。

9.3.2 高斯过程

高斯过程 (Gaussian process, GP) 是一种常见的随机过程，是一组服从正态分布的随机变量的集合，集合中任意有限个随机变量都服从联合正态分布。对于单变量高斯过程，假设响应 f 变化是一个高斯过程，其可以表示为

$$f \sim \mathrm{GP}(\mu, K) \tag{9.3}$$

其中，$\mu = \mu(x) = E[f|x]$ 为期望函数，$K = K(x, x') = \mathrm{cov}(f, f'|x, x')$ 为一个半正定协方差函数。高斯过程由均值函数与协方差函数唯一确定，高斯过程中每一点均服从正态分布。

对于高斯过程回归模型，假设 $f(x)$ 的先验分布是一个平稳高斯过程，即

$$f(x)|\boldsymbol{\beta}, \sigma_z^2 \sim \mathrm{GP}(\mu, \sigma_z^2 R) \tag{9.4}$$

其中，σ_z^2 为方差；先验期望函数一般取 $\mu(x) = h(x)^{\mathrm{T}}\beta$；$\hat{\beta} = (F^{\mathrm{T}}R^{-1}F)^{-1}F^{\mathrm{T}}R^{-1}y$ 为 β 的最小二乘估计；$\theta = [\theta_1, \theta_2 \cdots, \theta_d]$ 为需要估计的超参数；$h(x)$ 为人为指定的回归函数基矢量；相关函数 $R = R(x_i, x_j|\theta)$，一般选取高斯核函数进行建模。对于指数集 $T = \{1, 2, \cdots, n\}$，若高斯过程 $\{Y_t\}, t \in T$ 的数学期望和协方差在指数集内平移不变，则称 $\{Y_t\}$ 为平稳高斯过程，对应的向量 $(Y_1, Y_2, \cdots, Y_n)$ 称为高斯随机向量。依据样本 $\Omega = \{(x_1, f(x_1)), (x_2, f(x_2)), \cdots, (x_n, f(x_n))\}$ 建立高斯过程回归模型，通过推导可得

$$\begin{aligned} \hat{\mu}(x) &= h(x)^{\mathrm{T}}\beta + r(x)^{\mathrm{T}}R^{-1}(f - H\beta) \\ \hat{R}(x, x_i) &= R(x, x_i) - r(x)^{\mathrm{T}}R^{-1}r(x) \end{aligned} \tag{9.5}$$

其中，$h(x)$ 为高斯过程模型的基函数；$H = [h(x_1), h(x_2), \cdots, h(x_n)]^{\mathrm{T}}$ 为基函数向量矩阵；$r(x) = [R(x, x_1), R(x, x_2), \cdots, R(x, x_n)]^{\mathrm{T}}$，$R = [R(x_i, x_j)], (1 \leqslant i, j \leqslant n)$ 为相关函数矩阵；在实际回归中，一般选取核函数对两点间的距离进行刻画并实现协方差函数 K 的构造。常用的核函数有高斯核函数、Matérn 函数等。为了更好地说明高斯回归过程及高斯过程性质，假设 $f(x) = \sin(x) + z(x)$，其中 $z(x)$ 为高斯过程。采用 GPML toolbox 绘制高斯过程图像，如图 9.8 所示。

由图 9.8 可以看出，黑色实线为高斯回归均值函数，阴影部分为 $\mu \pm 2\sigma$ 的波动区间范围。$f(x)$ 在样本 x^* 处服从正态分布，实际上，所有样本处均服从正态分布，这与高斯过程的概念一致。上述 GPML toolbox 下载地址 http://www.gaussianprocess.org/gpml/code/matlab/。

在计算机试验设计中，实现高斯过程建模时，一般假设模型服从正态分布。因此，采用软件对正态分布的概率密度及分布函数进行计算变得十分普遍。概率密度及分布函数的 MATLAB 实现程序如下：

function y=Gaussian_CDF(x) y=0.5*(1+erf(x/sqrt(2))); end	function y=Gaussian_PDF(x) y=1/sqrt(2*pi)*exp(-x.2/2); end

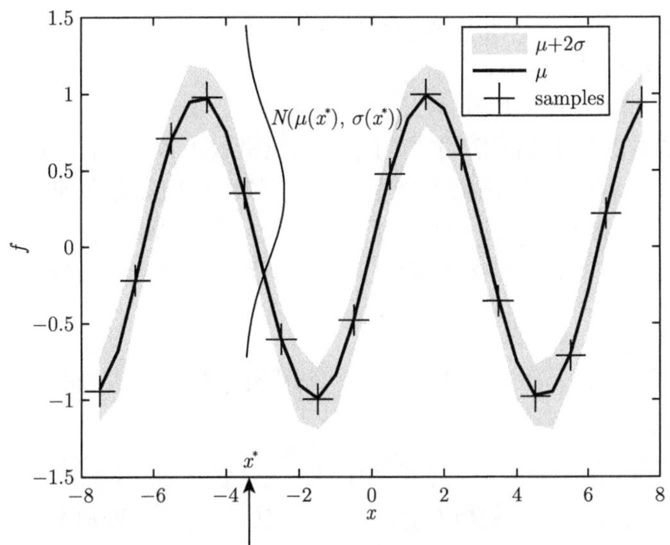

图 9.8 $f(x) = \sin(x) + z(x)$ 的高斯过程回归示意图

9.4 空间填充设计

在进行计算机试验之前，为了保证试验设计样本的空间均匀性，计算机试验设计需要满足两点：①试验设计点应尽可能均匀地填充整个设计空间，以获取更多信息量；②采样分割的任何一个水平内，避免采样点的叠加。常用的单次采样方法有网格抽样设计、蒙特卡罗方法、拉丁超立方设计 (Latin hypercube design, LHD) 和均匀设计 (uniform design, UD) 等。其中，拉丁超立方设计和均匀设计是目前应用较为广泛的抽样方法。

9.4.1 随机数和伪随机数

随机数的产生有两种方法：即物理法产生真随机数和数学法产生伪随机数。对于伪随机数而言，通过一系列的统计检验可将其当作真正的随机数使用。一般而言，随机变量模拟次数越多，模拟结果的可靠性越高，测量结果的估计值越接近真值。

均匀分布的随机数是其他分布随机数的基础，任意分布随机数均可通过均匀分布随机数变换后得出，利用递推算法产生具有均匀分布随机特征的伪随机数，最常用的为同余法。其递推公式如下：

$$x_{n+1} = (\lambda x_n + c)(\mathrm{mod} M),\ n = 0, 1, 2, \cdots$$

其中，$n = 0$ 时为 x_n 初始值；λ 为乘子起放大 (缩小) 作用；c 为增量；M 为模且满足 $\lambda < M, c < M, (\lambda, c, M \in Z^+)$；$x_{n+1}$ 为 $\lambda x_n + c$ 被 M 整除后的余数，上式可改写为

$$x_{n+1} = (\lambda x_n + c) - \left\lfloor \frac{\lambda x_n + c}{M} \right\rfloor M,\ n = 0, 1, 2, \cdots$$

其中，$\lfloor \cdot \rfloor$ 为向下取整；当 $c = 0$ 时，称为乘同余法。由于 $x_n < M$，故 x_{n+1} 计算后将得到 $[0, 1]$ 上的均匀分布。常用的三种同余法参数如下。

(1) $\lambda = 7^5, M = 2^{31} - 1, c = 0, x_n$ 为奇数。

(2) $\lambda = 5^{15}, M = 2^{35}, c = 1$。

(3) $\lambda = 314159269, M = 2^{31}, c = 453806245$。

MATLAB 提供在 [0,1] 区间产生均匀分布伪随机数函数 rand，具体命令如下。

$X = \text{rand}(n)$ 表示在 [0,1] 区间上产生 n 行 n 列服从均匀分布的伪随机数矩阵。

$X = \text{rand}(m, n)$ 表示在 [0,1] 区间上产生 m 行 n 列服从均匀分布的伪随机数矩阵。

$X = \text{rand}([m, n])$ 表示在 [0,1] 区间上产生 m 行 n 列服从均匀分布的伪随机数数组。

9.4.2 蒙特卡罗方法

蒙特卡罗仿真方法是基于“随机数”的计算机随机模拟方法，称为蒙特卡罗方法，简记为 MC 方法。假定函数

$$y = f(x_1, x_2, \cdots, x_d)$$

其中，随机变量 $x_1, x_2, \cdots, x_d$ 的概率分布已知。MC 方法利用随机数发生器原理，产生每一组随机变量的若干样本，根据函数关系确定相应的函数响应值 y。假设定义域 Ω 上向量 $x = (x_1, x_2, \cdots, x_d)$ 的联合概率密度函数为 $p(x)$，y 的任意函数 $\phi(y)$ 的数学期望可表示为

$$E(\phi(y)) = \int_\Omega \phi(f(x))p(x)\mathrm{d}x \tag{9.6}$$

其中，当 $\phi(y) = y$ 时，$E(\phi(y))$ 为 y 的期望；如果 $y \leqslant y_0$，则 $\phi(y) = 1$，反之 $\phi(y) = 0$，则 $E(\phi(y))$ 为 y 的概率分布 y_0 分位点对应的分位数。实际问题中，复杂的系统仿真及商用软件的封闭性使得 $f(x)$ 很难显示表达，且积分域也无法直接获得，因此一般采用近似计算的方法来对积分进行数值计算。蒙特卡罗方法则是较为常用的方法之一，其仿真的主要步骤如下。

步骤 1：根据随机变量的概率分布，随机生成 n 个样本点 $x_i(i = 1, 2, \cdots, n)$。

步骤 2：计算每个样本点处的系统输出响应值 $y_i(i = 1, 2, \cdots, n)$。

步骤 3：近似计算式 (9.6) 的积分值：

$$E(\phi(y)) \approx \frac{1}{n}\sum_{i=1}^{n}\phi(y_i) \tag{9.7}$$

$\phi(y)$ 的估计方差为

$$\hat{\sigma}_\phi^2 \approx \frac{1}{n-1}\sum_{i=1}^{n}\left[\phi(y) - E(\phi(y))\right]^2$$

蒙特卡罗方法的估计误差为 $\sigma_\phi/\sqrt{n}$，故抽样数目足够大才能保证估算的准确性。但如果系统分析模型需要消耗大量的时间，则蒙特卡罗方法的计算量是难以承受的。对于步骤 1 中随机样本的生成，可以采用随机抽样、拉丁超立方等抽样方法生成。

例 9.1 以两变量 $x_1, x_2 \sim U([0,1]^2)$ 为例，抽取 20 个蒙特卡罗随机样本。独立重复抽取 4 次，并绘制其空间分布图像。

解：MATLAB 实现程序如下：

```
A=unifrnd(0,1,20,2)% 生成 20*2 阶矩阵服从 U(0,1) 分布
plot(A(:,1),A(:,2),'ro')% 绘制散点图
```

具体结果如图 9.9 所示。

代码解读:

unifrnd(a,b)% 生成 1 个服从 U(a,b) 均匀分布的随机数。

unifrnd(a,b,n) % 以正整数 n 为分量的二维行向量。

unifrnd(a,b,n,m)% 生成 n*m 阶矩阵服从 U(a,b) 分布的随机数。

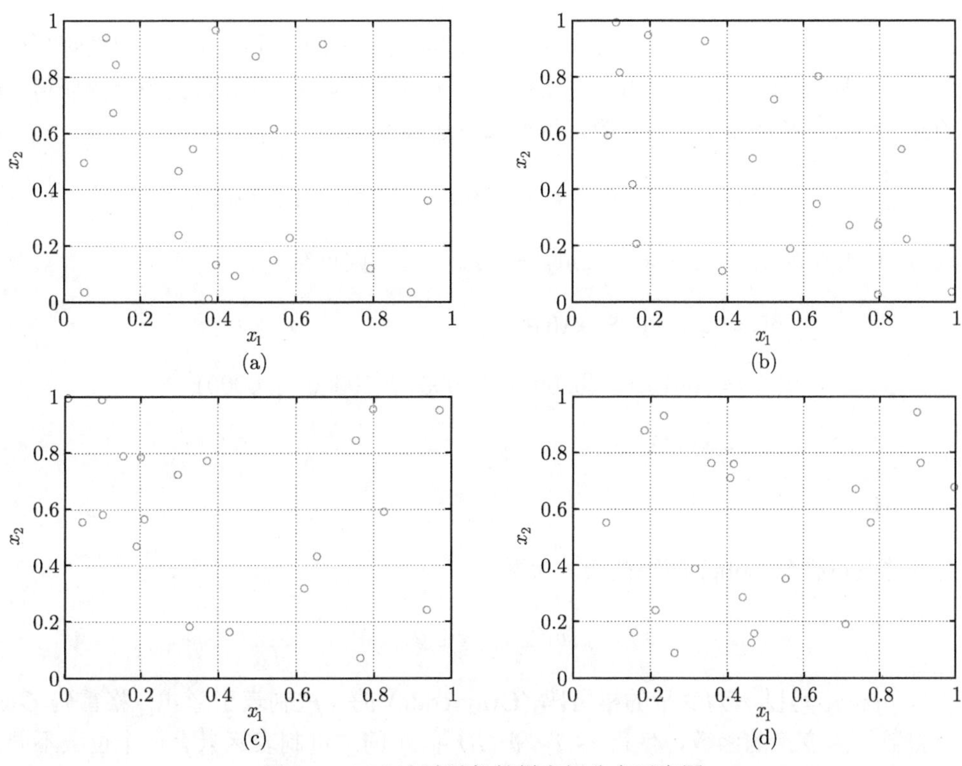

图 9.9 MC 方法随机抽样空间分布示意图

图 9.9 为采用拟随机数产生的 MC 方法样本，可以看出尽管其具有较好的空间分布特性，但因其随机性也会导致出现较差的结果。因此，为保证收敛性，蒙特卡罗方法往往需要进行大规模抽样。

9.4.3 拟蒙特卡罗方法

拟蒙特卡罗方法采用拟随机序列代替随机数进行蒙特卡罗仿真，属于确定性采样方法。常用的拟随机序列包括 Sobel 序列、Hammersley 序列和 Halton 序列。拟蒙特卡罗方法积分估计与蒙特卡罗积分估计公式 (9.5) 相同，区别在于拟蒙特卡罗估计中使用的是确定性的点 $x_1, x_2, \cdots, x_n \in [0,1]^d$ 来取代蒙特卡罗中的随机数点。以 Sobel 序列为例诠释拟随机序列，Sobel' 序列基于一组称为直接数 (direction numbers) 的数 v_i 构成，设 m_i 是小于 2^i

的正奇数，则

$$v_i = \frac{m_i}{2^i}$$

其中，数 v_i 的生成借助系数为 0 或 1 的简单多项式 (primitive polynomial)，多项式表示为

$$P(z) = z^p + c_1 z^{p-1} + \cdots + c_{p-1} z + c_p$$

对 $i > p$，存在如下递归公式

$$v_i = c_1 v_{i-1} \oplus c_2 v_{i-2} \oplus \cdots \oplus c_p v_{i-p} \oplus \lfloor v_{i-1}/2^p \rfloor$$

其中，$\oplus$ 表示二进制按位异或 (exclusive-or)，即参与运算的两个运算符，如果两个相应的二进制位值不同则为 1，否则为 0。m_i 递归公式可由 m_i 与 v_i 见等式关系推导获得。以简单多项式 $x^4 + x^3 + x^2 + x + 1$ 为例，可得如下递推公式：

$$m_i = 2m_{i-1} \oplus 4m_{i-2} \oplus 8m_{i-3} \oplus 16m_{i-4} \oplus m_{i-4}$$

取 m 的初值为 $m_1 = 1, m_2 = 1, m_3 = 1, m_4 = 1$，则可得

$$\begin{aligned} m_5 &= 2 \oplus 4 \oplus 8 \oplus 16 \oplus 1 \\ &= 00010_2 \oplus 00100_2 \oplus 01000_2 \oplus 10000_2 \oplus 00001_2 \\ &= 11111_2 \\ &= 31 \end{aligned}$$

经计算则可得到 Sobel 序列的第 i 个数

$$x_i = g_1 v_1 \oplus g_2 v_2 \oplus g_3 v_3 \oplus \cdots$$

其中，$\cdots g_1 g_2 g_3$ 是以 i 为变量的格雷码 (Gray code) 的二进制表示形式。格雷码 $G(i)$ 是以非负整数 i 为变量的函数，使得 $G(i)$ 和 $G(i+1)$ 的二进制表示只有一个位数不同，即在 $G(i)$ 的最右一个零位上不同。

例 9.2 以两变量 $x_1, x_2 (x_1, x_2 \in [0, 1])$ 样本抽取为例，分别采用 Sobol 和 Halton 序列执行拟蒙特卡罗仿真抽样，抽取 20 个样本点。

解：MATLAB 实现程序如下：

q = qrandstream('sobol',2,'Skip',1e2);
Z = qrand(q,:20);20 为随机数数量；
plot(Z(:,1),Z(:,2),'bo' ,'MarkerFace-Color','b');
	q=qrandstream('halton',2,'Leap',12,'Skip',1):
	Z1=qrand(q,20)
	plot(Z1(:,1),Z1(:,2),'bo' ,'MarkerFaceColor','b');

执行上述程序，样本空间分布情况见图 9.10。

由图 9.10 可以看出，Sobol 和 Halton 序列所抽取样本均具有良好的空间分布特性，优于蒙特卡罗抽样方法且计算复杂度更低。拟蒙特卡罗积分能根据误差要求实现确定计算所

需要的点数，且拟蒙特卡罗方法精度更高。此外，相比伪随机数，拟随机数序列具有更好的均匀性。

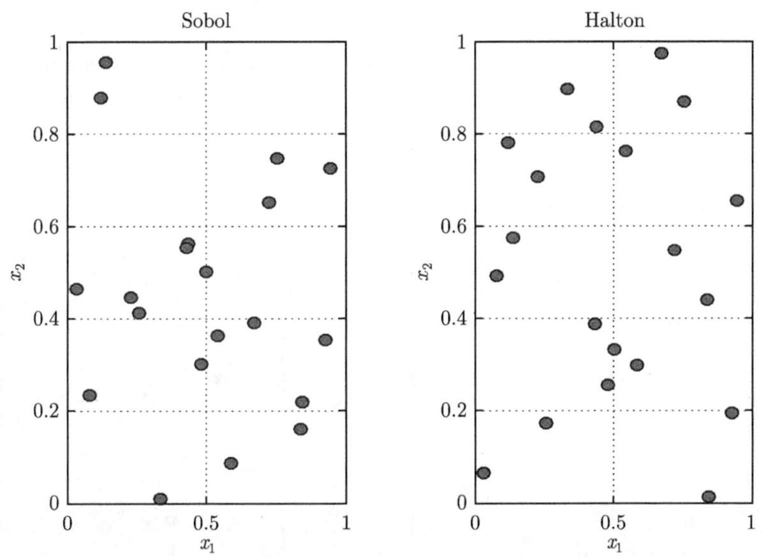

图 9.10 Sobol 和 Halton 拟 MC 抽样空间分布示意图

9.4.4 拉丁超立方设计方法

拉丁超立方设计方法不受水平数和因素数的限制，具有极高的灵活性且便于程序实现，在计算机试验设计中应用最为广泛。拉丁超立方设计方法在实现过程中，假设需要抽取 n 个样本点，样本点 $x \in [0,1]^d$。将 d 维设计空间沿每一维设计变量方向平均划分 n 个子空间：$\left[0,\dfrac{1}{n}\right),\left[\dfrac{1}{n},\dfrac{2}{n}\right),\cdots,\left[\dfrac{n-1}{n},1\right]$。所有设计变量的 n 个子空间组合成 d^n 子空间，并且在每个 d 维子空间内随机抽取 1 个样本。拉丁超立方抽样需满足：①每个样本点在小区间是均匀分布的；②将所有样本点投影到任意一个维度，维度上的 n 个子区间内有且仅有 1 个样本点。具体实现步骤如下。

步骤 1：将设计空间的每个维度均匀分成 n 等份：$\left[0,\dfrac{1}{n}\right),\left[\dfrac{1}{n},\dfrac{2}{n}\right),\cdots,\left[\dfrac{n-1}{n},1\right]$。

步骤 2：在第 i 个维度上的 n 个区间内各随机抽取 1 个样本点，得到 n 个区间样本点 $x_i^1,x_i^2,\cdots,x_i^n,\left(x_i^n\in\left[\dfrac{n-1}{n},\dfrac{n}{n}\right]\right)$。

步骤 3：从样本 x 的每个维度中分别抽取 1 个分量 $x_i^j,(i=1,2,\cdots,d;j=1,2,\cdots,n)$ 进行随机组合，已选取分量不再重复选取，最后得到 n 个维度为 d 的样本点。

由于拉丁超立方设计方法选点的随机性，容易出现样本散布均匀性较差的试验点设计组合。因此，为了使样本散布更均匀，出现了改进的最优拉丁超立方设计方法。

例 9.3 以两变量 $x_1,x_2,(x_1,x_2\in[0,1])$ 样本抽取为例，通过 LHD 方法进行常规拉丁超立方采样 (Latin hypercube sampling, LHS) 和最大最小拉丁超立方采样抽取 10 个样本点，并绘制其空间分布图像。

解：MATLAB 实现程序如下：

subplot(1,2,1)
X = lhsdesign(10,2)
plot(X(:,1),X(:,2),'ko' ,'MarkerFace-Color','k');
	subplot(1,2,2)
	X=
	lhsdesign(10,2,'criterion','maximin','iterations',100);
	plot(X(:,1),X(:,2),'ko' ,'MarkerFaceColor','k');

执行上述程序，具体结果见图 9.11。

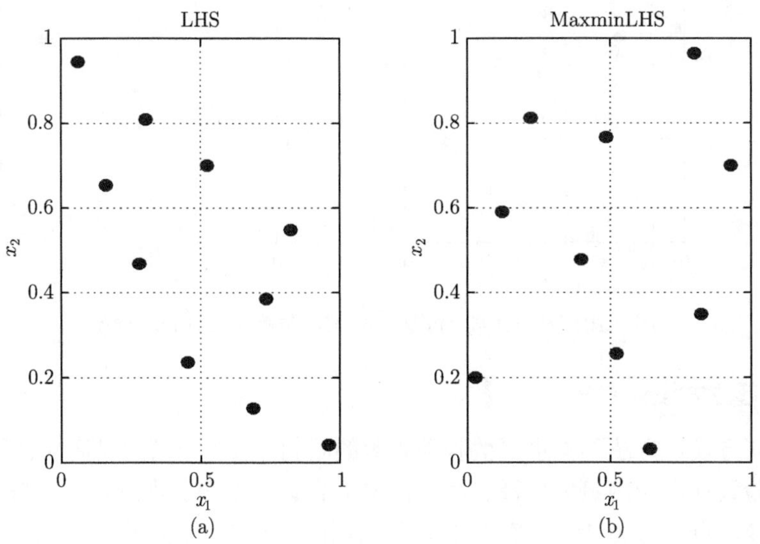

图 9.11　LHS 及最大最小 LHS 抽样结果对比

由图 9.11(a) 结果可知，选点的随机性往往导致样本框架散布均匀性差的问题。因此，为了得到均匀散布的 LHS 设计点集，通过最大最小 LHS 设计方法、中心 L_2 偏差、极大极小距离等筛选 LHS 设计，得到具有良好空间特性的 LHS 设计，采用最大最小 LHS 设计进行抽样，结果见图 9.11(b)，可以看出采用最大最小 LHS 抽样设计，样本具有更好的空间分布均匀性。

例 9.4　选取网格方法、蒙特卡罗方法、q-Sobel 方法和 LHS 方法对变量 x_1, x_2 进行抽样，每个变量在 [0，1] 长度上抽取 100 个点，绘制二维空间样本图像。

解：MATLAB 实现程序如下：

subplot(2,2,1) [X,Y] = meshgrid(-2:0.5:2,-2:0.5:2) plot(X,Y,'ro'); subplot(2,2,2) X1=rand(10,10);Z2=rand(10,10); plot(X1,X2,'ro')	subplot(2,2,3) q = qrandstream('sobol',2,'Skip',1e2); X2 = qrand(q,100); plot(X2(:,1),X2(:,2),'ro') subplot(2,2,4) X3= lhsdesign(100,2,'criterion','maximin','iterations',1000); plot(X3(:,1),X3(:,2),'ro')

执行上述程序，具体结果见图 9.12。

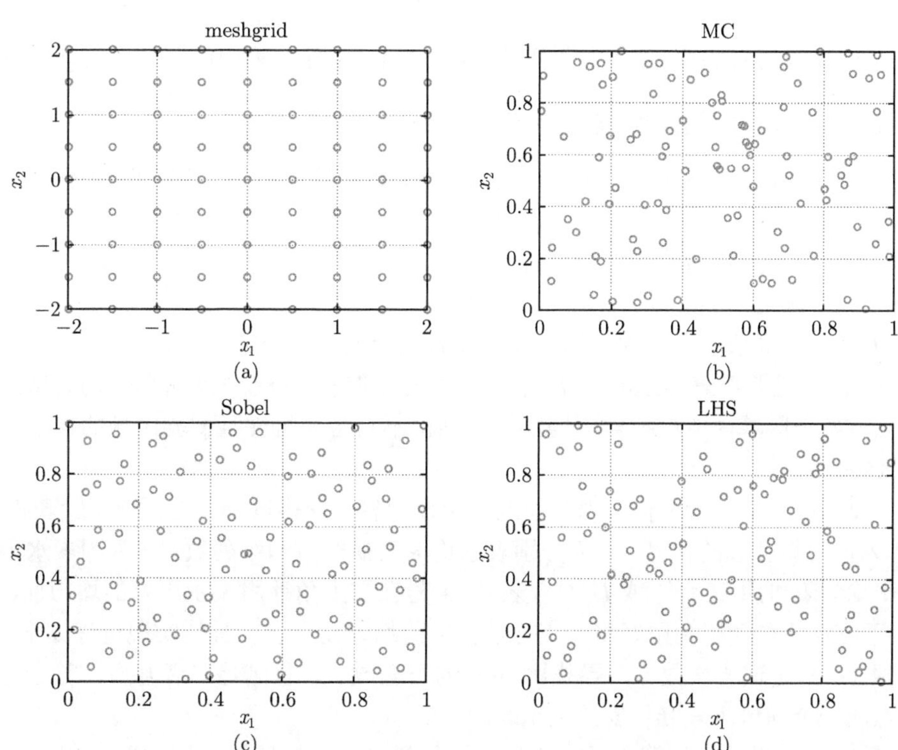

(a) (b) (c) (d)

图 9.12 四种不同抽样方法对比示意图

由图 9.12 可以看出，均匀网格法所选样本点均位于网格交点处，具有较好的空间分布性，但随着变量数的增多，这种方法难以适应。采用 q-Sobel 进行拟蒙特卡罗方法生成的空间样本相比蒙特卡罗方法和 LHS 方法，具有更好的空间分布性。

9.4.5 均匀设计方法

均匀设计方法是指在试验区域上均匀布点，以保证近似模型具有良好的预测特性。因此，均匀性度量指标在均匀设计的构造过程中起着关键的作用。假设在 d 维设计变量中抽取 n 个样本，且 x 均属于线性变化后的单位立方体内，即 $x \in [0,1]^d$。用集合 $S = \{x_1, x_2, \cdots, x_n\}$ 表示试验区域上的 n 个样本，需要将这 n 个样本均匀地分布在试验区域上。可将集合 S 通过样本矩阵 X 来表示：

$$X = \begin{bmatrix} x_{11} & x_{12} & \cdots & x_{1d} \\ x_{21} & x_{22} & \cdots & x_{2d} \\ \vdots & \vdots & & \vdots \\ x_{n1} & x_{n2} & \cdots & x_{nd} \end{bmatrix}$$

其中，$0 \leqslant x_{ij} \leqslant 1$。均匀试验设计中一般用 $D(X)$ 表示 X 的均匀性测度，通常称作偏差。均匀性测度一般满足以下条件。

(1) $D(X)$ 具有置换不变性，即改变试验编号或改变因素编号，对 $D(X)$ 测度值不产生影响。

(2) $D(X)$ 具有对中心 $\frac{1}{2}$ 反射不变性，即 $D(X)$ 的任一列中的每一个元素经反射后均关于 $\frac{1}{2}$ 对称，变换前后 $D(X)$ 测度值不变。

(3) $D(X)$ 不仅能度量样本矩阵 X 的均匀性，也可度量 X 投影至 R^d 中任意子空间的均匀性。

(4) $D(X)$ 具有显示表达式，易于计算。

(5) $D(X)$ 满足 Koksma-Hlawka 不等式。

(6) $D(X)$ 与混杂、正交性、均衡性等试验设计准则有一定联系。

$D(X)$ 均匀性测度最普遍的有 L_p 偏差、中心化偏差、可卷积偏差等。均匀试验设计与拉丁超立方各子区域内随机抽样不同，均匀抽样不具备随机性且试验区域的各子区域具有同等重要特性。

均匀设计同正交设计类似，也是通过均匀设计表来安排试验。与正交试验表描述类似，令 U 作为均匀设计表的代号，n, l 分别表示均匀表横行数和纵列数，r 为因素水平数。那么等水平均匀表可用 $U_n(r^l)$ 或 $U_n^*(r^l)$ 表示 ($*$ 号在右上角使用表示更好的均匀性，应优先使用)。下面仅简单介绍利用好格子点方法构造的均匀设计表。具体实现过程如下。

步骤 1：给定试验次数 n，寻找比 n 小的正整数 h，且满足二者互质。符合这些条件的整数组成一个向量 $h=[h_1,h_2,\cdots,h_m]$。

步骤 2：均匀设计表的第 i 行第 j 列，由公式 $u_{i,j}=ih_j[\bmod n]$ 生成，其中 $[\bmod n]$ 表示同余运算。当 $ih_j>n$ 时，用它减去 n 的一个适当倍数，使差落在 $[1,n]$ 之间。$u_{i,j}$ 也可通过以下公式递推产生

$$
\begin{aligned}
&u_{i,j}=h_j\\
&u_{i+1,j}=\begin{cases} u_{i,j}+h_j, & u_{i,j}+h_j\leqslant n\\ u_{i,j}+h_j-n, & u_{i,j}+h_j>n\end{cases},i=1,2,\cdots,n-1
\end{aligned}
$$

例如，当 $n=9$ 时，$h=[1,2,4,5,7,8]$，所以 U_9 最多有 6 列。当 $h_4=5$ 时，通过递推公式可生成如下结果 (表 9.1 第 4 列)：

$$
\begin{aligned}
&u_{1,4}=5,u_{2,4}=5+5=10=1\bmod[9],u_{3,4}=1+5=6\\
&u_{4,4}=6+5=11=2\bmod[9],u_{5,4}=2+5=7,u_{6,4}=7+5=12=3[\bmod 9]\\
&u_{7,4}=3+5=8,u_{8,4}=8+5=13=4\bmod[9],u_{9,4}=9
\end{aligned}
$$

例 9.5 采用好格子方法生成均匀设计表，并以中心化 L2 偏差为准则进行选择。生成 [0,1] 设计空间上 2 因素，40 个点的均匀设计方案。

解：具体结果如图 9.13 所示。

均匀设计表计算可由方开泰等设立的均匀设计网站自行获取，更多均匀设计表请登录 http://www.math.hkbu.edu.hk/UniformDesign/。与正交表来安排试验类似，用均匀设计表进行设计的一般步骤如下。

表 9.1 $U_9(9^6)$ 均匀设计表

列	行					
	1	2	3	4	5	6
1	1	2	4	5	7	8
2	2	4	8	1	5	7
3	3	6	3	6	3	6
4	4	8	7	2	1	5
5	5	1	2	7	8	4
6	6	3	6	3	6	3
7	7	5	1	8	4	2
8	8	7	5	4	2	1
9	9	9	9	9	9	9

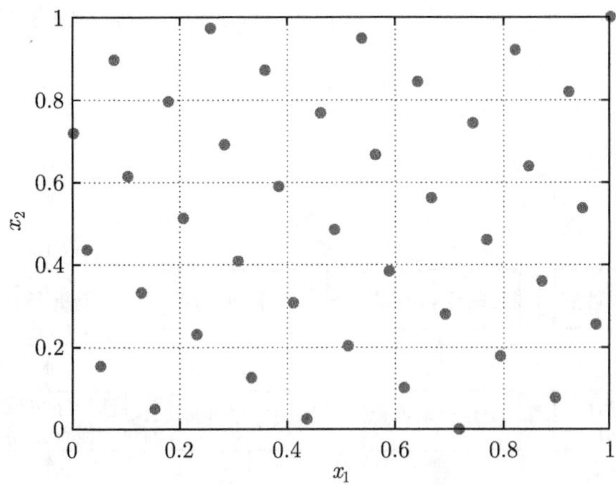

图 9.13 两变量均匀设计样本点分布图

步骤 1：确定试验指标，将各指标进行综合分析。

步骤 2：依据均匀分散原则，设定试验因子及水平数。

步骤 3：选择合适的均匀设计表。

步骤 4：进行表头设计。

步骤 5：明确试验方案、进行试验。

步骤 6：分析试验结果。

均匀设计所选的试验点满足两个要求：一是任意因素的各水平具有相同数目的试验；二是所选的试验点在试验范围内分布均匀。因此，相对于完全因子设计与正交设计，均匀设计大幅地减少了试验次数，缩短了试验周期，特别适合于数学模型完全未知的多因子水平试验。经过 40 多年的发展和推广，均匀设计方法已广泛应用于工程设计、社会经济等诸多领域，并取得了显著的经济和社会效益。表 9.2 为常用的空间设计软件。

表 9.2 常用的空间设计软件

软件	实现抽样
MATLAB	MC, Sobel, Hatlon, LHDs
R 语言 (DiceDesign)	LHDs, SLHD
JMP	LHDs, MC
Dakota	Orthogonal designs, LHDs

9.5　序贯试验设计

序贯试验设计有时也称自适应试验设计，其可通过学习样本信息实现逐步序贯空间填充。传统的计算机试验设计方法是将所有的样本点一次性布置完成，也就是单阶段试验设计。其缺点也是显而易见的，伴随着试验样本点的递增，优化所面临的搜索空间也将扩大，所以在进行大规模试验设计时就需要消耗大量的时间。相比单阶段方法抽样，预先设定样本点数且抽样方法的不确定性或样本数目太少均会导致模型预测精度降低；同时，一次抽样数目太大往往导致计算资源浪费，太小则难以保证模型预测精度。序贯试验设计在初始抽样基础上，进行逐点抽样，不断更新预测模型，当达到终止条件时，抽样停止，反之，继续上述步骤进行抽样。因此，序贯设计可合理权衡训练点数与预测模型精度的关系。序贯试验设计一般流程如图 9.14 所示。

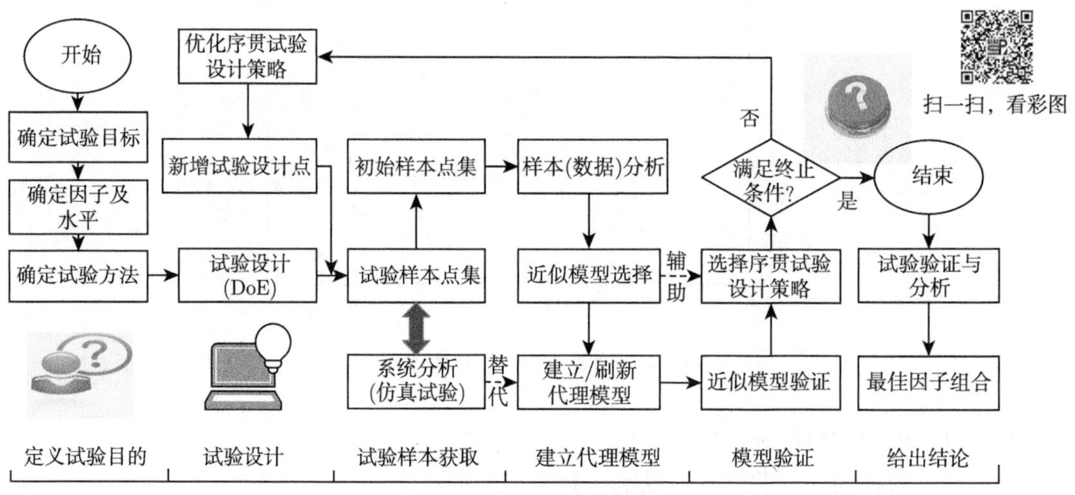

图 9.14　序贯试验设计一般流程

计算机试验可以更好地处理变量数目多且结构复杂的系统，利用代码对未知的复杂系统进行模拟，最终建立有效的近似代理模型。计算机序贯试验设计通过空间设计及分析，根据实际需求进行优化，极大地减少了计算成本和时间。序贯试验设计的优点：①动态调整模型的建立过程，根据设定终止准则决定抽样数；②根据设计目标确定变量设计区域，提升模型预测精度；③对未试验区域进行高效预测，高效减少仿真程序的调用次数；④大幅减少仿真或实物试验所引发的时间成本和经济成本。

序贯优化设计分为全局优化策略、全局建模策略和极限响应曲面策略三类。由于这类优化设计的目标不同，因此试验设计的过程也略有差异。

9.5.1　全局优化策略

全局优化策略以快速获取最小化问题的全局最优解为目标，无约束最小化问题可表示为

$$\begin{aligned} \min \quad & y(x) \\ \text{s.t.} \quad & x \in [x_l, x_r] \end{aligned}$$

其中，x_l, x_r 分别为设计变量的左右边界向量。

对于全局优化而言，其关键是全局优化策略的选取。全局优化的目的是通过逐步迭代，实现快速收敛到全局最优解。根据全局优化策略的性质，可分为全局搜索、局部搜索和二者相结合三类。常选取克里金模型作为代理模型，其预测均值和方差为

$$
\begin{gathered}
\hat{y} = \hat{\mu} + r(x)R^{-1}(y - 1\hat{\mu}), \\
\hat{s} = \hat{\sigma}_z^2\left[1 - r^{\mathrm{T}}(x)R^{-1}r(x) + \frac{(1 - 1^{\mathrm{T}}R^{-1}r(x))^2}{1^{\mathrm{T}}R^{-1}1}\right]
\end{gathered}
$$

其中，$\hat{\mu}$ 为回归常数项的广义最小二乘估计；$R = [R(x_i, x_j)], (i, j = 1, 2, \cdots, n)$ 为相关函数矩阵；$r(x) = [R(x, x_1), R(x, x_2), \cdots, R(x, x_n)]$；$\hat{\sigma}_z^2$ 为高斯随机过程近似方差。

例 9.6 选取测试函数 $y(x) = \exp(-x) + \sin(x) + \cos(3x) + 0.2x + 1, x \in [0.2, 6]$ 实现克里金建模过程。以 $X = \{0.5, 1.5, 2.5, 3.5, 4.5, 5.2, 5.8, 6\}$ 作为输入样本，并绘制克里金建模及预测过程示意图。

解：根据 DACE 程序包执行克里金建模程序，具体 MATLAB 实现程序如下：

```
addpath('DACE);
X=[0.5 1.5 2.5 3.5 4.5 5.2 5.8 6]';
Y=(exp(-X) + sin(X) + cos(3*X) + 0.2*X +
1)';
Xt=linspace(0.2,6,100)';
Theta=10; lob = 10^-3; upb =10^ 3;
[model, ~]
= dacefit(X, Y, @regpoly0, @corrgauss, Theta,
lob, upb);
Yr=(exp(-Xt) + sin(Xt) + cos(3*Xt) + 0.2*Xt
+ 1)';
[Yt,mse]=predictor(Xt,model);
plot(X,Y,'ko','MarkerFaceColor','k');
hold on
plot(Xt,Yt,'k-.',Xt,Yr,'k-')
hold on
plot(Xt, Yt-3*sqrt(mse),'b-+',Xt,
Yt+3*sqrt(mse),'r-+')
```

由图 9.15 可以看出，克里金模型穿过所有已知样本点，表明克里金模型为插值模型。

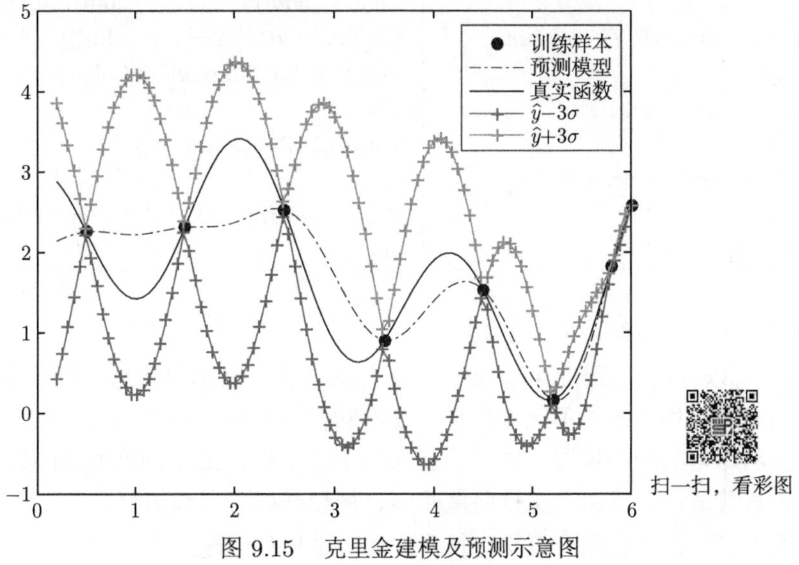

图 9.15 克里金建模及预测示意图

克里金模型可以提供预测均值及方差，对于衡量响应变量的不确定性具有十分重要的意义。基于预测不确定信息，发展了多种序贯设计方法。下面简单介绍最小预测值策略、最小化置信下界策略、最大改进概率策略和最大期望改进策略。

1. 最小预测值策略

当代理模型精度较好时，可采用最小预测值搜索方法获取潜在的最小值点，其表达式为

$$\begin{aligned} &\min \quad \hat{y}(x) \\ &\text{s.t.} \quad x \in [x_l, x_r] \end{aligned} \tag{9.8}$$

最小预测值策略仅考虑了代理模型的预测目标函数值 $\hat{y}(x)$，故在已知初始样本最小值 $y_{\min} = \min\{y_1, y_2, \cdots, y_n\}$ 时，其倾向于在 $y_{\min}$ 附近进行探索。实际应用中，其具有求解方便、适用性强的优点。但由于局部搜索的收敛性，易陷入局部最优，尤其是在高维问题中难以获得理想结果。

例 9.7　在例 9.6 中，以 $X = \{0.5, 1.5, 2.5, 3.5, 4.5, 4.8, 5.8, 6\}$ 作为系统输入，采用最小预测值策略逐步增加 5 个样本点，描绘序贯添加新样本过程。

MATLAB 实现程序如下：

```
addpath('DACE');
X=[0.5 1.5 2.5 3.5 4.5 4.8 5.8 6]';
Y=(exp(-X) + sin(X) + cos(3*X) + 0.2*X +
1);
Xt=linspace(0.2,6,10000)';
Yr=(exp(-Xt) + sin(Xt) + cos(3*Xt) +
0.2*Xt + 1);
Theta=10; lob = 10^-3; upb =10^3;
[model, ~]
= dacefit(X, Y, @regpoly0, @corrgauss,
Theta, lob, upb);
[Yt,mse]=predictor(Xt,model);
subplot(2,3,1)
plot(X,Y,'bo','MarkerFaceColor','b');
hold on
plot(Xt,Yt,'k-.',Xt,Yr,'k-')
for i=1:5
subplot(2,3,i+1)
[model, ~]=
dacefit(X, Y, @regpoly0, @corrgauss, Theta,
lob, upb);
[Yt,mse]=predictor(Xt,model);
[~,n]=min(Yt);x_add(i)=Xt(n,:);
y_add(i)=(exp(-x_add(i)) + sin(x_add(i)) +
cos(3*x_add(i)) + 0.2*x_add(i) + 1)';
X=[X;x_add(i)];Y=[Y;y_add(i)];
plot(X,Y,'bo','MarkerFaceColor','b');
hold on
plot(Xt,Yt,'k-.',Xt,Yr,'k-')
hold on
plot(x_add(i),y_add(i),'r>','MarkerFaceColor','r');
end
```

执行上述程序，具体结果见图 9.16。

由图 9.16 可以看出，随着新样本点的不断加入，克里金模型信息实现不断刷新，为后续新试验点的添加提供更新的不确定信息。观察新样本点添加位置可以看出，新样本均位于已知模型预测均值的最小位置，围绕在已知最小值附近，最小预测值策略为局部搜索策略。该方法具有普适性，可用于支持向量回归、神经网络等代理模型。

当存在约束时，最小预测值策略可转化成如下子优化问题：

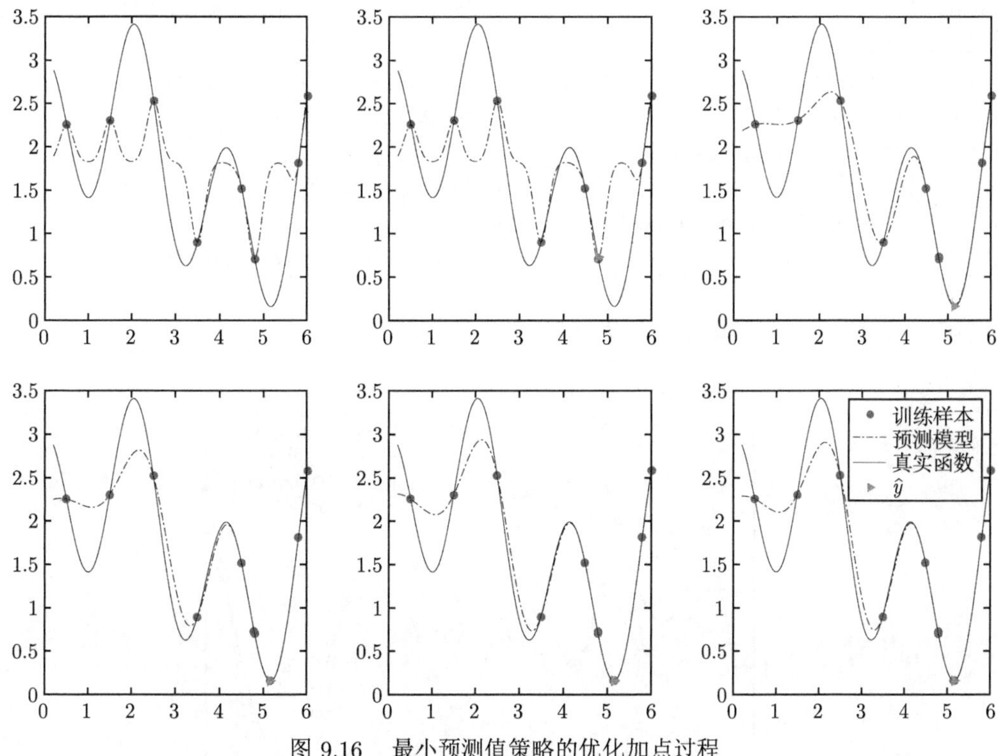

图 9.16 最小预测值策略的优化加点过程

$$
\begin{aligned}
\min \quad & \hat{y}(x) \\
\text{s.t.} \quad & \hat{g}_i(x) \leqslant 0, i=1,2,\cdots,r \\
& x \in [x_l, x_r]
\end{aligned}
$$

其中，r 为约束条件个数；x_l, x_r 分别为设计变量的左右边界向量；$\hat{g}_i(x)$ 为第 i 个约束条件建立的代理模型。在优化过程中，上述问题可直接求解。

2. 最小化置信下界策略

置信下界策略也称为统计学下限策略，其本质是利用克里金模型预测不确定构建统计边界，也是一种同时考虑预测均值和标准差的方法。在高斯过程假设下，设计空间未试验点的响应值 $Y(x)$ 都服从正态分布，即 $Y(x) \sim N(\hat{y}, \hat{s}^2)$。由正态分布特性可获得其置信下界，其计算表达式为

$$
\text{LCB}(x) = \hat{y}(x) - a\hat{s}(x)
$$

其中，$a > 0$ 为自定义常数，LCB 策略认为代理模型存在误差，其真实值可能会达到统计学下限。因此对 LCB 最小化，可获得真实最优值的可能性较大。

例 9.8 以 $X = \{0.5, 1.5, 2.5, 3.5, 4.5, 5.2, 5.8, 6\}$ 作为输入样本，选取例 9.7 中测试函数，说明克里金建模过程，并绘制 $a = 2$ 时 LCB 函数示意图。

MATLAB 实现程序如下：

```
addpath('DACE');
X=[0.5 1.5 2.5 3.5 4.5 5.2 5.8 6]';
Y=(exp(-X) + sin(X) + cos(3*X) + 0.2*X + 1)';
Xt=linspace(0.2,6,100)';
Theta=10; lob = 10^-3; upb =10^3;
[model, ~]=
dacefit(X, Y, @regpoly0, @corrgauss, Theta, lob,
upb);
Yr=(exp(-Xt) + sin(Xt) + cos(3*Xt) + 0.2*Xt
+ 1)';
[Yt,mse]=predictor(Xt,model);
plot(X,Y,'ko','MarkerFaceColor','k');
hold on
plot(Xt,Yt,'k-.',Xt,Yr,'k-')
hold on
plot(Xt, Yt-2*sqrt(mse),'r-+')
```

执行上述程序，具体结果见图 9.17。

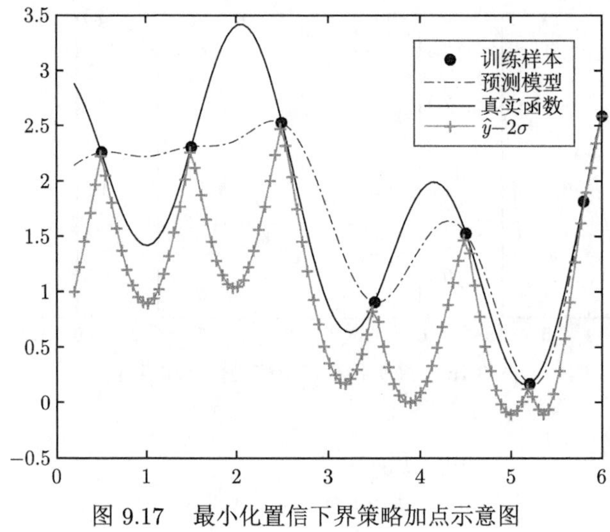

图 9.17 最小化置信下界策略加点示意图

由图 9.17 可以看出，在克里金模型基础上，LCB 策略以预测值的 $2\hat{s}(x)$ 区间下界作为搜索依据，选取最低的矩形位置处进行添加。该策略考虑了预测均值和方差信息，是一种全局策略。对 LCB 函数求偏导，得到

$$\frac{\partial \text{LCB}}{\partial \hat{y}} = 1, \quad \frac{\partial \text{LCB}}{\partial \hat{s}} = -a \tag{9.9}$$

由式 (9.9) 可知，LCB 策略随着 $\hat{y}(x)$ 的增大而增大，单调递增；LCB 策略随着 $\hat{s}(x)$ 的增大而减少，单调递减。假设依据 LCB 策略选取更新点时，已知两个未试验点 x_1、x_2，对应的模型预测值 $\hat{y}(x_1)$、$\hat{y}(x_2)$ 及预测方差为 $\hat{s}(x_1)$、$\hat{s}(x_2)$。可得如下性质：

(1) 当两个样本点关系 $\hat{y}(x_1) < \hat{y}(x_2)$ 且 $\hat{s}(x_1) = \hat{s}(x_2)$ 时，$\text{LCB}(x_1) < \text{LCB}(x_2)$；

(2) 当两个样本点关系 $\hat{s}(x_1) > \hat{s}(x_2)$ 且 $\hat{y}(x_1) = \hat{y}(x_2)$ 时，$\text{LCB}(x_1) < \text{LCB}(x_2)$。

由上述性质可知，最小化 LCB 策略在选取更新点时，如果两个点的预测方差相同，会选择预测值较小的位置添加新样本点；如果两个样本点预测值相同，则选择预测方差较大的位置进行添加。这一性质也称作 LCB 策略的单调性。考虑到 LCB 策略的常数 a 的影响，可得如下性质：

$$\lim_{a\to 0} \text{LCB}(x) = \hat{y}(x), \quad \lim_{a\to\infty} \text{LCB}(x) = \hat{s}(x)$$

当 $a \to 0$ 时，LCB 策略转化为最小预测值策略，侧重于局部探索；当 $a \to \infty$ 时，LCB 策略转化为最大均方根误差策略，侧重于全局探索。为了更好地诠释 LCB 策略，通常设定参数 $a = 2$。

例 9.9 在例 9.8 中克里金建模的基础上，采用 LCB 策略逐步增加 5 个样本点，试绘制模型变化及新样本点位置图像。

MATLAB 实现程序如下：

```
addpath('DACE');
X=[0.5 1.5 2.5 3.5 4.5 4.8 5.8 6]';Y=(exp(-
X) + sin(X) + cos(3*X) + 0.2*X + 1);
Xt=linspace(0.2,6,10000)';Yr=(exp(-Xt)
+ sin(Xt) + cos(3*Xt) + 0.2*Xt + 1);
Theta=10; lob = 10^-3; upb =10^3;
[model, ~]=
dacefit(X, Y, @regpoly0, @corrgauss,
Theta, lob, upb);
[Yt,mse]=predictor(Xt,model);
subplot(2,3,1)
plot(X,Y,'bo','MarkerFaceColor','b');
hold on
plot(Xt,Yt,'k-.',Xt,Yr,'k-')
for i=1:5
subplot(2,3,i+1)
[model, ~]=
dacefit(X, Y, @regpoly0, @corrgauss, Theta, lob,
upb);
[Yt,mse]=predictor(Xt,model);
[~,n]=min(Yt - 2*sqrt(mse)); x_add(i)=Xt(n,:);
y_add(i)=(exp(-x_add(i)) + sin(x_add(i)) +
cos(3*x_add(i)) + 0.2*x_add(i) + 1)';
X=[X;x_add(i)];Y=[Y;y_add(i)];
plot(X(1:end-1),Y(X(1:end-
1),'bo','MarkerFaceColor',
'b');
hold on
plot(Xt,Yt,'k-.',Xt,Yr,'k-')
hold on
plot(Xt,Yt - 2*sqrt(mse),'r-.');
plot(x_add(i),y_add(i),'r>','MarkerFaceColor','r');
end
```

执行上述程序，具体结果见图 9.18。

由图 9.18 可以看出，新样本点均处在最低点附近，表明 LCB 策略具有良好的探索能力，适用于全局优化问题。

当存在约束时，最小 LCB 策略可转化成如下子优化问题：

$$
\begin{aligned}
\min \quad & \hat{y}(x) - a\hat{s}(x) \\
\text{s.t.} \quad & \hat{g}_i(x) \leqslant 0, i = 1, 2, \cdots, r \\
& x \in [x_l, x_r]
\end{aligned}
$$

3. 最大改进概率策略

在初始试验设计的基础上，获得包含 n 个样本的样本集。根据样本信息，可获得已知样本最小值 $y_{\min} = \min\{y_1, y_2, \cdots, y_n\}$。对于全局优化问题而言，最期望得到的是以最快的速度获取下一个改进样本点所在的位置。在高斯过程假设下，将 $Y(x)$ 看作某一随机过程的具体实现。因此，可获得目标最大改进范围 $I(x) = \max(0, y_{\min} - Y(x))$。由响应变量的随机性，可计算 $I(x)$ 的最大改进概率 (probability of improvement, PoI)：

$$
\mathrm{PoI}(x) = \varPhi\left(\frac{[y_{\min} - \hat{y}(x)]}{\hat{s}(x)}\right)
$$

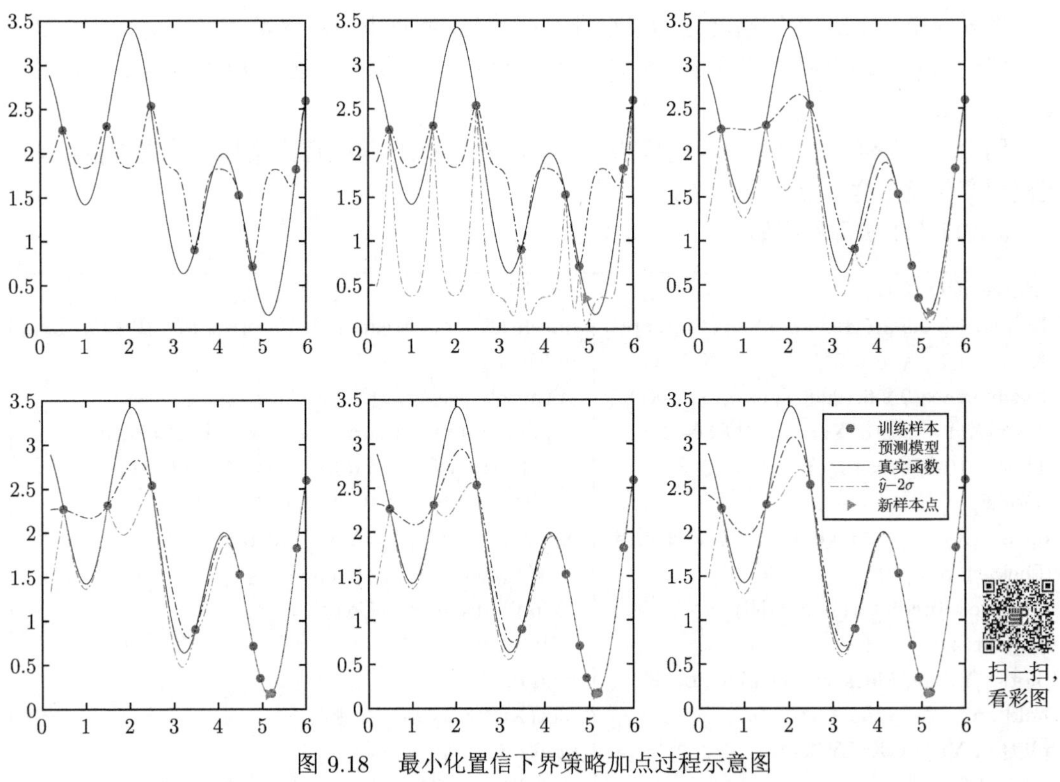

图 9.18　最小化置信下界策略加点过程示意图

其中，$\Phi(\cdot)$ 为标准正态分布函数；$\hat{y}(x)$ 和 $\hat{s}(x)$ 分别为模型的预测均值和标准差。为了进一步提升改进的范围，可将 $y_{\min}$ 设定为更小的值 y_0，一般可采用设定阈值的方法进行。例如，$y_0 = y_{\min} - k|y_{\min}|, k > 0$ 或 $y_0 = y_{\min} - \varepsilon$ 方法。ε 为阈值，一般取 $\varepsilon = 10^{-3}$。

例 9.10　选取 Forrester 函数 $y(x) = (6x-2)^2 \sin(12x-4), x \in [0,1]$，以系统输入 $X = \{0, 0.25, 0.5, 0.65, 1\}$ 作为初始样本，建立克里金代理模型并绘制最大改进概率图像。

MATLAB 实现程序如下：

```
Xr=linspace(0,1,50)'
Yr = ((6*Xr - 2).^2).*sin(12*Xr - 4);
X=[0 0.25 0.5 0.65 1]';
Y=((6*X - 2).^2).*sin(2*(6*X - 2));
Ymin=min(Y)
model =
dacefit(X,Y,'regpoly0','corrgauss',1,0.001,1000);
[y,mse] = predictor(Xr,model);
s=sqrt(max(0,mse));
PoI = 1/sqrt(2*pi)*exp( ((Ymin-y)./s)
.^2/2);
M=find(PoI==max(PoI));
BEST_X=Xr(M,:);
BEST_Y=Yr(M,:);
```

执行上述程序，即可得新样本点位置，具体结果见图 9.19。

由图 9.19 可以看出，克里金模型在每一点的响应均服从正态分布，改进概率策略兼顾了响应均值和方差，属于全局探索策略。该策略在低维问题中效果明显，高维问题中受制于模型降低使得改进效果不明显。

例 9.11　在例 9.10 中，选择 $X = \{0, 0.25, 0.5, 0.8, 1\}$ 作为训练样本，并采用最大改进概率策略进行序贯填充设计，逐步增加 5 个样本点并绘制优化过程。

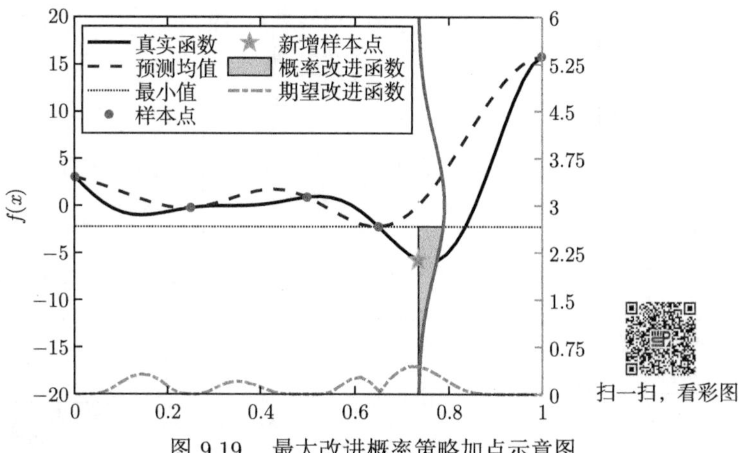

图 9.19 最大改进概率策略加点示意图

MATLAB 实现程序如下：

```
addpath('DACE');
X=[0 0.25 0.5 0.8 1]';
Y=((6*X - 2).^ 2).*sin(12*X - 4);
Xt=linspace(0,1,10000)';
Yr=((6*Xt - 2).^ 2).*sin(12*Xt - 4);
Theta=10; lob = 10^ -3; upb =10^ 3;
[model, ~]= dacefit(X, Y,
@regpoly0, @corrgauss, Theta, lob, upb);
[Yt,mse]=predictor(Xt,model);
subplot(2,3,1)
plot(X,Y,'bo','MarkerFaceColor','b');
hold on
plot(Xt,Yt,'k-.',Xt,Yr,'k-')
for i=1:5
subplot(2,3,i+1)
[model, ~]=
dacefit(X, Y, @regpoly0, @corrgauss,
Theta, lob, upb);
[Yt,mse]=predictor(Xt,model);
s=sqrt(max(0,mse));
PI=Gaussian_CDF((min(Y) - Yt)./s);
[~,n]=max(PI);
x_add(i)=Xt(n,:);
y_add(i)=((6*x_add(i) - 2).^ 2).*sin(12*x_add(i) -
4);
X=[X;x_add(i)];Y=[Y;y_add(i)];
plot(X(1:end-1),Y(1:end-1),'bo','MarkerFaceColor','b');
hold on
plot(Xt,Yt,'k-.',Xt,Yr,'k-')
hold on
[AX,H1,H2]= plotyy(Xt,Yr,Xt,PI,'plot');
plot(x_add(i),y_add(i),'r>','MarkerFaceColor','r');
end
```

由图 9.20 逐步填充新样本点位置可以看出，随着克里金模型的不断更新，最大改进概率策略在新增第 5 个样本点时可达到真实最小值附近。其余样本点除第 1,2 样本点围绕在已知最小值附近，其余均在逐步逼近真实最小值。表明最大改进概率策略适用于低维确定性优化问题，具有探索能力。

当存在约束时，假设第 i 个约束均服从均值为 $\hat{g}_i$、标准差 s_{g_i} 的正态分布。假定优化目标和约束相互独立，则最大改进概率策略可转化最大约束改进概率策略：

$$\begin{aligned}
\max \quad & \mathrm{CPI} = \mathrm{PoI}(x)\prod_{i=1}^{r}\varPhi\left(\frac{-\hat{g}_i}{s_{g_i}}\right) \\
\text{s.t.} \quad & x \in [x_l, x_r]
\end{aligned}$$

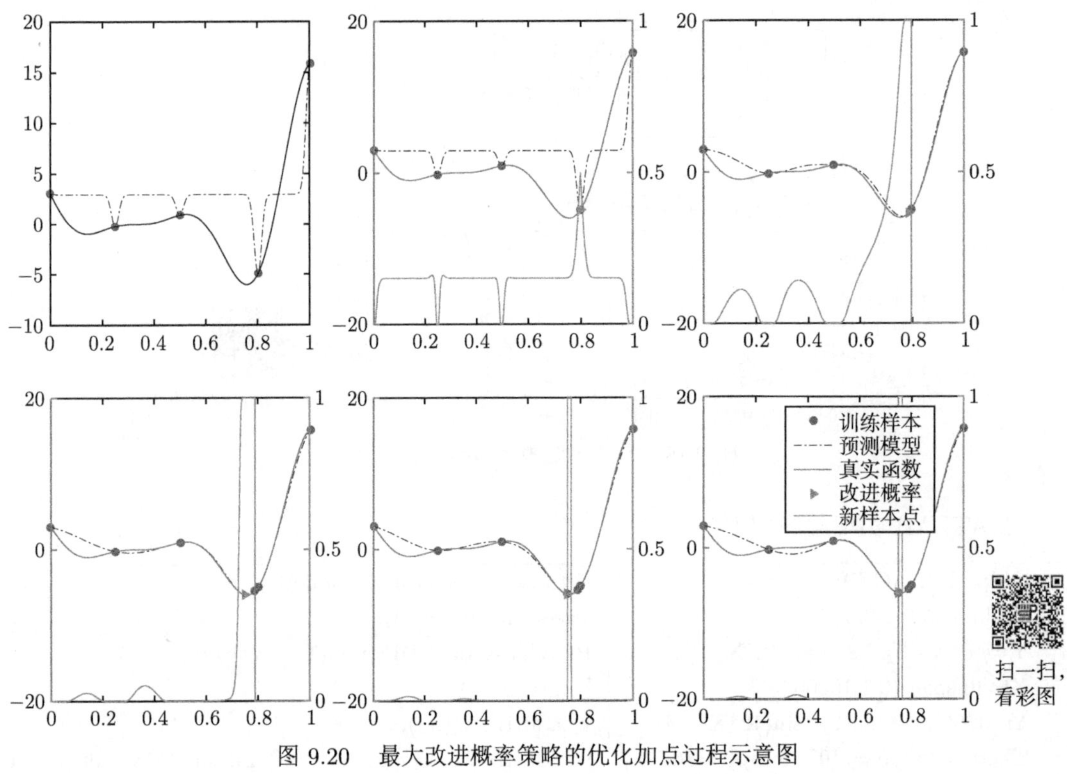

图 9.20　最大改进概率策略的优化加点过程示意图

此外，包含约束条件的最大改进策略仍可用如下子优化问题进行求解：

$$
\begin{aligned}
\max \quad & \mathrm{PoI}(x) \\
\text{s.t.} \quad & \hat{g}_i(x) \leqslant 0,\ i = 1, 2, \cdots, r \\
& x \in [x_l, x_r]
\end{aligned}
$$

其中，x_l, x_r 分别为设计变量的左右边界向量；$\hat{g}_i(x)$ 为第 i 个约束条件的克里金近似模型。

4. 最大期望改进策略

Schonlau 等 (1998) 在预测均值和预测方差已知的情况下，提出了经典的高效全局优化方法框架。以最大改进 $I(x)$ 的期望作为改进策略，其表达形式为

$$
\begin{aligned}
\mathrm{EI} = E[I(x)] &= \int_{-\infty}^{y_{\min}} [y_{\min} - Y(x)] \frac{1}{\sqrt{2\pi} s(x)} \exp\left(-\frac{[Y(x) - \hat{y}(x)]}{2s^2(x)}\right) \mathrm{d}x \\
&= (y_{\min} - \hat{y}(x)) \phi\left(\frac{[y_{\min} - \hat{y}(x)]}{\hat{s}(x)}\right) + \hat{s}(x) \varPhi\left(\frac{[y_{\min} - \hat{y}(x)]}{\hat{s}(x)}\right), \quad \hat{s}(x) > 0
\end{aligned} \tag{9.10}
$$

其中，$\phi(\cdot), \varPhi(\cdot)$ 分别为标准正态分布的概率密度函数和分布函数。克里金模型预测值 $\hat{y}(x)$ 越小于当前最优值 $y_{\min}$，EI 策略的第 1 项就越大，说明侧重于局部搜索；模型预测标准差 $\hat{s}(x)$ 越大，EI 策略的第 2 项就越大，说明侧重于全局探索。这说明 EI 策略兼有局部搜索和全局探索能力。

例 9.12　在例 9.10 中，选择 $X = \{0, 0.25, 0.5, 0.6, 1\}$ 作为训练样本，建立克里金模型，并绘制最大期望改进策略进行序贯填充设计的优化过程。

MATLAB 实现程序如下：

```
addpath('DACE');
X=[0 0.25 0.5 0.6 1]';
Y=((6*X - 2).^2).*sin(12*X - 4);
Xt=linspace(0,1,100)';
Theta=10; lob = 10^-3; upb =10^3;
[model, ~]=
   dacefit(X, Y, @regpoly0, @corrgauss,
Theta, lob, upb);
Yr=((6*Xt - 2).^2).*sin(12*Xt - 4);
[Yt,mse]=predictor(Xt,model);
s=sqrt(max(0,mse));
EI=(min(Y)-Yt).*Gaussian_CDF((min(Y)-
Yt)./s)
   +s.*Gaussian_PDF((min(Y)-Yt)./s);
plot(X,Y,'ko','MarkerFaceColor','k');
hold on
plot(Xt,Yt,'k-.')
hold on
[AX,H1,H2]= plotyy(Xt,Yr,Xt,EI,'plot');
```

最大期望改进策略加点示意图如图 9.21 所示。

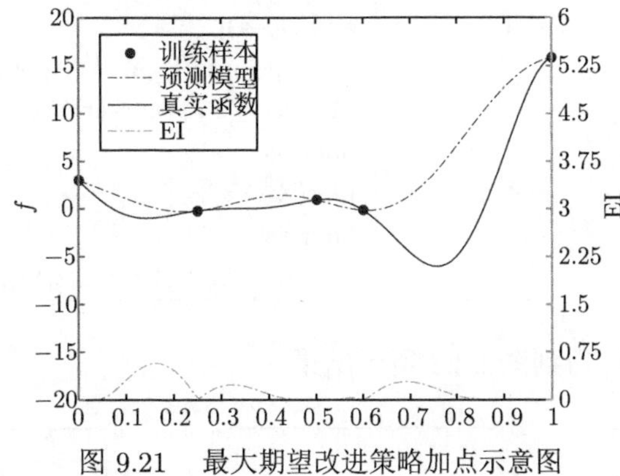

图 9.21 最大期望改进策略加点示意图

由图 9.21 知，新样本选择位于最大期望改进位置进行填充，且填充响应值明显低于已知最小值。故 EI 策略是一个高效代理优化方法。EI 函数因其贪婪性 (选择最大改进处填充) 往往导致陷入局部最优问题。当 EI 小于 10^{-6} 时，应终止填充。

对 EI 进行求导，得

$$\frac{\partial \mathrm{EI}(x)}{\partial \hat{y}}=-\Phi\left(\frac{[y_{\min}-\hat{y}(x)]}{\hat{s}(x)}\right),\quad \frac{\partial \mathrm{EI}(x)}{\partial \hat{s}}=\phi\left(\frac{[y_{\min}-\hat{y}(x)]}{\hat{s}(x)}\right) \tag{9.11}$$

由式 (9.9) 可知，当 $\hat{s}(x)=0$ 时，期望改进 $\mathrm{EI}=0$，故不能实现期望的改进；由 EI 函数的偏导数性质可知：EI 函数随 $\hat{y}(x)$ 的增大为减小，单调递减；EI 函数随 $\hat{s}(x)$ 增大而增大，单调递增。此外，最大化 EI 函数可避免重复加点问题。假设依据 EI 策略选取更新点时，已知两个未试验点 x_1,x_2、对应的模型预测值 $\hat{y}(x_1),\hat{y}(x_2)$ 及预测方差为 $\hat{s}(x_1),\hat{s}(x_2)$，那么可得如下性质：

(1) 当两个样本点关系 $\hat{y}(x_1)<\hat{y}(x_2)$ 且 $\hat{s}(x_1)=\hat{s}(x_2)$ 时，$\mathrm{EI}(x_1)<\mathrm{EI}(x_2)$；

(2) 当两个样本点关系 $\hat{s}(x_1)>\hat{s}(x_2)$ 且 $\hat{y}(x_1)=\hat{y}(x_2)$ 时，$\mathrm{EI}(x_1)>\mathrm{EI}(x_2)$。

由上述性质可知，最大化 EI 策略在选取更新点时，如果两个点的预测方差相同，则选择预测值较小的位置添加新样本点；如果两个样本点预测值相同，则选择预测方差较大的位置进行添加。这一性质也称作 EI 策略的单调性。

例 9.13 在例 9.12 中克里金建模的基础上，采用最大期望改进策略进行序贯填充设计，逐步增加 5 个样本点，并绘制优化过程图像。

MATLAB 实现程序如下：

```
addpath('DACE');
X=[0 0.25 0.5 0.6 1]';
Y=((6*X - 2).^2).*sin(12*X - 4);
Xt=linspace(0,1,10000)';
Yr=((6*Xt - 2).^2).*sin(12*Xt - 4);
Theta=10; lob = 10^-3; upb =10^3;
[model, ~]= dacefit(X, Y, @regpoly0,
@corrgauss, Theta, lob, upb);
[Yt,mse]=predictor(Xt,model);
subplot(2,3,1)
plot(X,Y,'bo','MarkerFaceColor','b');
hold on
plot(Xt,Yt,'k-.',Xt,Yr,'k-')
for i=1:5
subplot(2,3,i+1)
[model, ~]=
dacefit(X, Y, @regpoly0, @corrgauss, Theta, lob,
upb);
[Yt,mse]=predictor(Xt,model);
s=sqrt(max(0,mse));
EI=(min(Y)-Yt).*Gaussian_CDF((min(Y)-
Yt)./s)
  +s.*Gaussian_PDF((min(Y)-Yt)./s);
[~,n]=max(EI);x_add(i)=Xt(n,:);
y_add(i)=((6*x_add(i) - 2).^2).*sin(12*x_
add(i) - 4);
X=[X;x_add(i)];Y=[Y;y_add(i)];
plot(X,Y,'bo','MarkerFaceColor','b');
hold on
plot(Xt,Yt,'k-.')
hold on
[AX,H1,H2]= plotyy(Xt,Yr,Xt,EI,'plot');
```

执行上述程序，即可得到图 9.22 所示结果。

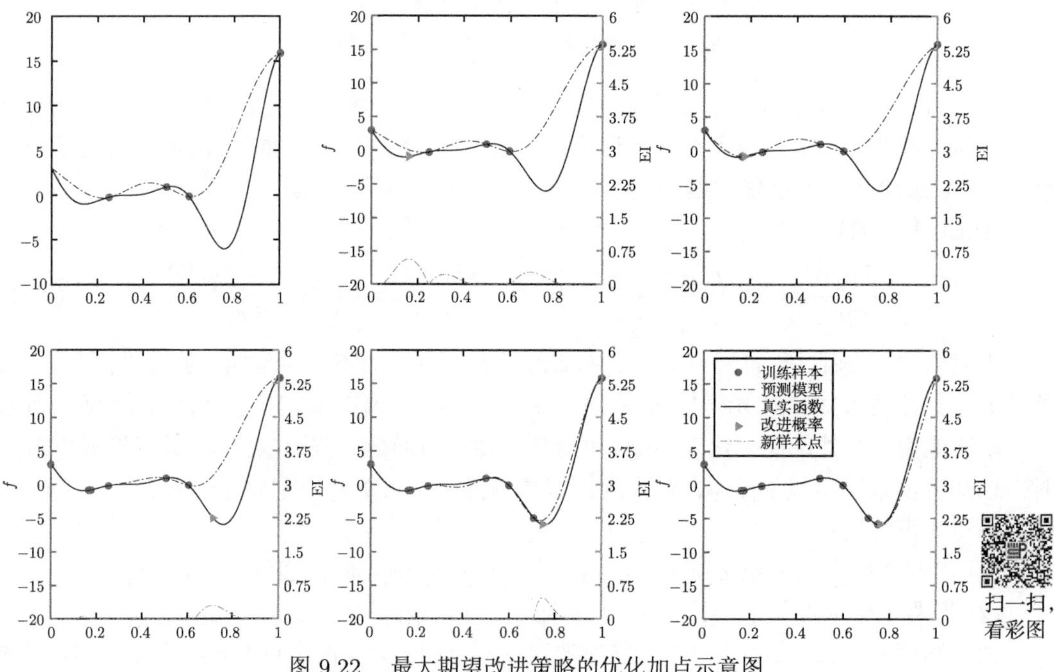

图 9.22 最大期望改进策略的优化加点示意图

由图 9.22 可以看出，最大期望改进策略在添加第 2、3 个样本时已经到达真实最小值附近，相比上述策略具有明显优势。注意到第 4、5 样本点反而选取较差位置进行填充，这也说明了 EI 函数值下降速度快的贪婪特性，易导致早熟而陷入局部最优。实际应用中，代理模型的不同用途所需样本点数也不相同，如果代理模型仅仅用于设计空间的展示，则任何试验方法均可使用。若以局部优化为目的，则应该使用序贯设计增加新样本点实现快速求解；若以全局最优为目标，则大部分样本点应该进行序贯设计。一般来讲，初始样本数应占样本数的三分之一。

同 PoI 策略一样，EI 策略可采用约束 EI 策略实现约束问题的序贯样本填充，其表达式为

$$\begin{aligned} \max \quad & \mathrm{CEI} = \mathrm{EI}(x) \prod_{i=1}^{r} \Phi\left(\frac{-\hat{g}_i}{s_{g_i}}\right) \\ \text{s.t.} \quad & x \in [x_l, x_r] \end{aligned}$$

5. 其他约束处理方法

实际问题中，往往包含一个或多个约束条件：

$$\begin{aligned} \min \quad & y(x) \\ \text{s.t.} \quad & g_i(x) \leqslant 0 \\ & x \in [x_l, x_r] \end{aligned} \tag{9.12}$$

其中，$g_i(x)$ 为第 i 个约束条件。

罚函数法是最常用的约束处理技术，它根据约束函数特性构造惩罚项，并将其加到目标函数中构成惩罚函数，进而将约束优化问题转化为一系列子优化问题，然后用无约束优化方法进行求解。其一般形式表达如下：

$$y_p(x, \lambda^{(k)}) = y(x) + \lambda^{(k)} \sum_{i=1}^{r} (\max(0, g_i(x)))^2$$

其中，$\lambda^{(k)}$ 为外罚因子，是由小到大、趋近于无穷大的递增数列，实际应用中 $\lambda^{(k)}$ 也可取为较大常数；$\lambda^{(k)} \sum_{i=1}^{r} (\max(0, g_i(x)))^2$ 为惩罚项，若约束大于 0，则起惩罚作用。

9.5.2 全局建模策略

在序贯设计框架下，由于问题需求不同，对提高模型近似精度的需求也不相同，因此采用的序贯填充策略也不相同。对于空间设计需要提高代理模型的全局近似精度，选用的序贯填充策略必须对当前模型精度较低的区域进行重点抽样，以提升代理模型的全局近似精度。常见的有利用样本信息进行设计的最大熵策略和利用响应偏差波动设计的最大均方误差 (mean square error, MSE) 策略。

1. 最大均方误差策略

采用最大熵策略序贯采样过程中，设计者一般选取距离当前数据点尽可能远的样本点作为新采样点，而对系统响应信息并没有进行考虑。就已知序贯策略而言，最大均方根误差策略可以在整个设计空间中估计误差最大处进行新样本填充，该方法具有简单易行且可充

分利用样本信息的优点。以高斯过程模型为例，该类模型可以提供预估值的误差估计，为保证模型的近似精度高，可选取在预测不确定性最大的未知样本点填充，高斯过程模型的均方根误差推导结果如下：

$$\hat{s}^2(\hat{y}(x)) = \mathrm{MSE}(\hat{y}(x)) = \hat{\sigma}_z^2\left[1 - r^{\mathrm{T}}(x)R^{-1}r(x) + \frac{(1 - 1^{\mathrm{T}}R^{-1}r(x))^2}{1^{\mathrm{T}}R^{-1}1}\right]$$

构造最大均方误差策略可表示如下：

$$\begin{aligned} &\max \quad \hat{s}(x) \\ &\text{s.t.} \quad x \in \Omega \end{aligned}$$

例 9.14　选择例 9.11 中 Forrester 函数作为测试函数，以 $X = \{0, 0.25, 0.5, 0.6, 1\}$ 作为系统输入进行克里金建模，绘制克里金预测模型和 MSE 图像。

MATLAB 实现程序如下：

```
addpath('DACE');
X=[0 0.25 0.5 0.6 1]';
Y=((6*X - 2).^2).*sin(12*X - 4);
Xt=linspace(0,1,100)';
Theta=10; lob = 10^-3; upb =10^3;
[model, ~]=
dacefit(X, Y, @regpoly0, @corrgauss, Theta, lob, upb);
Yr=((6*Xt - 2).^2).*sin(12*Xt - 4);
[Yt,mse]=predictor(Xt,model);
MSE=sqrt(max(0,mse));
plot(X,Y,'ko','MarkerFaceColor','k');
hold on
plot(Xt,Yt,'k-.')
hold on
[AX,H1,H2]= plotyy(Xt,Yr,Xt,MSE,'plot');
```

执行上述程序，具体结果见图 9.23。

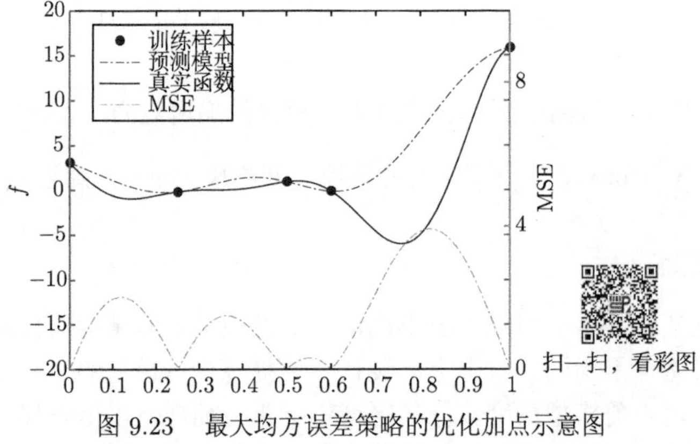

图 9.23　最大均方误差策略的优化加点示意图

尽管均方根不是实际的预估误差，但能够在一定程度上反映近似模型预估精度的大小及分布趋势。因此，根据近似估计可获取设计空间的预估精度分布趋势，并据此作为下一次循环构造代理模型的先验知识。在逐步优化过程中，通过不断更新模型信息实现模型重构，进而有效提升模型在新样本填充区域的估计精度。

例 9.15　在例 9.14 中克里金建模的基础上，采用最大均方误差策略逐步增加 5 个样本点，并绘制模型变化及新样本点位置图像。

MATLAB 实现程序如下：

```
addpath('DACE');
X=[0 0.25 0.5 0.6 1]';
Y=((6*X - 2).^2).*sin(12*X - 4);
Xt=linspace(0,1,10000)';
Yr=((6*Xt - 2).^2).*sin(12*Xt - 4);
Theta=10; lob = 10^-3; upb =10^3;
[model, ~]= dacefit(X, Y, @regpoly0, @corrgauss, Theta, lob, upb);
[Yt,mse]=predictor(Xt,model);
subplot(2,3,1)
plot(X,Y,'bo','MarkerFaceColor','b');
hold on
plot(Xt,Yt,'k-.',Xt,Yr,'k-')
for i=1:5
subplot(2,3,i+1)
[model, ~]= dacefit(X, Y, @regpoly0, @corrgauss, Theta, lob, upb);
[Yt,mse]=predictor(Xt,model);
s=sqrt(max(0,mse));
MSE=s;
[~,n]=max(MSE);
x_add(i)=Xt(n,:);
y_add(i)=((6*x_add(i) - 2).^2).*sin(12*x_add(i) - 4);
X=[X;x_add(i)];Y=[Y;y_add(i)];
plot(X(1:end-1),Y(1:end-1),'bo','MarkerFaceColor','b');
hold on
plot(Xt,Yt,'k-.')
hold on
[AX,H1,H2]= plotyy(Xt,Yr,Xt,MSE,'plot');
```

执行上述程序，具体结果见图 9.24。

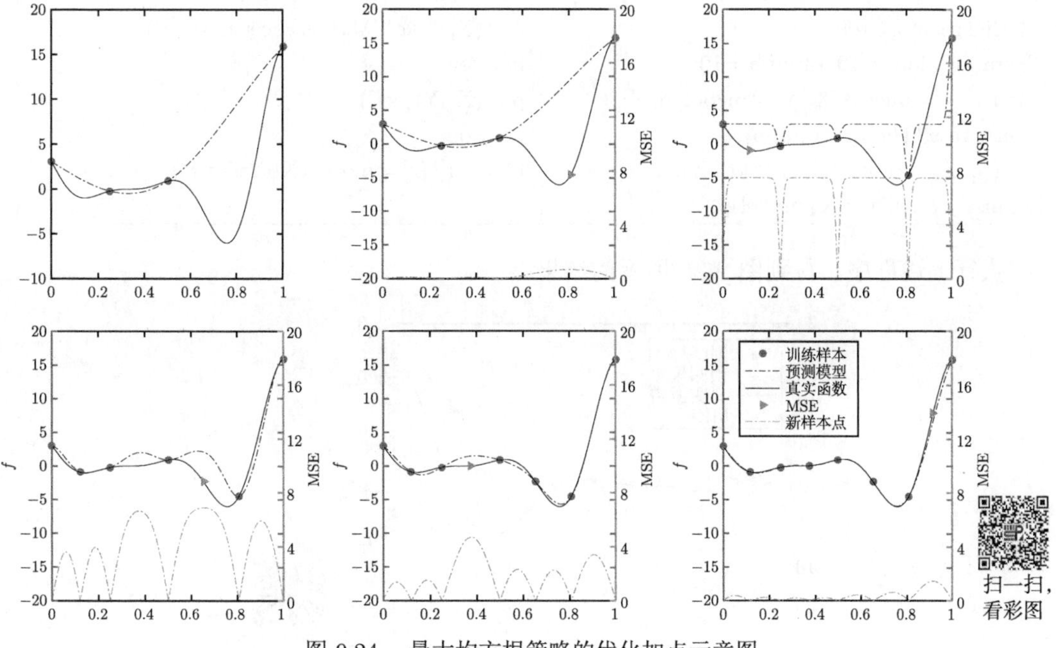

图 9.24 最大均方根策略的优化加点示意图

由图 9.24 可以看出，相比全局优化策略，选择最大改进的位置进行填充。最大均方根策略更倾向于模型波动最大处进行填充。随着新样本点的加入，克里金模型的预测精度不断提升，在第 4 个样本点加入后，近似模型和真实函数几乎无差别，取得了非常好的全局建模近似特性。

2. 最大化修改的期望改进策略

对某个质量目标在整个空间进行一个好的预测是值得挑战的问题，基于概率改进函数进行序贯设计使代理模型获得良好的整体拟合能力。其表达式为

$$I(x) = [Y(x) - y(x_j^*)]^2$$

其中，$y(x_j^*)$ 已知，x_j^* 为未试验点与已知样本点欧拉距离最近的点；该公式表明其十分注重已知样本点所提供信息区域。对 $I(x)$ 取期望得到修改的期望改进策略 (modified expected improvement, MEI)：

$$\mathrm{MEI}(x) = E[I(x)|\Omega] = [\hat{y}(x) - y(x_j^*)]^2 + s^2(x)$$

MEI 等式右侧第 1 项起局部开发作用，选择预测响应与距离最近的设计点的实际响应差异最大进行填充。等式右侧第 2 项发挥全局探索作用，选择设计区域内最大化预测均方误差的输入点进行填充。

例 9.16 以 Forrester 函数作为测试函数，以 $X = \{0, 0.25, 0.5, 0.6, 1\}$ 作为训练样本进行克里金建模，绘制克里金预测模型和 MEI 图像。

MATLAB 实现程序如下：

```
addpath('DACE');
X=[0 0.25 0.5 0.6 1]';
Y=((6*X - 2).^2).*sin(12*X - 4);
Xt=linspace(0,1,100)';
Theta=10; lob = 10^-3; upb =10^3;
[model, ~]= dacefit(X, Y, @regpoly0,
@corrgauss, Theta, lob, upb);
Yr=((6*Xt - 2).^2).*sin(12*Xt - 4);
[Yt,mse]=predictor(Xt,model);
s=sqrt(max(0,mse));
k=dsearchn(X,Xt)
MEI=(Yt - Y(k)).^2 +mse
plot(X,Y,'ko','MarkerFaceColor','k');
hold on
plot(Xt,Yt,'k-.')
hold on
[AX,H1,H2]= plotyy(Xt,Yr,Xt,MEI,'plot');
```

执行上述程序，得到图 9.25 所示的结果。

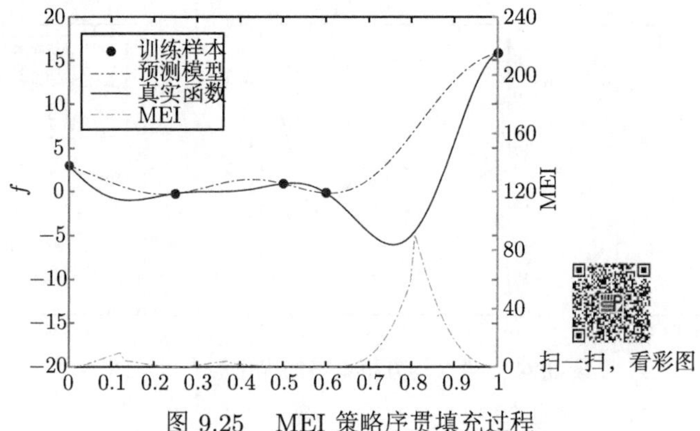

图 9.25 MEI 策略序贯填充过程

由图 9.25 可以看出，MEI 策略选择在 MEI 最大值处进行加点，同时注意到 MEI 策略取值包含 0 以下部分，这与 EI 策略必须大于 0 才会改进有明显区别。这是因为二者追求目标不同，且 MEI 策略优先进行了距离选择后进行的结果。

例 9.17 在例 9.16 中克里金建模基础上，采用 MEI 策略逐步增加 5 个样本点并绘制优化过程图像。

MATLAB 实现程序如下：

```
addpath('DACE');
X=[0 0.25 0.5 0.6 1]';
Y=((6*X - 2).^2).*sin(12*X - 4);
Xt=linspace(0,1,10000)';
Yr=((6*Xt - 2).^2).*sin(12*Xt - 4);
Theta=10; lob = 10^-3; upb =10^3;
[model, ~]= dacefit(X, Y, @regpoly0,
@corrgauss, Theta, lob, upb);
[Yt,mse]=predictor(Xt,model);
subplot(2,3,1)
plot(X,Y,'bo','MarkerFaceColor','b');
hold on
plot(Xt,Yt,'k-.',Xt,Yr,'k-')
for i=1:5
subplot(2,3,i+1)
[model, ~]= dacefit(X, Y, @regpoly0, @corrgauss,
Theta, lob, upb);
[Yt,mse]=predictor(Xt,model);
s=sqrt(max(0,mse));
k=dsearchn(X,Xt)
MEI=(Yt - Y(k)).^2 +mse
[~,n]=max(MEI);
x_add(i)=Xt(n,:);
y_add(i)=((6*x_add(i) - 2).^2).*sin(12*x_add(i) -
4);
X=[X;x_add(i)];
Y=[Y;y_add(i)];
plot(X(1:end-1),Y(1:end-
1),'bo','MarkerFaceColor','b');
hold on
plot(Xt,Yt,'k-.')
hold on
[AX,H1,H2]= plotyy(Xt,Yr,Xt,MEI,'plot');
```

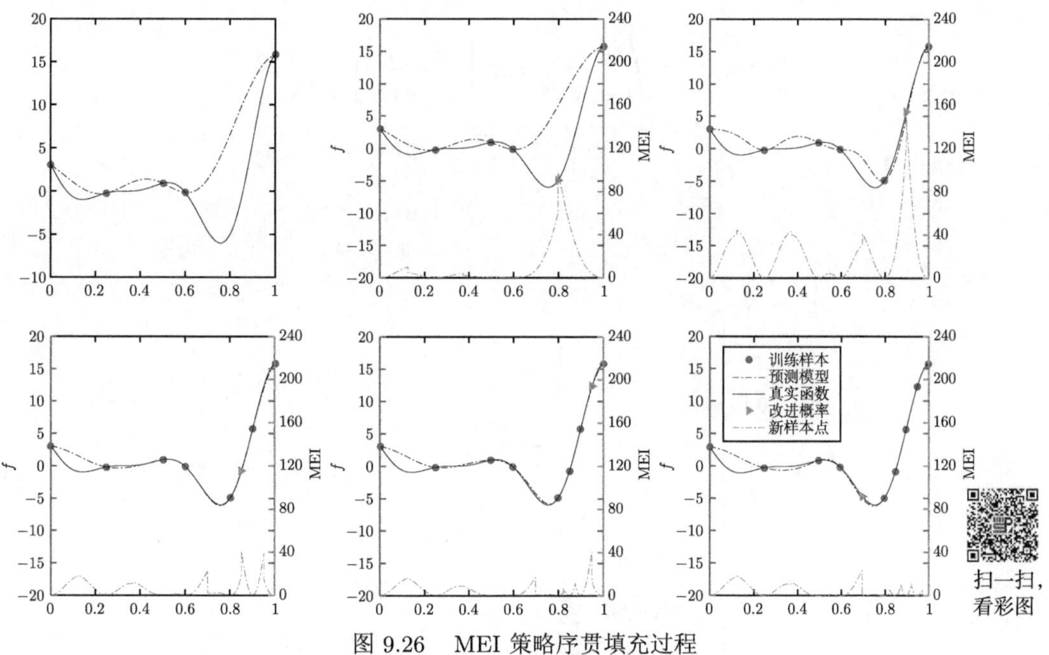

图 9.26 MEI 策略序贯填充过程

由图 9.26 可以看出，MEI 策略新增加样本点，以提升模型近似精度为目标，随着样本点的逐渐增加，模型的近似精度先降低后提升，表明 MEI 策略可较好地实现提升模型近似精度的目标。

9.5.3　极限响应曲面策略

在可靠性设计中，对其结构进行可靠性分析时，根据结构的功能要求和相应的极限状态标志，可建立结构的极限状态函数，也称为功能函数：

$$g(x) = g(x_1, x_2, \cdots, x_d)$$

其中，$x = (x_1, x_2, \cdots, x_d)$ 为随机变量。输入变量 x 具有不确定性，功能函数输出响应也具有不确定性。可靠性分析对当前设计点处的可靠度水平进行评估时，根据当前设计点及其概率分布可以得到输出响应不满足设计要求的概率，即失效概率。假设设计点为连续随机变量并且其联合概率密度函数为 $f_X(x)$，那么结构的可靠性概率表示为

$$R = P(g(x) \geqslant C) = 1 - \int_{\Omega_f} f_X(x)\mathrm{d}x$$

R 为可靠度指标。在基于可靠性的设计优化中需要大量计算 $P(g(x) \geqslant C)$ 的值来判断是否满足约束条件，计算 $P(g(x) \geqslant C)$ 的过程，称为可靠性分析。在实际应用中，$g(x)$ 一般采用代理模型进行近似，以避免昂贵的计算成本。当 $g(x)$ 为隐函数时，$g(x)$ 的近似效果取决于极限响应曲面 $g(x) = C$ 的近似效果。考虑工程约束优化问题，通过调整均可看作极限响应曲面 $g(x) = 0$ 问题进行近似。失效概率一般是指极限响应曲面函数小于 0 的概率。

$$\begin{aligned} P(g < 0) &= \int_{-\infty}^{\frac{\mu_{\hat{g}}}{s_{\hat{g}}}} \frac{1}{\sqrt{2\pi}} \exp\left[-\frac{g - \mu_{\hat{g}}}{s_{\hat{g}}}\right] \mathrm{d}g \\ &= 1 - \varPhi\left(\frac{\mu_{\hat{g}}}{s_{\hat{g}}}\right) = 1 - \varPhi(\beta) = \varPhi(-\beta) \end{aligned}$$

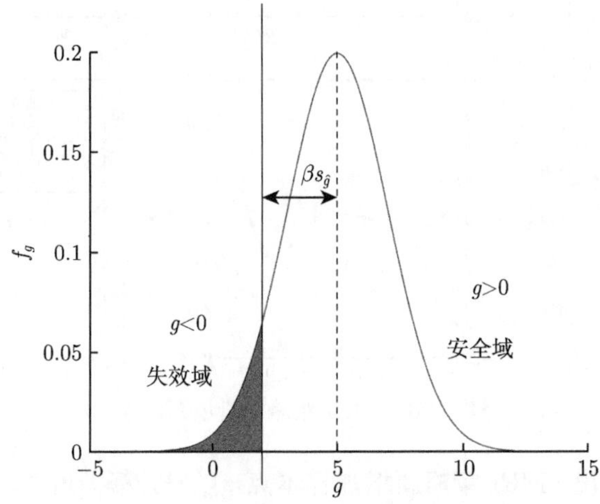

图 9.27　随机变量 g 的概率密度函数

由失效边界到均值点 $\mu_{\hat{g}}$ 的距离可由 β 和标准差 $s_{\hat{g}}$ 表示，且失效概率和 β 存在一一对应关系，因此失效概率和 β 均可作为可靠性指标。极限响应曲面策略有直接法、最大化期望可行性策略、最小统计下界策略和最大熵策略等。

1. *直接法*

基于试验设计的基本理念，若想提升隐函数近似精度，需要不断改善 $y(x)=0$ 的近似精度，也就需要对 $y(x)=0$ 在整个设计空间所存在潜在区域进行重点抽样。经过绝对值变化，原问题转化成最小值为 0 问题的求解，直接法就是通过求解 $y(x^*)=0$ 来得到新的样本点 x^*。即

$$\min \quad Y=|y(x)|^{2v+1}$$

其中，$v\in N$。由公式 $Y=|y(x)|^{2v+1}$ 不难看出，通过取绝对值使得 $|y(x)|^{2v+1}\geqslant 0$ 恒成立。当 $|y(x)|^{2v+1}=0$ 或无限接近于 0 时，新增加样本点均分布在 $y(x)=0$ 附近。一般在实际应用中设定固定的失效概率值作为阈值。

采用直接法进行序贯填充，MATLAB 实现程序如下：

```
function obj=Infill_strategy_Y(x, v)
g=Testfunction(x)
obj =(abs(g)).^(2*v+1);
end
```

例 9.18 选取四分支函数进行验证：

$$g(x)=\min\begin{cases}3+(x_1-x_2)^2/10-(x_1+x_2)/\sqrt{2}\\3+(x_1-x_2)^2/10+(x_1+x_2)/\sqrt{2}\\(x_1-x_2)+7\sqrt{2}\\(x_2-x_1)+7\sqrt{2}\end{cases}$$

其中，系统输入 x_1,x_2 均服从均值为 0、标准差为 1 的正态分布。设定 v=6，试在拉丁超立方抽样基础上，采用直接法进行序贯填充并绘制极限响应面及其样本分布。

解：首先进行拉丁抽样，MATLAB 程序如下：

```
mu=[0,0]; sigma=[1,1];
X= lhsnorm(mu, diag(sigma),10);
```

执行该程序即可得到抽样数据，具体结果见表 9.3。

在克里金建模基础上，对极限响应曲面进行近似和序贯设计。给定阈值条件下，直接法获取的最终预测极限曲面及样本分布见图 9.28。

表 9.3 极限面近似初始样本点集

样本序号	x_1	x_2	g	样本序号	x_1	x_2	g
1	−3.93600	1.66130	−0.64755	6	4.81321	4.74336	−3.75703
2	2.63725	−2.54482	−0.23232	7	1.68770	2.69752	0.00115
3	−4.71905	−8.10601	0.61754	8	−1.79545	1.66067	2.23261
4	−2.08239	−3.76645	−0.85215	9	3.83377	−4.91675	−3.80077
5	−8.01760	3.20639	094160	10	1.20882	−1.82612	2.17330

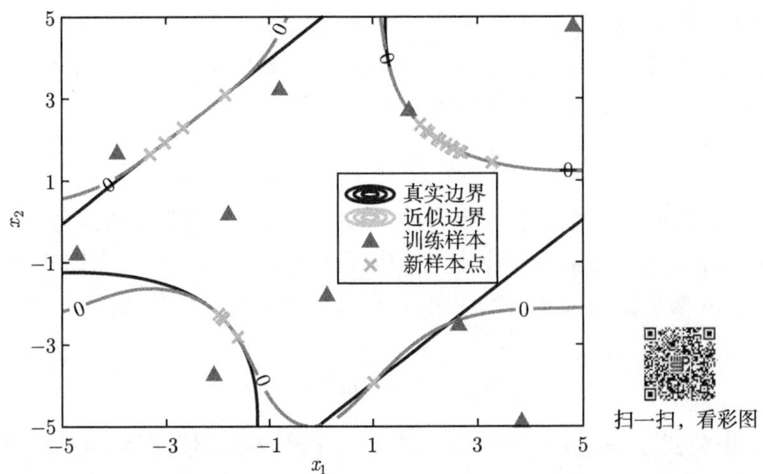

图 9.28　给定阈值条件下，直接法获取的最终预测极限响应曲面及样本分布

从样本分布来看，新增样本点都在真实函数线上，但存在聚集现象；从极限响应曲面拟合效果来看，总体上能较好地拟合真实函数曲线，但在部分变量边界处的拟合效果较差。因此，通过直接求解可提升隐函数 $y(x)=0$ 的近似精度，但在实际应用中样本点聚集导致拟合效果较差。此外，隐函数无法直接获得，故采用直接法往往存在计算成本过高的问题，不利于在实际中的广泛推广。

2. 最大化期望可行性策略

最大化期望可行性函数 (expected feasibility function, EFF) 方法基于 EI 策略发展而来。在对隐函数近似过程中，近似优化目标由全局最小值转化为 $\hat{y}(x)=\bar{z}$ 的近似精度越高越好。获得改进函数：

$$I(x)=\max\{\varepsilon(x)-|Y(x)|,\bar{z}\}$$

对 $I(x)$ 取期望，可得

$$\begin{aligned}\mathrm{EFF}=&E[I(x)]=(\hat{y}-\bar{z})\left[2\varPhi\left(\frac{\bar{z}-\hat{y}(x)}{s(x)}\right)-\varPhi\left(\frac{z^{-}-\hat{y}(x)}{s(x)}\right)-\varPhi\left(\frac{z^{+}-\hat{y}(x)}{s(x)}\right)\right]\\&-s(x)\left[2\phi\left(\frac{\bar{z}-\hat{y}(x)}{s(x)}\right)-\phi\left(\frac{z^{-}-\hat{y}(x)}{s(x)}\right)-\phi\left(\frac{z^{+}-\hat{y}(x)}{s(x)}\right)\right]\\&+\varepsilon\left[\varPhi\left(\frac{z^{+}-\hat{y}(x)}{s(x)}\right)-\varPhi\left(\frac{z^{-}-\hat{y}(x)}{s(x)}\right)\right]\end{aligned}$$

其中，$\phi(\cdot),\varPhi(\cdot)$ 分别为标准正态分布的密度函数和分布函数；$\bar{z}$ 为常数，在极限响应曲面近似时 $\bar{z}=0$；$\varepsilon(x)=\alpha s(x)$ 为未试验点的波动，$z^{+}=\bar{z}+\varepsilon(x)$，$z^{-}=\bar{z}-\varepsilon(x)$；EFF 可以量化任意点 x 的响应 $\hat{y}(x)$ 满足函数 $\hat{y}(x)=\bar{z}$ 的期望，换句话说，EFF 可识别响应在附近的点，当最大 EFF 值小于 0.001 时 $(\max(\mathrm{EFF})\leqslant 10^{-3})$，终止更新。

EFF 策略 MATLAB 实现程序如下：

```
function obj=Infill_strategy_EFF(x, model,z)
[y,mse] = predictor(x, model);
s=sqrt(max(0,mse));
% define the value of ε(st)
st=2.*s;
% calcuate the EF value
EF=(y-z).*(2.*Gaussian_CDF((z-y)./s)-Gaussian_CDF((z-st-y)./s)-Gaussian_CDF((z+st-y)./s))-s.
*(2.*Gaussian_PDF((z-y)./s)-Gaussian_PDF((z-st-y)./s)-Gaussian_PDF((z+st-y)./s))
+st.*(Gaussian_CDF((z+st-y)./s)-Gaussian_CDF((z-st-y)./s));
end
```

例 9.19 依据表 9.3 的数据进行克里金建模，对极限响应曲面进行近似并采用 EFF 最大化策略进行序贯设计。获取的最终预测极限响应曲面及样本分布见图 9.29。

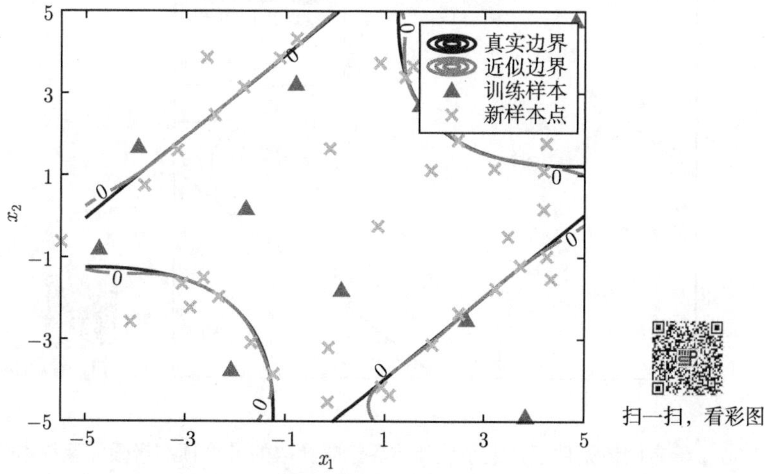

图 9.29 给定阈值条件下，最大化 EFF 策略获取的最终预测极限面及样本分布

新样本点基本位于真实函数处，但仍有一部分样本偏离。这是由 EFF 函数本身取期望性质决定的。除部分边界处拟合存在一定偏差外，极限曲面整体拟合效果较好。

3. 最小统计下界策略

在克里金模型预测值服从正态分布的基础上，使用最小统计下界策略提高克里金预测模型的拟合精度，也称为 U 学习函数，其主要思想是尽可能压缩最小统计边界策略的区间，其假设统计边界均为 0，即

$$\begin{cases} \hat{y}-\lambda\hat{s}=0, & \hat{y}\geqslant 0 \\ \hat{y}+\lambda\hat{s}=0, & \hat{y}<0 \end{cases}$$

对上式进行求解，即可得 U 学习函数为

$$U(x)=\lambda=\left|\frac{\hat{y}(x)}{\hat{s}(x)}\right|$$

显然，$U(x)$ 函数值趋于零，意味着 $\hat{y}(x)$ 接近于零，即点 x 在极限状态曲线面附近；若 $\hat{s}(x)$ 很大，则表明该点处模型预测的不确定性很大。该策略广泛应用于可靠性分析和优化

问题中。U 函数从一组随机点中选择具有最小 U 值的点作为新的样本点，当最小 U 值大于 2 即 $\min(U) \geqslant 2$ 时，终止更新。U 函数比期望可行性函数更为关注极限状态边界附近的点。

U 学习函数的 MATLAB 实现程序如下：

```
function obj=Infill_strategy_U(x, model)
[y, mse] = predictor(x, model);
s=sqrt(max(0,mse));
obj= abs(y)./s;
end
```

例 9.20　依据表 9.3 的数据进行克里金建模，对极限响应曲面进行近似并采用最小统计下界策略进行序贯设计。获取的最终预测极限面及样本分布见图 9.30。

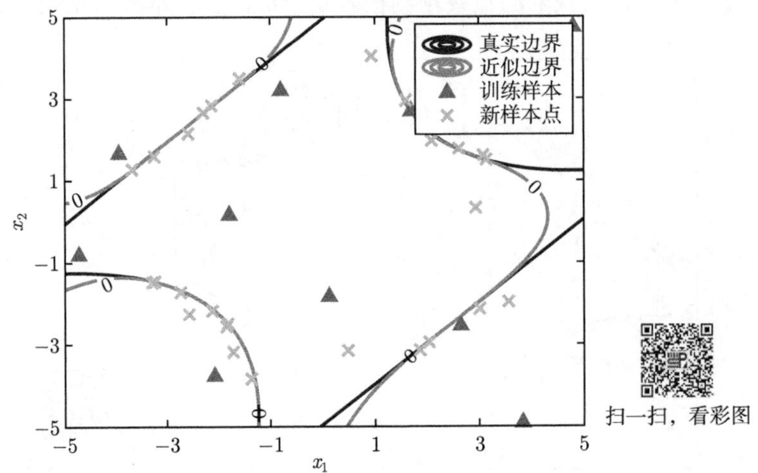

图 9.30　给定阈值条件下，最小统计下界策略获取的最终预测极限面及样本分布

利用 U 函数所添加的样本点多集中于真实函数曲线处，除部分边界存在一定拟合误差外，整体拟合效果较好。

4. 最大熵策略

根据信息熵理论，响应 $\hat{y}(x)$ 的信息熵可表示为

$$H(x) = -\int \ln f(\hat{y}(x)) f(\hat{y}(x)) \mathrm{d}\hat{y}(x)$$

信息熵可有效地描述响应 $\hat{y}(x)$ 的无序程度，对于定量判断 $\hat{y}(x)$ 的不确定性具有十分重要的意义。一般来讲，响应 (预测) 越确定 (精度越高)，信息熵越低。因此，针对极限面重要性样本挑选问题，可定义如下形式的熵函数：

$$H(x) = \left| -\int_{\hat{y}^-}^{\hat{y}^+} \ln f(\hat{y}(x)) f(\hat{y}(x)) \mathrm{d}\hat{y}(x) \right|$$

其中，$\hat{y}^+$ 和 $\hat{y}^-$ 分别用 $2\hat{s}$ 和 $-2\hat{s}$ 来定义，以保证极限响应曲面的近似精度。假设响应服从正态分布，可得

$$H(x)=\left|\left(\ln\sqrt{2\pi}\hat{s}+\frac{1}{2}\right)\left(\Phi\left(\frac{2\hat{s}-\hat{y}}{\hat{s}}\right)-\Phi\left(\frac{-2\hat{s}-\hat{y}}{\hat{s}}\right)\right)\right.$$
$$\left.-\frac{2\hat{s}-\hat{y}}{2}\phi\left(\frac{2\hat{s}-\hat{y}}{\hat{s}}\right)+\frac{2\hat{s}+\hat{y}}{2}\phi\left(\frac{-2\hat{s}-\hat{y}}{\hat{s}}\right)\right|$$

其中，H 值大于 0.05 即 $\min(H)\geqslant 0.05$ 时，终止更新。

H 函数的 MATLAB 实现程序如下：

```
function obj=Infill_strategy_H(x, model)
[y,mse] = predictor(x, model);
s=sqrt(max(0,mse));
% calcuate the H value
H=log(sqrt(2*pi)*s + 1/2).*(Gaussian_CDF((2*s - y)./s) - Gaussian_CDF((-2*s - y)./s)) - ((2*s - y)./(2*s)).*Gaussian_PDF((2*s - y)./s) - ((2*s + y)./(2*s)).*Gaussian_PDF((-2*s - y)./s);
obj=-H;
end
```

例 9.21 采用表 9.3 的数据进行克里金建模，对极限响应曲面进行近似并采用最大熵策略进行序贯设计。获取的最终预测极限面及样本分布见图 9.31。

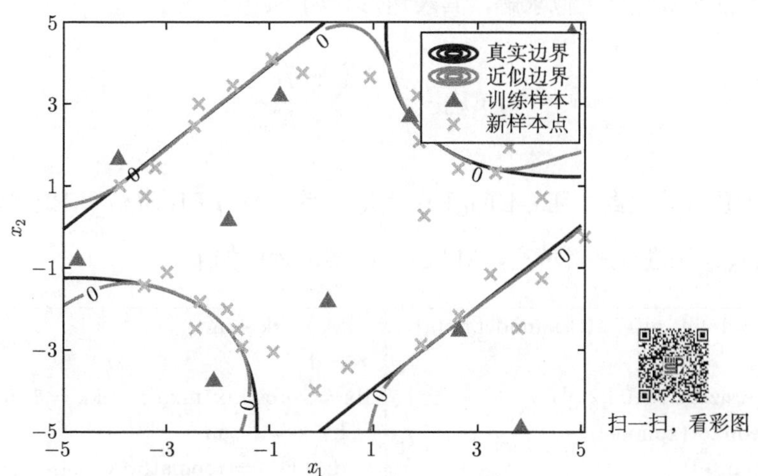

图 9.31 给定阈值条件下，最大熵策略获取的最终预测极限曲面及样本分布

相比 EFF 函数更为关注极限状态边界附近的点，H 函数具有良好的空间分布性，所获样本点较好地分布在极限响应曲面两侧。此外，H 函数极限面拟合效果较好，具有较高的拟合精度。

9.5.4 多点填充设计方法

多点填充设计方法适用于并行计算环境，可提高资源利用效率、减少计算成本。采用单点填充的序贯设计方法，或逐点填充的序贯方法，优化效率不高。故在并行计算快速发展时，通过开发多点填充策略实现并行计算，有助于进一步减少计算成本、缩短设计周期和计算资源的充分利用。多点填充已广泛应用于确定性优化、可靠性分析等领域。

1. q-EI 策略

在克里金模型的基础上，q-EI 策略是经典 EI 策略的拓展。假设存在包含 n 个样本的样本集 $\Omega_n = \{(x_1, y_1), (x_2, y_2), \cdots, (x_n, y_n)\}$，模型在未试验点处响应 $Y(x) \sim N(\hat{y}(x), \hat{s}^2(x))$。

$$I(x_{n+1}, x_{n+2}, \cdots, x_{n+q-1}) = \max[y_{\min} - \min(Y(x_{n+1}), Y(x_{n+2}), \cdots, Y(x_{n+q-1}), 0]$$

$$q\text{-EI}(x) = E[I(x_{n+1}, x_{n+2}, \cdots, x_{n+q-1})|\Omega]$$

其中，新增试验点 $X_{\text{new}} = (x_{n+1}, x_{n+2}, \cdots, x_{n+q-1})$，响应 $Y_{\text{new}} = (Y(x_{n+1}), Y(x_{n+2}), \cdots, Y(x_{n+q-1}))$。易知，当 $q=1$ 时，q-EI 策略是经典 EI 策略。优化 q-EI 策略得到 q 个最优值点，此 q 个点便可作为下一次优化迭代需要添加的新试验点：

$$(x_{n+1}, x_{n+2}, \cdots, x_{n+q}) = \arg\max(q\text{-EI}(x))$$

上述 q-EI 策略的求解是一个 $d \times q$ 的优化问题，当 $q > 2$ 时，无法用解析法求解。只能借助 MC 方法等数值化近似求解，其表达形式如下：

$$q\text{-EI}_{\text{MC}}(x) = \sum_{i=1}^{N_{\text{sim}}} \frac{I(x)}{N_{\text{sim}}}$$

其中，N_{sim} 为仿真总次数。且 $q\text{-EI}_{\text{MC}}(x)$ 满足关系 $\lim\limits_{n\to\infty} q\text{-EI}_{\text{MC}}(x) = \text{EI}(x)$。

采用 q-EI$_{\text{MC}}$ 法进行序贯填充，MATLAB 实现程序如下：

```
function obj = Infill_qEI_MC(x,model,fmin)
n = 1E5;
x = reshape(x,size(model.S,2),[])'
[u,mse] = predictor(x,model);
s=sqrt(max(0,mse));
[m,n] = size(model.S);
mx=size(x,1);
x = (x - repmat(model.Ssc(1,:),mx,1)) ./
repmat(model.Ssc(2,:),mx,1);
dx = zeros(mx*m,n); kk = 1:m;
  for k = 1 : mx
dx(kk,:) = repmat(x(k,:),size(model.S,1),1) -
model.S;
  kk = kk + m;
  end
dx = zeros(mx*mx,n);    kk = 1:m;
  for k = 1 : mx
  dx(kk,:) = repmat(x(k,:),size(x,1),1) - x;
  kk = kk + m;
  end
Corr = reshape(feval(model.corr,model.theta,
dx),mx,mx);
  Cov = Corr.*(s*s');
  mu = u';sigma = Cov;
  sample = mvnrnd(mu,sigma,n);
obj = -mean(max(fmin - min(sample,[],2),0));
```

例 9.22 选取 Forrester 函数作为测试函数，以 $X = \{0, 0.25, 0.5, 0.6, 1\}$ 作为输入样本，采用 $q\text{-EI}_{\text{MC}}(x)$ 策略进行优化。

MATLAB 实现程序如下：

```
addpath('DACE');
X=[0 0.25 0.5 0.6 1]';
Y=((6*X - 2).^2).*sin(12*X - 4);
Xt=linspace(0,1,10000)';
Yr=((6*Xt - 2).^2).*sin(12*Xt - 4);
Theta=10; lob = 10^-3; upb =10^3;
[model, ~]= dacefit(X, Y, @regpoly0,
@corrgauss, Theta, lob, upb);
[Yt,mse]=predictor(Xt,model);
subplot(2,3,1)
plot(X,Y,'bo','MarkerFaceColor','b');
hold on
plot(Xt,Yt,'k-.',Xt,Yr,'k-')
num_q=5
options =
gaoptimset('PopulationSize',20,'Generations',
50,'StallGenLimit',50,'Display','off','Vectorized',
'off');
infill_criterion =
@(x)Infill_qEI_MC(x,kriging_model,f_min
(iteration + 1));
[best_x,max_EI]=
ga(infill_criterion,num_vari*num_q,[],[],[],[],
repmat(0,1,num_q),repmat(1,1,num_q),[],[],
options);
x_add = reshape(best_x,num_vari,[])'
y_add = ((6*x_add - 2).^2).*sin(12*x_add - 4);
X=[X;x_add];Y=[Y;y_add];
for i=1:5
subplot(2,3,i+1)
plot(X(1:end-6+i,:),Y(1:end-6+i,:),'bo',
'MarkerFaceColor','b');
hold on
plot(Xt,Yt,'k-.')
hold on
plot(Xt,Yr,'k-');
plot(x_add(i),y_add(i),'r>','MarkerFaceColor',
'r');
end
```

执行上述程序，具体结果见图 9.32。

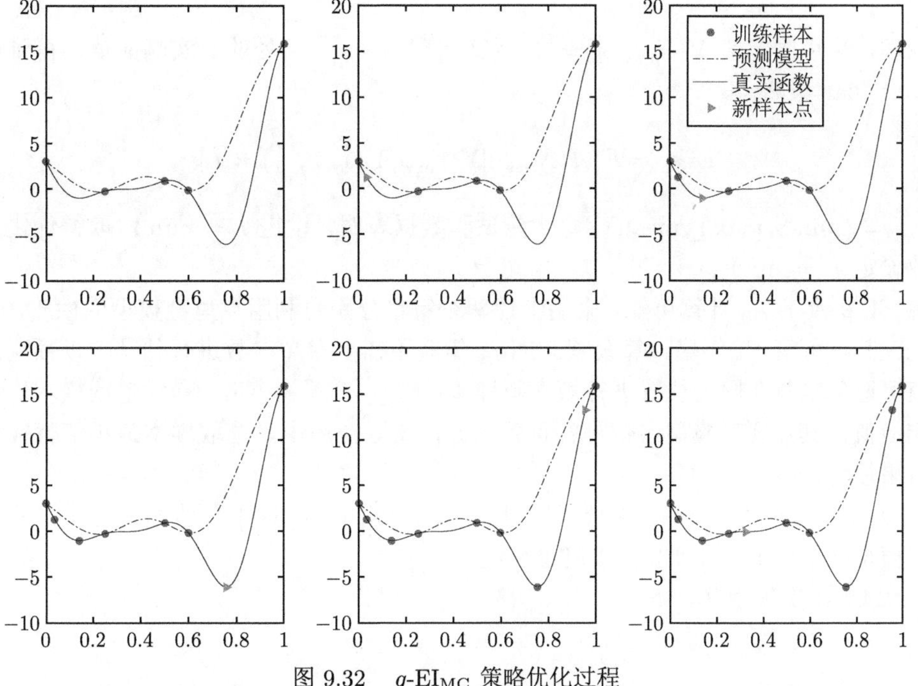

图 9.32　q-$\mathrm{EI}_{\mathrm{MC}}$ 策略优化过程

由图 9.32 可以看出，q-EI$_{\text{MC}}$ 策略采用 MC 近似方法，在不更新克里金模型的基础上单次增加 5 个样本点。新增加样本点从第 4 个开始逐渐接近确定最小值附近，表明该方法可有效求解全局优化问题。众所周知，采用 MC 方法仿真计算量大且耗费时间。因此，实际应用中往往选取其他近似方法实现多点填充。此外，该多点填充设计不需要更新模型，故在实际应用中，可节省部分建模计算时间。

2. Kriging Believer 和 Constant Liar 改进策略

为解决 q-EI 策略复杂积分计算困难的问题，依据贝叶斯性质构造近似策略实现 q-EI 计算的简化。由未试验点处响应假设知，若在前 n 个样本已知情况下，第 $n+q-1$ 个新试验点响应贝叶斯后验为

$$\hat{y}_{n+q-1} = E[Y_{n+q-1}|\Omega_{n+q-1}], \quad \hat{s}^2_{++q-1n} = \text{Var}[Y_{n+q-1}|\Omega_{n+q-1}]$$

采用未知 V 代替新试验点处的响应值 $Y(x_{n+q-1})$ 实现样本集的更新及克里金模型的刷新，令初始样本 $X=(x_1,x_2,\cdots,x_n)$，响应 $Y=(Y(x_1),Y(x_2),\cdots,Y(x_n))$，可得近似 q-EI 策略对应的改进为 $I(X_{\text{new}})=\max[y_{\min}-Y_{\text{new}},0]$，近似 q-EI 策略表达形式如下：

$$\text{EI}(x) = E[(I(X_{\text{new}})|Y, Y_{\text{new}}, Y(x_{n+q-1}) = V]$$

实际应用中，Kriging Believer 改进策略采用 $Y(x_{n+q-1})=\hat{y}(x_{n+q-1})$ 来近似代理在 x_{n+q-1} 处的真实响应值，得到最大化 Kriging Believer 策略：

$$\text{EI}_{\text{KB}} = E[(I(X_{\text{new}})|Y, Y_{\text{new}}, Y(x_{n+q-1}) = \hat{y}(x_{n+q-1})]$$

同理，采用固定值 $Y(x_{n+q-1})=L$ 近似代理在 x_{n+q-1} 处的真实响应值，得到最大化 Constant Liar 策略：

$$\text{EI}_{\text{CL}} = E[(I(X_{\text{new}})|Y, Y_{\text{new}}, Y(x_{n+q-1}) = L]$$

其中，$L=\{\min Y, \max Y, \text{mean}Y\}$。大量试验数据表明，设定 $L=\min Y$ 取得优化效果最好，故设定 $L=\min Y$。

由 EI$_{\text{KB}}$ 及 EI$_{\text{CL}}$ 计算可知，采用上述两个策略分别是利用克里金模型的性质，实现逐步优化，其不可变 EI 策略计算公式。EI$_{\text{KB}}$ 策略不需要对超参数进行估计，以预测值作为真实值可避免重复在同一位置进行填充新样本；EI$_{\text{CL}}$ 采用最小值、最大值或样本均值替代真实响应值，其需要对模型参数进行重新估计，实际应用中，选取样本最小值替代真实值优化效果最佳。

例 9.23 选取 Forrester 函数，以 $X=\{0,0.25,0.5,0.6,1\}$ 作为输入样本，建立克里金代理模型并采用最大化 EI$_{\text{CL}}$ 策略进行优化。

MATLAB 实现程序如下：

```
addpath('DACE');
X=[0 0.25 0.5 0.6 1]';
Y=((6*X - 2).^2).*sin(12*X - 4);
Xt=linspace(0,1,10000)';
Yr=((6*Xt - 2).^2).*sin(12*Xt - 4);
Theta=10; lob = 10^-3; upb =10^3;
[model, ~]= dacefit(X, Y, @regpoly0,
@corrgauss, Theta, lob, upb);
[Yt,mse]=predictor(Xt,model);
subplot(2,3,1)
plot(X,Y,'bo','MarkerFaceColor','b');
hold on
plot(Xt,Yt,'k-.',Xt,Yr,'k-')
for i=1:5
subplot(2,3,i+1)
[model, ~]=
  dacefit(X, Y, @regpoly0, @corrgauss, Theta,
lob, upb);
[Yt,mse]=predictor(Xt,model);
s=sqrt(max(0,mse));
EI=(min(Y)-Yt).*Gaussian_CDF((min(Y)-
Yt)./s)+s.*Gaussian_PDF((min(Y)-Yt)./s);
[~,n]=max(EI);
x_add(i)=Xt(n,:);y_add(i)=min(Y);
X=[X;x_add(i)];Y=[Y;y_add(i)];
plot(X(1:end-1,:),Y(1:end-
1,:),'bo','MarkerFaceColor','b');
hold on
plot(Xt,Yt,'k-.')
hold on
[AX,H1,H2]= plotyy(Xt,Yr,Xt,EI,'plot');
```

执行上述程序，具体结果见图 9.33。

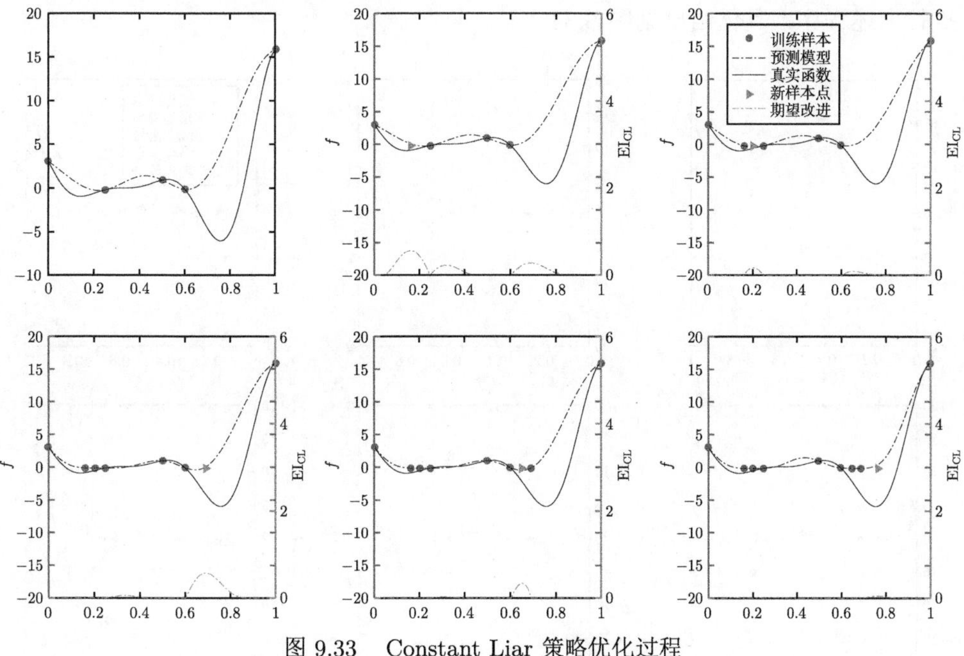

图 9.33 Constant Liar 策略优化过程

由图 9.33 可知，Constant Liar 多点策略采用已知最小值作为伪值取代新增样本点的真实响应函数，可以看出第 1 个新增样本点与最大 EI 策略填充结果相同。第 2、3、4 个新样本点则距离真实最小值较远。由更新的克里金模型近似曲线可以看出，Constant Liar 策略受模型预测响应值影响较大。因此，当模型角度较高时，可采用该方法进行序贯设计。

例 9.24 选取 Forrester 函数，以 $X=\{0,0.25,0.5,0.6,1\}$ 作为输入样本，建立克里金代理模型并采用最大化 EI_{KB} 策略进行优化。

MATLAB 实现程序如下：

```
addpath('DACE');
X=[0 0.25 0.5 0.6 1]';
Y=((6*X - 2).^2).*sin(12*X - 4);
Xt=linspace(0,1,10000)';
Yr=((6*Xt - 2).^2).*sin(12*Xt - 4);
Theta=10; lob = 10^-3; upb =10^3;
[model, ~]= dacefit(X, Y, @regpoly0,
@corrgauss, Theta, lob, upb);
[Yt,mse]=predictor(Xt,model);
subplot(2,3,1)
plot(X,Y,'bo','MarkerFaceColor','b');
hold on
plot(Xt,Yt,'k-.',Xt,Yr,'k-')
for i=1:5
subplot(2,3,i+1)
[model, ~]= dacefit(X, Y, @regpoly0, @cor-
rgauss, Theta, lob, model.theta);
[Yt,mse]=predictor(Xt,model);
s=sqrt(max(0,mse));
EI=(min(Y)-Yt).*Gaussian_CDF((min(Y)-
Yt)./s)+s.*Gaussian_PDF((min(Y)-Yt)./s);
[~,n]=max(EI);
x_add(i)=Xt(n,:);
y_add(i)=predictor(x_add(i),model);
X=[X;x_add(i)];Y=[Y;y_add(i)];
plot(X(1:end-1,:),Y(1:end-
1,:),'bo','MarkerFaceColor','b');
hold on
plot(Xt,Yt,'k-.')
hold on
[AX,H1,H2]= plotyy(Xt,Yr,Xt,EI,'plot');
```

执行上述程序，具体结果见图 9.34。

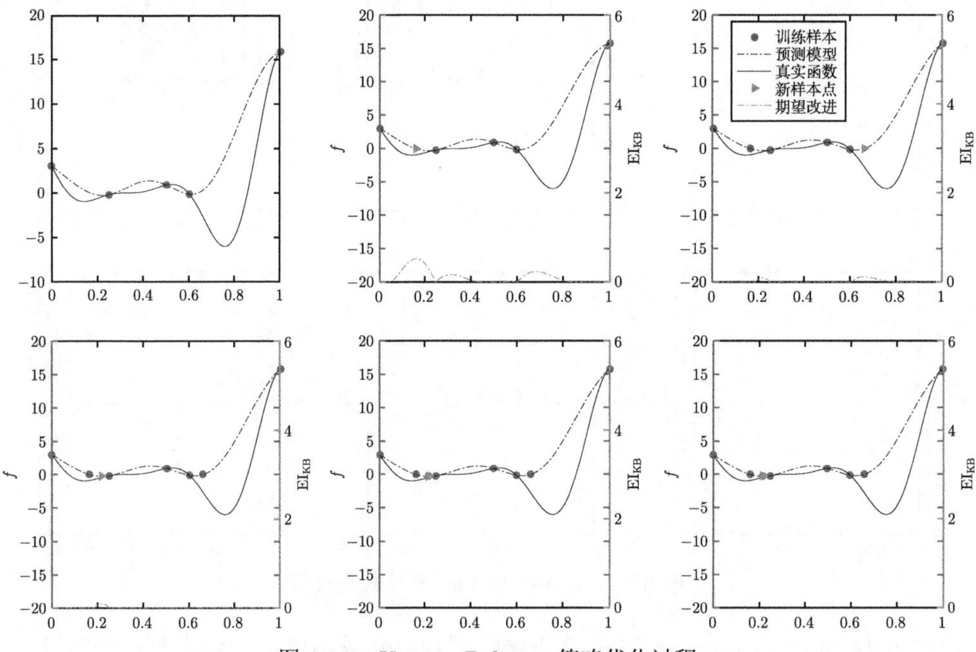

图 9.34 Kriging Believer 策略优化过程

由图 9.34 可以看出，Kriging Believer 策略采样预测响应值替代真实响应值进行序贯设计，在不更新模型的基础上增加 5 个样本点。第 1 个样本点为采用最大化 EI 策略获取样本，第 3,5 个样本点均位于已知最小值附近。上述结果表明，Kriging Believer 策略同样受预测模型精度影响较大且序贯优化效果不理想，弱于 Constant Liar 多点序贯设计策略。

3. 伪期望改进控制策略

针对具有黑箱特性的昂贵优化问题及工程计算资源利用率不高问题，依据改进试验点集新增样本点之间的距离关系。基于 EI 策略构建多点伪期望改进 (pseudo expected improvement, PEI) 策略：

$$\mathrm{PEI}(x) = \mathrm{EI}(x) \cdot \prod_{m=n+1}^{n+q-1} [1 - R(x, x_{n+1})]$$

其中，$y_{\min}$ 为已知样本集中最小值；x_{n+1} 为最大化 EI 策略获取的第 1 个新增试验点；x_{n+q-1} 为第 q 个新增试验点。

MATLAB 实现程序如下：

```
function obj = Infill_Pseudo_EI(x, model,
f_min, x_added)
[y,mse] = predictor(x, model);
s=sqrt(max(0,mse));
EI=(f_min-y).*Gaussian_CDF((f_min-y)./s)
+s.*Gaussian_PDF((f_min-y)./s);
if ~isempty(x_added)
scaled_x =
(x - repmat(model.Ssc(1,:),size(x,1),1)) ./
repmat(model.Ssc(2,:),size(x,1),1);
scaled_x_added = (px_added -
repmat(model.Ssc(1,:),size(x_added,1),1)) ./
repmat(model.Ssc(2,:),size(x_added,1),1);
correlation =
zeros(size(scaled_x,1),size(scaled_x_added,1));
for ii =1:size(scaled_x_added,1)
dx = scaled_x -
repmat(scaled_x_added(ii,:),size(x,1),1);
correlation(:,ii) = feval(kmodel.corr,
model.theta, dx);
end
  EI = EI.*prod(1-correlation,2);
end
  obj = -EI;
end
```

例 9.25 选取 Forrester 函数，以 $X = \{0, 0.25, 0.5, 0.6, 1\}$ 作为输入样本建立克里金代理模型进行建模并采用 PEI 多点序贯设计策略进行优化。

MATLAB 实现程序如下：

```
addpath('DACE');
X=[0 0.25 0.5 0.6 1]';
Y=((6*X - 2).^2).*sin(12*X - 4);
Xt=linspace(0,1,10000)';
Yr=((6*Xt - 2).^2).*sin(12*Xt - 4);
Theta=10; lob = 10^-3; upb =10^3;
[model, ~]= dacefit(X, Y, @regpoly0,
@corrgauss, Theta, lob, upb);
[Yt,mse]=predictor(Xt,model);
subplot(2,3,1)
plot(X,Y,'bo','MarkerFaceColor','b');
hold on
plot(Xt,Yt,'k-.',Xt,Yr,'k-')
x_added = [];
for ii = 1: 5
PEI = Infill_Pseudo_EI(Xt, model, min(Y),
x_added);
[~,n]=max(PEI); best_x(ii,:) = Xt(n);
x_added = best_x(1:ii,:);
y_added = ((6*x_added -
2).^2).*sin(12*x_added - 4);
X = [X;x_added]; Y = [Y;y_added];
subplot(2,3,ii+1)
plot(Xt,Yr,'k-.',Xt,Yr,'k-')
hold on
plot(X(1:5,1),Y(1:5,1),'bo','MarkerFaceColor','b');
hold on
plot(X(5+ii,1),Y(5+ii,1),'r ','MarkerFace-
Color','r');
end
```

执行上述程序，具体结果见图 9.35。

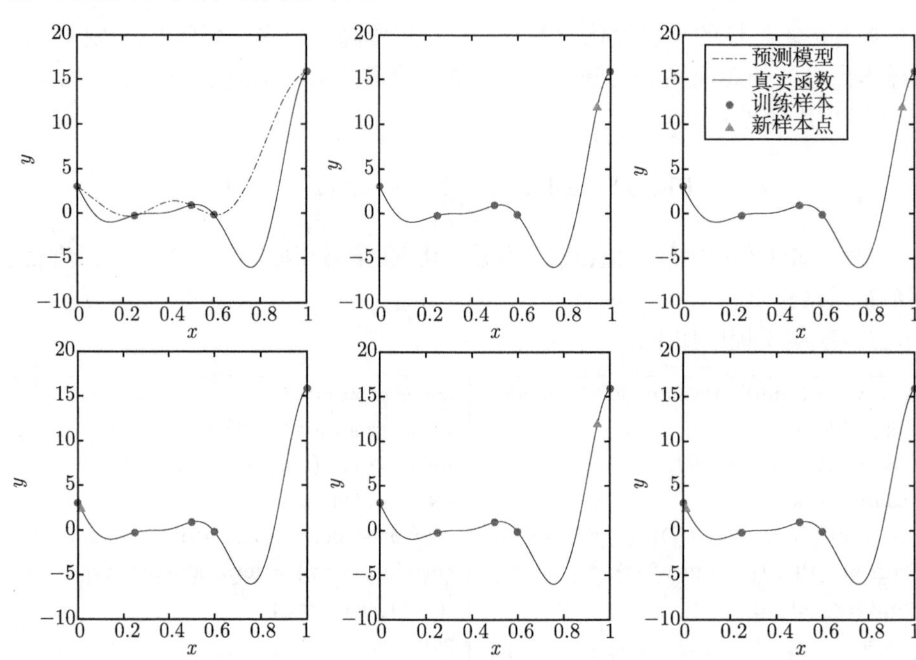

图 9.35 PEI 策略优化过程

由图 9.35 可以看出，最大化 PEI 多点序贯设计策略不需要更新克里金模型，一定程度上减少了建模计算时间。序贯设计过程中采用最大化 EI 策略增加第 1 个新样本点，第 5 个样本点围绕在真实最小值附近，可较好地实现优化。PEI 策略基于期望改进进行距离调整实现全局探索和局部搜索，说明通过距离控制可以有效地实现全局优化及多点序贯设计。

思考与练习

9-1 根据好格子方法，构造均匀设计表 $U_6(6^6)$ 和 $U_9(9^6)$。

9-2 采样拉丁超立方抽样方法和 Sobel 拟 MC 方法获取 80 个 $[-10,10]^8$ 输入样本。

9-3 比较空间填充技术及序贯抽样技术的区别。

9-4 分别选择一种空间填充技术和已知序贯抽样技术进行介绍并浅析其原理。

9-5 绘制 Forrester 函数 $f(x)=(6x-2)^2\sin(12x-4)$ 的 EI、MEI 序贯填充曲线并进行比较，初始样本集 $X=[0,0.333,0.667,1]^{\mathrm{T}}$。

9-6 尝试推导高斯过程模型建立过程，并绘制代理模型近似曲线，可手工推导或采用计算机程序进行。

9-7 查阅文献，寻找一种新的空间填充技术和一种新的序贯抽样技术进行代码编写，并介绍其相关理论。

9-8 运用约束概率改进 (constrained probability of improvement, CPoI) 策略、约束期望改进 (constrained expected improvement, CEI) 策略对约束优化问题进行空间填充，并验证相关特性。

9-9 分别采用确定性设计及稳健设计对某一目标进行优化，并对结果进行分析。

第 10 章　计算机试验设计与分析

本章着重介绍计算机仿真与元建模、代理模型、组合建模技术与方法、灵敏度分析方法和基于代理模型的优化方法等。

10.1　计算机仿真与元建模

10.1.1　计算机仿真

计算机仿真是对真实物理现象的模拟，以计算机仿真理论、控制理论和计算技术等作为理论基础。计算机仿真具体指通过编写计算机程序对物理模型进行刻画，并模拟整个系统运行状态的计算机实现过程。计算机仿真与物理试验相比存在诸多优点：①高效性，模拟可实现人为设定，节约时间、提高效率；②可控性，模拟过程可控，方便对仿真过程进行研究；③可重复性，通过重复模拟可以找到一个更理想的解决方案；④经济性，仿真试验安全，试验成本低。常用的计算机仿真编程语言有 R 语言、MATLAB、JMP 软件及 Phyton 等。

例 10.1　图 10.1 提供了活塞运动位置示意图，采用 JMP 软件对活塞在气缸内的移动过程进行模拟，活塞性能通过完成一个循环所需的时间来测量，即活塞轴完整旋转的循环时间 Y，单位为 s。通过改变以下七个输入因子可调节活塞的性能：活塞重量 (M)、活塞表面积 (S)、初始气体体积 (V_0)、弹簧系数 (k)、大气压力 (P_0)、环境温度 (T) 和充气温度 (T_0)。七个输入因子可调节活塞的性能，表 10.1 列出了各输入因子允许的取值范围。

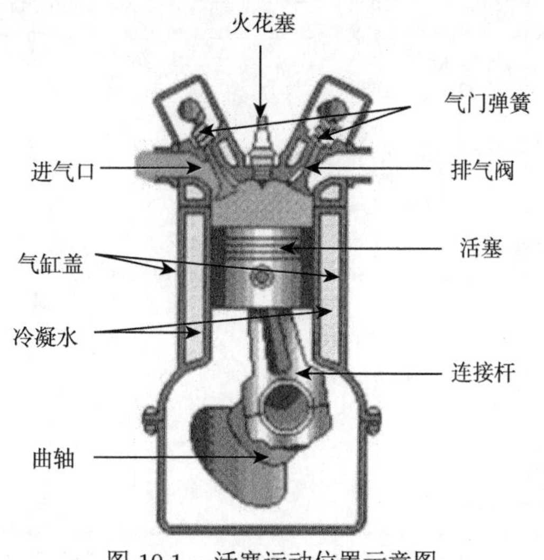

图 10.1　活塞运动位置示意图

其输入因子和输出响应之间的关系可通过非线性方程表示：

$$Y = 2\pi\sqrt{M\Big/\left(k + S^2\frac{P_0V_0}{T_0}\frac{T}{V^2}\right)}$$

其中，参数满足 $V = (S/2k)(\sqrt{A^2 + 4k(P_0V_0/T_0)T} - A), A = P_0S + 19.62M - kV_0/S$。

解：由于试验过程中噪声因素的影响，输入因子的实际值与名义值并不相等，而是在名义值附近呈正态分布变化，进而导致循环时间的变化。采用 JMP 软件进行仿真，具体输入因子设置见图 10.2。

表 10.1　活塞运动模拟中各输入因子允许的取值范围

输入因子	最小值	最大值
M/kg	30	60
S/m^2	0.005	0.02
V_0/m^3	0.002	0.01
k/(N/m)	1000	5000
P_0/Pa	90000	110000
T/K	290	296
T_0/K	340	360

图 10.2　活塞运动 JMP 软件输入因子设置

执行步骤：载入活塞位置仿真器，设置样本数、样本量并进行初始参数设定，单击运行，可得数据直方图和正态分位数图、观测值控制图和移动极差运行图。具体结果如图 10.3、图 10.4 和图 10.5 所示。

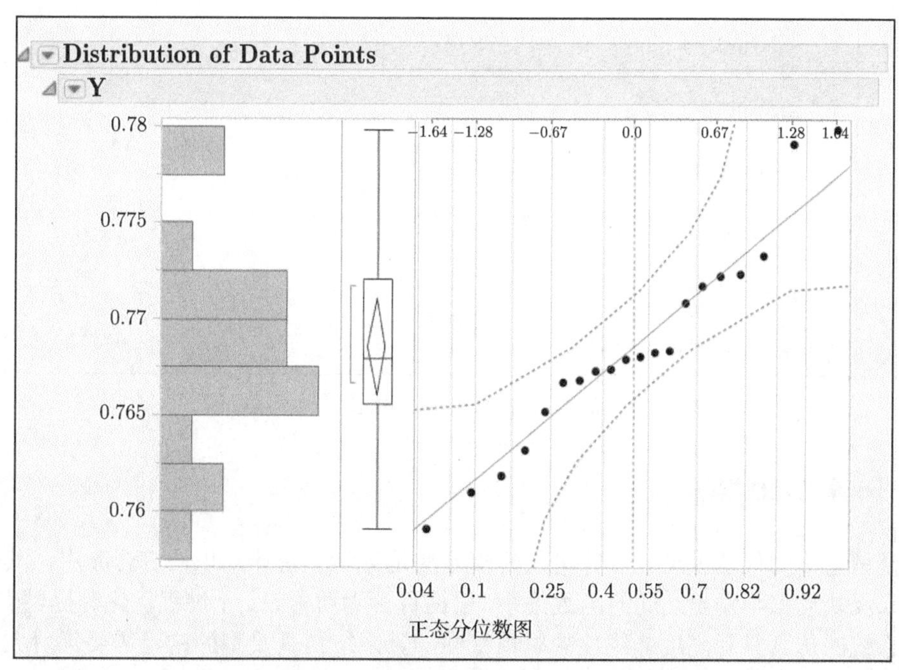

图 10.3 活塞运动位置仿真数据直方图和正态分位数图

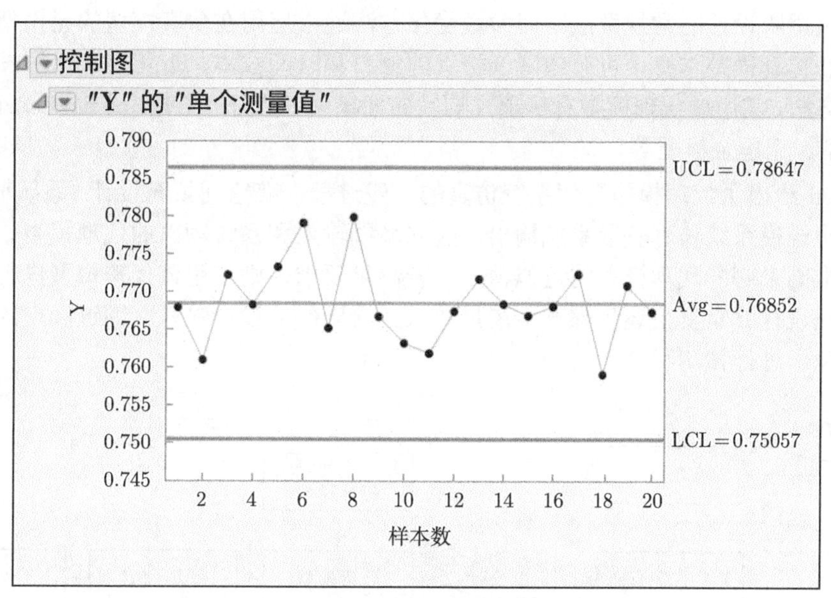

图 10.4 活塞运动位置仿真数据观测值控制图

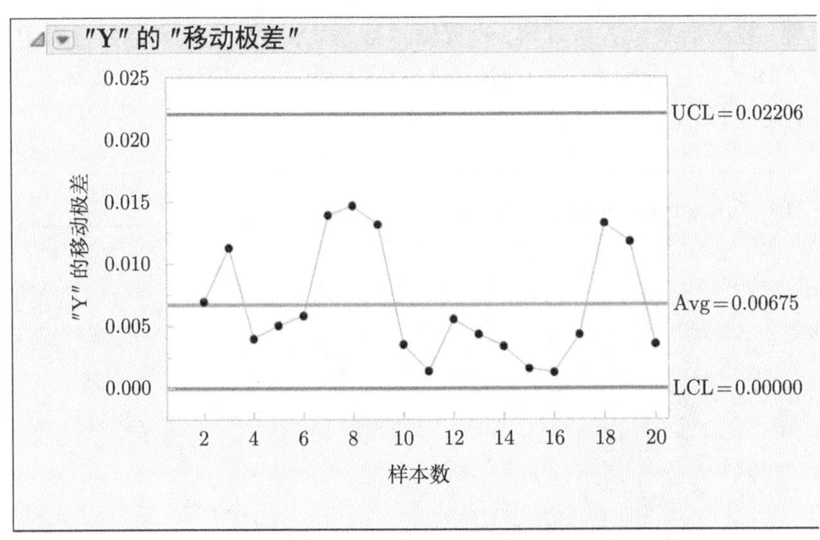

图 10.5　活塞运动位置仿真数据移动极差运行图

10.1.2　计算机元建模

元模型也称为代理模型。计算机元建模方法是数学和统计知识的综合应用，其采用近似模型来反映输入与输出之间的函数关系，根据目标为质量设计、过程优化等提供支持。复杂离散系统的仿真具有高度非线性的黑箱特性，且系统仿真模型的构建需要耗费大量的时间成本。随着计算机试验设计方法的逐渐成熟，利用少量初始试验设计点通过系统仿真得到仿真响应，建立真实系统的简单近似模型——元模型，再基于元模型进行参数优化，逐渐成为计算机试验设计的常规做法。即参数优化方法通常运用在仿真模型的元模型上，而不是直接用在仿真模型本身，可有效降低仿真的物料和时间成本。近年来，已经发展了多种代理建模方法，常用的代理模型有多项式响应曲面模型、径向基函数 (radial basis function, RBF) 模型、克里金模型等。

图 10.6 给出了代理模型替代系统仿真的一般过程，在空间填充设计 (系统输入) 的基础上进行小规模系统仿真获取系统输出，建立系统输入和系统输出的代理模型。通过模型精度校验准则来判断代理模型的近似精度，若满足要求，则使用该代理模型进行预测；否则完善填充设计并重复上述步骤直至满足要求。给出新的设计输入，通过确定的代理模型来对系统输出进行预测和分析。

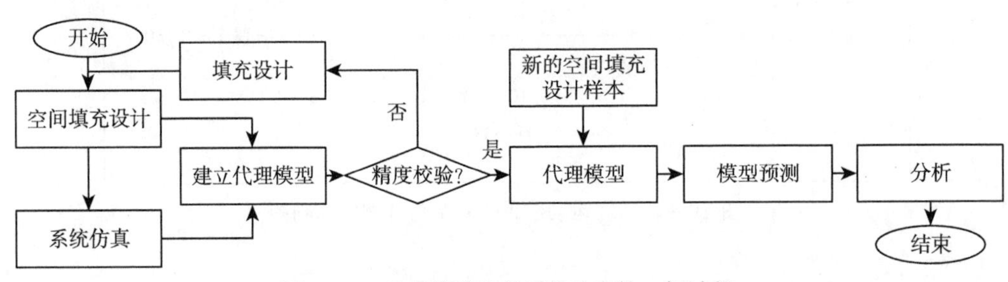

图 10.6　代理模型替代系统仿真的一般过程

在建模过程中，代理模型基于计算机试验设计方法获取的样本信息，构造计算量相对较小的数学模型逼近设计变量与性能指标之间的真实映射关系。其一般数学模型为

$$f(x) = \hat{y}(x) + \varepsilon(x) \tag{10.1}$$

其中，$f(x)$ 为设计变量与性能指标之间的真实模型；$\hat{y}(x)$ 为设计变量与性能指标之间的代理模型；$\varepsilon(x)$ 为近似误差。

10.1.3 模型校验准则

在工程应用中，设计人员希望选择近似精度高的代理模型用于设计与优化。一般来讲，模型精度越高，模型预测值的可信度越高，近似最优解也更接近真实最优解。随着建模技术的快速发展，高精度近似模型成为替代计算机仿真的关键。因此大量精度校验准则被提出，并应用于近似模型精度判断。例如，最大绝对值误差 (maximal error, ME)、平方和误差 (the sum of the square error, SSE)、均方根预测误差 (root mean square predictor errors, RMSPE)、平均绝对值误差 (the mean absolute error, MAE)、平均相对误差 (the mean relative error, MRE)、总偏差平方和 (the sum square of total deviation ,SST)、回归平方和 (the sum square of regression, SSR)、决定系数 (R square,R^2)、相对平均绝对值误差 (relative average absolute error ,RAAE)、相对最大绝对值误差 (relative maximal absolute error ,RMAE) 等。以 $y_i, \hat{y}_i$ 分别表示真实值及模型预测值，$\bar{y}$ 为已知样本的响应均值。常用的代理模型校验准则见表 10.2。

表 10.2 常用的代理模型校验准则

简称	公式	取值	简称	公式	取值
ME	$\max\limits_{i=1,2,\cdots,N} \lvert y_i - \hat{y}_i \rvert ,$	$[0, +\infty]$	MAE	$\sum\limits_{i=1}^{N} \lvert y_i - \hat{y}_i \rvert / N$	$[0, +\infty]$
SSE	$\sum\limits_{i=1}^{N} (y_i - \hat{y}_i)^2$	$[0, +\infty]$	MRE	$\sum\limits_{i=1}^{N} \lvert (y_i - \hat{y}_i)/y_i \rvert$	$[0, +\infty]$
RMSPE	$\sqrt{\sum\limits_{i=1}^{N} (y_i - \hat{y}_i)^2 / N}$	$[0, +\infty]$	R^2	$R^2 = 1 - \mathrm{SSE}/\mathrm{SST}$	$[0, 1]$
SSR	$\sum\limits_{i=1}^{N} (\hat{y}_i - \bar{y}_i)^2$	$[0, +\infty]$	SST	$\sum\limits_{i=1}^{N} (y_i - \bar{y}_i)^2$	$[0, +\infty]$
RAAE	$\dfrac{\sum\limits_{i=1}^{N} \lvert y_i - \hat{y}_i \rvert}{N\sqrt{\sum\limits_{i=1}^{N} (y_i - \bar{y})^2 / N}}$	$[0, 1]$	RMAE	$\dfrac{\max_{1,2,\cdots,N} \lvert y_i - \hat{y} \rvert}{\sqrt{\sum\limits_{i=1}^{N} (y_i - \bar{y})^2 / N}}$	$[0, 1]$

表 10.2 中决定系数越大，表示模型精度越高；其余校验准则为值越小，精度越高。当模型校验准则超出表中取值范围时，一般认为模型近似效果较差。

例 10.2 选取 Forrester 函数 $f(x) = (6x-2)^2 \sin(12x-4), x \in [0,1]$ 作为测试函数，抽取样本集合 $X_1 = 0:0.2:1, X_2 = 0:0.1:1$，以样本点集 $X_t = \{0.15, 0.25, 0.35, 0.45\}$ 进行测试，并选取 SSE,SST 及 R^2 校验准则检验模型精度。

解：选取 MATLAB 软件自带的多项式函数进行建模，根据表 10.2 的公式进行校验准则编写，MATLAB 实现程序如下：

```
X1=0:0.2:1% 设计样本 1
F1= ((6*X1 - 2).^2).*sin(12*X1 - 4);% 响应 1
P1 = polyfit(X1,F1,1);%1 阶多项式 P1
Xr=[0.15,0.25,0.35,0.45];% 测试输入
Yr=((6*Xr - 2).^2).*sin(12*Xr - 4);% 测试响应
Y1 = polyval(P1,Xr);% 多项式 P1 预测
X2=0:0.1:1;% 设计样本 2
F2= ((6*X2 - 2).^2).*sin(12*X2 - 4);% 响应 2
P2 = polyfit(X2,F2,1);%1 阶多项式 P2
Y2 = polyval(P2,Xr);% 多项式 P2 预测
SSE1=sum((Yr - Y1).^2,2);SSE2=sum((Yr - Y2).^2,2);
SSE=[SSE1;SSE2]
SST1=sum((Yr - mean(Y1)).^2,2);
SST2=sum((Yr - mean(Y2)).^2,2);
SST=[SST1;SST2]
R2=1-sum((Yr-Y1).^2)/(sum((Yr-mean(Y1)).^2) +eps);
R21=1- SSE1/SST1;R22=1- SSE2/SST2;
R2=[R21;R22]
subplot(1,2,1)
plot(1:2,SSE,'b-o',1:2,SST,'r->');
subplot(1,2,2)
plot(1:2,R2,'r-s')
```

执行上述程序，可得三种校验准则统计结果，具体结果见图 10.7。

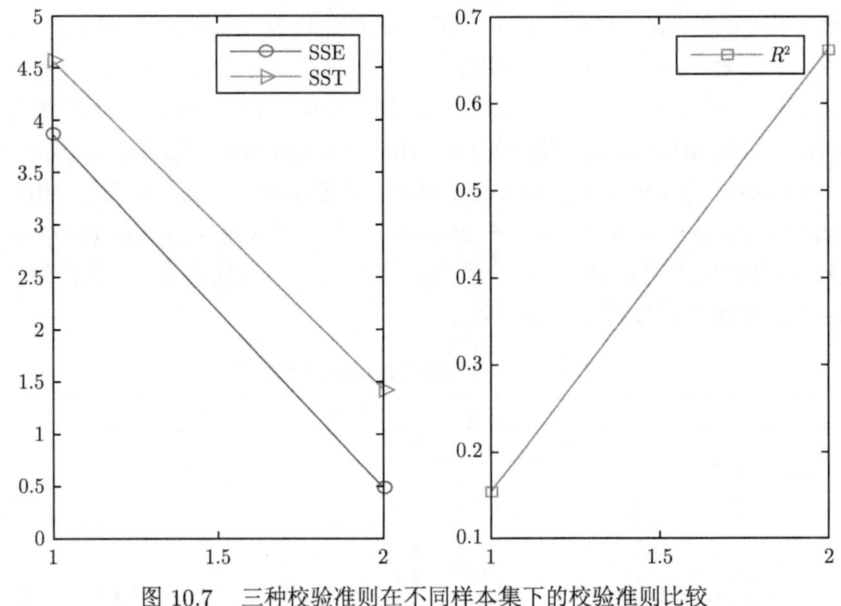

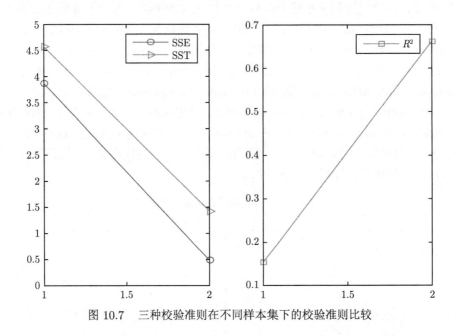

图 10.7　三种校验准则在不同样本集下的校验准则比较

由图 10.7 可以看出，SST、SSE 呈下降趋势，R^2 呈现上升趋势。由初始训练样本设计可知，第二组样本模型精度更高。这与表中描述一致。在实际应用中，通常选择 RMSPE 和 R^2 评价模型精度。

10.2　代 理 模 型

10.2.1　RBF 模型

RBF 最早由 Hardy 提出，并将其应用于解决散乱地理数据的插值拟合问题。RBF 具有形式简单、计算量小和易于实现等优点，是一种利用各个基函数的线性加权预测响应函数的插值方法。下面说明 RBF 模型的建模过程。

采用计算机进行初始试验设计，获得包含 n 个样本的初始样本集，定义设计变量矩阵 $X=[x_1,x_2,\cdots,x_n]^{\mathrm{T}}$ 及观测样本矩阵 $y=[y_1,y_2,\cdots,y_n]^{\mathrm{T}}$。在样本量有限的情况下，RBF

假设输入与输出存在如下近似函数关系，其可表示为一组基函数的加权组合：

$$\hat{f}(x) = w^{\mathrm{T}}\varPhi = \sum_{i=1}^{n} w_i \varphi(r_i) \tag{10.2}$$

其中，$r_i = \|x - x_i\|$ 为未试验点与已知样本点间的欧氏距离；$w = [w_1, w_2, \cdots, w_n]^{\mathrm{T}}$ 为 n 个基函数计算值的权重系数；$\varPhi = [\varphi_1, \varphi_2, \cdots, \varphi_n]^{\mathrm{T}}$ 为包含 n 个基函数值的 n 维向量。

用式 (10.2) 进行预测时，需要满足如下插值条件：

$$f(x_i) = y(x_i), \quad i = 1, 2, \cdots, n \tag{10.3}$$

若满足条件 (10.3)，代入后得到矩阵方程

$$\varPhi \times w = y \tag{10.4}$$

式 (10.4) 中样本点不重合，且函数 $\varphi(r_i)$ 为正定函数时存在唯一解，即

$$w = \varPhi^{-1} y \tag{10.5}$$

RBF 模型常用的基函数见表 10.3。

表 10.3　RBF 模型常用基函数

基函数名称	$\varphi(r)$	基函数名称	$\varphi(r)$	基函数名称	$\varphi(r)$
线性基	r	高斯基	$\exp(-r^2/2\sigma^2)$	薄板样条基	$r^2 \ln r$
立方基	r^3	多元二次基	$(r^2+\sigma^2)^{1/2}$	逆多元二次基	$(r^2+\sigma^2)^{-1/2}$

例 10.3　选取 Forrester 函数 $f(x) = (6x-2)^2 \sin(12x-4), x \in [0,1]$ 建立 RBF 模型，初始样本集 $X = \{0, 0.2, 0.3, 0.5, 0.6, 1.0\}$。试建立 RBF 模型，并同时绘制施加均值为 0、标准差为 2 的噪声的 RBF 建模图像。

解：MATLAB 实现程序如下：

```
addpath('RBF')
X=[0 0.2 0.3 0.5 0.6 1.0]';
Y=((6*X - 2).^2).*sin(12*X - 4);%Forrester 响应
%Y=((6*X - 2).^2).*sin(12*X - 4) + 2*randn(size(X,1),1);% 有噪声
[rbfmodel, time] = rbfbuild(X, Y, 'G');
Xp = linspace(0,1,100)';% 预测样本
Yp= rbfpredict(model, X, Xp);% 预测响应
plot(X,Y,'r+','MarkerSize',10);% 训练样本点
hold on
plot(Xp,Yp,'b-.','LineWidth',2);% 预测模型
```

执行上述程序，即可得图 10.8(a) 基于 RBF 的建模图像；将响应设定为有噪声情况，执行上述程序，即可得到图 10.8(b) 的噪声 RBF 图像。

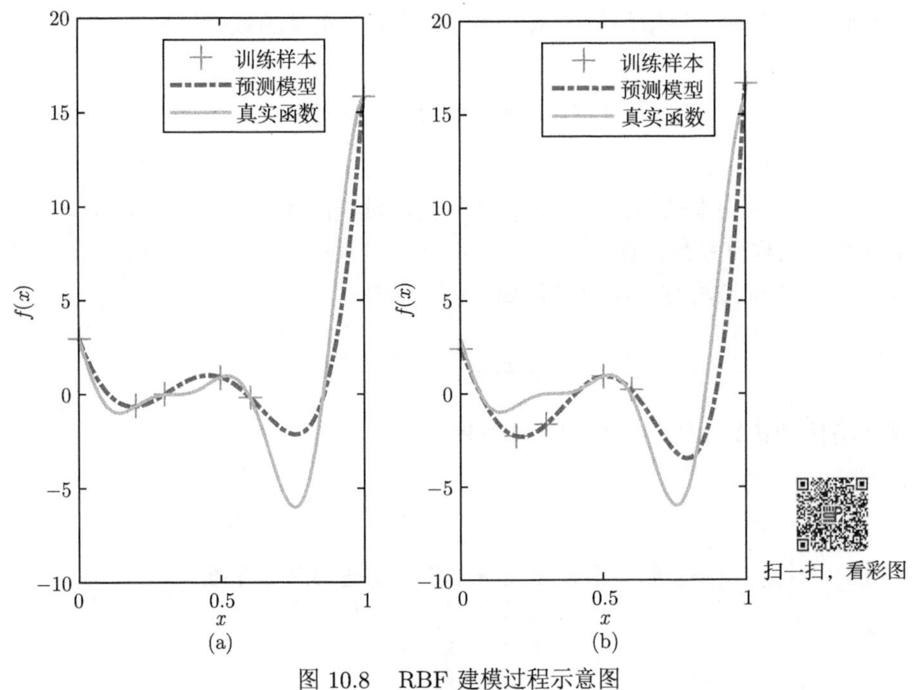

图 10.8 RBF 建模过程示意图

由图 10.8 结果可以看出，RBF 模型可以较好地依据训练样本建立近似代理模型。在无噪声情况下，RBF 模型拟合效果优于存在噪声因素时的拟合效果。对于带有噪声数据的情况，因为模型难以直接区分潜在响应值与噪声，故模型近似精度降低。一般采用引入正则化参数来解决该问题。将式 (10.5) 中 w_i 变为如下形式的最小二乘解：

$$w = (\varPhi + \lambda I)y$$

其中，I 为一个 $n \times n$ 的单位矩阵；λ 为噪声数据的方差，一般无法直接获得，需进行参数估计。

例 10.4 选取 Branin 函数作为测试函数建立 RBF 模型，Branin 函数表达式如下：

$$f(x) = \left(x_2 - \frac{5.1}{4\pi^2}x_1^2 + \frac{5}{\pi}x_1 - 6\right)^2 + 10\left(1 - \frac{1}{8\pi}\right)\cos(x_1) + 10, \quad x_1 \in [-5, 10], x_2 \in [0, 15]$$

试在拉丁抽样基础上，分别选择薄板样条基函数、高斯基函数、多元二次基函数和逆多元二次基函数建立 RBF 模型，对建立的 RBF 函数模型进行精度校验。

解：MATLAB 程序修改核函数程序如下：

```
[rbfmodel, time] = rbfbuild(X, Y, 'G');%% G 为高斯基函数，修改即可
```

执行上述 RBF 建模程序，绘制 Branin 函数挑选不同基函数的 RBF 模型预测图像，具体结果见图 10.9。

由图 10.9 可以看出，不同基函数构建的 RBF 模型近似效果存在区别，但均可较好地模拟 Branin 函数，其中选择薄板样条基函数建立的 RBF 模型近似效果最好。

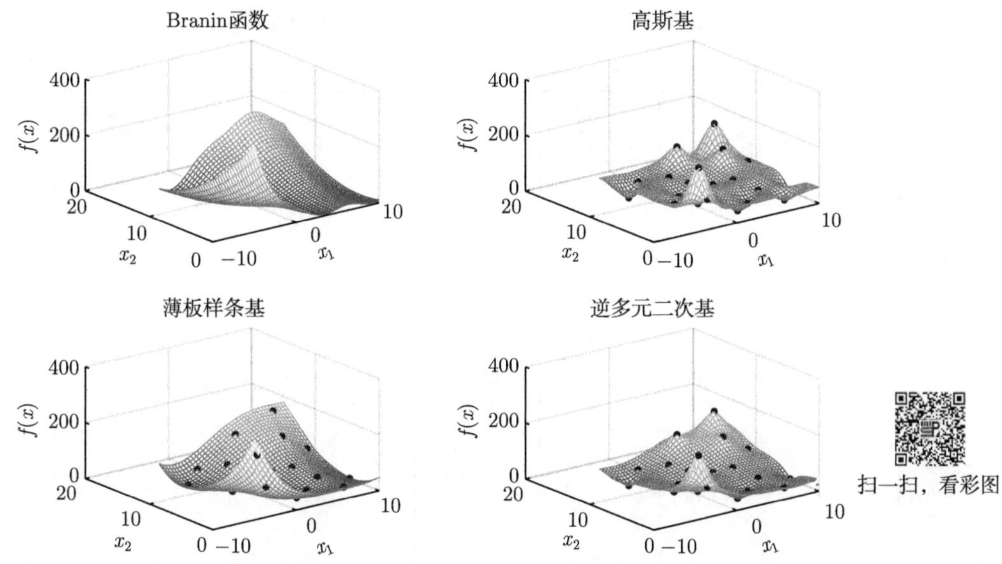

图 10.9 Branin 函数选择不同基函数的 RBF 建模图像

采用拉丁超立方抽取 30 个样本，样本数据见表 10.4。分别抽取前 14、17 及前 20 个样本数据进行代理模型构建，第 21~30 号样本数据作为测试集进行验证。

表 10.4 Branin 函数建模数据集

编号	变量 x_1	变量 x_2	响应 y	编号	变量 x_1	变量 x_2	响应 y
1	2.119	7.237	21.232	16	−3.742	8.256	32.448
2	−2.162	9.145	5.457	17	5.691	4.370	28.485
3	4.730	2.075	10.677	18	6.548	6.038	43.480
4	1.544	11.318	66.019	19	9.163	13.924	136.707
5	3.956	8.847	54.118	20	7.220	10.562	102.536
6	−3.449	10.371	7.909	21	9.724	2.651	0.833
7	3.202	1.0300	1.852	22	1.488	9.834	45.800
8	6.216	13.471	172.669	23	−4.740	0.981	249.463
9	0.515	5.372	18.381	24	−1.433	11.603	20.642
10	7.833	14.610	183.122	25	5.335	6.717	46.194
11	8.839	12.547	112.712	26	−2.876	5.836	34.497
12	4.248	3.807	10.700	27	8.432	4.929	14.764
13	−0.057	0.046	56.140	28	−1.808	7.686	10.348
14	2.859	14.221	138.034	29	−0.924	3.180	35.158
15	−4.471	12.054	21.012	30	0.197	1.693	35.411

选取常用的 R^2、RMAE 和 RAAE 对 RBF 建模效果进行判断，三种准则实现程序如下：

```
function [RSquare, RAAE, MSE] = validating(Yr,Yp)
%Yr：真实响应值；Yp：模型预测值
MSE=sum((Yr-Yp).^2)/length(Yr);
RSquare=1-sum((Yr-Yp).^2)/(sum((Yr-mean(Yr)).^2)+eps);
RAAE=sum(abs(Yr-Yp))/(length(Yr)*(std(Yr-mean(Yr)))+eps);
```

在建模的基础上执行上述程序，绘制随样本数增加的校验指标变换情况，见图 10.10。

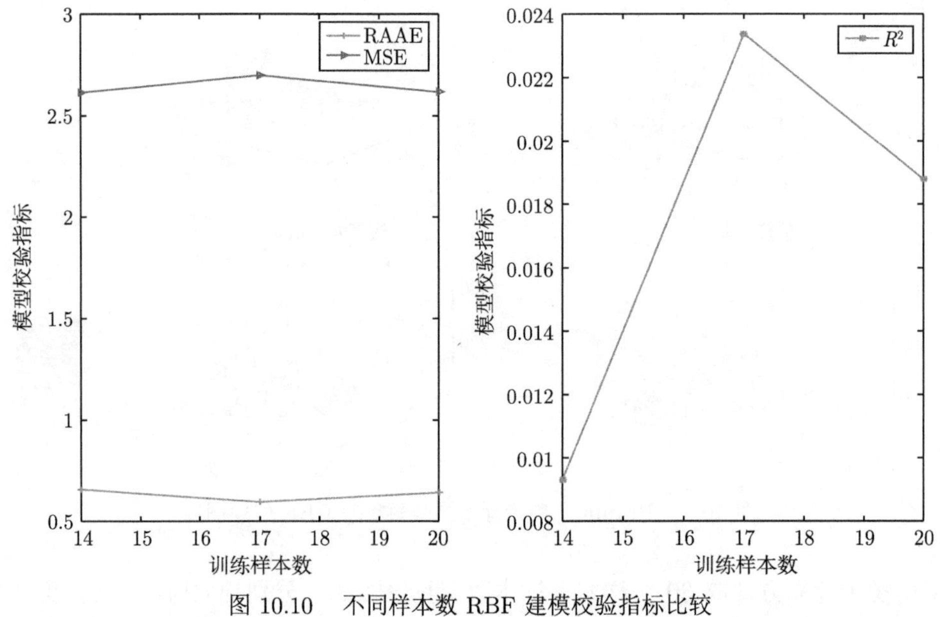

图 10.10　不同样本数 RBF 建模校验指标比较

由图 10.10 结果可以看出，RMAE 和 RAAE 变换趋势相反，R^2 和 RMAE 结果一致。表明 RBF 模型在该问题中拟合效果不理想，随着样本数的增加，模型精度的总体趋势增高，表明空间填充特性良好的初始试验设计有助于模型精度的提升。

10.2.2　支持向量回归模型

支持向量机通过寻求结构化风险最小来提高学习机泛化能力，实现经验风险和置信范围的最小化。样本量较少时，该方法具有良好的分类精度。支持向量回归模型 (support vactor regression，SVR) 被视为支持向量分类模型在回归问题中的应用。SVR 模型形式如下：

$$f(x) =< w \cdot x > +b \tag{10.6}$$

其中，$< \cdot >$ 定义为 w 与 x 的内积；b 为截距项 (基本项)。

一般来讲，w 越小，近似函数 $\hat{f}(x)$ 越光滑。对于 SVR 模型而言，近似模型 $\hat{f}(x)$ 与真实函数 $f(x)$ 间的误差可以存在裕量 ε。即在 ε 允许的范围内样本数据误差是可接受的，不对 SVR 预测结果造成影响。其可用如下数学公式进行表述：

$$\begin{aligned} &\min \quad \frac{1}{2}|w|^2 \\ &\text{s.t.} \quad \begin{cases} y_i - < w \cdot x > -b \leqslant \varepsilon \\ < w \cdot x > +b - y_i \leqslant \varepsilon \end{cases}, \quad i = 1, 2, \cdots, n \end{aligned} \tag{10.7}$$

建模过程中，样本均落入 ε 的区间，也有部分样本点 (异常值) 超出 ε 范围。因此，引入松弛变量 ξ_i^+, ξ_i^- 来解决该问题，同时引入预选取的惩罚系数 C 来平衡模型光滑性和松弛变量大小之间的关系，实现最小化模型复杂度和大于 ε 误差的折中，修改后的公式 (10.7) 变为

$$\begin{aligned}&\min \quad \frac{1}{2}|w|^2+\frac{C}{n}\sum_{i=1}^{n}(\xi_i^++\xi_i^-)\\&\text{s.t.}\quad \begin{cases}y_i-<w\cdot x>-b\leqslant\varepsilon+\xi_i^+\\<w\cdot x>+b-y_i\leqslant\varepsilon+\xi_i^-\\\xi_i^+,\xi_i^-\geqslant 0\end{cases},\quad i=1,2,\cdots,n\end{aligned}\tag{10.8}$$

上述问题的求解需引入拉格朗日乘子 $\alpha_i^+,\alpha_i^-,\eta_i^+,\eta_i^-$，拉格朗日方程如下：

$$\begin{aligned}L=&\frac{1}{2}|w|^2+C\sum_{i=1}^{n}(\xi_i^++\xi_i^-)-\sum_{i=1}^{n}(\eta_i^+\xi_i^++\eta_i^-\xi_i^-)\\&-\sum_{I=1}^{n}\alpha_i^+(\varepsilon+\xi_i^+-y_i+<w\cdot x>+b)-\sum_{I=1}^{n}\alpha_i^-(\varepsilon+\xi_i^-+y_i-<w\cdot x>-b)\end{aligned}\tag{10.9}$$

根据拉格朗日方程求解办法，可得

$$\begin{aligned}&\frac{\partial L}{\partial b}=\sum_{I=1}^{n}(\alpha_i^+-\alpha_i^-)=0,\ \frac{\partial L}{\partial w}=w-\sum_{I=1}^{n}(\alpha_i^+-\alpha_i^-)x_i,\\&\frac{\partial L}{\partial \xi^+}=\frac{C}{n}-\alpha_i^+-\eta_i^+=0,\ \frac{\partial L}{\partial \xi^-}=\frac{C}{n}-\alpha_i^--\eta_i^-=0\end{aligned}$$

从而得到预测模型：

$$\hat{f}(x)=b+\sum_{i=1}^{n}w_i\varphi(r_i)=b+\sum_{i=1}^{n}(\alpha_i^+-\alpha_i^-)\varphi(r_i)$$

根据选择的损失函数和基函数不同，可建立不同形式的 SVR 模型。常用的基函数见表 10.5。

表 10.5 SVR 模型常用基函数

基函数	$\varphi(r)$	基函数	$\varphi(r)$
线性核	$x_i\cdot x_j$	径向基	$\exp\left(-\frac{\lvert x_i-x_j\rvert^2}{\sigma^2}\right)$
d 阶齐次多项式	$(x_i\cdot x_j)^d$	d 阶非齐次多项式	$(x_i\cdot x_j+c)^d$

例 10.5 选取 Forrester 函数 $f(x)=(6x-2)^2\sin(12x-4),x\in[0,1]$，以径向基核函数进行建模。在设计空间 $x\in[0,1]$ 上均匀抽取 20 个样本点，并以二次损失函数作为损失函数，实现线性 SVR 建模并绘制建模过程示意图。

解：MATLAB 实现程序如下：

```
addpath('LSSVR')
X=linsapce(0,1,20)';% 训练样本
Y=((6*X - 2).^2).*sin(12*X - 4);%Forrester 响应
lssvrmodel=lssvr(Xtrain,Ytrain,1);%1 为径向基; 2 为线性核; 3 为多项式核
Xp = linspace(0,1,100)';% 预测样本
Yp= lssvrval(Xp, lssvrmodel);% 预测响应
plot(X,Y,'k+','MarkerSize',10);% 训练样本点
hold on
plot(Xp,Yp,'g-.','LineWidth',2);% 预测模型
```

执行上述程序，即可实现线性 SVR 建模。图 10.11(a) 为无噪声情况。

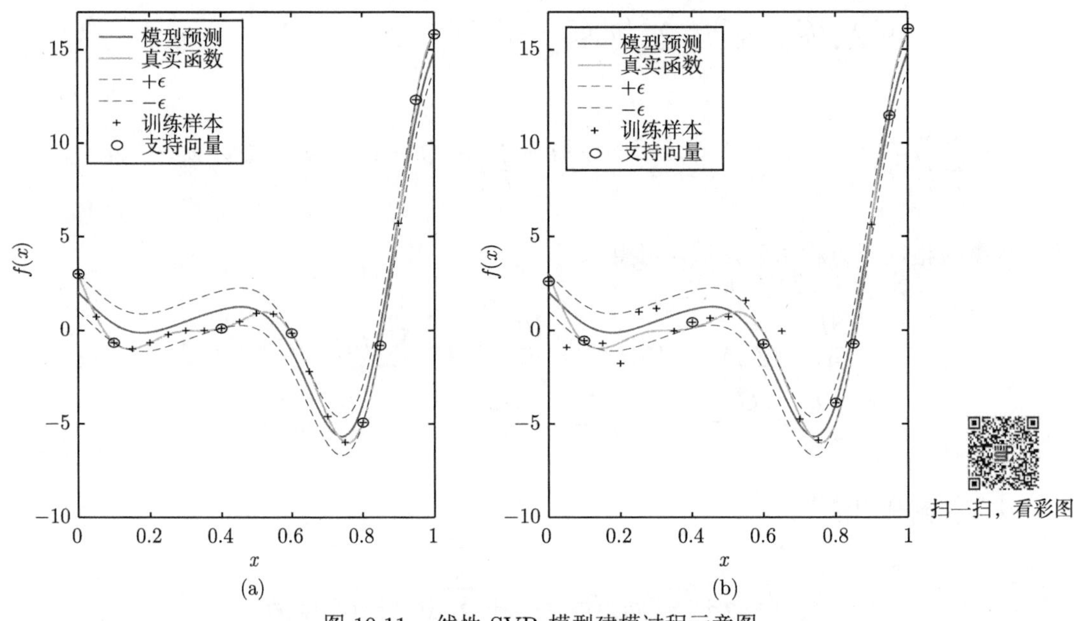

图 10.11 线性 SVR 模型建模过程示意图

图 10.11 近似函数 $f(x)$ 为实线，其将 “+” 号样本点均匀地置于两侧并保证误差尽可能小。○ 为支持向量，$f(x)$ 通过裕量 ϵ 实现对近似函数的上下平移，平移后为图中虚线部分。可以看出近似函数可以较好地拟合真实函数，SVR 模型在变量数目较多问题中具有优势。

例 10.6 选取 Branin 函数作为测试函数建立最小二乘支持向量回归 (least square SVR, LSSVR) 模型，采用拉丁超立方抽样方法抽取 20 个初始样本点。试分别选择线性核基、高斯基、多项式基函数建立 LSSVR 模型，并选择 MSE、RAAE 和 R^2 进行模型校验。

解：例 10.5 中 MATLAB 建模部分修改程序如下：

```
lssvrmodel=lssvr(Xtrain,Ytrain,1);1 为径向基; 2 为线性核; 3 为多项式核
```

执行不同核函数建模程序，即可得到图 10.12。

由图 10.12 可以看出，不同基函数构建的 LSSVR 模型近似效果存在区别，样本点较为均匀地分布在近似响应面两侧。除线性核结果较差，其余均选择高斯基函数和多项式核

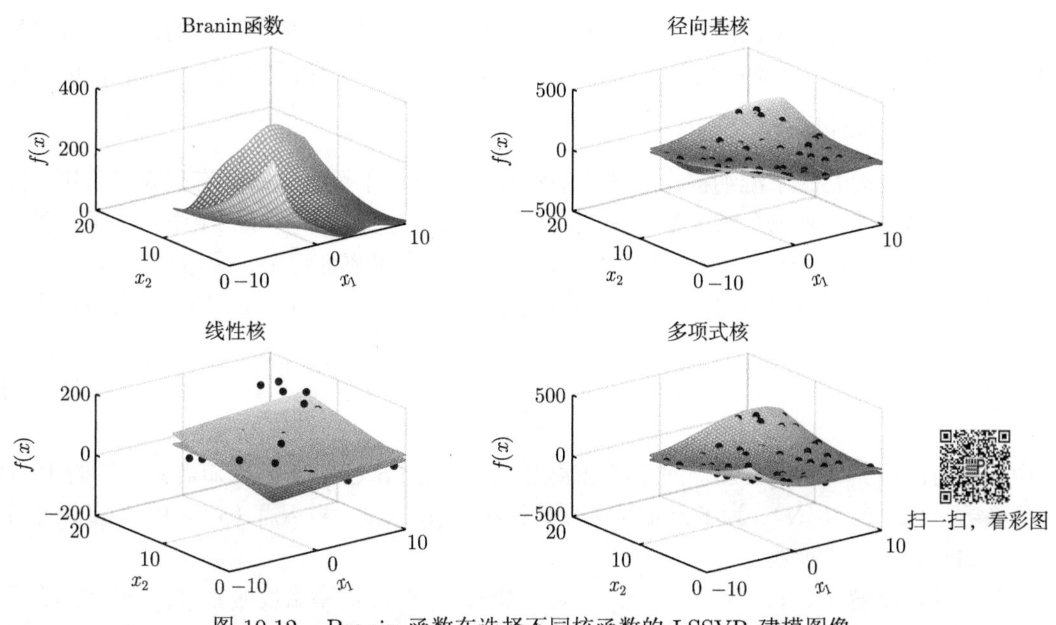

图 10.12 Branin 函数在选择不同核函数的 LSSVR 建模图像

函数，建立的 SVR 模型近似效果均可较好地实现对 Branin 函数的近似。

以表 10.4 的数据作为初始试验设计，设置与 10.2.1 节相同训练集和测试集进行 LSSVR 模型构建。分别选取前 20,23,26 个初始样本进行建模，选取常用的校验准则 R^2、RAAE 和 MSE 对建模效果进行判断，并绘制随样本数变换情况，见图 10.13。

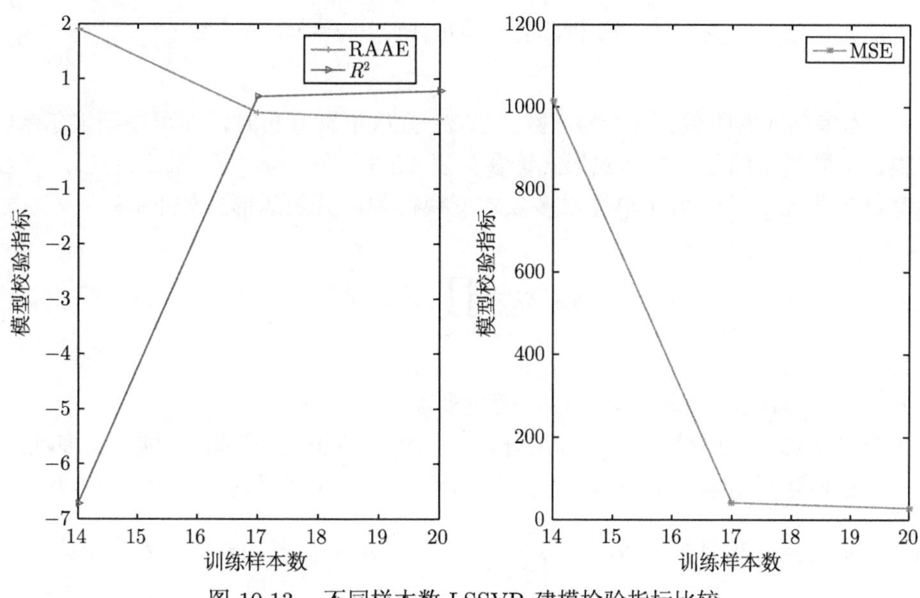

图 10.13 不同样本数 LSSVR 建模检验指标比较

由图 10.13 结果可以看出，MSE 和 RAAE 变换趋势一致，R^2 结果相反，表明三种检验准则指标均可以较好地反映模型预测精度。随着建模样本数的增加，模型精度逐渐升高，表明具有良好空间分布特性的样本数增多有助于模型精度提升。值得注意的是，在样本数为 20 时，RAAE 与 R^2 均超出了其取值范围，表明其近似效果低于均值水平，精度较差。

10.2.3　多项式混沌展开

多项式混沌展开源于维纳提出的齐次混沌理论，可用于反映任意具有有限二阶矩的随机过程，其本质是一种谱分解方法，最初用来求解偏微分方程。实际应用中，基于该模型的“正交分解”性质，被成功地应用于不确定度量分析中可靠性评估、灵敏度分析等领域。

建模过程中，假设多项式混沌展开 (polynomial chaos expansions, PCE) 近似模型响应 $\hat{f}(x)$ 可表示如下：

$$\hat{y} = \hat{f}(x) = \sum_{\alpha \in \mathrm{N}^n} \beta_\alpha \varphi_\alpha(x) \tag{10.10}$$

其中，n 为设计变量 x 的维数，N 为自然数集合；$\{\beta_\alpha : \alpha \in \mathrm{N}^n\}$ 为未知需要估计的 PCE 模型系数；$\{\varphi_\alpha : \alpha \in \mathrm{N}^n\}$ 为多元正交多项式；$\alpha = (\alpha_1, \alpha_2, \cdots, \alpha_n), (\alpha_i \geqslant 0)$ 为多元正交多项式的一元多项式阶数。

假设输入变量 $x = (x_1, x_2, \cdots, x_d)$ 中每个变量 x_i 给定概率密度函数 $f_{X_i}(x_i)$，那么可得输入变量 x 的联合概率密度函数为

$$f_X(x) = \prod_{i=1}^{n} f_{X_i}(x_i)$$

对每个输入变量 x_i 构建正交多项式族 $(\pi^1_{\alpha_i}(x_i), \pi^2_{\alpha_i}(x_i), \cdots)$，得

$$< \pi^j_{\alpha_i}(x_i), \pi^k_{\alpha_i}(x_i) >= \int_{X_i} \pi^j_{\alpha_i}(x_i)\pi^k_{\alpha_i}(x_i) f_{X_i}(x_i)\mathrm{d}x_i = c^{j,k}_{\alpha_i}\delta^{j,k} = \begin{cases} c^{j,k}_{\alpha_i}, & j = k \\ 0, & j \neq k \end{cases}$$

其中，j, k 为多项式的阶数；$c^{j,k}_{\alpha_i}$ 为常数；当 x_i 服从正态分布时，即可得到埃尔米特正交多项式族，不同类型的正交多项式形式请参见表 10.6。

多变量多项式 $\varphi_\alpha(x)$ 可由单变量多项式变换得到，其表达形式如下：

$$\varphi_\alpha(x) = \prod_{i=1}^{n} \varphi^{(i)}_{\alpha_i}(x_i)$$

其中，$\varphi^{(i)}_{\alpha_i} = \pi^{(i)}_{\alpha_i} / \sqrt{c^{j,k}_{\alpha_i}}$ 为标准化后的单变量多项式。

由正交多项式的性质可知，$\varphi_\alpha(x)$ 展开项之间均两两正交。因此，一族正交多项式 $\{\varphi_\alpha : \alpha \in \mathrm{N}^n\}$ 可近似随机地输出响应 $y = f(x)$。若设定多项式展开的最高阶为 p，那么展开项中多项式元素的指标满足关系 $|\alpha| = \sum_{i=1}^{n} \alpha_i$。实际应用中，多项式的阶数不能太高。因此，PCE 模型选择一个截尾方案：

$$y \approx f_p(x) = \sum_{\alpha \in A^{p,n}} \beta_\alpha \varphi_\alpha(x), \quad A^{p,n} = \{\alpha \in \mathrm{N}^n : |\alpha| < p\}$$

其中，PCE 模型估计参数个数 P 与最高阶数 p 和输入变量维度 n 存在关系 $P=C_{n+p}^{p}$。对于不同随机变量的不同分布类型，对于连续变量，表 10.6 给出了正交多项式的类型和基函数，可据此来构造 PCE 模型。在得到 PCE 模型展开项后，需要对模型中的未知参数进行估计，以最小二乘回归方法为例，模型参数 $\{\beta_\alpha:\alpha\in\mathrm{N}^n\}$ 可表示为

$$\hat{\alpha}=\arg\min E\left[\left(y-\sum_{\alpha\in\mathrm{N}^n}\beta_\alpha\varphi(x)\right)^2\right]$$

在实际应用中，有限的样本数据使得上述方程转化为离散的均方误差问题进行求解，其具体表现形式如下：

$$\hat{\alpha}=\arg\min\frac{1}{N}\sum_{i=1}^{N}\left(y_i-\sum_{\alpha\in\mathrm{N}^n}\beta_\alpha\varphi(x_i)\right)^2$$

从而得到模型的参数估计为

$$\hat{\alpha}=(F^{\mathrm{T}}F)^{-1}F^{\mathrm{T}}y$$

其中，F 为模型展开项在试验样本点对应的一系列函数值，表示为

$$F_{i,j}=\varphi_j(x_i)$$

PCE 模型建模过程中，需要估计模型参数的个数与阶数和变量数有关，当 $n=5,p=4$ 时，需要估计的模型参数个数为 $C_{5+4}^{4}=\dfrac{9\times8\times7\times6}{4\times3\times2\times1}=126$；但实际使用过程中，PCE 模型的性能一般只依赖于有限的预测性，除了部分主效应和低阶交互项，大部分高阶交互都是不显著的。因此，一般因建模目的不同，不需要将所有参数均估计出来。典型的有基于 q 范数的双曲线指标集

$$A_q^{n,p}\equiv\{\alpha\in\mathrm{N}^n:\|\alpha\|_q\leqslant p\}$$

实际应用中，模型参数估计方法除 q 范数的双曲线指标集，常用的模型参数估计方法有回归法、投影法等。

表 10.6　不同分布对应的正交多项式类型和正交基

分布	概率密度函数	正交多项式	正交基
均匀分布	$1_{[-1,1]}(x)/2$	勒让德,$P_k(x)$	$P_k(x)/\sqrt{1/2k+1}$
正态分布 $N(0,1)$	$\dfrac{1}{\sqrt{2\pi}}\mathrm{e}^{-\frac{x^2}{3}}$	埃尔米特,$He_k(x)$	$He_k(x)/\sqrt{k!}$
伽马分布	$x^a\mathrm{e}^{-x}1_{R^+}(x)$	盖拉尔,$L_k^\alpha(x)$	$L_k^\alpha(x)/\sqrt{\dfrac{\Gamma(k+a+1)}{k!}}$
贝塔分布	$1_{[-1,1]}(x)\dfrac{(1-x)^a(1+x)^b}{B(a)B(b)}$	雅可比,$J_k^{\alpha,b}(x)$	$J_k^{\alpha,b}(x)/J_{a,b,k}$

例 10.7　选取多峰测试函数 Forrester 函数 $f(x)=(6x-2)^2\sin(12x-4),x\in[0,1]$ 建立 PCE 模型，初始样本集 $X=\{0,0.2,0.3,0.5,0.6,1.0\}$。试选择勒让德正交多项式，$p=2$，

输入变量为均匀分布时进行 PCE 建模，并施加均值为 0、标准差为 2 的噪声，重新建立 PCE 模型并绘制相关图像。

```
addpath('PCE')
X=[0 0.2 0.3 0.5 0.6 1.0]';
Y=((6*X - 2).^2).*sin(12*X - 4);%Forrester 响应
%Y=((6*X - 2).^2).*sin(12*X - 4) + 2*randn(size(X,1),1);% 有噪声
PCE model = PCE(X, Y, 2,'legendre');
Xp = linspace(0,1,100)'; 预测样本
Yp= PCE(Xp, PCE model ,'legendre'); 预测响应
Yr=((6*Xp - 2).^2).*sin(12*Xp - 4);%Forrester 响应
plot(X,Y,'r+','MarkerSize',10)% 训练样本点
hold on
plot(Xp,Yp,'b-.','LineWidth',2)% 预测模型
hold on
plot(Xp,Yr,'g-.','LineWidth',2)% 预测模型
```

执行上述程序，即可得图 10.14 的结果。图 10.14(a) 为无噪声情况。

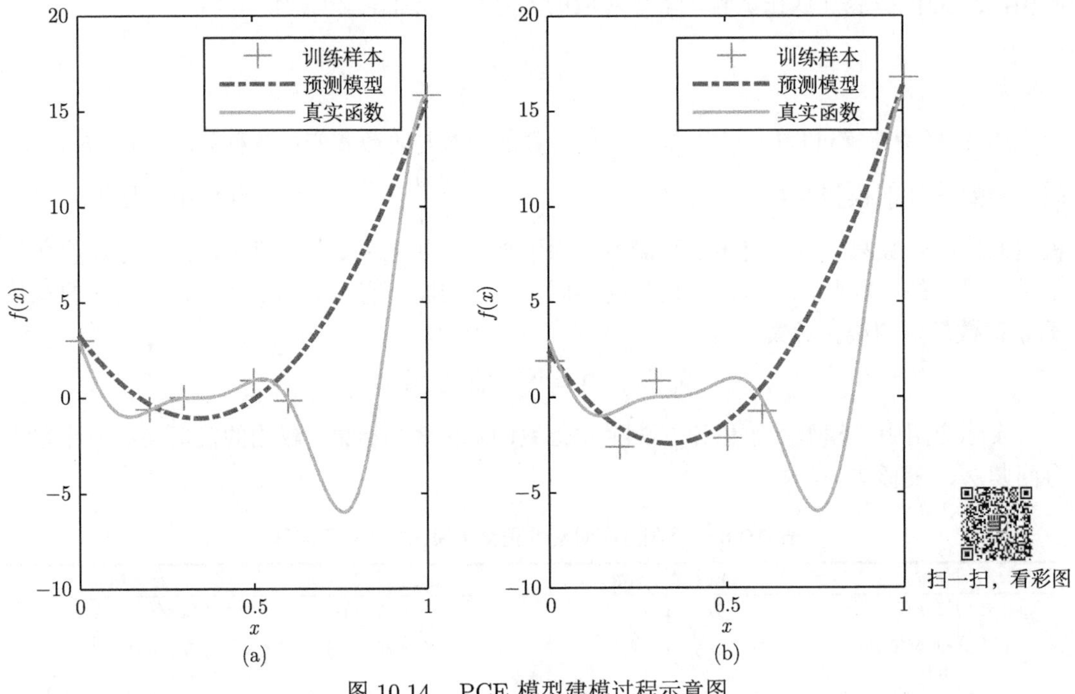

图 10.14　PCE 模型建模过程示意图

例 10.8　选取二维 Branin 函数作为测试函数，建立 PCE 模型。试在初始拉丁抽样的基础上，假设随机变量服从均匀分布，分别选择 $p = 2, 3, 4$ 时的勒让德正交多项式建立 PCE 模型。

MATLAB 程序 PCE 建模修改阶数:

```
PCE model = PCE(X, Y,p,'legendre'); p=2,3,4
```

执行 MATLAB 程序，即可得图 10.15 的结果。

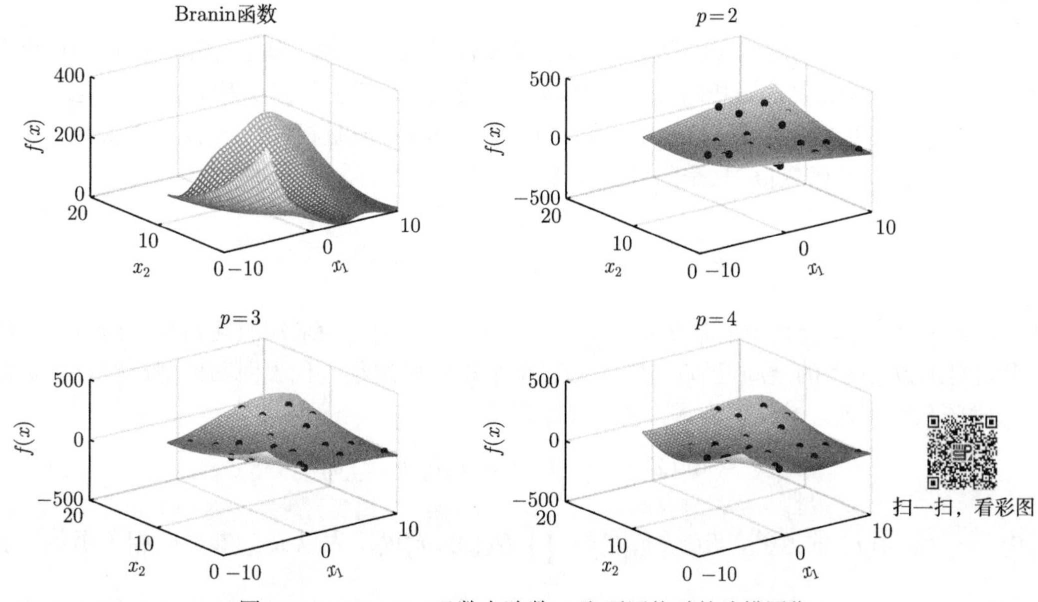

图 10.15 Branin 函数在阶数 p 取不同值时的建模图像

由图 10.15 可以看出，不同阶数 p 构建的 PCE 模型近似效果存在区别。随着阶数 p 的增大，近似效果有一定程度提升，$p = 3, 4$ 时结果已较好地近似 Branin 函数，且二者差别不大。因此，PCE 模型可实现对 Branin 函数的较好近似。

选取表 10.3 的数据进行 PCE 模型构建，模型检验结果见图 10.16。

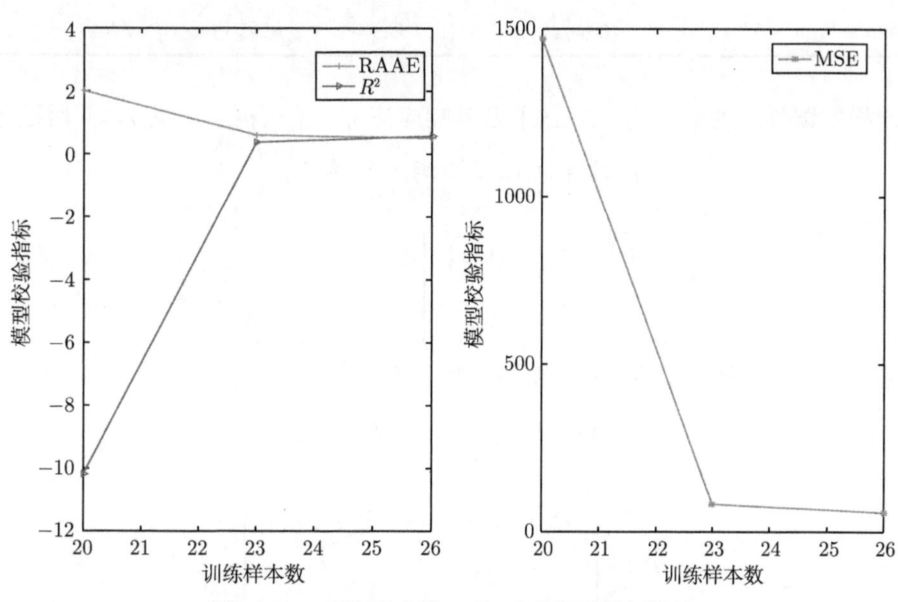

图 10.16 不同样本数 PCE 建模检验指标比较

由图 10.16 结果看出，建模检验指标 RMAE 和 RAAE 变换趋势一致，R^2 结果则相反，表明三种检验准则指标均可以较好地反映模型预测精度。

10.2.4 克里金模型

Sacks 等 (1989) 将克里金模型推广至试验设计领域，形成了基于计算机仿真和克里金模型的计算机试验设计与分析方法；在机器学习领域，克里金模型又称为高斯过程模型。

克里金模型将黑箱函数 $y(x)$ 看作某个包含回归项的随机过程 $Y(x)$ 的一次实现。换言之，设计点 x 上的函数值, 只是随机函数 $Y(x)$ 可能的取值之一，即

$$y(x) = Y(x) = \sum_{i=1}^{k} \beta_i f_i(x) + Z(x)$$

其中，$f_i(x)$ 为克里金模型的基函数，$\beta = [\beta_1, \beta_2, \cdots, \beta_k]^{\mathrm{T}}$ 为未知的回归系数向量，回归模型是对函数 $y(x)$ 的全局近似；$Z(x)$ 为一个平稳随机过程，代表回归模型近似目标函数 $y(x)$ 时的系统偏差，其均值为零，协方差矩阵为

$$\mathrm{Cov}(Z(x_i), Z(x_j)) = \sigma_z^2 R(x_i, x_j|\theta)$$

其中，σ_z^2 为 $Z(x)$ 的方差，$R(x_i, x_j|\theta) = \prod_{k=1}^{d} R_k(x_i^k, x_j^k|\theta_k)$ 为以 θ 为参数的相关函数，表示试验点 x_i, x_j 之间的空间相关关系；$R_k(x_i^k, x_j^k|\theta_k)$ 为一维相关函数，常用的核函数见表 10.7。

表 10.7　克里金模型常用的相关函数

相关函数类型	表达式 $R_k(x_i^k, x_j^k\|\theta_k), \theta_k > 0, h_k = \|x_i^k - x_j^k\|$
高斯函数	$R_k(x_i^k, x_j^k\|\theta_k) = \exp(-\theta_k h_k^2)$
幂指数函数	$R_k(x_i^k, x_j^k\|\theta_k) = \exp(-\theta_k h_k^{p_k}), 1 < p_k < 2$
Matérn 函数 $(v = 3/2)$	$R_k(x_i^k, x_j^k\|\theta_k) = (1 + \theta_k\sqrt{5}h_k + \theta_k)\exp(-\theta_k\sqrt{3}h_k)$
Matérn 函数 $(v = 5/2)$	$R_k(x_i^k, x_j^k\|\theta_k) = \left(1 + \theta_k\sqrt{5}h_k + \frac{5}{3}h_k^2\theta_k^2\right)\exp(-\theta_k\sqrt{3}h_k)$

给定样本试验点集 $\{x_1, x_2, \cdots, x_n\}$ 及其响应值 $y = \{y_1, y_2, \cdots, y_n\}$，并用记号

$$f(x) = [f_1(x), f_2(x), \cdots, f_k(x)]^{\mathrm{T}}$$

与

$$F = \begin{bmatrix} f(x_1) & \cdots & f_k(x_1) \\ \\ f(x_n) & \cdots & f_k(x_n) \end{bmatrix} = [f(x_1), \cdots, f_k(x_n)]^{\mathrm{T}}$$

分别表示由回归基函数确定的设计向量与矩阵，用

$$r(x) = [R(x, x_1), \cdots, R(x, x_n)]^{\mathrm{T}}$$

与

$$R = \begin{bmatrix} R(x_1, x_1) & \cdots & R(x_1, x_n) \\ & \vdots & \\ R(x_n, x_1) & \cdots & R(x_n, x_n) \end{bmatrix}$$

分别描述随机过程 $Z(x)$ 在已知设计点与新设计点以及已知设计点之间的相关关系。

把克里金模型的预测值 $y(x)$，可以看作 $Y(x)$ 的最优线性无偏估计 (best linear unbiased predictor，BLUP)，即 $\hat{y}(x)$ 为已知试验点上响应的线性组合，且要求期望均方误差最小：

$$\hat{y}(x)=\sum_{i=1}^{n}c_i(x)y(x_i)=c^{\mathrm{T}}(x)y \tag{10.11}$$

其中，$c(x)=[c_1(x),c_2(x),\cdots,c_n(x)],y=[y_1,y_2,\cdots,y_n]^{\mathrm{T}}$ 且 $\sum_{i=1}^{n}c_i(x)=1$。此外，由于克里金模型把函数 $y(x)$ 看作随机过程 $Y(x)$ 的实现，可用随机向量 $[Y_1,Y_2,\cdots,Y_n]^{\mathrm{T}}$ 表示响应值 y，因此，预测值 $\hat{y}(x)$ 也可看作随机变量。为保证预测值 $\hat{y}(x)$ 为最优线性无偏估计，克里金预测模型中线性组合的权重 $c(x)$ 应使预测均方误差 (mean squared error，MSE)：

$$\mathrm{MSE}(\hat{y}(x))=E(c^{\mathrm{T}}(x)y-Y(x))^2$$

最小，且满足无偏性

$$E(c^{\mathrm{T}}(x)y)=E(Y(x))$$

由式 (10.11) 得

$$F^{\mathrm{T}}c(x)=f(x)$$

在以上条件下，克里金模型的均方预测误差为

$$\mathrm{MSE}(\hat{y}(x))=\sigma_z^2(1+c^{\mathrm{T}}(x)Rc(x)-2c^{\mathrm{T}}(x)r(x)) \tag{10.12}$$

引入拉格朗日乘子 $\lambda(x)$ 求解使 MSE 最小的约束优化问题，得到

$$L(c(x),\lambda(x))=\sigma_z^2(1+c^{\mathrm{T}}(x)Rc(x)-2c^{\mathrm{T}}(x)r(x))-\lambda^{\mathrm{T}}(x)(F^{\mathrm{T}}c(x)-f(x))$$

其中，$\lambda(x)$ 和 $c(x)$ 必须满足

$$\begin{bmatrix} 0 & F^{\mathrm{T}} \\ F^{\mathrm{T}} & R \end{bmatrix}\begin{bmatrix} \lambda(x) \\ c(x) \end{bmatrix}=\begin{bmatrix} f(x) \\ r(x) \end{bmatrix} \tag{10.13}$$

由式 (10.13) 解得

$$\lambda(x)=-2\sigma_z^2(F^{\mathrm{T}}R^{-1}F)^{-1}(F^{\mathrm{T}}R^{-1}r(x)-f(x)) \tag{10.14}$$

$$c(x)=R^{-1}(r(x)-F(F^{\mathrm{T}}R^{-1}F)^{-1}(F^{\mathrm{T}}R^{-1}r(x)-f(x))) \tag{10.15}$$

将求得的 $c(x)$ 代入式 (10.11)，得

$$\hat{y}(x)=f^{\mathrm{T}}(x)\hat{\beta}+r^{\mathrm{T}}(x)R^{-1}(y-F\hat{\beta}) \tag{10.16}$$

其中，$\hat{\beta}=(F^{\mathrm{T}}R^{-1}F)^{-1}F^{\mathrm{T}}R^{-1}y$ 为 β 的广义最小二乘估计。将 $c(x)$ 代入式 (10.12)，得

$$\hat{s}^2(\hat{y}(x))=\mathrm{MSE}(\hat{y}(x))=\sigma_z^2(1+r^{\mathrm{T}}(x)R^{-1}r(x)+h^{\mathrm{T}}(F^{\mathrm{T}}R^{-1}F)^{-1}h) \tag{10.17}$$

其中，记 $h=(f(x)-F^{\mathrm{T}}R^{-1}r(x))$。式 (10.16) 和式 (10.17) 给出了克里金模型预测不确定性，该误差估计可与序贯优化技术结合，指导新试验点快速收敛到优化问题的全局最优解。

由式 (10.16) 和式 (10.17) 可以看出，未得到克里金模型在试验点 x 上的预测均值和预测方差，需要估计随机过程的方差 σ_z^2 和相关函数 $R(x_i,x_j|\theta)$ 中的未知参数 θ。参数 β、σ_z^2 和 θ，可用最大似然估计方法得到。

克里金模型把黑箱函数 $y(x)$ 看作随机过程 $Y(x)$ 的实现，有 $y(x)\sim N(f^{\mathrm{T}}(x)\beta,\sigma_z^2)$。同理，$y(x)$ 的联合概率密度 (似然函数) 为

$$L(\beta,\sigma_z^2,\theta)=\frac{1}{\sqrt{(\sigma_z^2)^n(2\pi)^n|R|}}\exp\left(-\frac{(y-F\beta)R^{-1}(y-F\beta)}{2\sigma_z^2}\right) \tag{10.18}$$

对似然函数取对数，得参数 β、σ_z^2 和 θ 的对数似然函数：

$$\ln L(\beta,\sigma_z^2,\theta)=-\frac{n}{2}\ln(\sigma_z^2)-\frac{1}{2}\ln(|R|)-\frac{(y-F\beta)R^{-1}(y-F\beta)}{2\sigma_z^2}-\frac{n}{2}\ln(2\pi) \tag{10.19}$$

令

$$\begin{aligned}\frac{\partial(\ln L(\beta,\sigma_z^2,\theta))}{\partial\beta}&=\frac{2F^{\mathrm{T}}R^{-1}(y-F\beta)}{2\sigma_z^2}=0\\ \frac{\partial(\ln L(\beta,\sigma_z^2,\theta))}{\partial\sigma_z^2}&=-\frac{n}{2\sigma_z^2}+\frac{(y-F\beta)^{\mathrm{T}}R^{-1}(y-F\beta)}{2\sigma_z^4}=0\end{aligned} \tag{10.20}$$

得

$$\begin{aligned}\hat{\beta}&=(F^{\mathrm{T}}R^{-1}F)^{-1}F^{\mathrm{T}}R^{-1}y\\ \sigma_z^2&=\frac{(y-F\beta)^{\mathrm{T}}R^{-1}(y-F\beta)}{n}\end{aligned} \tag{10.21}$$

将式 (10.21) 代入式 (10.19)，得到如下函数

$$\ln L(\hat{\beta},\hat{\sigma}_z^2,\theta)=-\frac{1}{2}(n\log\hat{\sigma}_z^2+\log(R|\theta|+n)$$

即

$$\hat{\theta}=\arg\min(n\log\hat{\sigma}_z^2+\log(R|\theta|+n)$$

克里金模型在某些极限情况下，相关矩阵 R 非正定。例如，两个样本点无限接近时，相关系数矩阵的两行或两列近似相等，这将导致模型精度低甚至失效。解决方法可在对角线元素施加小常数来改善相关矩阵 R 的正则性，其可写为如下形式：

$$R'=R+\varepsilon I$$

其中，R' 为改善后的相关系数矩阵，I 为 $n\times n$ 的单位矩阵。

例 10.9 选取 Forrester 函数作为测试函数，设定超参数 $\theta_0=10$，$\theta\in[10^{-3},10^3]$，试选取高斯核函数执行克里金建模程序。以 $X=\{0,0.2,0.3,0.5,0.6,1.0\}$ 为初始样本集，并绘制噪声和无噪声情形下的克里金建模过程。

解：MATLAB 建模程序如下：

```
addpath('DACE');X=[0 0.2 0.3 0.5 0.6 1.0]';
Theta=10; theta1=10^-3*ones(1,size(X,2)); thetar=10^3*ones(1,size(X,2) );
Y=((6*X - 2).^2).*sin(12*X - 4);%Forrester 响应
%Y=((6*X - 2).^2).*sin(12*X - 4) + 2*randn(size(X,1),1);% 有噪声
Kmodel = dacefit(X, Y, @regpoly0, @corrgauss, theta, theta1, thetar); 建立克里金模型
Xp = linspace(0,1,100)'; 预测样本
[Yp,MSE]= predictor(Xp, Kmodel); 预测响应
Yr=((6*Xp - 2).^2).*sin(12*Xp - 4);%Forrester 响应
plot(X,Y,'r+','MarkerSize',10)% 训练样本点
hold on
plot(Xp,Yp,'b-.','LineWidth',2)% 预测模型
hold on
plot(Xp,Yr,'g-.','LineWidth',2)% 预测模型
```

执行上述程序，具体结果见图 10.17。

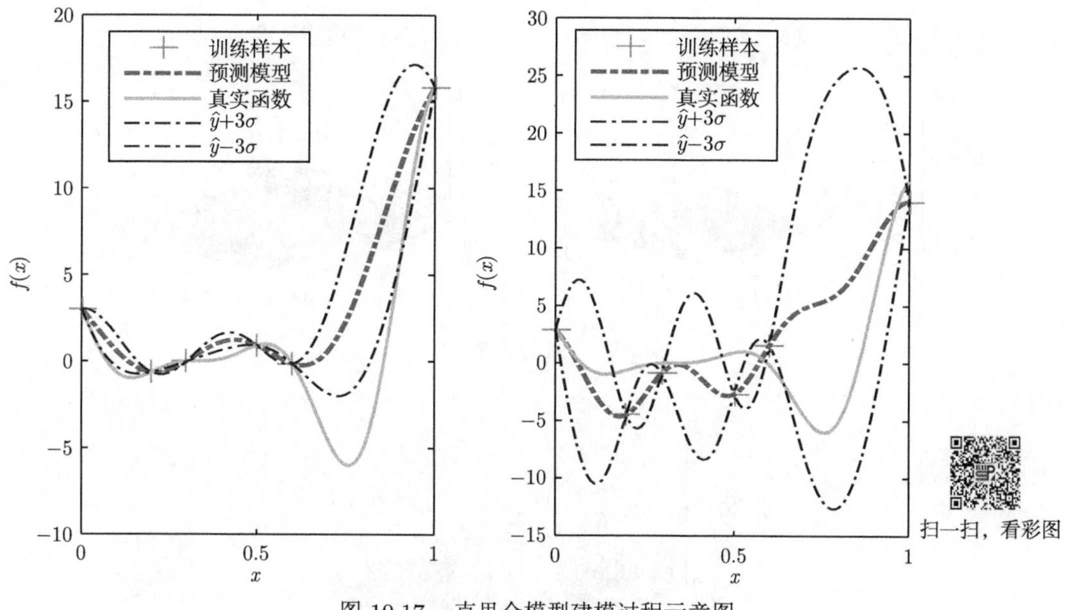

图 10.17 克里金模型建模过程示意图

例 10.10 以 Branin 函数为测试函数，试采用拉丁超立方抽样方法抽取 20 个初始样本点，建立克里金模型，并分别建立 0 阶、1 阶和 2 阶克里金模型，绘制不同阶多项式的克里金预测图像及 MSE 图像如图 10.18 和图 10.19 所示。

由图 10.18 和图 10.19 结果可以看出，不同阶数构建的克里金模型均可实现对 Branin 函数的近似建模。对比可以发现，三者近似效果存在区别，但差别不大。因此，克里金模型可实现对 Branin 函数的较好近似，值得注意的是，实际建模中一般选取 0 阶克里金模型进行建模，其具有良好的近似效果和泛化性能。

选择 MSE、RAAE 和 R^2 来对模型精度进行评价，具体结果见图 10.20。

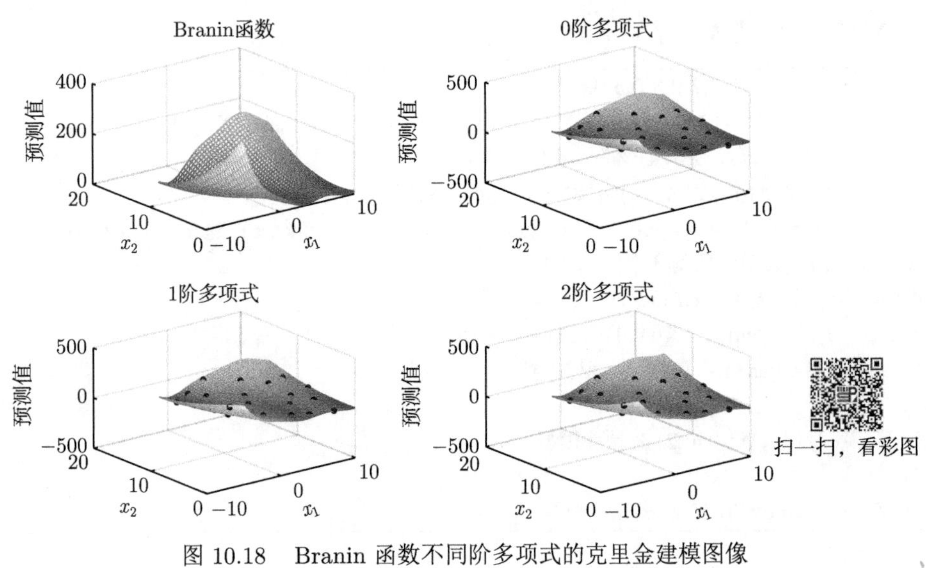

图 10.18　Branin 函数不同阶多项式的克里金建模图像

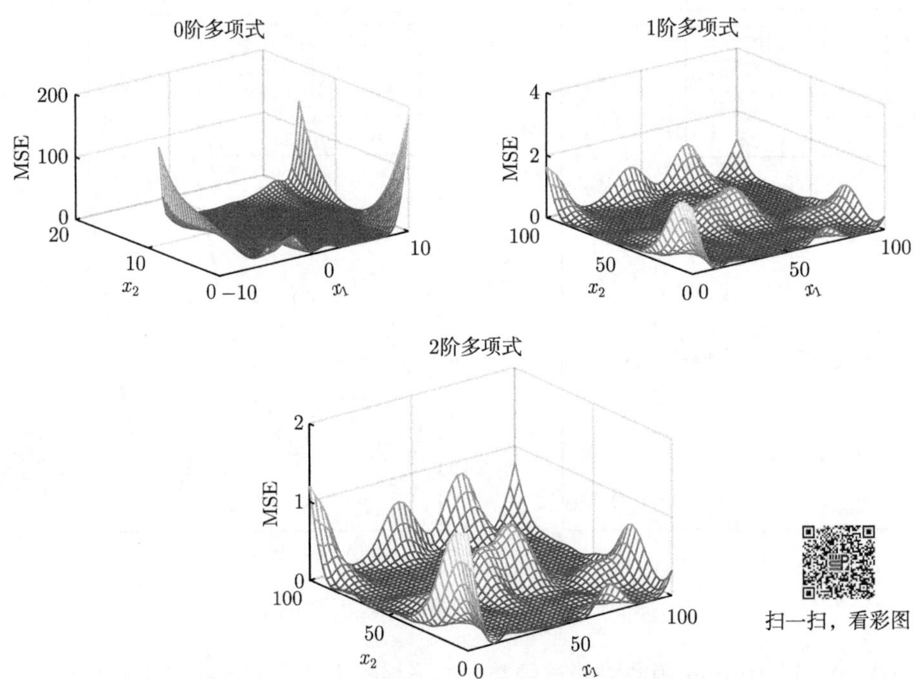

图 10.19　Branin 函数不同阶多项式对应的 MSE 图像

由图 10.20 结果可以看出，建模检验指标 RMAE 和 RAAE 变换趋势一致，R^2 结果则相反，表明三种检验准则指标均可以较好地反映克里金模型预测精度。此外，随着建模样本数的增加，克里金模型精度逐步增高。克里金模型为典型的插值模型，其建模需要所有设计样本点参与，且为非参数模型，具有小样本情形下建模精度高的特点。

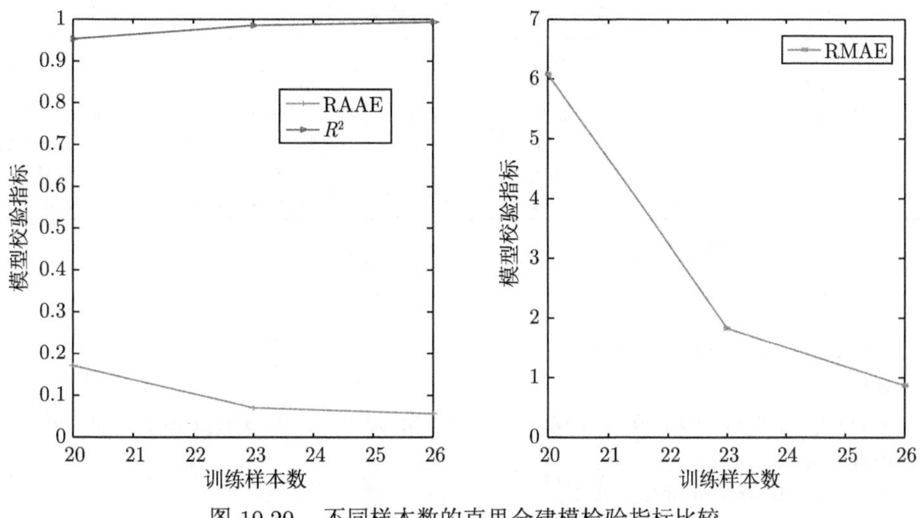

图 10.20 不同样本数的克里金建模检验指标比较

10.3 组合建模技术与方法

为了提高元模型的稳健性，一个合理的策略就是将单个模型进行组合得到一个组合模型。组合模型可以有效地降低不合适单个模型的负面影响，使模型更具稳健性。组合建模技术一般可以写成如下形式：

$$\hat{y}(x)=\sum_{i=1}^{N}\omega_i\hat{y}_i(x)$$

其中，$\hat{y}_i(x)$ 为第 i 个代理模型，N 为选取组合代理模型的数量；ω_i 为赋予不同代理模型的权重且满足 $\sum_{i=1}^{N}\omega_i=1$。

10.3.1 直接赋权法

该方法根据使用者习惯，或者基于目标重要程度，直接对不同预测模型赋予权重进行组合。

例 10.11 考虑轻型飞机在概念设计阶段的机翼重量估算问题 (表 10.8)，其具体的函数表达式如下：

$$W=0.036S_w^{0.758}W_{fw}^{0.0035}\left(\frac{A}{\cos^2(\varLambda)}\right)^{0.6}q^{0.006}\lambda^{0.04}\left(\frac{100t/c}{\cos(\varLambda)}\right)^{-0.3}(N_ZW_{dg})^{0.49}+S_wW_p$$

选择克里金模型和 LSSVR 代理模型进行组合建模，并将其与直接赋权组合建模方法进行比较。

解：采用拉丁超立方抽样方法抽取 30 个样本进行建模，前 10 个为训练样本，后 20 个为测试样本。将直接赋权法组合模型记为如下形式：

$$\mathrm{ES}^d=w_1\hat{y}_1+w_2\hat{y}_2$$

表 10.8　轻型飞机符号说明

符号	参数	基准	取值范围	符号	参数	基准	取值范围
S_w	机翼面积	174	[150,200]	λ	梢根比	0.672	[0.5,1]
W_{fw}	机翼燃油重量	252	[200,300]	t/c	翼型厚度与弦长之比	0.12	[0.08,0.18]
A	展弦比	7.52	[6,10]	N_Z	极限载荷因子	3.8	[2.5,6]
Λ	1/4 弦长掠角	0	[−10,10]	W_{dg}	设计重量	2000	[1700,2500]
q	巡航状态来流动压	34	[16,45]	W_p	单位面积涂料重量	0.064	[0.025,0.08]

其中，$w_1 = 0$ 时为 LSSVR 模型；$w_1 = 1$ 时为克里金模型。

MATLAB 实现程序如下：

```
addpath('DACE');addpath('LSSVR');
w1=0.1;w2=1-w1;
design_space=[150,220,6,-10,16,0.5,0.08,2.5,1700,0.025;200,300,10,10,45,1,0.18,6,2500,0.08];
num_initial=30;
sample_x=load('liftsurfwsample_x.txt')
sample_y=liftsurfw(sample_x);
train_x=sample_x(1:10,:);train_y=sample_y(1:10,:);
test_x=sample_x(11:30,:);test_y=sample_y(11:30);
theta=10*ones(size(sample_x,2),1)';nx= size(train_x,2)
DACE_model=dacefit(train_x,  train_y,  @regpoly0,  @corrgauss,  theta,  10^-3*ones(1,
nx),10^3*ones(1, nx));
Kpred_y=predictor(test_x, DACE_model);
LSSVR_model=lssvr(train_x,train_y,1);LSpred_y=lssvrval(test_x,LSSVR_model);
ESpred_y=w1*Kpred_y + w2*LSpred_y;
[RSquare(1), RAAE(1), MSE(1)]= validating(test_y,Kpred_y)
[RSquare(2), RAAE(2), MSE(2)]= validating(test_y,LSpred_y)
[RSquare(3), RAAE(3), MSE(3)]= validating(test_y,ESpred_y)
```

执行上述程序，获得表 10.9 的结果。

表 10.9　直接赋权法模型精度比较

ES^d				ES^d				ES^d			
w_1	w_2	RAAE	R^2	w_1	w_2	RAAE	R^2	w_1	w_2	RAAE	R^2
0	1	0.77	0.11	0.7	0.3	0.92	−0.28	0.5	0.5	0.77	0.11
0.1	0.9	0.72	0.22	0.8	0.2	1.01	−0.56	1	0	1.21	−1.03
0.3	0.7	0.71	0.28	0.9	0.1	1.10	−0.90				

由表 10.9 可以看出，直接赋权法需要重复多次，以便于找到精度较好的结果，实施较为烦琐，不利于大规模运算。

10.3.2 基于预测方差的选取准则

该方法假定模型的预测是无偏的且不相关的，选择预测方差作为误差的度量准则，对应模型的权值通过下式来确定：

$$\omega_i = \frac{\omega_i^*}{\sum_{i=1}^{N} \omega_i^*}, \quad \omega_i^* = \frac{1}{V_i}$$

其中，V_i 为第 i 个预测模型的方差。

例 10.12 以例 10.11 中轻型飞机在概念设计节点的机翼重量估算问题为例，进行基于预测方差选取准则的组合建模。

解：构建基于预测方差的组合建模程序，记为 ES^p。其实现程序如下：

```
addpath('DACE');addpath('LSSVR');
design_space=[150,220,6,-10,16,0.5,0.08,2.5,1700,0.025;200,300,10,10,45,1,0.18,6,2500,0.08];
num_initial=30; theta=10*ones(size(sample_x,2),1)';
sample_x=load('liftsurfwsample_x.txt')sample_y=liftsurfw(sample_x);
train_x=sample_x(1:10,:);train_y=sample_y(1:10,:);
test_x=sample_x(11:30,:);test_y=sample_y(11:30);
DACE_model=dacefit(train_x, train_y, @regpoly0, @corrgauss, theta, 10^-3*ones(1,
nx),10^3*ones(1, nx));
Kpred_y=predictor(test_x, DACE_model);
LSSVR_model=lssvr(train_x,train_y,1);
LSpred_y=lssvrval(test_x,LSSVR_model);
STD(1)=std(Kpred_y-mean(Kpred_y));STD(2)=std(LSpred_y-mean(LSpred_y));
w1=STD(1)/sum(STD,2);w2=1-w1;
ESpred_y=w1*Kpred_y + w2*LSpred_y;
[RSquare(1), RAAE(1), MSE(1)]= validating(test_y,Kpred_y)
[RSquare(2), RAAE(2), MSE(2)]= validating(test_y,LSpred_y)
[RSquare(3), RAAE(3), MSE(3)]= validating(test_y,ESpred_y)
```

执行上述程序并进行结果统计，具体结果见表 10.10。

表 10.10 预测方差法模型精度比较

模型	RAAE	R^2
克里金	1.21	−1.03
LSSVR	0.77	0.11
$\mathrm{ES}^d(w_1 = 0.3, w_2 = 0.7)$	0.71	0.28
$\mathrm{ES}^p(w_1 = 0.46, w_2 = 0.54)$	0.75	0.16

由表 10.10 的结果可以看出，组合模型结果均优于单个克里金模型和 LSSVR 建模预测结果，表明组合建模方法更稳健。预测方差方法尽管略微弱于直接赋权法，但其有效减少了计算量，且提升了预测精度。

10.3.3 基于加权平均的选取准则

预测残差平方和 (predicted residual error sum of squares, PRESS) 及平均交叉验证误差 (mean square cross-validation error, GMSE) 是该类方法常用的误差准则，其计算公式如下：

$$\mathrm{PRESS} = \sum_{i=1}^{N} (y_i - \hat{y}_i)^2, \quad \mathrm{GMSE} = \frac{1}{N}\sum_{i=1}^{N} (y_i - \hat{y}_i)^2$$

以逆比例平均方法和启发式计算权重系数方法为例进行求解。

逆比例平均方法权重计算公式如下：

$$\omega_i = \frac{\mathrm{GMSE}_i^{-1}}{\sum_{i=1}^{N} \mathrm{GMSE}_i^{-1}}$$

启发式计算权重系数方法计算公式如下：

$$\omega_i = \frac{\omega_i^*}{\sum_{i=1}^{N} \omega_i^*}, \qquad \omega_i^* = (E_i + \alpha \bar{E})^{\beta}$$

$$\bar{E} = \frac{1}{N}\sum_{i=1}^{N} E_i, \quad \alpha < 1, \beta < 0$$

其中，E_i 为第 i 个模型的 PRESS 误差；α, β 分别用于控制单个模型及平均模型的 PRESS 值的重要程度。

例 10.13　以例 10.11 中轻型飞机在概念设计节点的机翼重量估算问题为例。试采用基于预测方差选取准则的组合建模方法进行建模，并与前两种组合建模方法进行比较。

解：令 $\alpha = 0.05, \beta = -1$，构建基于逆比例平均和加权平均的组合模型，分别记为 ES^i 和 ES^w。具体实现程序如下：

```
addpath('DACE');addpath('LSSVR');
design_space=[150,220,6,-10,16,0.5,0.08,2.5,1700,0.025;200,300,10,10,45,1,0.18,6,2500,0.08];
num_initial=30; theta=10*ones(size(sample_x,2),1)';
sample_x=load('liftsurfwsample_x.txt')sample_y=liftsurfw(sample_x);
train_x=sample_x(1:10,:);train_y=sample_y(1:10,:);
test_x=sample_x(11:30,:);test_y=sample_y(11:30);
DACE_model=dacefit(train_x, train_y, @regpoly0, @corrgauss, theta, 10^-3*ones(1, nx),10^3*ones(1, nx)); Kpred_y=predictor(test_x, DACE_model);
LSSVR_model=lssvr(train_x,train_y,1);LSpred_y=lssvrval(test_x,LSSVR_model);
[RSquare(1), RAAE(1), MSE(1)]= validating(test_y,Kpred_y)
[RSquare(2), RAAE(2), MSE(2)]= validating(test_y,LSpred_y)
PRESS1=sum(Kpred_y - test_y,1);PRESS2=sum(LSpred_y - test_y,1);
w1S=(PRESS1 + 0.05*(1/2)*(PRESS1+PRESS2)) -1;w2S=(PRESS2 + 0.05*(1/2)*(PRESS1+PRESS2)) -1;
w1=w1S/(w1S+w2S);w2=1-w1;
ESpred_y=w1*Kpred_y + w2*LSpred_y;
[RSquare(3), RAAE(3), MSE(3)]= validating(test_y,ESpred_y)
```

执行上述程序并进行结果统计，具体结果见表 10.11。

由表 10.11 的结果可以看出，加权平均法结果优于预测方法，与直接赋权法的最优结果相近，表明该方法适合于组合建模运算，并有助于模型的稳健性提升。

表 10.11 加权平均法模型精度比较

模型	RAAE	R^2	模型	RAAE	R^2
克里金	1.21	−1.03	LSSVR	0.77	0.11
$\mathrm{ES}^p(w_1 = 0.46, w_2 = 0.54)$	0.75	0.16	$\mathrm{ES}^i(w_1 = 0.16, w_2 = 0.84)$	0.77	0.11
$\mathrm{ES}^d(w_1 = 0.3, w_2 = 0.7)$	0.71	0.28	$\mathrm{ES}^w(w_1 = 0.178, w_2 = 0.822)$	0.70	0.27

10.4 灵敏度分析方法

灵敏度分析是一种度量输入变量不确定性对输出贡献程度的研究方法，可分为局部灵敏度分析 (local sensitivity analysis, LSA) 和全局灵敏度分析 (global sensitivity analysis, GSA) 两类。LSA 方法具有计算效率高的优点，其侧重研究输入变量名义值附近微小波动引起的模型输出变化情况，常用的有解析法 (analytic method)、有限差分方法 (finite difference method, FDM) 等。GSA 方法考虑输入变量在整个输入空间内的变化情况，并衡量每个输入变量相对输出变量的重要程度。常用的 GSA 方法有方差分解方法 (variance decomposition sensitivity analysis) 和矩独立法 (moment independent sensitivity analysis, MISA)。

10.4.1 解析法

解析法是灵敏度分析方法中最精确和最有效的方法，可解决模型为隐式表述时的灵敏度分析问题。记 $f(x, w(x))$ 为模型输出，假设方程满足如下关系：

$$K(x, w(x)) = 0 \tag{10.22}$$

对于变量 x 的某分量 x_i 存在如下关系：

$$\frac{\mathrm{d}f}{\mathrm{d}x_i} = \frac{\partial f}{\partial x_i} + \frac{\partial f}{\partial w}\frac{\mathrm{d}w}{\mathrm{d}x_i} \tag{10.23}$$

$$\frac{\partial K}{\partial w}\frac{\mathrm{d}w}{\mathrm{d}x_i} = -\frac{\partial K}{\partial x_i} \tag{10.24}$$

其中，$f(x, w(x))$，$K(x, w(x))$ 均为显函数。

例 10.14 某彩电制造商计划推出 19 in 和 21 in 液晶平板电视机，制造商建议零售价分别为 x_1 和 x_2，其利润可写为如下形式：

$$f(x_1, x_2) = (139 - ax_1 - 0.003x_2)x_1 + (199 - 0.004x_1 - 0.01x_2)x_2 - (4000 + 195x_1 + 225x_2)$$

其中，a 为价格弹性系数。下面就弹性系数 a 的灵敏度进行分析，对上式求导，并令导数等于零。

$$\begin{cases} \mathrm{d}f/\mathrm{d}x_1 = 3.752 \times 10^{10}/(40000a - 49)^2 \\ \mathrm{d}f/\mathrm{d}x_2 = 3.2 \times 10^8(6500a - 49)/(40000a - 49)^2 - 5.2 \times 10^7/(40000a - 49) \end{cases}$$

因此，得到价格 x_1 和 x_2 关于弹性系数 a 的解析表达式：

$$\begin{cases} x_1 = -93800/(40000a - 49) \\ x_2 = -8000(6500a - 49)/(40000a - 49) \end{cases}$$

绘制价格 x_1 和 x_2 关于弹性系数 a 的变化曲线图如图 10.21 所示。

```
clc, clear, close all, format long g
syms x1 x2 a % 定义符号变量
f=(139-a*x1-0.003*x2)*x1+(199-0.004*x1-0.01*x2)*x2-(4000+195*x1+225*x2)
f=simplify(f) % 化简目标函数
f1=diff(f,x1), f2=diff(f,x2) % 求目标函数关于 x1,x2 的偏导数
[x10,x20]=solve(f1,f2) % 求驻点
subplot(1,2,1)
fplot(@(a)eval(x10),[0.002,0.02]);%% 画 x1 关于 a 的曲线
xlabel('$a$','Interpreter','Latex')
ylabel('$x_1$','Interpreter','Latex','Rotation',0)
subplot(1,2,2)
fplot(@(a)eval(x20),[0.002,0.02]);%% 画 x2 关于 a 的曲线
xlabel('$a$','Interpreter','Latex')
ylabel('$x_2$','Interpreter','Latex','Rotation',0)
```

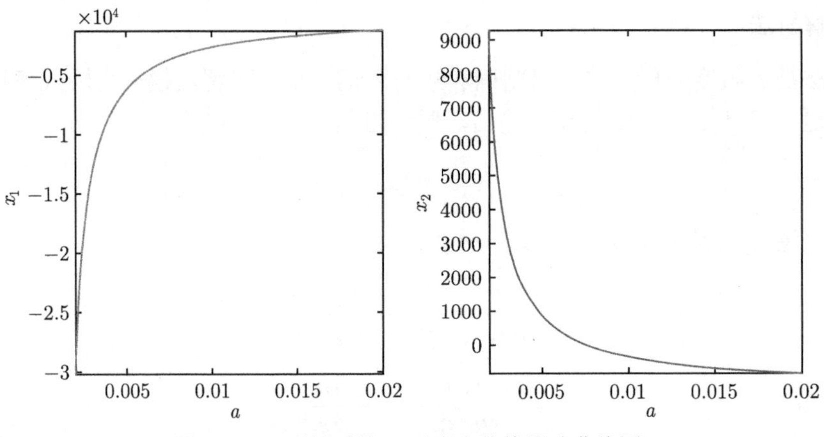

图 10.21　弹性系数 a 对彩电价格影响曲线图

由图 10.21 结果可以看出，19in 彩电价格对弹性系数 a 更敏感，21in 的敏感度相对较低。上述结果表明，在非黑箱函数且变量数较少的情况下，解析法可较好地实现设计变量对响应的灵敏度评估。

当变量 x 的维数较高时，式 (10.22) 可采用伴随矩阵法进行求解。构造伴随矩阵 V 使得

$$-V^{\mathrm{T}}\frac{\partial K}{\partial x_i}=\frac{\partial f}{\partial w}\frac{\mathrm{d}w}{\mathrm{d}x_i} \tag{10.25}$$

则式 (10.23)、式 (10.24) 可重写为

$$\frac{\mathrm{d}f}{\mathrm{d}x_i}=\frac{\partial f}{\partial x_i}-V^{\mathrm{T}}\frac{\partial K}{\partial x_i}$$

$$V^{\mathrm{T}}\frac{\partial K}{\partial w}=\frac{\partial f}{\partial w}$$

在实际工程应用中，相比解析法，伴随矩阵法计算效率较高。

10.4.2 有限差分方法

在数学和工程问题中往往存在很多问题无法精确表达，必须借助初、边值条件及采用近似方法来对具有解析表达式的偏导数进行近似。最常用的方法是基于泰勒级数展开方法，构造近似计算公式。取步长为 h，对 $f(x+h)$ 在点 x 处展开：

$$f(x+h)=f(x)+\frac{f'(x)}{2!}h+\frac{f''(x)}{3!}h^3+\cdots+\frac{f^{(n-1)}(x)}{n!}h^{n-1}+o(h^n)$$

其中，$f'(x), f''(x), \cdots, f^{(n)}(x)$ 表示模型 $f(x)$ 在点 x 处的各阶导数；$o(h^n)$ 为截距项，表示近似精度。常用的有限差分近似格式有前向差分 (forward difference)、后向差分 (backward difference) 和中心差分 (central difference) 三种，可以表示如下。

前向差分：

$$\frac{\mathrm{d}f}{\mathrm{d}x}=\frac{f(x+h)-f(x)}{h}+o(h)$$

后向差分：

$$\frac{\mathrm{d}f}{\mathrm{d}x}=\frac{f(x)-f(x-h)}{h}+o(h)$$

中心差分：

$$\frac{\mathrm{d}f}{\mathrm{d}x}=\frac{f(x+h)-f(x-h)}{h}+o(h^2)$$

其中，中心差分的近似精度最高。但该方法因需要重复迭代，计算耗时。此外，模型近似精度受制于步长 h 的取值，但步长过小则进一步加重耗时运算。该方法无法精确求解，但因其计算精度较高也称作半解析法。

例 10.15 采用前向差分方法，求常微分方程 $\frac{\mathrm{d}f}{\mathrm{d}x}=-f+x+1, f(0)=1$ 的数值解，并与精确解 $f(x)=x+\mathrm{e}^{-x}$ 进行比较。

```
for j=1:2
    h=1/(10^j)
X=0:h:1;
f=X+exp(-X);
F(1)=1
for i=1:1/h + 1
    F(i+1)=(1-h)*F(i) + h*X(i) +h
end
subplot(1,2,j)
plot(X,f,'b-','LineWidth',2);
hold on
plot(X,F(1:end - 1),'r-.','LineWidth',1.5); % 画数值解图形，用红色小圈画
xlabel('\it\fontname{Times New Roman}\fontsize{16}x_{\rm\fontsize{12}}')
ylabel('\it\fontname{Times New Roman}\fontsize{16}f(x)_{\rm\fontsize{12}}')
end
```

执行上述程序，即得图 10.22。

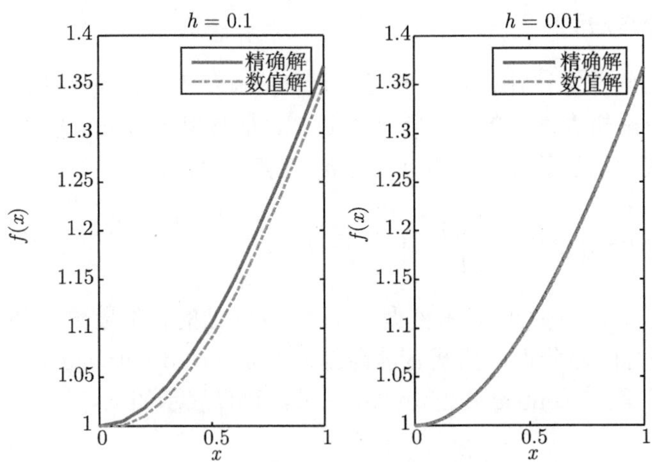

图 10.22 取不同步长时精确解与数值解对比图像

由图 10.22 可以看出，步长取 0.01 时，数值解近似效果明显优于步长取 0.1 时，说明近似精度与步长有关，步长越小，近似精度越高，灵敏度也越高。

10.4.3 基于方差分解的灵敏度指标

假设设计变量 $x \in R^d$ 为定义在概率空间上的 d 维随机变量，根据 Sobol 分解方法，当各输入变量相互独立时，$f(x)$ 可唯一展开为一系列项的和，形式如下：

$$f(x) = f_0 + \sum_{i=1}^{d} f_i(x_i) + \sum_{1\leqslant i\leqslant j\leqslant d} f_{ij}(x_i, x_j) + \cdots + f_{1,2,\cdots,d}(x_1, x_2, \cdots, x_d) \tag{10.26}$$

其中，$f_0 = E[f(x)]$ 为常数项，展开式 (10.26) 所有项两两之间正交；等号右端共包含 2^d 项，$f_{i_1,i_2,\cdots,i_m}, (m \in 1, 2, \cdots, d)$ 的期望为 0，即

$$E[f_{i_1,i_2,\cdots,i_m}(x_{i_1}, x_{i_2}, \cdots, x_{i_m})] = 0 \tag{10.27}$$

展开式 (10.27) 中各项可通过积分求解，如 $f_i(x_i), f_{ij}(x_i, x_j)$，即

$$\int f(x) \prod_{j\neq i} \rho(x_j)\mathrm{d}x_j = f_0 + f_i(x_i) \tag{10.28}$$

$$\int f(x) \prod_{l\neq i,j} \rho(x_l)\mathrm{d}x_l = f_0 + f_i(x_i) + f_j(x_j) + f_{ij}(x_i, x_j) \tag{10.29}$$

其中，$\rho(x_j)$ 为随机变量 x_j 的概率密度函数。根据展开式右端项两两正交特点，记 $Y = f(x)$，在式 (10.26) 分别取方差，可得

$$D(Y) = \sum_{i=1}^{d} D_j + \sum_{j=1}^{d} \sum_{k=j+1}^{d} D_{jk} + \cdots + D_{1,2,\cdots,d}$$

其中，$D(Y) = \displaystyle\int f^2(x)\rho(x)\mathrm{d}x - f_0^2$ 为总方差；D_j 为随机变量 x_j 对 $D(Y)$ 的影响；D_{jk} 为随机变量 x_j 和 x_i 对 $D(Y)$ 的交互影响；以此类推，$D_{1,2,\cdots,d}$ 为 $x_1, x_2, \cdots, x_d$ 对 $D(Y)$ 的交互影响。

$D_i, D_{i_1,i_2,\cdots,i_m}$ 为偏方差，可通过下式进行计算：

$$D_i = \int f_i^2(x)\rho(x_i)\mathrm{d}x_i$$

$$D_{i_1,i_2,\cdots,i_m} = \int f_{i_1,i_2,\cdots,i_m}^2(x_{i_1}, x_{i_2}, \cdots, x_{i_m})\prod_{i=1}^{m}\rho(x_{i_k})\mathrm{d}x_{i_k}$$

在 Sobel 分解方法中，灵敏度指标可用如下公式表示：

$$s_i = \frac{D_i}{D(Y)}, \quad s_i^{\mathrm{T}} = \frac{1}{D(Y)}\left[D_j + \sum_{1\leqslant i\leqslant j\leqslant d} D_{i,j} + \cdots + D_{1,2,\cdots,d}\right]$$

其中，s_i 为主灵敏度指标，表示 x_i 对系统输出方差 $D(Y)$ 的贡献百分比；s_i^{T} 为总灵敏度指标，表示 x_i 对输出的全部贡献程度，既包含 x_i 独立部分，又包含 x_i 与其他变量交互作用的贡献。上述两个灵敏度指标的计算需要进行多维积分，一般可通过抽样方法进行估算，其计算步骤如下。

步骤 1：在随机变量 x 的分布空间中随机抽取一组样本点 $x_i(i = 1, 2, \cdots, n)$。

步骤 2：根据样本信息，运行仿真模型并估计系统响应 $Y = f(x)$ 的均值和方差。

$$E(Y) = \frac{\sum_{i=1}^{n} f(x_i)}{n}$$

$$D(Y) = \frac{\sum_{i=1}^{n} [f(x_i) - \hat{E}(Y)]^2}{n}$$

步骤 3：对步骤 1 中抽取样本点进行重新随机组合，获得一组新的样本点 x_{n_i}。

步骤 4：将步骤 1 和步骤 3 产生样本用样本矩阵 A, B 表示，矩阵的每一行表示一个样本，每一列表示一个输入变量；将矩阵 A 中的第 i 列与矩阵 B 中的第 i 列进行替换，得到新的样本矩阵 $C = [x_{11}, x_{12}, \cdots, x_{1n}]$。

步骤 5：对样本矩阵 C 中的每一个分量 x_{1j}，估计 s_{1j}：

$$s_{1j} = \frac{\frac{1}{n}\sum_{i=1}^{n} f(x_i)f(x_{ij}) - \hat{E}^2(Y)}{\hat{D}(Y)}$$

步骤 6：对每一个分量 x_{1j} 再产生一组新的样本 $x_{1jj} = [x_{1j1}, x_{1j2}, \cdots, x_{1jn}], (i = 1, 2, \cdots, n)$。

步骤 7：根据模型的输出响应值，估计 s_{ij}^{T}：

$$s_{ij}^{\mathrm{T}} = \frac{1}{nD(Y)}\sum_{i=1}^{n} f(x_i)[f(x_i) - f(x_{1ij})]^2$$

由上述实现步骤可知，如需对所有分量计算其对应的灵敏度指标，分别需要 $2n$ 和 $(d+1)n$ 次执行仿真统计系统输出值 $f(x)$。可以看出，灵敏度计算指标的计算随着维度 d 增加呈现线性递增趋势，且在样本量 n 较大时才能得到理想的计算结果。因此，虽然基于方差分解的灵敏度指标一般更为全面准确，但其计算量大、效率低在使用时必须折中考虑。

例 10.16 选取 g 函数进行测试，g 函数的表达形式如下：

$$f(x)=\prod_{i=1}^{n} g_i(x_i),\quad 0\leqslant x_i\leqslant 1$$

其中，$g_i(x_i)=\dfrac{|4x_i-2|+a_i}{1+a_i}, a_i\geqslant 0$。如果 $a_i=0$，那么对应的设计变量 x_i 是重要的；如果 $a_i=1$，那么对应的设计变量 x_i 是相对重要的；如果 $a_i=9$，那么对应的设计变量 x_i 是不重要的；如果 $a_i=99$，那么对应的设计变量 x_i 的作用是不显著的。

解：采用基于方差分解的 Sobol 灵敏度分析方法，设定蒙特卡罗仿真样本数为 10^5。设定 g 函数中 $a_i=\{0,1,4.5,9,99,99,1,99\}$，根据 Sobol 方法对各设计变量进行灵敏度分析，具体结果可见图 10.22。

```
n=8; num=1e4;
Di=zeros(n,1);Dii=zeros(n,1);S=zeros(n,1);TSI=zeros(n,1);
% generate sample points using Sobol sequence
q=qrandstream('sobol',2*n);sample=qrand(q,num);
% calculate F0 and D
f=zeros(1,num);
ff=zeros(1,num);
for i=1:num
    f(i)=gmath(sample(i,1:n));
    ff(i)=gmath(sample(i,n+1:2*n));
end
F0=(sum(f.*ff)/num) 0.5;D=sum(f.^2)/num-F0 2;
for k=1:n
    for i=1:num
        kesi1=sample(i,1:n);
        kesi2=sample(i,n+1:2*n);
        kesi3=kesi2;
        kesi3(:,k)=kesi1(:,k);
        kesi4=kesi1;
        kesi4(:,k)=kesi2(:,k);
        Di(k,:)=Di(k,:)+f(i)*(gmath(kesi3)-ff(i));
        Dii(k,:)=Dii(k,:)+f(i)*(gmath(kesi4)-ff(i));
    end
    Di(k,:)=Di(k,:)/num;
    Dii(k,:)=Dii(k,:)/num;
    S(k)=Di(k,:)/D;
    TSI(k)=Dii(k,:)/D;
end
b=bar([S TSI],1.2);
axis([0 9 -0.3 1.5])
ch = get(b,'children');
legend([ch{1} ch{2}],'S','TS');
xlabel(' 变量');
ylabel(' 全局灵敏度');
```

执行上述程序，得到图 10.23。

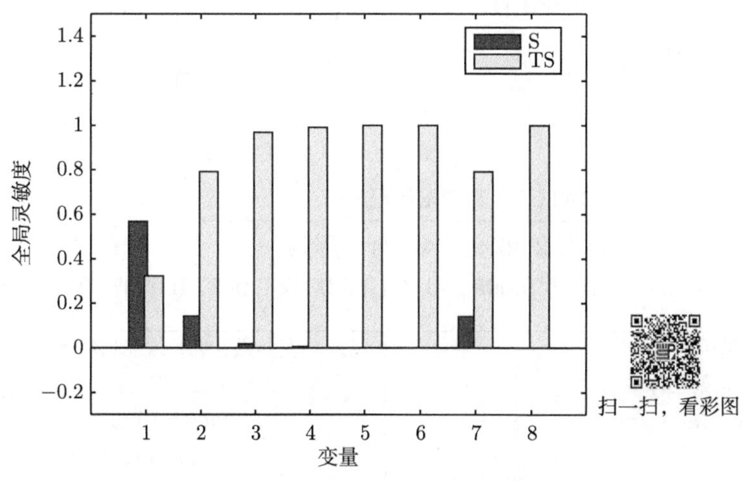

图 10.23　g 函数响应指标全局灵敏度值

由图 10.23 可以看出，设计变量灵敏度大小排序为 x_1, x_7, x_2, x_3，表明其对响应值的全局灵敏度较高，变量 x_1 的影响最大，表明其对响应值的要素贡献最大。x_7, x_2 对响应值的影响相对较弱，设计变量 x_3 的灵敏度则处于较低水平，影响相对有限。对于剩余设计变量，其全局灵敏度较低。上述结果与开始设定 $a_i = \{0, 1, 4.5, 9, 99, 99, 1, 99\}$ 取值情况相一致。

10.5　基于代理模型的优化方法

黑箱优化方法主要可以分为基于随机抽样的智能优化 (intelligent optimization) 方法和基于计算机试验设计的代理优化 (surrogate-based optimization) 方法。

10.5.1　智能优化方法

智能优化方法也称为元启发式方法，包括模拟生物进化的进化算法和模拟集群行为的群体智能算法。典型的进化算法包括遗传算法、遗传规划、进化策略、进化规划以及差分进化算法等。群体智能是指分布式的、自组织的系统表现出来的集群行为，其灵感来自由智能体或类鸟群组成的生物系统，如鸟群、蚁群、蜂群、鱼群等，这些生物体遵循某些看似简单的规则，却通过相互之间的信息交互，实现了有目的、有计划的复杂“智能”集群行为。

智能优化方法的主要步骤包括编码、选择、交叉和变异等操作，上述操作有助于问题以逐步迭代的方式进行，进而找到符合优化目标的最佳参数。以遗传算法 (genetic algorithm, GA) 为例，实现流程见图 10.24。

智能优化方法广泛应用于函数优化、组合优化、作业调度、机器学习和图像处理等领域。

例 10.17　测试函数 $f(x) = \sum\limits_{i=1}^{n} x_i^2, (-10 \leqslant x_i \leqslant 10)$，已知最小值点为 $f(0, 0, \cdots, 0) = 0$。

(1) 当 $n = 10$ 时采用遗传算法进行优化，并计算最小值。

(2) 绘制遗传算法适应度进化曲线。

解：(1) 定义函数

```
function obj=fun2(x)
obj=sum(x.^2);
end
[x,fval]=ga(@fun2,20)%MATLAB 自带求解程序;
```

执行程序，得到最小值为 2.3639e-04，对应解为

X=[-0.0006 -0.0008 0.0015 0.0055 -0.0112 0.0002 0.0067 0.0037 -0.0038 0.0018]

```
D=10;      % 基因数目
NP=100;      % 染色体数目
Xr=10;     % 上限
Xl=-10;      % 下限
G=1000;      % 最大遗传代数
X=zeros(D,NP); nf=zeros(D,NP);
Pc=0.8;     % 交叉概率
Pm=0.1;      % 变异概率
X=rand(D,NP)*(Xr-Xl)+Xl;   % 获得初始种群
FIT=func2(X);
[SortFIT,Index]=sort(FIT); 升序排列
Sortf=X(:,Index);
    for gen=1:G
  Emper=Sortf(:,1);      % 君主染色体
NoPoint=round(D*Pc);        % 每次交叉点的个数
PoPoint=randi([1 D],NoPoint,NP/2);
    % 交叉基因的位置 nf=Sortf;
for i=1:NP/2
    nf(:,2*i-1)=Emper;
    nf(:,2*i)=Sortf(:,2*i);
  for k=1:NoPoint
   nf(PoPoint(k,i),2*i-1)=nf(PoPoint(k,i),2*i);
    nf(PoPoint(k,i),2*i)=Emper(PoPoint(k,i));
  end
end
%%% 变异操作%%%%%%%%%%
          for m=1:NP
               for n=1:D
                    r=rand(1,1);
                    if r<Pm
nf(n,m)=rand(1,1)*(Xr-Xl)+Xl;
                    end
               end
          end
NFIT=func2(nf);
[NSortFIT,Index]=sort(NFIT);    % 子种群升序排列
NSortf=nf(:,Index);
f1=[Sortf,NSortf];       % 子代和父代合并
FIT1=[SortFIT,NSortFIT];    % 适应度值合并
[SortFIT1,Index]=sort(FIT1);   % 适应度按升序
Sortf1=f1(:,Index);     % 按适应度排列个体
SortFIT=SortFIT1(1:NP);  % 取前 NP 个适应度值
Sortf=Sortf1(:,1:NP);    % 取前 NP 个个体
  trace(gen)=SortFIT(1); % 历代最优适应度值
end
Bestf=Sortf(:,1);    % 最优个体
trace(end)       % 最优值
plot(trace,'b-')
```

(2) 执行上述程序，即可得到图 10.25。

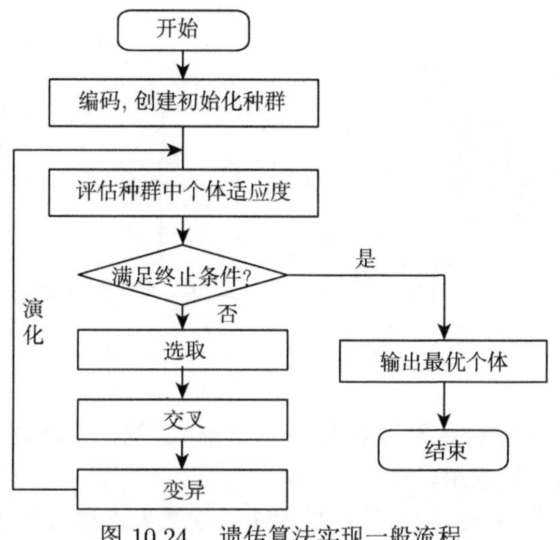

图 10.24 遗传算法实现一般流程

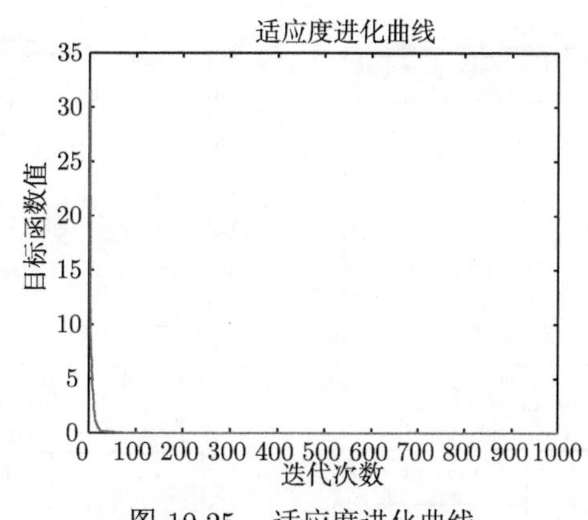

图 10.25 适应度进化曲线

10.5.2 代理优化方法

代理优化方法用少量仿真试验数据构建代理模型，再用代理模型指导后续的优化设计过程，以达到降低试验成本、提高设计效率的目的，被认为是解决复杂产品和系统优化设计问题的最有效途径之一。按照代理模型在优化过程中所起作用的不同，代理优化方法又可分为静态优化方法 (单阶段) 和自适应优化方法 (两阶段)。静态优化方法是代理优化理论早期的研究对象，现阶段的代理优化方法普遍采用自适应的优化机制。将试验过程与优化过程相结合的自适应优化机制，促使了一系列特定优化算法的产生，使基于代理模型的优化方法逐渐发展成为一类通用优化方法，即代理优化方法、高效全局优化 (efficient global optimization, EGO) 算法及贝叶斯优化算法等。代理优化方法实现的一般流程见图 10.26。

从图 10.26 可知，试验设计方法 (初始样本获取)、代理建模技术 (构建/刷新代理模型) 和自适应采样策略是代理优化方法的三个关键要素。其中，自适应策略是决定代理优化方法优化效率和精度的关键。实际应用中，代理优化方法不仅可以大大提高优化设计效率，还可以降低优化难度，对滤除数值噪声、并行优化等均具有重要意义。

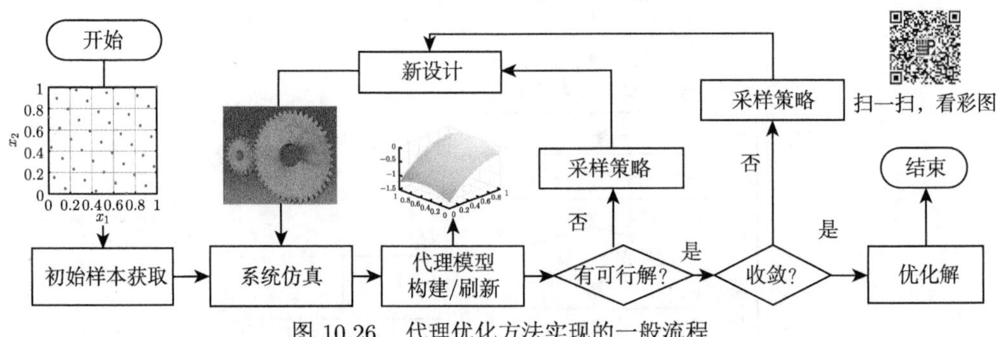

图 10.26　代理优化方法实现的一般流程

例 10.18　选取 6 个单目标无约束优化问题测试算例，选择最大期望改进策略进行代理优化。具体测试函数见附录 6。

解：设定初始样本数为 $2d+1$，设定最大迭代次数为 $2d+101$ 作为终止条件，具体优化过程见图 10.27。

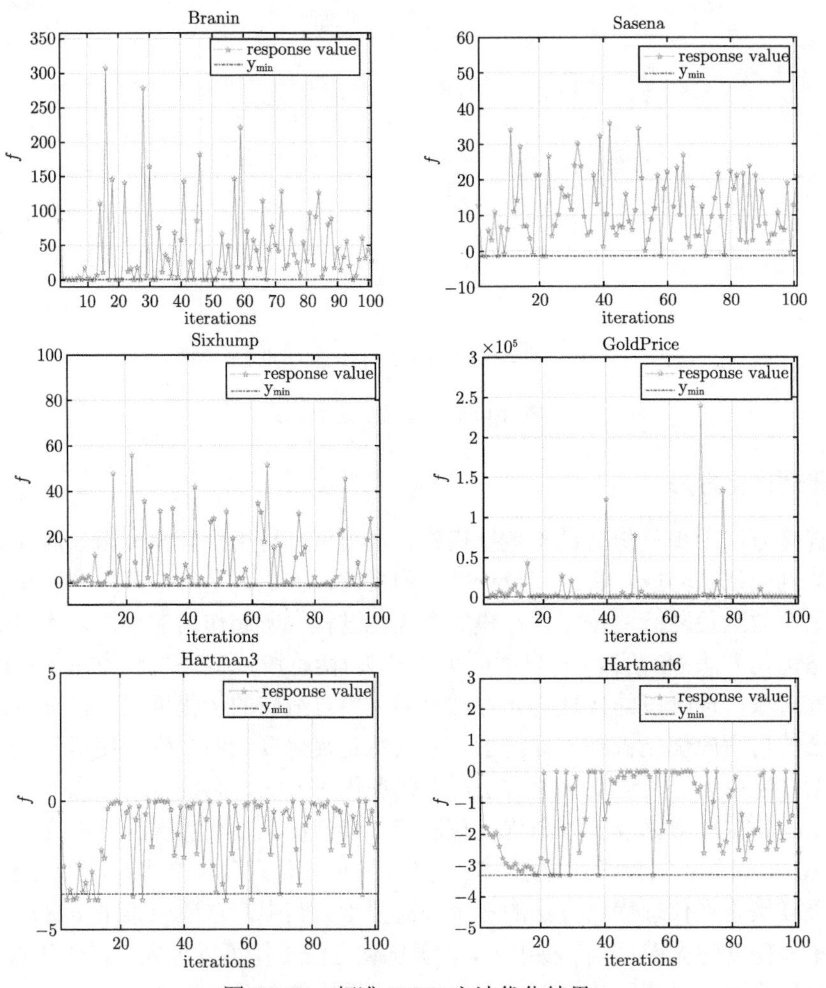

图 10.27　标准 EGO 方法优化结果

由图 10.27 可以看出，所有测试函数均需少量迭代即可达到优化结果，表明 EGO 方法可实现高效代理优化，有助于黑箱函数问题的高效求解。

10.5.3 并行代理优化方法

并行代理优化方法是基于真实试验数据或有限仿真数据建立近似代理模型，选取高效的多点填充策略对未试验区域进行选点，然后利用计算机的并行计算能力引导新试验点快速收敛到优化问题的全局最优解的方法。其最典型的特征便是多点填充策略的并行实现。

例 10.19 以例 10.16 中测试函数进行优化，分别选取 KB(EI-KB)、CL(EI-CL)、PEI 策略来实现并行代理优化 (parallel surrogate-based optimization, PSBO) 方法。对优化结果进行优化比较，统计达到收敛条件时所需迭代次数。

解：执行 MATLAB 程序并统计结果，具体结果见表 10.12。

表 10.12 不同填充策略作用下的并行代理优化结果对比

算例	策略	单次循环增加样本点数			
		q =2	q =4	q =6	q =8
Branin	EI-KB	7.01(1.99)	4.91(1.50)	4.53(1.08)	4.01(1.18)
	EI-CL	4.86(1.44)	4.20(1.02)	3.74(0.89)	3.66(0.84)
	PEI	3.21(1.83)	3.53(1.08)	2.84(0.76)	2.63(0.58)
GoldPrice	EI-KB	34.88(4.09)	26.51(2.99)	23.48(3.21)	22.40(2.90)
	EI-CL	31.14(4.52)	23.38(3.39)	21.62(3.04)	20.53(3.13)
	PEI	31.55(3.71)	17.19(1.84)	12.43(1.26)	9.85(1.08)
Sasena	EI-KB	8.55(3.81)	6.00(2.53)	4.70(1.73)	4.47(1.50)
	EI-CL	4.97(2.12)	4.27(1.05)	3.98(1.16)	3.94(0.90)
	PEI	7.56(2.79)	4.67(1.65)	3.75(1.34)	3.34(1.01)
Sixhump	EI-KB	9.22(2.56)	6.86(1.66)	4.87(1.49)	6.52(1.69)
	EI-CL	6.49(2.10)	5.11(1.76)	5.29(1.48)	5.00(1.51)
	PEI	7.57(2.04)	4.49(1.34)	3.55(0.88)	3.09(0.64)
Hartman3	EI-KB	3.95(36.29)	2.97(1.25)	2.32(0.94)	2.54(0.98)
	EI-CL	4.32(2.11)	3.69(1.53)	3.33(1.57)	3.47(1.49)
	PEI	3.10(1.54)	2.37(0.98)	2.02(0.78)	1.86(0.80)
Hartman6	EI-KB	29.29(36.29)	29.50(39.06)	14.31(37.38)	19.23(32.82)
	EI-CL	22.20(25.81)	18.02(25.31)	11.58(16.49)	10.19(18.58)
	PEI	32.95(30.05)	**17.07**(26.54)	**10.35(16.82)**	**9.17(16.81)**

由表 10.12 的结果可以看出，PSBO 方法仅需少量迭代次数即可获得收敛的优化解，并且 PSBO 方法具有良好的收敛性。对比结果可以看出，四种策略均可实现代理优化，采用并行填充的 KB、CL 及 PEI 策略明显优于 EI 策略。其中，PEI 策略执行的 PSBO 方法结果最优。综上结果表明：PSBO 方法的并行计算能力有助于充分利用计算资源，实现黑箱仿真问题的高效优化。

思考与练习

10-1 简述对计算机试验设计与分析方法、计算机仿真的理解。

10-2 尝试使用某一款仿真软件对某一具体过程进行仿真，并理解仿真的意义。

10-3 选择不同代理模型进行构建，并比较其不同的建模特性及特点。

10-4 构建表 10.2 的其余模型校验指标，并选择经典数据集进行验证。

10-5 选择测试函数或具体黑箱函数，采用 Sobol 灵敏度分析方法进行分析。

10-6 查阅文献，选择不同代理优化方法对测试函数进行优化，并与已知方法进行比较。

10-7 根据并行代理优化方法的特点，简要说明其与代理优化方法的区别。

10-8 尝试对代理优化方法的现状做一个简单梳理，并进行总结。

参考文献

Bowman K O , Shenton L R , 1989. SB and SU distributions fitted by percentiles a general criterion[J]. Communications in Statistics -Simulation and Computation, 18(1):1-13.

Box G E P, Draper N R, 1987. Empirical model-building and response surfaces[M]. New York: John Wiley & Sons.

Carrie E S , Robert C, 2014 . Factorial Anova with Unbalanced Data: A Fresh Look at the Types of Sums of Squares[J]. Journal of Data Science, 12(3):385-403.

Derringer G, Suich R, 1980. Simultaneous optimization of several response variables[J]. Journal of Quality Technology, 12(4): 214-219.

Kennedy M C , O'Hagan A , 2001. Bayesian calibration of computer models[J]. Journal of the Royal Statistical Society: Series B (Statistical Methodology),63:425-464.

Khuri A I, Conlon M, 1981. Simultaneous optimization of multiple responses represented by polynomial regression functions[J]. Technometrics, 23(4): 363-375.

Kleijnen J P C, 2016. Design and analysis of simulation experiments[M]. Springer International Publishing.

Langsrud O, 2003. ANOVA for unbalanced data: Use Type II instead of Type III sums of squares[J]. Statistics and Computing, 13(2):163-167.

McKay M D , Conover R J B J , 1979. A comparison of three methods for selecting values of input variables in the analysis of output from a computer code[J]. Technometrics, 21(2):239-245.

Metropolis N, 1987. The beginning of the monte-carlo method[J]. Los Alamos Science, (15Special):125-130.

Metropolis N, Ulam S, 1949. The Monte Carlo method[J]. Journal of the American Statistical Association, 44(247):335-341.

Mockus J , Tiesis V , Zilinskas A, 1978 . The application of Bayesian methods for seeking the extremum[M]. In:DixonLCW，Szego GP(eds) Towards global optimization, vol 2. North Holland, Amsterdam：117-129.

Moore D S , Mccabe G P, 1989 . Introduction to the practice of statistics [M]. 4th edition. W.H. Freeman.

Myers G A, Cumming R C, 1971. Theoretical response of a polar-display instantaneous-frequency meter[J]. IEEE Transactions on Instrumentation and Measurement, (1): 38-48.

Perry L A, Montgomery D C, Fowler J W, 2007. A partition experimental design for a sequential process with a large number of variables[J]. Quality and Reliability Engineering International, 23(5): 555-564.

Sacks J, Schiller S B, Welch W J, 1989a. Designs for computer experiments[J]. Technometrics, 31(1): 41-47.

Sacks J, Welch W J, Mitchel T J, et al. , 1989b. Design and analysis of computer experiments[J]. Statistical Science，4(4): 409-423.

Schonlau M, Welch W J, Jones D R, 1998. Global versus local search in constrained optimization of computer models[J]. Lecture Notes-Monograph Series: 11-25.

附　　录

附表 1　标准正态分布函数表

x	$\Phi(x)$									
	0.00	0.01	0.02	0.03	0.04	0.05	0.06	0.07	0.08	0.09
0.0	0.5000	0.5040	0.5080	0.5120	0.5160	0.5199	0.5239	0.5279	0.5319	0.5359
0.1	0.5398	0.5438	0.5478	0.5517	0.5557	0.5596	0.5636	0.5675	0.5714	0.5753
0.2	0.5793	0.5832	0.5871	0.5910	0.5948	0.5987	0.6026	0.6064	0.6103	0.6141
0.3	0.6179	0.6217	0.6255	0.6293	0.6331	0.6368	0.6406	0.6443	0.6480	0.6517
0.4	0.6554	0.6591	0.6628	0.6664	0.6700	0.6736	0.6772	0.6808	0.6844	0.6879
0.5	0.6915	0.6950	0.6985	0.7019	0.7054	0.7088	0.7123	0.7157	0.7190	0.7224
0.6	0.7257	0.7291	0.7324	0.7357	0.7389	0.7422	0.7454	0.7486	0.7517	0.7549
0.7	0.7580	0.7611	0.7642	0.7673	0.7703	0.7734	0.7764	0.7794	0.7823	0.7852
0.8	0.7881	0.7910	0.7939	0.7967	0.7995	0.8023	0.8051	0.8078	0.8106	0.8133
0.9	0.8159	0.8186	0.8212	0.8238	0.8264	0.8289	0.8315	0.8340	0.8365	0.8389
1.0	0.8413	0.8438	0.8461	0.8485	0.8508	0.8531	0.8554	0.8577	0.8599	0.8621
1.1	0.8643	0.8665	0.8686	0.8708	0.8729	0.8749	0.8770	0.8790	0.8810	0.8830
1.2	0.8849	0.8869	0.8888	0.8907	0.8925	0.8944	0.8962	0.8980	0.8997	0.9015
1.3	0.9032	0.9049	0.9066	0.9082	0.9099	0.9115	0.9131	0.9147	0.9162	0.9177
1.4	0.9192	0.9207	0.9222	0.9236	0.9251	0.9265	0.9278	0.9292	0.9306	0.9319
1.5	0.9332	0.9345	0.9357	0.9370	0.9382	0.9394	0.9406	0.9418	0.9430	0.9441
1.6	0.9452	0.9463	0.9474	0.9484	0.9495	0.9505	0.9515	0.9525	0.9535	0.9545
1.7	0.9554	0.9564	0.9573	0.9582	0.9591	0.9599	0.9608	0.9616	0.9625	0.9633
1.8	0.9641	0.9648	0.9656	0.9664	0.9671	0.9678	0.9686	0.9693	0.9700	0.9706
1.9	0.9713	0.9719	0.9726	0.9732	0.9738	0.9744	0.9750	0.9756	0.9762	0.9767
2.0	0.9772	0.9778	0.9783	0.9788	0.9793	0.9798	0.9803	0.9808	0.9812	0.9817
2.1	0.9821	0.9826	0.9830	0.9834	0.9838	0.9842	0.9846	0.9850	0.9854	0.9857
2.2	0.9861	0.9864	0.9868	0.9871	0.9874	0.9878	0.9881	0.9884	0.9887	0.9890
2.3	0.9893	0.9896	0.9898	0.9901	0.9904	0.9906	0.9909	0.9911	0.9913	0.9916
2.4	0.9918	0.9920	0.9922	0.9925	0.9927	0.9929	0.9931	0.9932	0.9934	0.9936
2.5	0.9938	0.9940	0.9941	0.9943	0.9945	0.9946	0.9948	0.9949	0.9951	0.9952
2.6	0.9953	0.9955	0.9956	0.9957	0.9959	0.9960	0.9961	0.9962	0.9963	0.9964
2.7	0.9965	0.9966	0.9967	0.9968	0.9969	0.9970	0.9971	0.9972	0.9973	0.9974
2.8	0.9974	0.9975	0.9976	0.9977	0.9977	0.9978	0.9979	0.9979	0.9980	0.9981
2.9	0.9981	0.9982	0.9982	0.9983	0.9984	0.9984	0.9985	0.9985	0.9986	0.9986
3.0	0.9987	0.9990	0.9993	0.9995	0.9997	0.9998	0.9998	0.9999	0.9999	1.0000

附表 2　t 分布的 α 的分位数表

df	单尾检验					
	0.50	0.20	0.10	0.05	0.02	0.01
	双尾检验					
	0.50	0.20	0.10	0.05	0.02	0.01
1	1.000	3.078	6.314	12.706	31.821	63.657
2	0.816	1.886	2.920	4.303	6.965	9.925
3	0.765	1.638	2.353	3.182	4.541	5.841
4	0.741	1.533	2.132	2.776	3.747	4.604
5	0.727	1.476	2.015	2.571	3.365	4.032
6	0.718	1.440	1.943	2.447	3.143	3.707
7	0.711	1.415	1.895	2.365	2.998	3.499
8	0.706	1.397	1.860	2.306	2.896	3.355
9	0.703	1.383	1.833	2.262	2.821	3.250
10	0.700	1.372	1.812	2.228	2.764	3.169
11	0.697	1.363	1.796	2.201	2.718	3.106
12	0.695	1.356	1.782	2.179	2.681	3.055
13	0.694	1.350	1.771	2.160	2.650	3.012
14	0.692	1.345	1.761	2.145	2.624	2.977
15	0.691	1.341	1.753	2.131	2.602	2.947
16	0.690	1.337	1.746	2.120	2.583	2.921
17	0.689	1.333	1.740	2.110	2.567	2.898
18	0.688	1.330	1.734	2.101	2.552	2.878
19	0.688	1.328	1.729	2.093	2.539	2.861
20	0.687	1.325	1.725	2.086	2.528	2.845
21	0.686	1.323	1.721	2.080	2.518	2.831
22	0.686	1.321	1.717	2.074	2.508	2.819
23	0.685	1.319	1.714	2.069	2.500	2.807
24	0.685	1.318	1.711	2.064	2.492	2.797
25	0.684	1.316	1.708	2.060	2.485	2.787
26	0.684	1.315	1.706	2.056	2.479	2.779
27	0.684	1.314	1.703	2.052	2.473	2.771
28	0.683	1.313	1.701	2.048	2.467	2.763
29	0.683	1.311	1.699	2.045	2.462	2.756
30	0.683	1.310	1.697	2.042	2.457	2.750
40	0.681	1.303	1.684	2.021	2.423	2.704
60	0.679	1.296	1.671	2.000	2.390	2.660
120	0.677	1.289	1.658	1.980	2.358	2.617
∞	0.674	1.282	1.645	1.960	2.326	2.576

附表 3　单纯形格点设计表

(1) {3,2} 单纯形格点设计

编号	x_1	x_2	x_3	y
1	1	0	0	y_1
2	0	1	0	y_2
3	0	0	1	y_3
4	1/2	1/2	0	$y_4(y_{12})$
5	1/2	0	1/2	$y_5(y_{13})$
6	0	1/2	1/2	$y_6(y_{23})$

(2) {3,3} 单纯形格点设计

编号	x_1	x_2	x_3	y
1	1	0	0	y_1
2	0	1	0	y_2
3	0	0	1	y_3
4	2/3	1/3	0	$y_4(y_{112})$
5	1/3	2/3	0	$y_5(y_{122})$
6	2/3	0	1/3	$y_6(y_{113})$
7	1/3	0	2/3	$y_7(y_{133})$
8	0	2/3	1/3	$y_8(y_{223})$
9	0	1/3	2/3	$y_9(y_{233})$
10	1/3	1/3	1/3	$y_{10}(y_{123})$

(3) {4,2} 单纯形格点设计

编号	x_1	x_2	x_3	x_4	y
1	1	0	0	0	y_1
2	0	1	0	0	y_2
3	0	0	1	0	y_3
4	0	0	0	1	y_4
5	1/2	1/2	0	0	$y_5(y_{12})$
6	1/2	0	1/2	0	$y_6(y_{13})$
7	1/2	0	0	1/2	$y_7(y_{14})$
8	0	1/2	1/2	0	$y_8(y_{23})$
9	0	1/2	0	1/2	$y_9(y_{24})$
10	0	0	1/2	1/2	$y_{10}(y_{34})$

(4) {4,3} 单纯形格点设计

编号	x_1	x_2	x_3	x_4	y
1	1	0	0	0	y_1
2	0	1	0	0	y_2
3	0	0	1	0	y_3
4	0	0	0	1	y_4
5	2/3	1/3	0	0	$y_5(y_{112})$
6	1/3	2/3	0	0	$y_6(y_{122})$
7	2/3	0	1/3	0	$y_7(y_{113})$
8	1/3	0	2/3	0	$y_8(y_{133})$
9	2/3	0	0	1/3	$y_9(y_{114})$
10	1/3	0	0	2/3	$y_{10}(y_{144})$
11	0	2/3	1/3	0	$y_{11}(y_{223})$
12	0	1/3	2/3	0	$y_{12}(y_{233})$
13	0	2/3	0	1/3	$y_{13}(y_{224})$
14	0	1/3	0	2/3	$y_{14}(y_{244})$
15	0	0	2/3	1/3	$y_{15}(y_{334})$
16	0	0	1/3	2/3	$y_{16}(y_{344})$
17	1/3	1/3	1/3	0	$y_{17}(y_{123})$
18	1/3	1/3	0	1/3	$y_{18}(y_{124})$
19	1/3	0	1/3	1/3	$y_{19}(y_{134})$
20	0	1/3	1/3	1/3	$y_{20}(y_{224})$

(5) {5,2} 单纯形格点设计

编号	x_1	x_2	x_3	x_4	x_5	y
1	1	0	0	0	0	y_1
2	0	1	0	0	0	y_2
3	0	0	1	0	0	y_3
4	0	0	0	1	0	y_4
5	0	0	0	0	1	y_5
6	1/2	1/2	0	0	0	$y_6(y_{12})$
7	1/2	0	1/2	0	0	$y_7(y_{13})$
8	1/2	0	0	1/2	0	$y_8(y_{14})$
9	1/2	0	0	0	1/2	$y_9(y_{15})$
10	0	1/2	1/2	0	0	$y_{10}(y_{23})$
11	0	1/2	0	1/2	0	$y_{11}(y_{24})$
12	0	1/2	0	0	1/2	$y_{12}(y_{25})$
13	0	0	1/2	1/2	0	$y_{13}(y_{34})$
14	0	0	1/2	0	1/2	$y_{14}(y_{35})$
15	0	0	0	1/2	1/2	$y_{15}(y_{45})$

(6) {5,3} 单纯形格点设计

编号	x_1	x_2	x_3	x_4	x_5	y
1	1	0	0	0	0	y_1
2	0	1	0	0	0	y_2
3	0	0	1	0	0	y_3
4	0	0	0	1	0	y_4
5	0	0	0	0	1	y_5
6	1/3	2/3	0	0	0	$y_6(y_{122})$
7	2/3	1/3	0	0	0	$y_7(y_{112})$
8	1/3	0	2/3	0	0	$y_8(y_{133})$
9	2/3	0	1/3	0	0	$y_9(y_{113})$
10	1/3	0	0	2/3	0	$y_{10}(y_{144})$
11	2/3	0	0	1/3	0	$y_{11}(y_{114})$
12	1/3	0	0	0	2/3	$y_{12}(y_{155})$
13	2/3	0	0	0	1/3	$y_{13}(y_{115})$
14	0	1/3	2/3	0	0	$y_{14}(y_{233})$
15	0	2/3	1/3	0	0	$y_{15}(y_{223})$
16	0	1/3	0	2/3	0	$y_{16}(y_{244})$
17	0	2/3	0	1/3	0	$y_{17}(y_{224})$
18	0	1/3	0	0	2/3	$y_{18}(y_{255})$
19	0	2/3	0	0	1/3	$y_{19}(y_{225})$
20	0	0	1/3	2/3	0	$y_{20}(y_{344})$
21	0	0	2/3	1/3	0	$y_{21}(y_{334})$
22	0	0	1/3	0	2/3	$y_{22}(y_{355})$
23	0	0	2/3	0	1/3	$y_{23}(y_{335})$
24	0	0	0	1/3	2/3	$y_{24}(y_{455})$
25	0	0	0	2/3	1/3	$y_{25}(y_{445})$
26	1/3	1/3	1/3	0	0	$y_{26}(y_{123})$
27	1/3	1/3	0	1/3	0	$y_{27}(y_{124})$
28	1/3	1/3	0	0	1/3	$y_{28}(y_{125})$
29	1/3	0	1/3	1/3	0	$y_{29}(y_{134})$
30	1/3	0	1/3	0	1/3	$y_{30}(y_{135})$
31	1/3	0	0	1/3	1/3	$y_{31}(y_{145})$
32	0	1/3	1/3	1/3	0	$y_{32}(y_{234})$
33	0	1/3	1/3	0	1/3	$y_{33}(y_{235})$
34	0	1/3	0	1/3	1/3	$y_{34}(y_{245})$
35	0	0	1/3	1/3	1/3	$y_{35}(y_{345})$

附表 4　单纯形重心设计表

(1) {3,3} 模型的单纯形重心设计

编号	x_1	x_2	x_3	y
1	1	0	0	y_1
2	0	1	0	y_2
3	0	0	1	y_3
4	1/2	1/2	0	$y_4(y_{12})$
5	1/2	0	1/2	$y_5(y_{13})$
6	0	1/2	1/2	$y_6(y_{23})$
7	1/3	1/3	1/3	$y_7(y_{123})$

(2) {4,4} 模型的单纯形重心设计

编号	x_1	x_2	x_3	x_4	y
1	1	0	0	0	y_1
2	0	1	0	0	y_2
3	0	0	1	0	y_3
4	0	0	0	1	y_4
5	1/2	1/2	0	0	$y_5(y_{12})$
6	1/2	0	1/2	0	$y_6(y_{13})$
7	1/2	0	0	1/2	$y_7(y_{14})$
8	0	1/2	1/2	0	$y_8(y_{23})$
9	0	1/2	0	1/2	$y_9(y_{24})$
10	0	0	1/2	1/2	$y_{10}(y_{34})$
11	1/3	1/3	1/3	0	$y_{11}(y_{123})$
12	1/3	1/3	0	1/3	$y_{12}(y_{124})$
13	1/3	0	1/3	1/3	$y_{13}(y_{134})$
14	0	1/3	1/3	1/3	$y_{14}(y_{234})$
15	1/4	1/4	1/4	1/4	$y_{15}(y_{1234})$

(3) {5,5} 单纯形重心设计

编号	x_1	x_2	x_3	x_4	x_5	y
1	1	0	0	0	0	y_1
2	0	1	0	0	0	y_2
3	0	0	1	0	0	y_3
4	0	0	0	1	0	y_4
5	0	0	0	0	1	y_5
6	1/2	1/2	0	0	0	$y_6(y_{12})$
7	1/2	0	1/2	0	0	$y_7(y_{13})$
8	1/2	0	0	1/2	0	$y_8(y_{14})$
9	1/2	0	0	0	1/2	$y_9(y_{15})$
10	0	1/2	1/2	0	0	$y_{10}(y_{23})$
11	0	1/2	0	1/2	0	$y_{11}(y_{24})$
12	0	1/2	0	0	1/2	$y_{12}(y_{25})$
13	0	0	1/2	1/2	0	$y_{13}(y_{34})$
14	0	0	1/2	0	1/2	$y_{14}(y_{35})$

续表

编号	x_1	x_2	x_3	x_4	x_5	y
15	0	0	0	1/2	1/2	$y_{15}(y_{45})$
16	1/3	1/3	1/3	0	0	$y_{16}(y_{123})$
17	1/3	1/3	0	1/3	0	$y_{17}(y_{124})$
18	1/3	1/3	0	0	1/3	$y_{18}(y_{125})$
19	1/3	0	1/3	1/3	0	$y_{19}(y_{134})$
20	1/3	0	1/3	0	1/3	$y_{20}(y_{135})$
21	1/3	0	0	1/3	1/3	$y_{21}(y_{145})$
22	0	1/3	1/3	1/3	0	$y_{22}(y_{243})$
23	0	1/3	1/3	0	1/3	$y_{23}(y_{235})$
24	0	1/3	0	1/3	1/3	$y_{24}(y_{245})$
25	0	0	1/3	1/3	1/3	$y_{25}(y_{345})$
26	1/4	1/4	1/4	1/4	0	$y_{26}(y_{1234})$
27	0	1/4	1/4	1/4	1/4	$y_{27}(y_{2345})$
28	1/4	0	1/4	1/4	1/4	$y_{28}(y_{1345})$
29	1/4	1/4	0	1/4	1/4	$y_{29}(y_{1245})$
30	1/4	1/4	1/4	0	1/4	$y_{30}(y_{1235})$
31	1/5	1/5	1/5	1/5	1/5	$y_{31}(y_{12344})$

附表 5　均匀设计表

(1) $U_5(5^3)$ 设计表

编号	1	2	3
1	1	2	4
2	2	4	3
3	3	1	2
4	4	3	1
5	5	5	5

$U_5(5^3)$ 使用表

因素	列号		
	1	2	3
2	1	2	
3	1	2	3

(2) $U_5(5^4)$ 设计表

编号	1	2	3	4
1	1	2	3	4
2	2	4	1	3
3	3	1	4	2
4	4	3	2	1
5	5	5	5	5

$U_5(5^4)$ 使用表

因素	列号			
	1	2	3	4
2	1	2		
3	1	2	4	
4	1	2	3	4

(3) $U_6^*(6^4)$ 设计表

编号	1	2	3	4
1	1	**2**	3	6
2	2	**4**	6	5
3	3	**6**	2	4
4	4	**1**	5	3
5	5	**3**	1	2
6	6	5	4	1

$U_6^*(6^4)$ 使用表

因素	列号			
	1	2	3	4
2	1	3		
3	1	2	3	
4	1	2	3	4

(4) $U_7^*(7^4)$ 设计表

编号	1	2	3	4
1	1	2	3	6
2	2	4	6	5
3	3	6	2	4
4	4	1	5	3
5	5	3	1	2
6	6	5	4	1
7	7	7	7	7

$U_7^*(7^4)$ 使用表

因素	列号			
	1	2	3	4
2	1	3		
3	1	2	3	
4	1	2	3	4

(5) $U_7(7^6)$ 设计表

编号	1	2	3	4	5	6
1	1	**2**	3	4	5	6
2	2	**4**	6	1	3	5
3	3	**6**	2	5	1	3
4	4	**1**	5	2	6	4
5	5	**3**	1	6	4	2
6	6	5	4	3	2	1
7	7	7	7	7	7	7

$U_7(7^6)$ 使用表

因素	列号					
	1	2	3	4	5	6
2	1	3				
3	1	2	3			
4	1	2	3	6		
5	1	2	3	4	6	
6	1	2	3	4	5	6

(6) $U_8^*(8^5)$ 设计表

编号	1	2	3	4	5
1	1	2	4	7	8
2	2	4	8	5	7
3	3	6	3	3	6
4	4	8	7	1	5
5	5	1	2	8	4
6	6	3	6	6	3
7	7	5	1	4	2
8	8	7	5	2	1

$U_8^*(8^5)$ 使用表

因素	列号			
	1	2	3	4
2	1	3		
3	1	3	4	
4	1	2	3	5

(7) $U_9(9^5)$ 设计表

编号	1	2	3	4	5
1	1	2	4	7	8
2	2	4	8	5	7
3	3	6	3	3	6
4	4	8	7	1	5
5	5	1	2	8	4
6	6	3	6	6	3
7	7	5	1	4	2
8	8	7	5	2	1
9	9	9	9	9	9

$U_9(9^5)$ 使用表

因素	列号			
	1	2	3	4
2	1	3		
3	1	3	4	
4	1	2	3	5

(8) $U_9(9^6)$ 设计表

编号	1	2	3	4	5	6
1	1	2	4	5	7	8
2	2	4	8	1	5	7
3	3	6	3	6	3	6
4	4	8	7	2	1	5
5	5	1	2	7	8	4
6	6	3	6	3	6	3
7	7	5	1	8	4	2
8	8	7	5	4	2	1
9	9	6	9	9	9	9

$U_9(9^6)$ 使用表

因素	列号					
	1	2	3	4	5	6
2	1	3				
3	1	3	5			
4	1	2	3	5		
5	1	2	3	4	5	
6	1	2	3	4	5	6

(9) $U_{10}^*(10^8)$ 设计表

编号	1	2	3	4	5	6	7	8
1	1	2	3	4	5	7	9	10
2	2	4	6	8	10	3	7	9
3	3	6	9	1	4	10	5	8
4	4	8	1	5	9	6	3	7
5	5	1	4	9	3	2	1	6
6	6	1	7	2	8	9	10	5
7	7	3	1	6	2	5	8	4
8	8	5	2	10	7	1	6	3
9	9	7	5	3	1	8	4	2
10	10	9	8	7	6	4	2	1

$U_{10}^*(10^8)$ 使用表

因素	列号					
	1	2	3	4	5	6
2	1	6				
3	1	5	6			
4	1	3	4	5		
5	1	2	4	5	7	
6	1	2	3	5	6	8

附表 6

测试函数	解析式	变量区间	$y_{\min}$
Sixhump	$f(x)=4x_1^2-\frac{21}{10}x_1^4+\frac{1}{3}x_1^6+x_1x_2-4x_2^2+4x_2^3$	$x_i\in[-2,2]$, $i=1,2$	-1.4565
Branin	$f(x)=\left(x_2-\frac{5.1}{4\pi^2}x_1^2+\frac{5}{\pi}x_1-6\right)^2+10\left(1-\frac{1}{8\pi}\right)\cos(x_1)+10$	$x_1\in[-5,10]$ $x_2\in[0,15]$	0.39789
Sasena	$f(x)=2+\frac{1}{100}(x_2-x_1^2)^2+(1-x_1)^2+2(2-x_2^2)+7\sin\left(\frac{1}{2}x_1\right)\sin\left(\frac{7}{10}x_1x_2\right)$	$x_i\in[0,5]$, $i=1,2$	-1.4565
GoldPrice	$f(x)=[1+(x_1+x_2+1)^2(19-14x_1+3x_1^2-14x_2+16x_1x_2+3x_2^2)]\times[30+(2x_1-3x_2)^2\times(18-32x_1+12x_1^2+48x_2-36x_1x_2+27x_2^2)]$	$x_i\in[0,5]$, $i=1,2$	3.000
Hartman3	$f(x)=-\sum_{i=1}^{4}c_i\exp\left[-\sum_{j=1}^{3}a_{ij}(x_j-p_{ij})^2\right]$	$x_i\in[0,1]$, $i=1,2,3$	-3.6278
Hartman6	$f(x)=-\sum_{i=1}^{4}c_i\exp\left[-\sum_{j=1}^{6}a_{ij}(x_j-p_{ij})^2\right]$	$x_i\in[0,1]$, $i=1,2,\cdots,6$	-3.32237

Hartman-3D 函数的参数设置

i	a_{ij}			c_i	p_{ij}		
1	3.0	10.0	30.0	1.0	0.3689	0.1170	0.2673
2	0.1	10.0	35.0	1.2	0.4699	0.4387	0.7470
3	3.0	10.0	30.0	3.0	0.1091	0.8732	0.5547
4	0.1	10.0	35.0	3.2	0.03815	0.5743	0.8828

Hartman-6D 函数的参数设置

i	a_{ij}						c_i	p_{ij}					
1	10	3.0	17.0	3.5	1.7	8.0	1.0	0.1312	0.1696	0.5569	0.0124	0.8283	0.5886
2	0.05	10.0	17.0	0.1	8.0	14.0	1.2	0.2329	0.4135	0.8307	0.3763	0.1004	0.9991
3	3.0	3.5	1.7	10.0	17.0	8.0	3.0	0.2348	0.1451	0.3522	0.2883	0.3047	0.6650
4	17.0	8.0	0.05	10.0	0.1	14.0	3.2	0.4047	0.8828	0.8732	0.5743	0.1091	0.0381